Restauration des Forêts Tropicales

un guide pratique

Le présent ouvrage est dédié à la mémoire de Surat Plukam, artiste et illustrateur talentueux. Son iconographie, claire et simple, a rendu la restauration des forêts plus accessible à la fois aux enfants et aux adultes, des villageois aux agents de l'Etat, à travers l'Asie du Sud-Est.

La présente publication a été rendue possible grâce au financement de la Darwin Initiative, soutenue par le Programme en écologie de la restauration du Royal Botanic Gardens (RBG), Kew, Fondation John Ellerman, le Man Group plc, et le Millennium Seed Bank Partnership du RBG Kew.

A des fins bibliographiques, le présent ouvrage devrait être désigné sous le nom de:

RESTAURATION DES FORÊTS TROPICALES UN GUIDE PRATIQUE

PAR STEPHEN ELLIOTT,
DAVID BLAKESLEY ET KATE HARDWICK

ILLUSTRATIONS: SURAT PLUKHAM ET DAMRONGCHAI SAENGKAM
TRADUIT EN L'ANGLAIS PAR JOSEPH NKONGHO AGBOR ET ETAME PARFAIT MARIUS

EDITÉ ET RELU PAR NORBERT SONNE

FINANCÉ PAR LA DARWIN INITIATIVE DU ROYAUME-UNI
PUBLIÉ PAR LE ROYAL BOTANIC GARDENS, KEW.

Kew Publishing
Royal Botanic Gardens, Kew

Première publication en 2013 par
Royal Botanic Gardens, Kew,
Richmond, Surrey, TW9 3AB, UK
www.kew.org

Distribué au nom du Royal Botanic Gardens, Kew, en Amérique du Nord par l'University of Chicago Press, 1427 East 60th Street, Chicago, IL 60637, USA

ISBN 978-1-84246-483-0

Catalogage de British Library in Publication Data (données sur les articles publiés)
Le présent ouvrage est répertorié dans le catalogue de la British Library

Directeur de la production: Sharon Whitehead
Conception des pages de couverture, composition et mise en page: Margaret Newman
Edition, Conception & Photographie, Royal Botanic Gardens, Kew

Imprimé et relié en Italie par Printer Trento S.r.l.

Pour plus d'informations ou pour acheter des exemplaires supplémentaires de ce livre (en anglais, français ou espagnol) et d'autres titres de Kew, veuillez visitez www.kewbooks.com ou envoyer un e-mail à publishing@kew.org

La mission de Kew est d'inspirer et de parvenir à la conservation des plantes fondée sur la science dans le monde entier, en améliorant la qualité de vie.

Kew reçoit la moitié de ses frais de fonctionnement du Gouvernement à travers le Department for Environment, Food and Rural Affairs (Defra) – le Ministère de l'Environnement, de l'Alimentation et des Affaires Rurales. Tout autre financement nécessaire pour soutenir le travail essentiel de Kew provient de ses membres, des fondations, des donateurs et des activités commerciales, dont les ventes de livres.

TABLE DES MATIÉRES

En tant que Président de la Fondation et des Amis du Royal Botanic Garden, Kew, j'ai été ravi d'être invité à présenter l'avant-propos de ce livre merveilleux: «*Restauration des Forêts Tropicales: un Guide Pratique*». Je ne peux que faire des compliments aux auteurs de ce grand ouvrage. Par ailleurs, je souhaite à tous ceux qui contribuent à la restauration des forêts tropicales à travers le monde – en Amérique du Sud et centrale, en Afrique et en Asie – tout le succès possible dans leurs projets d'une importance vitale.

La nature a une capacité remarquable d'auto-restauration et d'auto-renouvellement, si on lui en laisse la moindre chance. C'est pour cette raison que, par-dessus tout, je crois que le présent ouvrage arrive à point nommé. J'aimerais particulièrement revenir sur l'accent mis par cet ouvrage sur la nécessité de restaurer les forêts tropicales riches en ressources, autant que possible, avec des espèces indigènes; sur sa description de la meilleure manière d'impliquer les communautés locales dans les efforts de restauration; et sur la nécessité d'adopter des approches paysagères et sylvopastorales dans la restauration des forêts, qui, me semble-t-il, revêtent toutes une importance capitale.

Je suis également impressionné par la description, dans ce livre, de la «Rainforestation», technique mise au point aux Philippines et qui permet de planter des espèces indigènes dans le but de restaurer l'intégrité écologique et la biodiversité, tout en produisant, dans le même temps, un large éventail de bois et d'autres produits forestiers pour les populations locales.

Pendant de nombreuses décennies, j'ai été profondément préoccupé par le sort des forêts tropicales du monde, inspiré à la fois par leur grandeur intemporelle, par l'extraordinaire diversité biologique et culturelle qu'elles abritent et par la conviction profonde que ni l'humanité, ni la Terre elle-même ne peut survivre sans elles, en particulier dans un contexte du changement climatique à l'échelle planétaire. Dans cette optique, il y a quelques années, j'ai mis sur pied mon propre projet sur les forêts tropicales («The Prince's Rainforests Project»), dans l'espoir d'attirer l'attention sur la nécessité urgente de mettre en place un accord international pour protéger les forêts, associé à un mécanisme financier – REDD – qui vise à contribuer à cette protection à l'échelle requise. J'ai été encouragé par les progrès réalisés depuis lors dans de nombreux pays, dont le Brésil. Toutefois, il est à reconnaître qu'à l'échelle mondiale, de fortes pressions restent exercées sur les forêts restantes. Dans les années à venir, la restauration devra jouer un rôle fondamental dans la promotion des efforts visant la réduction de ces pressions.

Wangaari Maathai, dont nous continuons tous à déplorer la mort, déclarait: «Notre devoir envers nous-mêmes et les générations futures, c'est de préserver l'environnement, afin de pouvoir léguer à nos enfants un monde durable qui profite à tous». Quelle meilleure manière de commencer ce devoir que par les recommandations judicieuses et les mesures pratiques identifiées dans le présent ouvrage?

PRÉFACE

«L'attachement à la nature fait du monde entier une famille».
William Shakespeare, extrait de *Troïlus* and *Cressida*, 1601–1603

Il y a vingt ans, lorsque notre Unité de recherche sur la restauration forestière basée à l'Université de Chiang Mai (FORRU-CMU) n'allait pas au-delà de quelques vœux pieux griffonnés sur un bout de papier, le déclin des forêts tropicales de la planète était considéré comme une conséquence inévitable et irréversible du développement économique. L'idée que les écosystèmes forestiers tropicaux pourraient effectivement être restaurés était considérée par beaucoup comme un idéalisme naïf. Selon les scientifiques, les forêts tropicales étaient trop complexes pour être reconstruites, tandis que les ONG qui œuvrent dans le domaine de la conservation estimaient que cette idée distrayait inutilement de la tâche essentielle du financement de la protection de la forêt primaire restante. Même l'un des premiers bailleurs de fonds de notre unité fit franchement remarquer qu'il considérait la restauration forestière comme un «concept de luxe».

Maintenant, heureusement, les mentalités ont évolué. La restauration est considérée comme un complément à la protection de la forêt primaire, en particulier là où les aires protégées n'ont pas réussi à empêcher la déforestation. Deux décennies de recherche ont donné des méthodes testées et éprouvées qui ont fait passer la restauration des forêts d'une «chimère» romantique à un objectif facilement réalisable. En combinant la capacité de régénération de la nature avec la plantation d'arbres et d'autres méthodes de gestion, il est désormais possible de restaurer rapidement la structure et le fonctionnement écologique des forêts tropicales et de parvenir ainsi à un important rétablissement de la biodiversité, dans les 10 ans suivant le début des activités de restauration. Les organismes qui œuvrent dans le domaine de la conservation reconnaissent désormais la restauration comme essentielle à la réhabilitation de paysages dégradés et à l'amélioration des moyens de subsistance en milieu rural, en offrant une gamme variée de produits forestiers et en développant des programmes de paiements pour services environnementaux (PSE). Son incorporation dans le programme REDD+ de l'ONU[1], pour «accroître les stocks de carbone» et atténuer le réchauffement climatique, a donné lieu à une demande sans précédent pour les connaissances, les compétences et la formation dans le domaine de la restauration. De telles connaissances sont essentielles pour permettre aux pays en développement des régions tropicales de tirer profit du commerce mondial des crédits carbone, tout en réduisant les pertes de biodiversité et en satisfaisant les besoins des communautés locales. Mais très peu de conseils pratiques ont été publiés pour satisfaire cette demande.

Le présent ouvrage vise à donner de tels conseils. Il présente des techniques scientifiquement testées pour la restauration de divers écosystèmes forestiers tropicaux climaciques qui sont résistants aux changements climatiques, en utilisant les essences forestières indigènes, pour la conservation de la biodiversité et la protection de l'environnement et pour soutenir les moyens de subsistance des communautés rurales. Il est basé sur plus de 20 années de recherches, menées par la FORRU-CMU, ainsi que sur les connaissances et expériences locales, échangées au cours des 20 dernières années, lors de centaines d'ateliers, de conférences et de consultations sur le projet. Les noms de plantes dans ce livre suivent généralement ceux qui sont énumérés comme «accepté» sur le site de Theplantlist.org, en Juin 2013.

Notre livre présente des concepts génériques et des méthodes qui peuvent être appliquées pour réhabiliter les écosystèmes forestiers sur toutes les terres tropicales, sous un format accessible et en trois langues (anglais, français et espagnol). Il comprend des études de cas qui illustrent la diversité des projets de restauration couronnés de succès dans le monde entier. Il s'adresse à l'ensemble des parties prenantes, dont la collaboration est essentielle à la réussite des projets de restauration. Il fournit aux planificateurs, aux décideurs et aux organismes de financement des

---

[1] «La réduction des émissions dues à la déforestation et à la dégradation des forêts» — un ensemble de politiques et de mesures d'incitation en cours d'élaboration en vertu de la Convention-cadre des Nations Unies sur les changements climatiques (CCNUCC) afin de réduire les émissions de CO_2 provenant du nettoiement et de la combustion des forêts tropicales. www.scribd.com/doc/23533826/Decoding-REDD-RESTORATION-IN-REDD-Forest-Restoration-for-Enhancing-Carbon-Stocks

alternatives, viables et réalisables, aux plantations monoculturales classiques qui peuvent être utilisées pour atteindre leurs objectifs de reboisement. Pour les gestionnaires d'aires protégées, les communautés et les ONG qui travaillent avec eux, le présent ouvrage fournit quelques conseils solides sur la planification des projets de restauration, ainsi que des instructions scientifiquement testées pour la culture, la plantation et l'entretien des essences forestières indigènes. Pour les scientifiques, ce livre suggère des dizaines d'idées de projets de recherche et fournit des détails sur les protocoles de recherche normalisés, qui peuvent être utilisés pour mettre au point de nouveaux systèmes de restauration qui répondent aux besoins locaux. Il y a même une annexe sur les exigences en matière de collecte de données, de manière à permettre aux chercheurs de recueillir des ensembles de données qui sont comparables à ceux qui sont actuellement reproduits dans les FORRU dans plusieurs pays.

La poursuite de la destruction des forêts tropicales est probablement la plus grande menace pour la biodiversité de notre planète. Bien que la sensibilisation au problème et une volonté de le résoudre n'aient jamais été aussi fortes, elles s'avèrent inefficaces sans des conseils pratiques valables issus des expériences scientifiques. Nous espérons donc que le présent ouvrage ne donnera pas seulement envie à plus de gens de s'impliquer dans la sauvegarde des forêts tropicales de la Terre, mais qu'il leur fournira également des outils efficaces pour le faire.

Stephen Elliott
Email: stephen_elliott1@yahoo.com
Site Web: www.forru.org
Page Facebook: Unité de recherche dédié à la restauration forestière

David Blakesley
Email: David.Blakesley@btinternet.com
Site Web: www.autismandnature.org.uk

Kate Hardwick
Email: k.hardwick@kew.org
Site Web: www.kew.org

REMERCIEMENTS

Le présent ouvrage est le principal résultat du projet intitulé «Restauration des forêts tropicales: un guide pratique», parrainé par la Darwin Initiative du Royaume-Uni. Nous exprimons notre profonde gratitude à la Darwin Initiative pour l'appui aux coûts de production de ce manuel, au Royal Botanic Gardens, Kew, qui a fourni des services sur site, à la Fondation John Ellerman pour le financement de Kate Hardwick, aux éditeurs de Kew, surtout à Sharon Whitehead pour la révision finale et à Margaret Newman pour la mise en page. Nous adressons également nos remerciements au Millennium Seed Bank Partnership de RBG Kew et au Man Group plc, qui ont couvert les coûts supplémentaires.

Le présent ouvrage est basé essentiellement sur le travail de l'Unité de recherche sur la restauration forestière basée à l'Université de Chiang Mai, en Thaïlande du Nord, et les auteurs voudraient saisir cette occasion pour remercier tous les membres du personnel de l'unité, passés et présents, dont le dévouement à la recherche a contribué au contenu de ce livre. Les membres actuels de l'unité de recherche sont Sutthathorn Chairuangsri, Jatupoom Meesana, Khwankhao Sinhaseni et Suracheat Wongtaewon. L'ambassadeur australien de la jeunesse pour le développement, Robyn Sakara, financé par l'Australie Biotropica Plc, et l'agent de recherche de la FORRU, Panitnard Tunjai, ont contribué de manière significative aux chapitres 2 et 5, respectivement.

Les auteurs remercient également tous ceux qui ont fourni des textes, des photos ou des informations: Dominique Andriambahiny, Sutthathorn Chairuangsri, Hazel Consunji, Elmo Drilling, Patrick Durst, Simon Gardner, Kate Gold, Daniel Janzen, Cherdsak Kuaraksa, Roger Leakey, Paciencia Milan, William Milliken, David Neidel, Peter Nsiimire, Andrew Powling, Johny Rabenantoandro, Tawatchai Ratanasorn, Khwankhao Sinhaseni, Torunn Stangeland, John Tabuti et Manon Vincelette.

Les photographies sont, pour la plupart, fournies par Stephen Elliott et le personnel de la FORRU-CMU. Les dessins au trait sont fournis par Damrongchai Saengkham et feu Surat Plukam. Nous tenons également à remercier de nombreux autres collaborateurs à la présente publication, qui ont fourni des photographies et des illustrations, notamment: Andrew McRobb et d'autres personnes ayant contribué à la photothèque de Kew, la NASA, l'UICN pour les cartes, Tidarach Toktang, Kazue Fujiwara, Cherdsak Kuaraksa et Khwankhao Sinhaseni.

Nous remercions également tous les réviseurs des sections ou chapitres du manuscrit pour leurs commentaires utiles: Peter Ashton, Peter Buckley, Carla Catterall, John Dickie, Mike Dudley, Kazue Fujiwara, Kate Gold, David Lamb, Andrew Lowe, David Neidel, Bruce Pavlik, Andrew Powling, Moctar Sacandé, Charlotte Seal, Roger Steinhardt, Nigel Tucker, Prasit Wangpakapatanawong et Oliver Whaley.

Nous sommes particulièrement reconnaissants à Val Kapos et Corinna Ravilious (WCMC) des cartes reproduites dans le chapitre 2.

Nous tenons à remercier Joseph Agbor, Etame Parfait Marius et Claudia Luthi pour la traduction des versions française et espagnole, respectivement, et Norbert Sonne et Maite Conde-Prendes pour la révision finale et la relecture des traductions. Nous adressons également nos sincères remerciements à James Aronson, David Rabehevitra, Lucie Queste, Claire Yovanopoulos, et Hélène Ralimanana et l'équipe du Kew Madagascar Conservation Centre pour leur aide indispensable dans la vérification des termes techniques.

Toutes les opinions exprimées dans le présent ouvrage sont celles des auteurs et ne reflètent pas nécessairement celles des agences commanditaires ni celles des réviseurs. Les compilateurs voudraient saisir cette occasion pour remercier les personnes n'ayant pas été mentionnées ci-dessus et ayant contribué de quelque façon au travail de la FORRU-CMU et à la production du présent ouvrage. Enfin, nous témoignons de notre reconnaissance au Département de Biologie de la Faculté des Sciences de l'Université de Chiang Mai, pour l'appui institutionnel à la FORRU-CMU depuis sa création, et à East Malling Research, au Wildlife Landscapes et au RBG, Kew, pour le soutien institutionnel apporté au programme de recherche et de renforcement de capacités de la Darwin Initiative pendant un certain nombre d'années.

CHAPITRE 1

LA DÉFORESTATION TROPICALE: UNE MENACE POUR LA VIE SUR TERRE

Les forêts tropicales, qui abritent près de la moitié des espèces végétales et animales terrestres de notre planète, sont détruites à un rythme sans précédent dans l'histoire géologique. Il en résulte une vague d'extinctions d'espèces qui laisse notre planète à la fois biologiquement appauvrie et écologiquement moins stable. Bien que cela soit largement accepté par les scientifiques, donner des chiffres précis sur les taux mondiaux de déforestation tropicale et de disparition des espèces n'est pas évident.

1.1 Taux et causes de la déforestation tropicale

A quel rythme les forêts tropicales sont-elles détruites?

Depuis l'époque préindustrielle, les forêts tropicales de la planète ont diminué de 35 à 50% en termes de superficie (Wright & Muller-Landau, 2006). Si les pertes continuent au rythme actuel, les derniers vestiges de forêt tropicale primaire disparaîtront probablement tôt ou tard, entre 2100 et 2150, bien que le changement climatique mondial (si rien n'est fait) puisse sans aucun doute accélérer le processus.

L'Organisation des Nations Unies pour l'alimentation et l'agriculture (FAO) fournit les estimations mondiales les plus complètes du couvert forestier tropical, en compilant les statistiques fournies par les agences forestières de chaque pays (FAO, 2009). Ces estimations sont toutefois loin d'être parfaites et sont souvent révisées au fur et à mesure que les méthodes d'enquête deviennent plus fiables. En outre, les définitions de «forêt» varient (par exemple, les plantations sont parfois incluses, ou ne le sont pas), il y a souvent un débat sur les limites d'une forêt, et les technologies d'information géographique sont en constante évolution. Selon une analyse des estimations de la FAO par Grainger (2008), entre 1980 et 2005, la superficie des forêts tropicales naturelles[1] à l'échelle planétaire a diminué de 19,7 à 17,7 millions de km^2 (**tableau 1.1**), soit une perte moyenne de près de 0,37% par an.

La disparition des **forêts primaires**[2] originelles est particulièrement préoccupante pour la conservation de la biodiversité[3]. A l'échelle mondiale[4], la FAO (2006) estime qu'une moyenne de 60.000 km^2 de forêt primaire est détruite ou fortement modifiée chaque année depuis 1990. Le Brésil et l'Indonésie, deux pays tropicaux, représentent à eux seuls 82% de cette disparition à l'échelle mondiale. En termes de disparition en pourcentage, le Nigéria et le Vietnam ont perdu plus de la moitié des restes de leur forêt primaire entre 2000 et 2005, tandis que le Cambodge a perdu 29% et le Sri Lanka et le Malawi ont chacun perdu 15% (FAO, 2006).

Tableau 1.1. **Couvert forestier tropical[1] constitué de forêts naturelles (million de km^2), 1980–2005 (une adaptation de Grainger (2008)).**

Région	1980[a]	1990[b]	2000[b]	2005[b]
Afrique	7, 03	6, 72	6, 28	6, 07
Asie-Pacifique	3, 37	3, 42	3, 12	2, 96
Amérique latine	9, 31	9, 34	8, 89	8, 65
Totaux	**19, 71**	**19, 48**	**18, 29**	**17, 68**

Sources: *Evaluations des ressources forestières mondiales de l'Organisation des Nations Unies pour l'alimentation et l'agriculture,* [a]**1981 et** [b]**2006. Une adaptation de Grainger (2008).**

[1] «Toute végétation ligneuse naturelle avec un couvert arboré >10%, à l'exclusion des plantations d'arbres, végétation arbustive, etc.»
[2] Forêts d'espèces indigènes, avec des processus écologiques intacts et n'ayant pas été sérieusement affectées par l'activité humaine.
[3] La biodiversité est la variété des formes de vie, y compris les gènes, les espèces et les écosystèmes (Wilson, 1992). Dans ce livre, nous utilisons ce terme pour désigner toutes les espèces qui composent naturellement la flore et la faune des forêts tropicales, à l'exclusion des espèces exotiques et domestiquées.
[4] A l'exclusion de la Russie.

La ligne de front de la déforestation tropicale — dans ce cas, pour l'établissement de plantations de palmier à huile en Asie du Sud-Est. Cette destruction massive est la cause principale de la crise de la biodiversité et contribue substantiellement au réchauffement climatique. (Photo: A. McRobb).

Bien que les estimations mondiales de la disparition des forêts tropicales puissent être problématiques, il existe de nombreux exemples bien documentés d'une déforestation grave et rapide au niveau régional. Par exemple, entre 1990 et 2000, l'île indonésienne de Sumatra a perdu 25, 6% de son couvert forestier (au moins 50 078 km^2 de forêt). L'ampleur de la destruction est bien illustrée sur Google Earth (http://www.sumatranforest.org/sumatranWide.php).

En Amazonie brésilienne, le couvert forestier a été réduit de 10% (377 108 km^2), depuis 1988. Environ 80% des pertes sont dues au défrichement de la forêt pour l'élevage du bétail. En outre, la construction des routes a également contribué à cette perte du couvert forestier. Toutefois, jusqu'à 30% des zones déboisées peuvent faire l'objet d'une régénération naturelle (Lucas *et al.*, 2000).

La disparition des forêts tropicales primaires et leur remplacement par des forêts secondaires sont susceptibles de continuer, malgré une plus grande prise de conscience de l'importance de la biodiversité forestière et de l'impact de la destruction des forêts sur l'environnement et le changement climatique. Par conséquent, même si la conservation des forêts primaires reste importante, la gestion de la régénération des forêts tropicales secondaires est en passe de devenir une question d'importance à l'échelle mondiale pour minimiser les pertes de biodiversité.

Déforestation dans l'Etat brésilien du Mato Grosso, à la suite du revêtement de la route BR 364 (forêt en rouge): à gauche, 1992, à droite 2006, (source: NASA Earth Laboratory).

Pourquoi les forêts tropicales sont-elles détruites?

La cause ultime de la destruction des forêts tropicales est qu'un nombre élevé de personnes exerce une très forte pression sur des terres qui sont limitées. L'ONU (2009) prévoit que la population humaine mondiale dépassera 9 milliards en 2050, (contre 7 milliards de personnes au moment de la rédaction de cet ouvrage); ce chiffre est en passe de dépasser la capacité estimée de près de 10 milliards d'habitants que la Terre peut supporter (Organisation des Nations Unies, 2001). Le sort des forêts tropicales et celui de la plupart d'autres écosystèmes naturels dépendent en dernier ressort de la maîtrise de la croissance de la population humaine et de la consommation.

Dans la plupart des pays tropicaux, la destruction des forêts commence habituellement par l'exploitation forestière. Celle-ci ouvre les zones forestières à travers la création des routes et, au fur et à mesure que la ressource bois s'épuise, les exploitants forestiers sont suivis par des ruraux sans terre à la recherche de terres agricoles. Les arbres restants sont abattus et remplacés par l'agriculture à petite échelle. Les petits exploitants peuvent d'abord pratiquer l'agriculture itinérante sur brûlis de faible intensité, par la suite des systèmes agricoles plus intensifs sont généralement adoptés avec l'augmentation de la population qui accroit la pression sur les terres. Comme la valeur des terres augmente, les petits agriculteurs vendent souvent aux grandes entreprises agro-alimentaires, tout en se déplaçant pour défricher la forêt ailleurs.

Cependant, l'exploitation forestière est maintenant de moins en moins la principale cause de la disparition de la forêt tropicale, une quantité plus importante de bois étant produite à partir des plantations. L'Asie-Pacifique montre la voie à suivre dans le domaine des plantations forestières, avec un total de 90 millions d'hectares de plantations pour la production de bois en 2005. Ainsi, bien que l'exploitation forestière ait toujours été une cause majeure de la déforestation tropicale, elle est désormais surclassée par la tendance exponentielle de la demande de terres agricoles, tirée par les marchés mondiaux (Butler, 2009).

En Afrique, plus de la moitié (59%) de la déforestation est réalisée par les familles créant de petites exploitations agricoles, tandis qu'en Amérique latine, la déforestation est le plus souvent (47%) le résultat de l'agriculture industrielle, provoquée par la demande mondiale de produits agricoles. En Asie, la conversion des forêts en petites exploitations agricoles, et le remplacement de l'agriculture itinérante par des pratiques agricoles plus intensives, représentent 13% et 23% de la déforestation, respectivement, tandis que l'agriculture industrielle, notamment les plantations de palmiers à huile et d'hévéa, représentent 29% (FAO, 2009).

La déforestation tropicale commence par l'exploitation forestière pour l'industrie du bois, mais plusieurs autres facteurs interviennent.

La fabrication du charbon de bois au Brésil. Le fait que plus de 80% de la population des pays en développement dépendent du charbon de bois pour la cuisson de leurs aliments contribue de manière significative à la dégradation des forêts. (Photo: A. McRobb).

Une forêt montagnarde a été détruite pour faire place aux plantations de thé à Likombe, au Cameroun (Photo: A. McRobb)

Paysage victime de surpâturage au nord-est du Brésil (Photo: A. McRobb)

Le développement des infrastructures, en particulier les routes et les barrages, peut également avoir un effet très destructeur sur les forêts tropicales. Bien qu'un tel développement affecte des surfaces boisées relativement petites, il ouvre des zones forestières à la colonisation et les fragmente, en isolant les petites populations fauniques dans des fragments forestiers en constante diminution.

Enfin, la mauvaise gouvernance est un facteur important qui permet la survenue de la déforestation. Bien que la plupart des pays aient des lois pour contrôler l'exploitation forestière, les services forestiers n'ont pas souvent le pouvoir et les ressources financières nécessaires pour les faire respecter. Par conséquent, dans de nombreux pays tropicaux, plus de la moitié du bois produit est extraite illégalement (Environmental Investigation Agency, 2008). Les fonctionnaires en charge des forêts sont souvent mal payés et sont donc facilement corrompus. Les communautés locales sont marginalisées dans le processus décisionnel et, de ce fait, n'éprouvent aucune motivation pour la gestion durable des forêts. Ainsi, le renforcement des institutions publiques, ainsi que l'autonomisation des communautés locales sont essentiels pour la survie des forêts tropicales de la planète.

1.2 Conséquences de la déforestation tropicale

Les effets désastreux de la destruction des forêts tropicales sont bien documentés depuis des décennies (Myers, 1992). Ce qui inquiète le plus, c'est la plus vaste extinction jamais enregistrée dans l'histoire géologique de la planète.

Quel est le volume de la perte de biodiversité?

Bien que les forêts tropicales ne couvrent actuellement qu'environ 13,5% de la superficie terrestre de la planète, elles abritent plus de la moitié des espèces végétales et animales terrestres de cette planète. Donc, il n'est pas surprenant que leur destruction soit à l'origine de la disparition d'une proportion substantielle du biote terrestre. Cependant, il est difficile d'avancer un chiffre précis sur la quantité exacte d'espèces susceptibles de mourir à cause de la déforestation tropicale, parce qu'il n'existe pas de liste définitive de toutes les espèces des forêts tropicales. Les vertébrés et les plantes vasculaires ont été assez bien identifiés et dénombrés, même si les découvertes de nouvelles espèces ne sont pas rares, rendant ainsi cette tâche certainement incomplète. Mais ce sont les petits animaux, en particulier les

Dans les années 1980, la pulvérisation des insecticides sur les insectes dans le couvert des forêts tropicales a commencé à montrer que la biodiversité de la Terre était beaucoup plus élevée que prévue et que la destruction des forêts tropicales constituait une menace majeure pour elle.

insectes et autres arthropodes, qui contribuent le plus à la biodiversité tropicale. Malheureusement, il n'y a pas assez de taxonomistes qui travaillent dans les régions tropicales pour identifier et recenser toutes ces derniers.

En remontant dans les années 1980, Terry Erwin dans ses travaux révélait déjà le nombre d'espèces d'arthropodes que l'on pourrait trouver dans les forêts tropicales. Erwin (1982) a étudié les communautés de coléoptères dans la cime d'arbres tropicaux. Il utilisa un nébulisateur insecticide, hissé dans les couronnes, pour abattre les insectes. Dans les couronnes d'arbres d'une seule espèce (*Luehea seemannii*), il trouva 1.100 espèces de coléoptères, dont environ 160 vivaient exclusivement sur cette essence. Puisque les coléoptères représentent environ 40% des espèces d'insectes, on peut estimer que la cime de *L. seemannii* supporte probablement autour de 400 espèces d'insectes spécialisés, avec 200 autres espèces vivant sur d'autres parties de l'arbre. Le nombre d'essences tropicales connues de la science est d'environ 50.000. Si chacune de ces espèces abritait un nombre d'espèces d'insectes spécialisés proche de celui de *L. seemannii*, alors les forêts tropicales de la planète pourraient contenir près de 30 millions d'espèces d'insectes.

Même si ce calcul se base sur de nombreuses hypothèses (encore en grande partie non vérifiées), et s'appuie sur un travail qui date de 30 ans, il demeure l'une des estimations les plus souvent citées de la biodiversité tropicale, ce qui est un triste reflet de l'état d'avancement de la taxonomie dans les forêts tropicales au cours des trois dernières décennies.

Une étude plus récente réalisée par Ødegaard (2008), qui a testé certaines des hypothèses d'Erwin, a laissé entendre que la faune mondiale d'arthropodes peut avoisiner 5 à 10 millions d'espèces.

Si le dénombrement des espèces existantes est problématique, alors le dénombrement de celles ayant disparu l'est encore plus. La survie d'une espèce est vérifiée à partir d'une seule observation, mais il est impossible d'être certain de l'extinction d'une espèce, car elle peut survivre où les biologistes n'ont pas encore visité. La redécouverte des espèces «disparues» a souvent lieu; aussi devons-nous nous appuyer sur la théorie biologique plutôt que sur le dénombrement direct d'espèces pour estimer les taux d'extinction.

Le modèle le plus largement appliqué est la courbe espèces-superficie, qui est dérivée du comptage des espèces dans des placettes d'échantillonnage consécutives, de taille égale. Au fur et à mesure que le nombre de parcelles d'échantillonnage augmente, le nombre cumulatif d'espèces découvertes augmente aussi. Dans un premier temps, l'augmentation est exponentielle, mais la courbe s'aplanit au fur et à mesure que l'on ajoute des parcelles d'échantillonnage supplémentaires, car moins d'espèces restent à découvrir. Le nombre de nouvelles espèces dans chaque placette d'échantillonnage ultérieure baisse finalement à zéro lorsque toutes les espèces ont été découvertes, et donc la courbe espèces-superficie atteint une asymptote supérieure.

Pour estimer les taux d'extinction, les courbes espèces-superficie sont utilisées en sens inverse pour répondre à la question: «Combien d'espèces vont-elles disparaître avec la réduction de la superficie d'un habitat?» Dans cette logique, Wilson (1992) estime qu'environ 27.000 espèces des forêts tropicales disparaissent chaque année sur la base des taux de destruction des forêts publiés et d'une courbe espèces-superficie, qui prévoit que le nombre d'espèces pourrait diminuer de 50% avec une réduction de 90% (**Figure 1.1**) de la superficie forestiére.

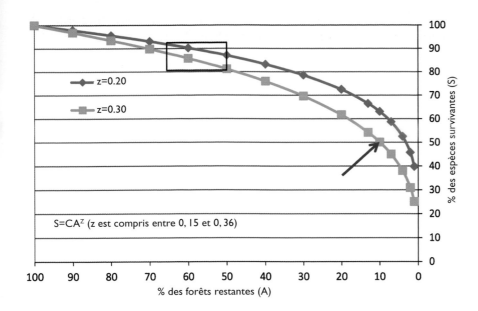

Figure 1.1. Malgré leurs failles, les modèles espèces-superficie contribuent encore à des prévisions de taux d'extinction. Pour les forêts tropicales, les valeurs du paramètre 'z' varient de 0,2 à 0,35 (à partir d'études empiriques). Une valeur de 0,3 prévoit une baisse de 50% de la biodiversité avec 90% de disparition de forêts (flèche). Le rectangle indique une perte de 8–20% des espèces tropicales depuis l'époque préindustrielle (en supposant une réduction de 35–50% du couvert forestier tropical).

Wright et Muller-Landau (2006) ont également intégré les relations espèces-superficie dans leur analyse des extinctions d'espèces tropicales. Ils ont également démontré une relation négative entre la densité de la population humaine, en particulier dans les zones rurales, et le couvert forestier. Ces auteurs prévoient la perte continue de forêts primaires pour l'exploitation du bois, mais entrevoient une baisse de la densité de la population rurale dans les pays tropicaux à l'horizon 2030, ce qui entraînerait la régénération des forêts secondaires sur les terres abandonnées. Par conséquent, ils prévoient peu de changements dans le couvert forestier global au cours des 20 prochaines années, même si la plupart des forêts primaires seront remplacées par des forêts secondaires, ces dernières offrant un refuge à la plupart des espèces des forêts tropicales[5]. En appliquant les relations espèces-superficie à ce scénario, les auteurs prévoient des extinctions d'espèces de 21–24% en Asie, 16–35% en Afrique et «beaucoup moins» en Amérique latine d'ici à 2030.

Ces projections posent plusieurs problèmes. Le premier est que les relations espèces-superficie sont basées sur la superficie totale du couvert forestier restant, plutôt que sur la taille des fragments forestiers individuels. Si le couvert forestier total d'un pays est élevé, mais que la forêt est très fragmentée, chaque fragment pourrait ne pas être assez grand pour supporter des populations végétales et animales viables. Dans cette situation, la consanguinité va progressivement éliminer chaque petite population, fragment par fragment, et avec la disparition des espèces, le réseau de relations entre espèces qui est vital pour le maintien de la biodiversité des forêts tropicales sera défait. Perdant leurs pollinisateurs ou disséminateurs de graines, les plantes ne parviendront plus à se reproduire, et avec la disparition des «espèces clé de voûte», une cascade d'extinctions réduira la riche biodiversité des forêts tropicales à quelques espèces communes de mauvaises herbes prédominantes dans le paysage. Ainsi, ce n'est pas seulement le taux global de déforestation qui entraîne l'extinction, mais aussi le degré de fragmentation de la forêt restante.

Un autre problème est l'hypothèse de Wright et Muller-Landau selon laquelle les forêts tropicales secondaires fourniront un refuge aux espèces des forêts primaires (Gardner *et al.*, 2007), en particulier si ces zones sont séparées par de vastes étendues de terres agricoles, sur lesquelles la plupart des espèces des forêts primaires ne peuvent se déplacer. Autrement dit, le problème peut avoir plus trait à la fragmentation des forêts qu'au simple fait de savoir si une forêt est «secondaire» ou «primaire». Et enfin, leur analyse ne tient pas compte des effets de la chasse et du changement climatique mondial sur les extinctions d'espèces.

[5] En Asie, la forêt secondaire fragmentée couvre déjà une superficie supérieure à la forêt primaire (Silk, 2005).

Juste quelques-unes des nombreuses espèces animales tropicales menacées d'extinction en raison principalement de la déforestation.

Le spectaculaire cercopithèque diane noir et blanc (*Cercopithecus diana*) a été dangereusement menacé d'extinction par la conversion des forêts d'Afrique de l'Ouest en terres agricoles. La chasse met désormais en danger les quelques animaux restants.

Le lézard de forêt inerme (*Calotes liocephalus*) est endémique à la forêt tropicale humide de montagne au Sri Lanka. Elle est menacée par la destruction de l'habitat et la fragmentation due à la culture de la cardamome, à l'élevage d'herbivores, et à l'exploitation forestière.

Le chat à tête plate (*Prionailurus planiceps*) est en voie de disparition en Indonésie et en Malaisie, en raison principalement de la conversion de son habitat dans les forêts tropicales de plaine en plantations de palmiers à huile.

Le tamarin lion doré (*Leontopithecus rosalia*) est endémique aux forêts côtières de basse altitude de Rio de Janeiro. Il est l'une des espèces les plus menacées d'extinction des types de forêts tropicales. Désormais réduite à moins de 1000 individus, l'espèce continue d'être menacée d'extinction en dépit d'un programme de rétablissement.

Le hocco mitou (*Mitu mitu*) est disparu à l'état sauvage en raison de la destruction des forêts primaires de plaine au Brésil. Par conséquent, cet écosystème forestier a perdu un important agent de dissémination de graines. Deux populations captives restent le seul espoir de survie de cette espèce.

La brève de Gurney (*Pitta gurneyi*) a déjà été déclarée disparue en raison de la conversion des forêts tropicales sempervirentes de plaine de la Thaïlande et de la Birmanie en plantations d'hévéa et de palmiers à huile. Sa redécouverte en 1986 a été suivie par des efforts frénétiques pour protéger, restaurer et «défragmenter» les minuscules parcelles de forêt sur le site de la redécouverte. www.birdlife.org/news/features/2003/06/gurneys_pitta_stronghold.html

Bien qu'une perte comprise entre un quart et un tiers de la biodiversité tropicale au cours des 20 prochaines années soit grave, de nombreux scientifiques affirment que Wright et Muller-Landau avaient sous-estimé l'extinction des espèces dans les régions tropicales. La montée en puissance de l'agriculture et des plantations industrielles, comme principale cause de la déforestation tropicale, peut invalider la relation entre la population humaine et la déforestation. L'exploitation bovine, les plantations d'arbres et la production de biocarburants augmentent souvent la déforestation, tout en réduisant simultanément la densité de population humaine.

De toute évidence, un meilleur modèle est nécessaire pour les estimations de taux d'extinction, mais l'élaboration des prévisions de plus en plus précises de l'extinction des espèces ne résoudra pas le problème. Dans un monde où les forêts tropicales secondaires remplaceront en grande partie les forêts primaires, la survie de la plupart des espèces dépendra de l'assurance que les forêts secondaires se développent bien, supportent le rétablissement rapide de la biodiversité et sont bien connectées, afin de devenir écologiquement semblables à des forêts primaires dans les plus brefs délais. La science de la restauration de la forêt tropicale peut certainement aider dans ce processus.

Contribution de la déforestation tropicale au changement climatique mondial

La déforestation contribue de manière significative au changement climatique mondial. Le dioxyde de carbone (CO_2) libéré par le défrichement ou le brûlage des forêts tropicales contribue actuellement à près de 15% des émissions totales de CO_2 dans l'atmosphère provenant des activités humaines (Union of Concerned Scientists, 2009). Le reste provient de la combustion de combustibles fossiles. Dans plusieurs pays, la déforestation et la dégradation sont les principales sources d'émissions de CO_2, le Brésil et l'Indonésie représentant à eux deux près de la moitié des émissions mondiales de CO_2 dues à la déforestation tropicale (Boucher, 2008).

Les forêts tropicales stockent 17% du total de carbone contenu dans l'ensemble de la végétation terrestre de la planète. La moyenne pantropicale s'établit à près de 240 tonnes de carbone stockées par hectare de forêt, réparties plus ou moins à parts égales entre les arbres et les sols (GIEC, 2000). Les forêts tropicales sèches stockent moins que cette moyenne, tandis que les forêts tropicales humides stockent plus. Par contre, les terres cultivées ne stockent, en moyenne, que 80 tonnes de carbone par hectare (la quasi-totalité de celui-ci dans le sol). Ainsi, en moyenne, le défrichement d'1 ha de forêt tropicale pour l'agriculture émet environ 160 tonnes nettes de carbone, tout en réduisant l'absorption du carbone, dans l'avenir, par la diminution du puits de carbone mondial. En outre, l'agriculture (en particulier la culture du riz et l'élevage de bétail) libère souvent des quantités importantes de méthane, dont la capacité à retenir la chaleur dans l'atmosphère est 20 fois supérieure à celle du CO_2.

Ces faits montrent que, si la destruction des forêts tropicales contribue de manière significative au changement climatique mondial, la restauration des forêts pourrait être une partie importante de la solution.

Déforestation et ressources hydriques

Les forêts tropicales produisent d'énormes quantités de feuilles mortes, ce qui entraîne des sols riches en matière organique qui sont capables de stocker de grandes quantités d'eau par unité de volume. Ces sols se gorgent d'eau pendant la saison des pluies, en aidant à réalimenter les nappes phréatiques, et faisant ainsi en sorte que l'eau soit libérée lentement pendant la saison sèche. La déforestation entraîne l'augmentation de la quantité totale des eaux de pluie collectées à partir d'un bassin versant (car les arbres qui rejettent de l'eau à travers leurs feuilles sont enlevés), mais cette augmentation devient souvent plus saisonnière. Sans l'apport des feuilles mortes dans le sol et les racines d'arbres pour réduire l'érosion des sols, la couche arable qui a une capacité d'absorption est rapidement emportée. Le compactage du sol (résultant d'une exposition à des

La déforestation peut entraîner le tarissement des sources d'eau pendant la saison sèche, comme illustré ici dans le nord-est du Brésil.

précipitations intenses), la disparition de la faune du sol, le surpâturage et la construction de routes réduisent, tous, l'infiltration des eaux de pluie dans le sol et la reconstitution des nappes phréatiques. Ainsi, en saison des pluies, les tempêtes entraînent des déferlements d'eau rapides à partir du bassin versant, causant parfois des inondations. Inversement, en saison sèche, la quantité d'eau retenue dans le bassin versant est insuffisante pour maintenir le débit. Les cours d'eau s'assèchent et la production agricole en saison sèche baisse (Bruijnzeel, 2004).

La déforestation augmente considérablement l'érosion des sols, en particulier lorsque le sous-étage et la couche de litière sont endommagés (Douglas, 1996; Wiersum, 1984). Cela provoque l'envasement des ruisseaux, des rivières et des bassins, ce qui réduit la durée de vie des systèmes d'irrigation qui jouent un rôle crucial dans l'agriculture en aval.

Effets de la déforestation sur les communautés

Les personnes vivant à proximité des forêts sont les premières à être touchées par la déforestation, en perdant les avantages environnementaux décrits ci-dessus, ainsi que les aliments, les médicaments, les combustibles et les matériaux de construction.

Des millions de personnes vivant dans les forêts dépendent des produits forestiers pour leur subsistance. En cas de nécessité, la cueillette ou la vente de ces produits fournit un filet de sécurité aux ruraux pauvres (Ros-Tonen & Wiersum, 2003). Pour quelques-uns, le commerce des produits forestiers fournit d'importants revenus monétaires réguliers, bien que des problèmes liés à la commercialisation et aux modes de vie en mutation aient limité le développement de ce commerce (Pfund & Robinson, 2005).

Cependant, parce que la plupart des produits forestiers ne sont pas achetés ou vendus sur les marchés, leur valeur n'est pas prise en compte dans les indices de développement économique, tels que le produit intérieur brut (PIB). Ainsi, leur importance est souvent négligée par les décideurs, qui sacrifient les forêts pour la conversion à d'autres usages. Par conséquent, la pauvreté s'aggrave lorsque les populations locales sont obligées de dépenser de l'argent pour acheter des produits de substitution aux produits forestiers perdus. Paradoxalement, ces opérations sont prises en compte dans le PIB, ce qui donne une fausse impression de la croissance économique.

1.3 Qu'entend-on par restauration des forêts?

Le reboisement et la restauration des forêts ne renvoient pas toujours à la même chose

Le terme «reboisement» a différentes significations selon les personnes (Lamb, 2011) et il peut avoir trait à des actions qui permettent de retourner tout type d'espaces à un espace boisé. L'agroforesterie, la foresterie communautaire, la plantation forestière, etc. constituent, toutes, des types de «reboisement». Sous les tropiques, les plantations d'arbres sont la forme la plus répandue de reboisement. Les plantations monoculturales (espèces souvent exotiques) de même âge pourraient s'avérer nécessaires pour répondre à la demande économique de produits ligneux et pour lever la pression sur les forêts naturelles. Elles ne peuvent pas, cependant, fournir aux populations locales les divers produits forestiers et services écologiques dont elles ont besoin; elles ne peuvent non plus fournir la gamme d'habitats pour toutes les espèces végétales et animales qui habitaient autrefois les écosystèmes forestiers qu'elles remplacent.

La restauration des forêts est une forme spécialisée de reboisement, mais, contrairement aux plantations industrielles, elle a pour objectifs le rétablissement de la biodiversité[6] et la protection de l'environnement. La définition de la restauration des forêts utilisée dans ce livre est la suivante:

… **«Actions visant à rétablir les processus écologiques, qui accélèrent le rétablissement des niveaux de la structure forestière, du fonctionnement écologique et de la biodiversité pour atteindre ceux typiques de la forêt climacique»** …

… c'est-à-dire le stade ultime de la succession forestière naturelle — des écosystèmes relativement stables qui ont développé la biomasse maximale, la complexité structurelle et la diversité des espèces possibles dans les limites imposées par le climat et le sol et sans perturbation continue de l'homme (voir **Section 2.2**). Cela représente l'*écosystème cible* visé par la restauration des forêts.

Le climat étant un facteur important dans la détermination de la composition de la forêt climacique, les changements climatiques peuvent modifier le type de forêt climacique dans certaines zones et pourraient donc changer le but de la restauration (voir **Sections 2.3** et **4.2**).

La restauration des forêts peut comprendre la protection passive de la végétation restante (voir **Section 5.1**) ou des interventions plus actives pour accélérer la régénération naturelle (RNA, voir **Section 5.2**), ainsi que la plantation d'arbres (voir **Chapitre 7**) et/ou le semis de graines (ensemencement direct) des essences qui sont représentatives de l'écosystème cible. Les essences qui sont plantées (ou dont la plantation est encouragée) devraient être typiques dans l'écosystème cible, ou y assurer une fonction écologique vitale. Partout où les gens vivent soit à l'intérieur soit à proximité d'un site de restauration, les essences économiques peuvent être intégrées parmi celles plantées afin de fournir des produits de subsistance ou générateurs de revenus.

La restauration des forêts est un processus inclusif qui encourage la collaboration entre un large éventail de parties prenantes comprenant les populations locales, des représentants des pouvoirs publics, des organisations non gouvernementales, des scientifiques et des organismes de financement. Son succès se mesure par l'augmentation de la diversité biologique, de la biomasse, de la productivité primaire, de la matière organique du sol et de sa capacité de rétention de l'eau, ainsi que par le retour d'espèces rares et importantes qui sont

---

[6] Tout au long de ce livre, «le rétablissement de la biodiversité» renvoie à la recolonisation d'un site par les espèces végétales et animales qui habitaient à l'origine l'écosystème de la forêt climacique. Il exclut les espèces exotiques et les espèces domestiquées.

caractéristiques de l'écosystème cible (Elliott, 2000). Les indices économiques de la réussite peuvent comprendre la valeur des produits forestiers et les services écologiques générés (par exemple, la protection des bassins versants et le stockage du carbone, etc), qui en fin de compte contribuent à la réduction de la pauvreté.

Où est-ce que la restauration des forêts est appropriée?

La restauration des forêts est appropriée partout où le rétablissement de la biodiversité constitue l'un des principaux objectifs du reboisement, que ce soit pour la conservation de la faune, la protection de l'environnement, l'écotourisme ou pour fournir un large éventail de produits forestiers aux communautés locales. Les forêts peuvent être restaurées dans diverses circonstances, mais les sites dégradés dans les aires protégées sont une priorité majeure, en particulier là où une certaine forêt climacique reste comme source de semences. Même dans les aires protégées, il y a souvent de grands sites déboisés: faisant l'objet de l'exploitation forestière sur des superficies ou des sites anciennement défrichés pour l'agriculture. Pour que les aires protégées assurent leur fonction de derniers refuges de la faune terrestre, la restauration de ces aires doit systématiquement figurer dans leurs plans de gestion.

Mais la faune n'est pas la seule considération. De nombreux projets de restauration sont actuellement mis en œuvre sous l'égide de la «restauration des paysages forestiers» (RPF; voir **Section 4.3**), définie comme un «processus planifié, qui vise à rétablir l'intégrité écologique et à améliorer le bien-être des êtres humains dans des paysages déboisés ou dégradés». La RPF reconnaît que la restauration des forêts peut également assurer des fonctions sociales et économiques. Elle vise à atteindre le meilleur compromis possible entre l'atteinte des objectifs de conservation et la satisfaction des besoins des communautés rurales. Avec la montée de la pression humaine sur les paysages, la restauration des forêts sera le plus souvent pratiquée dans le cadre de plusieurs autres formes de gestion des forêts, ceci pour répondre aux besoins économiques des populations locales.

La plantation d'arbres est-elle essentielle pour restaurer les écosystèmes forestiers?

Pas toujours. On peut réaliser beaucoup de choses en étudiant comment les forêts se régénèrent (voir **Section 2.2**), en identifiant les facteurs qui limitent la régénération et en élaborant des méthodes pour les surmonter. Il peut s'agir de désherber et d'ajouter des engrais autour des jeunes plants d'arbres naturels, de prévenir les incendies, de déplacer le bétail et ainsi de suite. Il s'agit de la régénération naturelle «accélérée» ou «assistée» (RNA, voir **Section 5.2**). Cette stratégie est simple et rentable, mais elle ne peut fonctionner que surtout là où les espèces pionnières sont déjà présentes. Ces espèces pionnières ne représentent qu'une petite portion de l'ensemble des espèces d'arbres qui composent les forêts tropicales climaciques. Par conséquent, pour un rétablissement complet de la biodiversité, la plantation de certaines espèces est souvent nécessaire, en particulier celles à grosses graines mal dispersées. Il n'est pas possible de planter l'ensemble de la multitude d'espèces d'arbres qui peuvent avoir existé dans la forêt tropicale primaire d'origine et, heureusement, ce n'est généralement pas nécessaire si la méthode des espèces «framework» est utilisée.

La méthode des espèces «framework»

La plantation de quelques espèces d'arbres soigneusement sélectionnées peut rapidement rétablir les écosystèmes forestiers riches en biodiversité. D'abord élaborée dans le Queensland, en Australie (Goosem & Tucker, 1995; Lamb *et al.*, 1997;. Tucker & Murphy, 1997; Tucker, 2000; voir **Encadré 3.1**), la méthode des espèces «framework», c'est-à-dire les espèces cadres, implique la

Dans les années 1980, les organisations de protection de la nature avaient prévenu que, une fois détruites, les forêts tropicales ne pourraient jamais être rétablies. Les recherches effectuées sur la restauration au cours des trente années sont en train de contester cette vérité acceptée de longue date.

(a) Ce site dans le parc national de Doi Suthep-Pui, au nord de la Thaïlande, a été déboisé, surcultivé et ensuite brûlé, mais les populations locales ont, par la suite, collaboré avec l'Université Chiang Mai pour réparer leur bassin versant.

(b) La prévention des incendies, l'entretien de la régénération existante et la plantation des essences «framework» ont commencé à produire des résultats un an après.

(c) Neuf ans plus tard, la souche d'arbre noircie est éclipsée par la forêt restaurée.

plantation de mélanges de 20 à 30 essences forestières qui rétablissent rapidement la structure de la forêt et le fonctionnement de l'écosystème (voir **Section 5.3**). Les animaux sauvages, attirés par les arbres plantés, dispersent les graines d'autres espèces d'arbres dans les zones plantées, tandis que les conditions plus froides, plus humides et exemptes de mauvaises herbes, créées par les arbres plantés, favorisent la germination des graines et la prise des plantules. D'excellents résultats ont été obtenus grâce à cette technique en Australie (Tucker & Murphy, 1997) et en Thaïlande (FORRU, 2006).

Limites de la restauration des forêts

«Les forêts tropicales, une fois détruites, ne peuvent jamais être rétablies» — tel fut l'appel de clairon des organisations de protection de la nature il y a 30 ans, lors de la collecte de fonds pour des projets de protection des forêts tropicales. Bien que la science ait enregistré beaucoup de progrès en matière de restauration au cours des années qui ont suivi, la protection des zones restantes de la forêt tropicale primaire, en tant que «berceaux de l'évolution», doit rester la principale priorité en matière de conservation à l'échelle mondiale dans la recherche des voies et moyens pour réduire la perte de la biodiversité. Bien que certains attributs de forêts primaires puissent maintenant être restaurés, leur longue histoire ininterrompue de l'évolution des espèces ne peut pas l'être. Une fois que les espèces qui sont les plus sensibles à la perturbation de la forêt ont disparu, aucun effort de restauration de l'habitat ne peut les rétablir. En outre, la restauration est coûteuse et laborieuse, et le résultat ne saurait être garanti, de sorte que les progrès enregistrés dans les techniques de restauration ne peuvent pas être utilisés pour soutenir la politique de gestion forestière qui consiste à «détruire maintenant — restaurer plus tard».

1.4 Les avantages de la restauration des forêts

Des techniques fiables sont essentielles pour la réussite de la restauration des forêts, mais leur impact est insignifiant sans le soutien, la motivation et les efforts des communautés locales. Les populations locales sont les plus grands bénéficiaires des services environnementaux et des produits forestiers qui résultent de la restauration des forêts, mais elles supportent également les coûts les plus élevés en termes de cession des terres potentiellement productives. Leur participation est assurée seulement quand elles sont pleinement conscientes de tous les avantages et convaincues qu'elles en recevront leur juste part.

De nombreuses études ont quantifié les valeurs des forêts tropicales (www.teebweb.org/), mais ces valeurs ne sont réalisées que lorsque quelqu'un est prêt à en payer le prix. Les politiciens, les décideurs et les hommes d'affaires continuent d'ignorer la valeur des forêts tropicales sauf si de telles valeurs contribuent aux indices de croissance économique. Divers mécanismes d'évaluation sont en cours d'élaboration qui peuvent récompenser équitablement tous ceux qui investissent leurs efforts dans la restauration des forêts. Le commerce du carbone est probablement le plus avancé de ces mécanismes, mais les paiements pour l'approvisionnement en eau, les programmes de compensation pour la biodiversité et la génération de revenus provenant de l'écotourisme et du commerce des produits forestiers sont aussi désormais de plus en plus acceptés.

La valeur marchande de la biodiversité

L'un des moyens les plus évidents d'évaluer une forêt tropicale est de calculer le coût total de la substitution des produits extraits des forêts par les populations locales. Par exemple, si les villageois perdent leur source de bois de chauffage en raison de la déforestation et achètent des bonbonnes de gaz sur le marché, la valeur de substitution du bois de chauffage est le prix payé pour le gaz. C'est donc une mesure de la valeur de la forêt. Fait intéressant, la perte du bois de chauffage n'a pas d'effet sur le PIB (comme il n'est généralement pas acheté ou vendu), mais l'achat de gaz, lui, contribue au PIB. De cette façon, la déforestation semble accroître la prospérité nationale, malgré l'appauvrissement des villageois. La restauration de la forêt inverse ce paradoxe. La restauration de la source des produits forestiers pour les communautés constitue une motivation importante pour les populations locales pour planter des arbres. Elle est une valeur directement mesurable de la restauration des forêts.

La valeur des produits forestiers tropicaux peut être calculée à partir des prix du marché et des volumes vendus. Au moins 150 différents produits forestiers, dont le rotin, le bambou, les noix, les huiles essentielles et les produits pharmaceutiques, sont commercialisés au niveau international, en contribuant à au moins 4,7 milliards de dollars US/an à l'économie mondiale. La restauration forestière pourrait jouer un rôle important dans la satisfaction de la demande croissante de

Produits forestiers

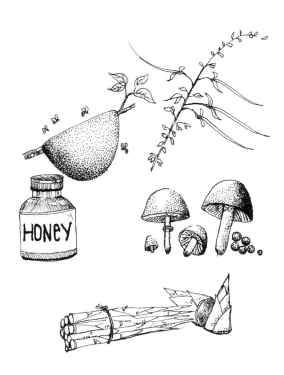

Préparation pour accueillir les écotouristes. Au projet Himmapaan, une pépinière et un centre d'exposition ont été construits spécifiquement pour impliquer les clients de l'éco-tourisme dans les activités de restauration des forêts. Les éco-guides sont bien formés aux techniques de restauration, prêts à guider leurs clients par le biais des techniques de pépinière et de terrain.

ces produits, tout en générant des revenus pour les communautés locales. L'approvisionnement en ces produits peut être intégrée dans la conception de projets de restauration forestière, soit en plantant des essences économiques appropriées ou en créant des conditions qui favorisent leur colonisation naturelle de la forêt restaurée. Bien sûr, les revenus provenant de l'extraction des produits forestiers ne peuvent être maintenus que si ces produits sont récoltés de manière durable[7] et les avantages répartis équitablement entre les membres de la communauté. Cependant, un tel scénario est plus susceptible de survenir dans les forêts dont la restauration a été l'œuvre des villageois que dans les forêts naturelles, où de telles ressources sont considérées comme «gratuites». La «Rainforestation», méthode de restauration élaborée aux Philippines, est peut-être l'approche la plus connue pour l'intégration des produits forestiers dans les projets de restauration des forêts (www.rainforestation.ph) (voir **Encadré 5.3**).

Les revenus de l'écotourisme sont une autre façon d'apprécier le retour de la biodiversité résultant de la restauration des forêts. Par exemple, la Harapan[8] Rainforest Initiative en Indonésie, dirigée par une coalition d'associations de protection de la nature[9], vise à restaurer plus de 1.000 km² de la forêt tropicale de Sumatra pour la conservation de la faune et la génération des financements pour ce projet en créant une destination écotouristique unique. En revanche, les éco-companies[10] et les villageois dans le nord de la Thaïlande ont mis en place un projet de restauration des forêts, la Himmapaan[11] Foundation, pour impliquer leurs clients dans la récolte des graines, en travaillant dans la pépinière du projet, en plantant et en prenant soin des arbres dans les sites restaurés.

Les marchés internationaux qui mettent en valeur la biodiversité dans son ensemble sont également en cours de développement. Dans certains pays, la destruction de la biodiversité par le développement doit être suivie par le rétablissement d'une biodiversité équivalente ailleurs. C'est ce qu'on appelle «compensation pour la biodiversité» ou «bio-banques». Les porteurs de projets achètent des crédits carbone qui sont générés par des projets de conservation qui rétablissent ou améliorent la biodiversité. Par exemple, une société minière, qui détruit 100 hectares de forêt tropicale à un endroit donné, paie le coût total de la restauration d'une superficie égale avec la même biodiversité ailleurs. De tels projets pourraient financer la restauration des forêts, mais ils sont très controversés. Acheter le «droit de détruire la biodiversité» est moralement discutable. De par sa nature, la biodiversité n'est pas un produit uniforme (comme le carbone).

[7] C'est-à-dire que la quantité récoltée par an ne dépasse pas la productivité annuelle.

[8] «Espoir» en indonésien.

[9] Burung Indonésie, Birdlife International, la Société royale pour la protection des oiseaux et autres www.birdlife.org./action/ground/sumatra/harapan_vision.html).

[10] East West Siam Travel, Asian Oasis, Gebeco et Travel Indochina.

[11] Une forêt mythique dans les cultures orientales, l'équivalent du Jardin d'Eden. http://himmapaan.com.

Pour les forêts tropicales extrêmement diverses, il est impossible de garantir le rétablissement de *toutes* les espèces touchées par un projet de développement sur un autre site, quels que soient les fonds qui y sont investis. Ainsi, tandis que le parrainage de la restauration des forêts est louable, la compensation des atteintes à la biodiversité sous sa forme actuelle reste une valeur de conservation discutable.

La valeur en stockage du carbone

Les forêts tropicales absorbent plus de CO_2 par la photosynthèse qu'elles n'en émettent par la respiration. Des recherches récentes ont quantifié ce «puits» à environ 1,3 gigatonnes de carbone (GtC) par an (Lewis *et al.*, 2009), l'équivalent de 16,6% des émissions de carbone provenant de l'industrie du ciment et de la combustion de combustibles fossiles[12] et contribuant à 60% du puits alimenté par l'ensemble de la végétation terrestre de la planète. En Afrique, les forêts tropicales absorbent en réalité plus de carbone que ce qui est rejeté par les émissions de combustibles fossiles (Lewis *et al.*, 2009). Avec l'accroissement de la concentration de CO_2 dans l'atmosphère, les forêts tropicales pourraient devenir encore plus efficaces dans l'absorption de CO_2, de fortes concentrations de CO_2 stimulant la photosynthèse. On ne saurait avoir recours aux forêts tropicales pour résoudre le problème du changement climatique mondial, mais elles peuvent aider à le ralentir suffisamment pour fournir le temps nécessaire pour passer radicalement d'une économie mondiale basée sur le carbone à une économie sans émission nette de carbone.

Le commerce de crédits de carbone pourrait transformer le potentiel de stockage de carbone des projets de restauration des forêts en argent comptant. L'idée semble simple. Le dioxyde de carbone est le gaz à effet de serre le plus important. Les centrales électriques qui brûlent du charbon ou du pétrole libèrent le CO_2 dans l'atmosphère, tandis que les forêts tropicales l'absorbent. Donc, si une compagnie d'électricité paie pour la restauration des forêts, elle pourrait continuer à émettre du CO_2 sans pour autant augmenter la concentration du CO_2 dans l'atmosphère. Une entreprise qui achète des crédits carbone achète le droit d'émettre une certaine quantité de CO_2. L'argent payé pour ces crédits de carbone pourrait alors servir à financer la restauration des forêts, augmentant ainsi la capacité du puits de carbone planétaire. Les crédits de carbone sont vendus, comme les valeurs mobilières. Donc, leurs prix peuvent augmenter ou baisser en fonction de la demande. Il en existe deux types:

- Les crédits de conformité sont achetés par les sociétés et les gouvernements afin de répondre à leurs obligations internationales en vertu du Protocole de Kyoto, compensant ainsi une partie du carbone qu'ils émettent. Le Mécanisme de Développement Propre (MDP) du protocole achemine les fonds qui lui sont versés vers les projets qui absorbent le CO_2 ou en réduisent les émissions.

- Les crédits volontaires sont achetés par des individus ou des organisations qui cherchent à réduire leur «empreinte carbone». Le marché volontaire est réduit par rapport à celui de conformité et les crédits volontaires sont moins chers car les projets pour lesquels ils sont achetés n'ont pas l'obligation de remplir les exigences du MDP.

À l'heure actuelle, peu de projets de restauration des forêts ont été approuvés pour un soutien au titre du MDP, car il est difficile de mesurer la quantité de carbone stocké dans les forêts, qui ont des taux de croissance très variables et qui pourraient facilement brûler ou se dégrader. En outre, les crédits pourraient encourager l'établissement de plantations d'arbres à croissance rapide sur de grandes surfaces, entrainant ainsi une délocalisation des populations locales. Ainsi, plusieurs obstacles doivent être surmontés avant que les crédits de conformité ne puissent générer des revenus pour les projets de restauration des forêts.

Le principe du volontariat, cependant, se révèle être couronné de plus de succès. Partout dans le monde, les sociétés parrainent la plantation d'arbres, en partie pour compenser leur empreinte carbone, mais aussi pour promouvoir une image plus propre, plus verte. Le défi consiste à s'assurer

---

[12] 7,8 GtC par an, à partir de 2005, en hausse de 3% par an (Marland *et al.*, 2006).

que le résultat de tels projets aille au-delà du simple stockage du carbone par la restauration des écosystèmes forestiers riches en biodiversité qui offrent la gamme complète de produits et de services environnementaux, tant aux populations locales qu'à la faune.

Un autre programme international qui mérite d'être signalé ici est REDD+, qui signifie «Réduction des Emissions dues à la Déforestation et à la Dégradation des forêts». Il s'agit d'un ensemble de politiques et d'incitations en cours d'élaboration en vertu de la Convention-Cadre des Nations Unies sur les Changements Climatiques (CCNUCC) pour réduire les émissions de CO_2 provenant du défrichement et du brûlage des forêts tropicales. Le concept a récemment été élargi afin d'inclure le «renforcement des stocks de carbone», c'est-à-dire la restauration des forêts pour augmenter réellement l'absorption du CO_2[13]. Une fois établi, ce cadre international prévoira les mécanismes de financement et de suivi approuvés, tant pour les projets de conservation des forêts que pour les projets de restauration forestière qui améliorent le «puits» forestier mondial net pour le CO_2, tout en conservant la biodiversité et en bénéficiant aux populations locales. Le financement devrait provenir à la fois des marchés du crédit de carbone établis et des fonds internationaux spécialement créés, mais aucun accord international formel n'a encore été signé. Le succès de REDD+ dépendra également des améliorations considérables en matière de gouvernance forestière, ainsi que du renforcement des capacités à tous les niveaux, des villageois aux décideurs. Malgré ces défis, plusieurs projets REDD+ pilotes sont déjà en cours, desquels des enseignements précieux seront sans doute tirés pour le développement futur du programme.

Ruisseau traversant la forêt en Thaïlande.

Qu'en est-il de l'eau?

Dans de nombreux pays tropicaux, l'approvisionnement en eau potable dépend de la conservation des bassins versants. Le sol riche en matière organique sous les forêts fournit un mécanisme de stockage naturel et un filtre naturel, qui maintiennent les flux d'eau en saison sèche et empêchent l'envasement des infrastructures hydrauliques (Bruijnzeel, 2004). Le maintien du couvert forestier entraîne un coût (c'est-à-dire les terres agricoles sacrifiées) pour les personnes qui vivent dans les bassins versants, mais profite aux agriculteurs et aux citadins en aval. Pour garantir l'approvisionnement en eau potable, par conséquent, certaines entreprises de fourniture d'eau ont mis au point des mécanismes originaux pour financer la conservation des forêts. Par exemple, la Société des services publics de Heredia, au Costa Rica, intègre dans la facture de ses clients un supplément de 10 cents américains par mètre cube d'eau consommé. Cet argent est versé aux parcs forestiers publics et à des propriétaires fonciers pour protéger ou restaurer les forêts à un taux de 110 dollars américains/ha/an (Gamez, non daté). En fait, le Costa Rica est le leader mondial en matière de paiements pour services environnementaux (PSE). Le programme national PSE de ce pays, financé principalement à partir d'une taxe sur le carburant, paie des propriétaires forestiers pour quatre services environnementaux groupés (la protection des bassins versants, le stockage du carbone, la beauté du paysage et la biodiversité). En 9 ans, il a versé 110 millions de dollars américains à 6.000 propriétaires de plus de 5.000 km^2 de forêt (Rodriguez, 2005).

[13] www.scribd.com/doc/23533826/Decoding-REDD-RESTORATION-IN-REDD-Forest-Restoration-for-Enhancing-Carbon-Stocks

La valeur des forêts tropicales

Si *toutes* les valeurs forestières étaient commercialisées et payées, la restauration des forêts pourrait devenir plus rentable que d'autres utilisations des terres. L'étude de L'économie des Écosystèmes et de la Biodiversité (TEEB) [14] a estimé la valeur totale moyenne de tous les services écosystémiques des forêts tropicales à plus de 6.000 dollars américains/ha/an (**Tableau 1.2**), ce qui est plus rentable que l'huile de palme. La pertinence du modèle économique de restauration des forêts réside dans le fait qu'il génère une gamme variée de sources de revenus qui sont répartis entre de nombreuses parties prenantes. Donc, si le prix du marché d'un service ou d'un produit baisse, un autre peut être mis au point pour maintenir la rentabilité globale. La restauration des forêts n'est plus seulement une chimère d'écologistes; elle pourrait très bien devenir une industrie mondiale très lucrative.

Tableau 1.2. Valeurs moyennes des services écosystémiques de la forêt tropicale (TEEB, 2009).

	Valeur moyenne ($US/ha/an)	Nbre d'études
Services d'approvisionnement		
Aliments	75	19
Eau	143	3
Autres matières premières	431	26
Ressources génétiques	483	4
Ressources médicinales	181	4
Services de régulation		
Qualité de l'eau	230	2
Régulation du climat	1.965	10
Régulation du débit d'eau	1.360	6
Traitement des déchets/purification de l'eau	177	6
Prévention de l'érosion	694	9
Services culturels		
Loisirs et tourisme	381	20
Total	**6.120**	**109**
Source: TEEB (2009)		

[14] www/teebweb.org/

ETUDE DE CAS 1   Cristalino

Pays: Brésil

Type de forêt: forêt tropicale sempervirente de plaine, forêt saisonnièrement inondée, forêt tropicale sèche de plaine et formations de sable blanc.

Propriété: l'Etat et les aires protégées privées, les petites exploitations agricoles et les exploitations bovines.

Gestion et utilisation communautaire: gestion de la conservation, élevage et agriculture itinérante sur brûlis.

Niveau de dégradation: d'importantes superficies de pâturages et de végétation secondaire dégradées.

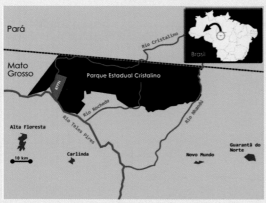

Localisation de la zone d'étude.

Contexte

Le parc régional de l'Etat de Cristalino créé par le gouvernement de l'Etat *du* Mato Grosso, se trouve à la frontière de la partie nord affectée par la déforestation, dans le sud de l'Amazonie brésilienne. Il fait partie d'un projet de corridor de conservation conçu pour bloquer ce processus. Même si cette aire est officiellement protégée, elle a perdu d'importantes superficies de végétation naturelle au profit de l'élevage de bétail depuis sa création en 2000. Ses limites sud et est ont été gravement déboisées à la suite de l'occupation légale et illégale des terres par les éleveurs et les petits exploitants agricoles.

Recueillir les données de base: recherche sur la biodiversité dans la région de Cristalino

En étroite collaboration, le Royal Botanic Gardens, Kew, la Fondation Écologique de Cristalino (FEC) et l'Université d'État du Mato Grosso (UNEMAT) ont effectué des inventaires des espèces, la cartographie de la végétation et des analyses quantitatives de la composition des espèces pour fournir des données de référence pour la planification de la gestion et la restauration. Le travail a généré une liste d'environ 1500 espèces, liées aux types de végétation et à l'environnement (Zappi *et al.*, 2011). Cette compréhension de base de la composition et de la diversité des forêts est reconnue comme un point de départ fondamental pour le développement des activités de restauration dans la région, où la flore n'avait pas préalablement fait l'objet d'une étude en profondeur.

Les discussions avec les organisations gouvernementales et non gouvernementales locales ont fait ressortir la nécessité d'un rétablissement stratégique des superficies dégradées, et du développement et de la diffusion des méthodologies adaptées au contexte local, ainsi que des mesures incitatives pour le reboisement.

Zones dégradées dans le parc de l'Etat de Cristalino. Les zones hachurées en rouge/blanc ont été déboisées avant la création de la réserve, les zones rouges par la suite.

Opportunités, approches et méthodes de restauration

Les possibilités de restauration ont été identifiées dans les zones de pâturages abandonnés de la réserve, sur les terres dégradées occupées par les petits exploitants, et le long des bords des cours d'eau de la zone tampon autour du parc.

La sélection des essences «framework» (c.-à-d. «cadres») appropriées pour la restauration dépendra à la fois du contexte écologique et humain. La demande d'avantages économiques relativement à court terme au sein de petites exploitations dicte l'intégration d'essences ayant une valeur économique, soit directement (par exemple, les plantes alimentaires, les arbres à bois d'œuvre, etc.) ou indirectement (les arbres d'ombrage pour nourrir les cultures de rente du sous-étage). Les données sur les utilisations des plantes au plan local, recueillies au cours des études de base, ont été complétées avec les informations publiées sur les utilisations des mêmes essences ailleurs dans l'Amazone.

Quatorze espèces indigènes d'*Inga* (Légumineuses), genre fixateur d'azote capable d'une croissance rapide sur des sols pauvres ou très dégradés, ont été répertoriées dans la région. Parmi elles, figurent des espèces qui sont adaptées à la forêt inondée, aux rives des cours d'eau, et aux forêts de terre ferme (sèche). Les graines d'*Inga* sont entourées par de doux arilles blancs, qui attirent la faune et sont largement consommés par les communautés autochtones à travers l'Amazonie. L'*Inga edulis,* essence cultivée qui apparaît également à l'état sauvage dans la région de Cristalino, a été utilisé avec succès dans des essais de cultures en bandes alternées sur des terres dégradées ailleurs dans la région néotropicale (Pennington & Fernandes, 1998). Cette essence enrichit le sol en nutriments et en matière organique (aidée en cela par un élagage périodique dans les allées) et étouffe rapidement l'herbe exotique *Brachiaria*, qui inhibe la régénération des arbres. Ce système est également approprié pour la mise en place des arbres forestiers, qui peuvent être plantés dans les couloirs entre les rangées aménagées (TD Pennington, communication personnelle).

Dans la région de Cristalino, le succès du reboisement va inévitablement avoir lieu à l'interface entre l'agroforesterie, la sylviculture et la restauration écologique. Une ONG locale, l'Instituto Ouro Verde (IOV), a développé un prototype de base de données en ligne pour fournir des données sur les espèces adaptées aux conditions locales pour les systèmes agroforestiers. Cela permettra la sélection des espèces «framework» pour la restauration des forêts dans la région et fournira des orientations pour leur gestion. En réponse au problème de pénurie croissante de l'eau, IOV, avec la participation de Kew, implique également les communautés locales dans la restauration de la forêt-galerie dans les petites exploitations et fournit du matériel de clôture. En s'appuyant sur des données de référence sur la diversité botanique, il est désormais possible de développer un programme proactif de plantation d'arbres qui utilise des espèces adaptées à la situation locale.

Forêt sempervirente non perturbée dans le parc de l'Etat de Cristalino.

Inga marginata, une des nombreuses espèces indigènes qu'on trouve dans la région.

Dans la région de Cristalino, la végétation indigène est très variable et fortement influencée par des facteurs édaphiques et hydrologiques. Les sols varient du sable presque blanc pauvre en éléments nutritifs aux latosols argileux plus fertiles, le premier étant généralement associé au stress hydrique pendant la saison sèche de cinq mois et, par endroits, à l'engorgement durant la saison humide. Cette complexité nécessite une bonne adaptation des espèces sélectionnées aux conditions du site et souligne ainsi l'importance d'études détaillées de la végétation de base. Par exemple, la forêt de terre ferme (terre sèche) sur les sols argileux de Cristalino est dominée par des espèces de la famille Burseraceae, avec *Tetragastris altissima* qui abonde. Ce grand arbre est bien adapté à la région, attire la faune avec les arilles doux qui entourent ses graines et a plusieurs usages populaires. Dans la forêt semi-décidue sur des sols sableux, cependant, les légumineuses sont la famille dominante, avec une abondance de *Dialium guianense* et *Dipteryx*

Pâturages de *Brachiaria* dans le parc de l'Etat de Cristalino.

Forêt sèche (décidue) sur une colline de granite, forêt sempervirente de basse altitude.

odorata. Les deux sont des essences ligneuses commerciales. *Dipteryx odorata* attire les chauves-souris, qui sont d'importants agents de dispersion de graines. Ces essences importantes sont donc des candidates prometteuses à la catégorie d'espèces «framework». De même, les observations sur la végétation secondaire ont également été utiles pour l'identification des espèces «framework» potentielles. *Acacia polyphylla* (Légumineuses) et *Cecropia spp.* (Urticacées) sont d'excellentes essences candidates locales, les graines de *Cecropia spp.* étant également dispersées par la chauve-souris.

L'impact à venir du changement climatique influencera également le choix des espèces pour le reboisement. Les modèles préliminaires pour le sud de l'Amazonie prévoient une transition des types adaptés à une végétation verdoyante à ceux adaptés à une végétation sèche (Malhi *et al.*, 2009) en raison de l'assèchement du climat. Étant donné que les habitats secs font déjà leur apparition dans la région de Cristalino, où la disponibilité en eau est limitée pendant la saison sèche, il peut s'avérer bénéfique d'intégrer les espèces adaptées à un milieu sec comme *Tabebuia spp.* (Bignoniaceae) dans des plantations expérimentales dans les localités où elles ne pourraient pas naturellement faire leur apparition dans les conditions actuelles.

Par William Milliken

CHAPITRE 2

COMPRENDRE LES FORÊTS TROPICALES

Pensez à une «forêt tropicale» et les images de la forêt ombrophile équatoriale vous viennent probablement à l'esprit — la forêt sempervirente grouillant d'animaux sauvages et trempée par la pluie — mais de nombreux autres types de forêts poussent sous les tropiques. Dans les climats saisonnièrement secs, les types de forêts sempervirentes dans les zones plus humides alternent brusquement avec les types de forêts décidues dans les sites plus secs, et ces dernières cèdent la place aux savanes herbeuses dans les régions les plus sèches. De même, sur les montagnes, la structure des forêts change de façon spectaculaire avec l'altitude. Dans des environnements plus contraignants, il y a les forêts marécageuses de tourbe (ou tourbières), les mangroves salées et les landes acides. Différents types de forêts fonctionnent différemment, et chaque type a des caractéristiques distinctives qui présentent des projets de restauration avec des différents défis. Dans les forêts sempervirentes, le défi majeur consiste à assurer le rétablissement rapide des niveaux élevés de biodiversité qui caractérisent ces écosystèmes, tandis que dans les forêts sèches, le simple fait de permettre la survie des arbres plantés à la première saison sèche est une grande réalisation. Le type de forêt climacique définit l'objectif de la restauration (c'est-à-dire la «cible», voir Section 1.2); il est donc important de savoir le type de forêt auquel vous avez à faire.

2.1 Les types de forêts tropicales

Diverses classifications des types de forêts tropicales ont été proposées. Elles sont basées sur divers critères, dont le climat, le sol, la composition en espèces, la structure, la fonction et le stade de succession (Montagnini & Jordan, 2005). Parmi les classifications couramment utilisées, figurent le système de Whitmore (1998) **Encadré 2.1**, qui est basé sur le climat et l'altitude, et la classification des catégories de forêts du PNUE-WCMC (UNEP-WCMC, 2000), qui fait intervenir également les forêts perturbées et les plantations (voir **Encadré 2.2**).

Les forêts tropicales sempervirentes (y compris les forêts humides)

Les forêts tropicales humides sont les plus développées des forêts tropicales sempervirentes. Elles poussent surtout à une latitude de 7° de l'équateur, où les températures moyennes annuelles dépassent 23°C et les températures moyennes mensuelles sont supérieures à 18°C (c'est-à-dire qu'il n'y a pas de gel). Les précipitations annuelles dépassent 4.000 mm, avec des précipitations mensuelles atteignant une moyenne supérieure à 100 mm pendant toute l'année (c'est-à-dire qu'il n'y a pas de saison sèche significative). D'autres types de forêts tropicales sempervirentes poussent partout où les précipitations dépassent l'évapotranspiration (généralement là où la pluviométrie annuelle moyenne est supérieure à 2.000 mm) et la saison sèche n'excède pas deux mois. Elles s'étendent jusqu'à 10° de latitude de l'équateur. Les plus vastes étendues de forêts tropicales sempervirentes sont dans la plaine du bassin amazonien, le bassin du Congo, la péninsule malaise, et les îles asiatiques du Sud-Est de l'Indonésie et de la Nouvelle-Guinée.

Forêt tropicale humide dans l'aire de conservation du Bassin de Maliau, à Sabah, en Malaisie orientale.

Encadré 2.1. Classification simple des types de forêts tropicales par Whitmore.

La classification simple des types de forêts tropicales par Whitmore (1998) propose qu'en s'éloignant de l'équateur, les forêts tropicales soient regroupées en deux catégories principales: les forêts saisonnièrement sèches et les forêts toujours humides. Sur les effets de la latitude et du climat se greffent les effets de l'altitude (c.-à-d. les forêts de montagne ou de plaine) et du substrat (par exemple les forêts poussant sur le calcaire ou la tourbe, etc.).

Climat	Élévation	Les types de forêts tropicales
Saisonnièrement sèches		Forêts de mousson (décidues) de divers types Forêt tropicale semi-sempervirente
Toujours humides	Plaines	Forêt tropicale sempervirente de plaine
	Montagne 1.200–1.500 m	Forêt tropicale de basse montagne
	Montagne 1.500–3.000 m	Forêt tropicale de haute montagne ou forêt nébuleuse
	Montagne > 3.000 m	Forêt subalpine à la limite climatique des arbres
	Généralement les plaines	Forêt des landes Forêt calcaire Forêt ultrabasique Mangroves Forêt marécageuse de tourbe Forêt marécageuse d'eau douce Forêt marécageuse d'eau douce à inondations périodiques

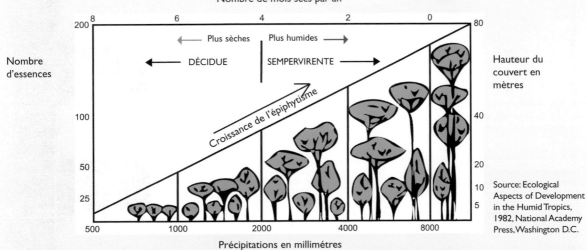

Source: Ecological Aspects of Development in the Humid Tropics, 1982, National Academy Press, Washington D.C.

La relation entre l'humidité et la vie végétale dans une forêt tropicale de plaine. La ligne diagonale de gauche à droite représente un gradient de précipitations annuelles moyennes, démontrant qu'au fur et à mesure que l'humidité augmente, les forêts deviennent plus complexes, avec une plus grande diversité biologique et une plus grande stratification écologique. (Source: Assembly of Life Sciences (U.S.A.), 1982.)

Encadré 2.2. Classification des catégories de forêts par le PNUE-WCMC.

La classification des catégories de forêts par le PNUE-WCMC, élaborée en 1990, divise les forêts de la planète en 26 grands types (sur la base de la zone climatique et des espèces d'arbres caractéristiques) dont les 15 citées ci-dessous sont tropicales (UNEP-WCMC, 2000). Pour chaque type de forêt tropicale, l'Organisation Internationale des Bois Tropicaux (OIBT) propose une autre stratification, basée sur le stade de succession, c'est-à-dire les forêts primaires, primaires gérées, naturelles modifiées, dégradées, secondaires ou plantées.

LES TYPES DE FORÊTS TROPICALES

- Mangroves
- Forêt marécageuse d'eau douce
- Forêt de haute montagne
- Forêt sempervirente de plaine à larges feuilles
- Forêt de basse montagne
- Forêt dense humide semi-sempervirente à larges feuilles
- Plantation d'essences exotiques
- Plantation d'essences autochtones
- Forêt mixte à large feuilles et de conifères

- Forêt de conifères
- Forêt sèche sclérophylle
- Forêts décidues ou semi-décidues à large feuilles
- Forêt claire épineuse
- Arbres clairsemés et parc paysager
- Forêt naturelle perturbée

D'AUTRES TYPES

- Forêts tempérées et boréales
- Etendue d'eau
- Pas de données

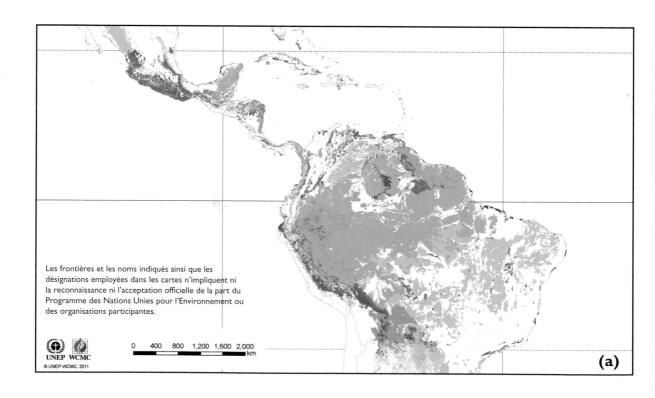

Les frontières et les noms indiqués ainsi que les désignations employées dans les cartes n'impliquent ni la reconnaissance ni l'acceptation officielle de la part du Programme des Nations Unies pour l'Environnement ou des organisations participantes.

UNEP WCMC
© UNEP-WCMC, 2011

0 400 800 1,200 1,600 2,000
km

(a)

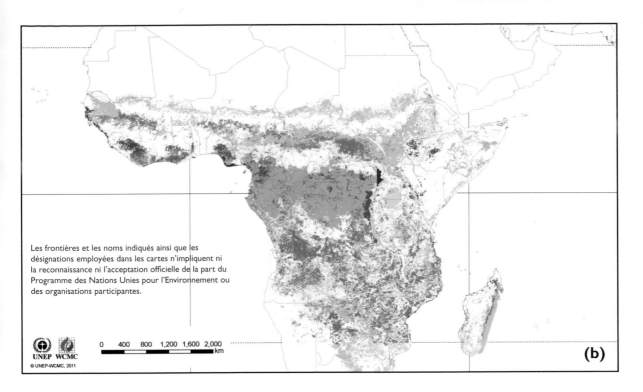

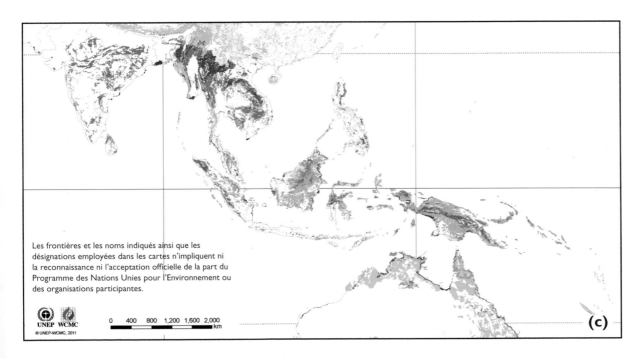

Étendue des principaux types de forêts tropicales a) de l'Amérique centrale/du Sud, b) de l'Afrique et c) de l'Asie, sur la base de la classification du UNEP-WCMC de 1990, à partir d'un certain nombre de différentes sources nationales et internationales. Les échelles et les dates varient entre les sources, et on peut considérer que cette synthèse indique le couvert forestier mondial vers 1995. La classification des forêts a été conçue pour refléter les caractéristiques des forêts qui sont pertinentes dans la conservation et pour faciliter l'harmonisation entre les différents systèmes de classification nationaux et internationaux. © PNUE-WCMC, 2011.

Les forêts tropicales sempervirentes sont les plus luxuriantes des forêts tropicales, avec une complexité structurelle et une biodiversité généralement supérieures à celles des autres types de forêts tropicales, même s'il en existe une variabilité considérable. Dans des placettes d'échantillonnage en Équateur, par exemple, Whitmore (1998) a cité les extrêmes de 370 espèces d'arbres par hectare, contre seulement 23 espèces d'arbres par hectare sur un site nigérian. Généralement, on peut distinguer au moins cinq strates du couvert (c.-à-d. la flore du sol, les arbustes (y compris les arbrisseaux), les arbres du sous-bois, les principaux arbres de la canopée et les arbres émergents), avec la canopée principale atteignant jusqu'à 45 m au-dessus du sol et les arbres émergents surplombant les autres strates, à une hauteur de 60 m. La majeure

Les arbres étayés sont une caractéristique de quantité d'essences de la forêt tropicale sempervirente. Les Indiens Waorani les utilisent pour la communication. Le grondement de basse fréquence, produit lorsqu'on tape sur les arbres, porte sur des distances considérables.

partie de la lumière est captée par le couvert forestier principal, alors les espèces sciaphyles et des strates arbustives tolérants à l'ombre ont tendance à être moins denses que ceux des forêts tropicales plus sèches. Les arbres étayés sont communs, en particulier sur les sols peu profonds. La cauliflorie (c.-à-d. la croissance des fleurs et des fruits sur les troncs d'arbres) est également caractéristique, en particulier des arbres du sous-bois, dont les feuilles ont tendance à avoir une «pointe à gouttes» (c.-à-d les acumens) qui leur permettent de rejeter l'eau rapidement. Certains arbres de la canopée peuvent perdre leurs feuilles pour une courte durée, mais la canopée reste verte dans son ensemble. Les espèces ligneuses grimpantes, (dont le rotin en Asie et en Afrique), le figuier (*Ficus* spp.) et les communautés denses de fougères épiphytes et d'orchidées (ainsi que les broméliacées d'Amérique du Sud et les apocynacées et les rubiacées d'Asie) sont également caractéristiques des forêts tropicales humides.

Les cabosses de *Theobroma cacao* sont un exemple de fruit cauliflore.

La plupart des ressources alimentaires fournies par les forêts sempervirentes (c.-à-d. les feuilles, les fruits, les insectes, etc.) se trouvent dans le canopées, donc la plupart des animaux y vivent et fournissent aux arbres des services vitaux pour la reproduction. Les pollinisateurs les plus importants sont les abeilles et les guêpes, mais les oiseaux se nourrissant de nectar et les chauves-souris pollinisent également plusieurs espèces d'arbres. La dispersion des graines est le plus souvent réalisée par les oiseaux frugivores, ainsi que par les chauves-souris et les primates frugivores et, lorsque les fruits tombent sur le sol, par les ongulés et les rongeurs. La dispersion des graines par le vent est rare, sauf pour les plus grands arbres (les diptérocarpacées d'Asie tropicale étant une exception évidente). La forte dépendance des essences des forêts tropicales sempervirentes vis-à-vis des animaux pour la reproduction est essentielle dans le contexte de la restauration des forêts.

Les psittacules double-œil savourent les figues et en dispersent les graines. Ce service écologique essentiel est vital pour la survie de la forêt, et l'encourager est essentiel pour le succès de la restauration des forêts.

Arbre étayé dans une forêt sempervirente de plaine, Cameroun. (Photo: A. McRobb)

De nombreuses essences des forêts tropicales sempervirentes (comme ce *Baccaurea ramiflora* d'Asie du Sud-Est) produisent des fleurs et des fruits directement à partir de leurs troncs ou de leurs branches. Les fleurs sont plus visibles pour les pollinisateurs et les fruits pour les disséminateurs des graines, car ils ne sont pas cachés par le feuillage.

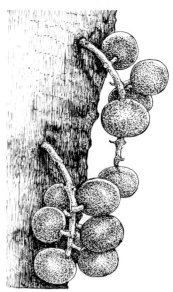

Dans les forêts tropicales sempervirentes, les feuilles de plusieurs espèces d'arbres, qui ont des acumens ou «pointes à gouttes», contribuent à un déversement plus efficace de l'eau de pluie, empêchant ainsi la croissance de mousses et de lichens sur la surface foliaire.

Encadré 2.3. La nature essentielle des figuiers (*Ficus* spp.).

Les figuiers sont des des «espèces clés» dans les écosystèmes forestiers tropicaux, donc les projets de restauration devraient toujours les intégrer. Le genre pantropical *Ficus* comprend plus de 1.000 espèces de plantes rampantes, d'essences ligneuses grimpantes, d'arbustes et de grands arbres, et c'est leur mécanisme de reproduction unique qui en fait des des «espèces clés». Parfois confondues avec les fruits, les parties du figuier que l'on mange (appelées «sycones» en jargon botanique) se développent souvent sur les tiges courtes sur du tronc ou des grosses branches et constituent un aliment essentiel pour les animaux de la forêt. Les sycones sont en fait des tiges gonflées d'inflorescences (réceptacles), qui se sont inversées pour enfermer nombre de nombreuses fleurs ou fruits à l'intérieur.

Les fleurs de chaque espèce *Ficus* sont pollinisées par une ou très peu d'espèces de guêpes qui dépendent des figues. Les figues constituent le seul support pour la reproduction des guêpes, et les guêpes sont les seules à pouvoir assurer la pollinisation des fleurs du figuier. Les guêpes dépendant des figues complètent leur cycle de vie en quelques semaines seulement, alors, quelque part dans la forêt, les figues de toutes les espèces doivent être disponibles toute l'année afin que les guêpes ne meurent pas, laissant les figuiers incapables de se reproduire. La disparition de l'espèce *Ficus* d'une forêt tropicale est désastreuse car elle provoque la disparition progressive des oiseaux et des mammifères arboricoles qui dépendent des figues en période de pénurie alimentaire. Beaucoup plus tard, les espèces d'arbres dépendant de ces animaux pour la dispersion de leurs graines sont également disparues.

La plantation de figuiers restaure l'équilibre écologique, en attirant les animaux qui dispersent les graines dans les parcelles de restauration. En outre, les figuiers développent des systèmes racinaires très denses, qui leur permettent de bien se développer dans des conditions rudes et de repousser rapidement après brûlis ou défrichage. Les espèces *Ficus* sont donc excellentes pour prévenir l'érosion du sol et stabiliser les berges des cours d'eau.

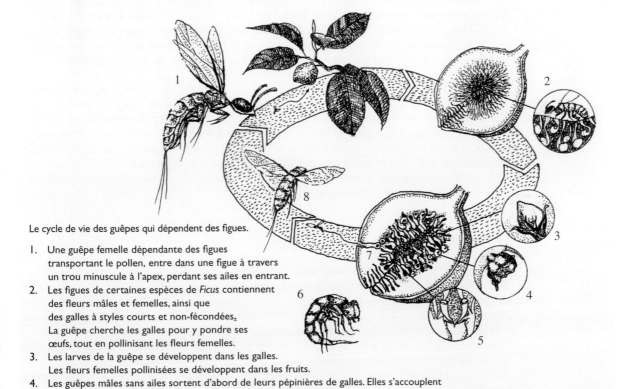

Le cycle de vie des guêpes qui dépendent des figues.

1. Une guêpe femelle dépendante des figues transportant le pollen, entre dans une figue à travers un trou minuscule à l'apex, perdant ses ailes en entrant.
2. Les figues de certaines espèces de *Ficus* contiennent des fleurs mâles et femelles, ainsi que des galles à styles courts et non-fécondées. La guêpe cherche les galles pour y pondre ses œufs, tout en pollinisant les fleurs femelles.
3. Les larves de la guêpe se développent dans les galles. Les fleurs femelles pollinisées se développent dans les fruits.
4. Les guêpes mâles sans ailes sortent d'abord de leurs pépinières de galles. Elles s'accouplent avec les guêpes femelles, avant que les femelles sortent de leurs galles.
5. Au moment où les femelles sortent, les fleurs mâles produisent du pollen.
6. Les mâles taillent un trou dans la paroi de la figue.
7. Les femelles s'échappent par le trou, en récoltant du pollen au moment de s'en aller.
8. Les guêpes femelles, chargées de pollen, s'envolent ensuite vers un autre figuier et le cycle continue.

Les défis de la restauration des forêts tropicales sempervirentes

Atteindre une grande biodiversité et une complexité structurelle est le plus grand défi dans la restauration des forêts tropicales sempervirentes. Le rétablissement de la biodiversité complète est difficile à atteindre quand tant d'espèces sont impliquées dans ces relations écologiques complexes, en particulier parce que l'écologie, la biologie de la reproduction et la propagation de la plupart des essences tropicales sont encore mal comprises.

Les forêts exploitées de manière sélective, voire certains sites coupés à blanc qui n'ont pas fait l'objet d'une autre perturbation, peuvent bien réagir à la régénération naturelle accélérée (RNA, voir **Section 5.2**), tandis que la plantation d'arbres est généralement nécessaire dans les sites dégradés qui sont dominés par des graminées et des herbes. La grande richesse des essences des forêts tropicales sempervirentes présente un large choix à partir de laquelle peut s'opérer la sélection d'arbres à grand rendement destinés à la plantation. Se concentrer d'abord sur la petite minorité d'espèces d'arbres à feuilles caduques qui poussent dans les forêts sempervirentes peut souvent aboutir à des résultats rapides, car ces espèces résistent à la dessiccation dans des sites déboisés exposés et secs par le renouvellement de leurs feuilles pendant les mois les plus secs de l'année.

Une conséquence de la richesse en espèces d'arbres est le fait que les arbres de la même espèce sont généralement très espacés les uns des autres. Ceci complique le repérage d'un grand nombre d'arbres semenciers pour assurer une diversité génétique élevée des arbres au niveau des pépinières. En outre, la fructification peut être irrégulière et de nombreuses espèces d'arbres ont des graines récalcitrantes qui ne peuvent pas être stockées facilement. Beaucoup d'essences des forêts sempervirentes ont de grosses graines qui ne peuvent être dispersées que par les grands animaux, dont beaucoup (rhinocéros, éléphants, tapirs, etc) ont disparu de la grande partie de leurs anciennes aires de répartition. Par conséquent, l'intégration des espèces d'arbres à grosses graines parmi celles choisies pour la plantation peut aider à leur conservation (Vanthomme *et al.*, 2010). Même les espèces d'arbres à petites graines sont principalement dispersées par les oiseaux, les chauves-souris et les petits mammifères; ainsi, empêcher la chasse de ces animaux est essentiel pour permettre le recensement des espèces d'arbres non plantées dans des sites plantés.

L'eau abondante en permanence, la chaleur et la lumière dans les régions tropicales humides signifient que les arbres peuvent être plantés à tout moment de l'année, et y assurer leur survie et leur croissance est moins difficile que dans les régions plus sèches. Toutefois, ces conditions sont également optimales pour la croissance des mauvaises herbes, ce qui rend nécessaire un désherbage fréquent et qui coute éventuellement cher. Généralement, le feu pose moins de problèmes ici que dans les zones plus sèches, mais il est plus probable dans la forêt dégradée et le changement climatique va exacerber ce risque. Par conséquent, les mesures de prévention des incendies s'avèrent encore être nécessaires.

Les forêts tropicales saisonnières

Les forêts tropicales saisonnièrement sèches ou forêts de «mousson» sont les plus répandues à 5–15° de latitude de l'équateur, où les précipitations et la durée du jour varient chaque année. Ces forêts poussent là où les précipitations annuelles avoisinent 1.000–2.000 mm et où il y a une courte saison fraîche. Pendant la grande saison sèche (3–6 mois), beaucoup d'arbres perdent une partie ou la totalité de leurs feuilles, ce qui entraîne des fluctuations de la densité de la canopée. Cela permet la lumière solaire atteigne le sol et, par conséquent, une végétation au ras du sol et une strate arbustive denses et caractéristiques se développent, ce qui distinguent ces forêts des forêts tropicales sempervirentes. Les fluctuations diurnes et mensuelles de la température sont beaucoup plus grandes que celles dans les forêts sempervirentes. La moyenne des températures mensuelles minimales peut descendre jusqu'à 15°C et celle des températures mensuelles maximales peut dépasser 35°C. Les plus vastes étendues de forêts tropicales saisonnières poussent dans l'est du Brésil (Cerrado), en Inde (forêts de mousson), dans le bassin du Zaïre et en Afrique orientale.

Forêt tropicale sèche saisonnière dans le nord de la Thaïlande. Près de la moitié des espèces d'arbres sont à feuilles caduques et l'autre moitié est constituée d'essences à feuilles persistantes. Le cours d'eau se tarit pendant la saison chaude.

Les espèces d'arbres à feuilles persistantes et à feuilles caduques poussent étroitement ensemble, formant un couvert forestier principal continu pouvant atteindre 35 m de hauteur. Les caractéristiques structurelles partagées par les forêts tropicales saisonnières et sempervirentes comprennent les arbres émergents, les arbres étayés, les essences ligneuses grimpantes et les épiphytes, même s'ils sont tous moins répandus dans les forêts saisonnières que dans les forêts sempervirentes. La présence de bambous distingue les forêts saisonnières des forêts sempervirentes. Les forêts tropicales saisonnières conservent un degré élevé de complexité structurelle, bien que la stratification du couvert n'y soit généralement pas aussi développée que celle dans les forêts sempervirentes. Généralement, elles sont moins diversifiées que les forêts sempervirentes, bien que leur richesse en espèces d'arbres puisse correspondre à celle des forêts sempervirentes dans certains endroits (Elliott *et al.*, 1989). Même si les animaux restent les principaux agents de pollinisation et de dispersion de graines dans les forêts tropicales saisonnières, la pollinisation et la dispersion de graines par le vent y sont plus accentuées que dans les forêts tropicales sempervirentes. Les forêts tropicales saisonnières peuvent être plus résistantes au réchauffement climatique que les forêts sempervirentes, parce que leur faune et leur flore ont développé des caractéristiques pour faire face aux sécheresses saisonnières.

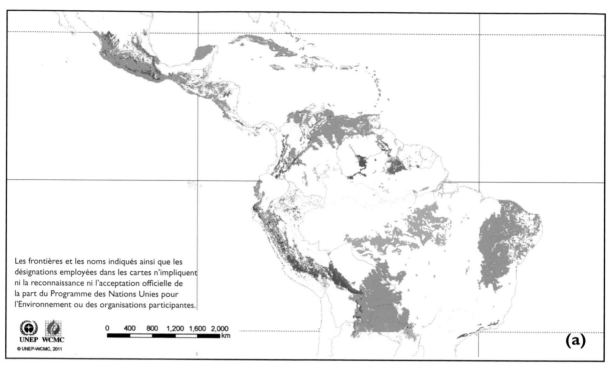

(a)

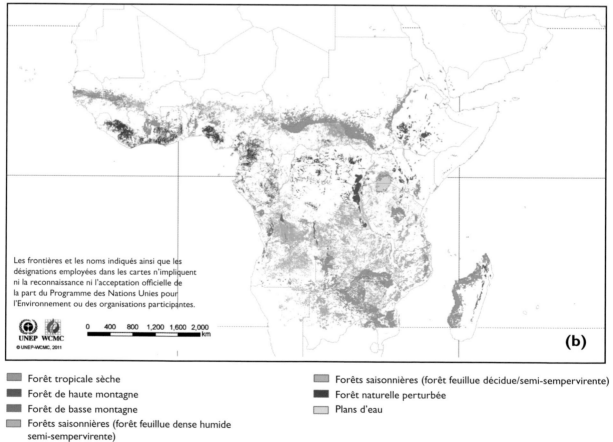

(b)

- ▨ Forêt tropicale sèche
- ▨ Forêt de haute montagne
- ▨ Forêt de basse montagne
- ▨ Forêts saisonnières (forêt feuillue dense humide semi-sempervirente)

- ▨ Forêts saisonnières (forêt feuillue décidue/semi-sempervirente)
- ▨ Forêt naturelle perturbée
- ▨ Plans d'eau

Étendue des forêts tropicales sèches de a) l'Amérique centrale/du Sud, b) l'Afrique et c) l'Asie, sur la base de la classification effectuée par le PNUE-WCMC en 1990, à partir d'un certain nombre de différentes sources nationales et internationales. Les échelles et les dates varient entre les sources, et on peut considérer que cette synthèse indique le couvert forestier mondial vers 1995. © PNUE-WCMC, 2011.

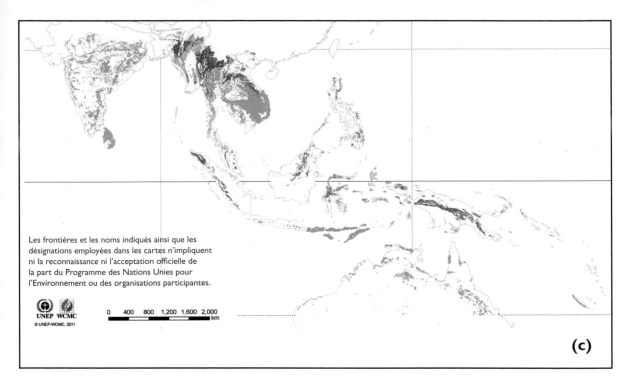

Les frontières et les noms indiqués ainsi que les désignations employées dans les cartes n'impliquent ni la reconnaissance ni l'acceptation officielle de la part du Programme des Nations Unies pour l'Environnement ou des organisations participantes.

UNEP WCMC
© UNEP-WCMC, 2011

0 400 800 1,200 1,600 2,000
km

(c)

Les défis de la restauration des forêts tropicales saisonnières

On sait très peu de choses concernant la phénologie, la propagation et la sylviculture de la grande majorité des espèces d'arbres de ces forêts: ce qui pose évidemment un problème lors de la planification de la plantation d'arbres. Dans les climats saisonnièrement secs, les arbres ne peuvent être plantés qu'au début de la saison des pluies, car il faut prévoir suffisamment de temps pour permettre une assez bonne croissance de leurs racines permettant aux espèces de survivre à la première saison sèche. Ainsi, les programmes de travail des pépinières doivent être conçus pour produire des plants prêts à être transplantés au début de la saison des pluies, indépendamment du moment où les graines sont produites ou de la vitesse à laquelle les plants poussent. Cela nécessite beaucoup de recherche sur la phénologie des arbres, la germination des graines et la croissance des plantules.

Les bambous présentent l'un des plus grands défis de la restauration des forêts tropicales saisonnières, car ils étouffent la croissance des arbres qui sont plantés à proximité d'eux. Leurs systèmes racinaires denses exploitent pleinement le sol, ils projettent une ombre dense et, pendant la saison sèche, ils étouffent les plants à proximité avec une couche dense de feuilles mortes. Par conséquent, le contrôle (mais non l'élimination) des bambous est essentiel pour le succès de la restauration des forêts tropicales saisonnières. Heureusement, les pousses et les tiges de bambou sont des produits utiles, de sorte que les populations locales n'ont généralement pas besoin d'encouragement pour les récolter.

Dans certaines forêts tropicales saisonnières dégradées, les sols riches auront été gravement appauvris et ont, par conséquent, une faible teneur en matière organique et en sels minéraux comme le phosphore. Ces sols peuvent nécessiter l'ajout de la matière organique et/ou d'engrais minéral pour permettre la mise en place et la croissance des plants.

Les plantes envahissantes et le broutement par le bétail domestique constituent tous deux de sérieux problèmes dans les forêts tropicales saisonnières qu'il faut résoudre en travaillant avec les populations locales. Les forêts tropicales saisonnières sont plus sujettes aux incendies que les forêts sempervirentes, de sorte que le désherbage, la construction de pare-feu et un programme efficace de prévention des incendies sont tous particulièrement importants dans la restauration de ces types de forêts.

Encadré 2.4. Les bambous.

En tant que graminées géantes agressives, les bambous peuvent étouffer l'établissement des arbres, mais ils sont également une composante naturelle des forêts tropicales sèches saisonnières et une source de plusieurs produits forestiers. De nombreuses espèces présentent des floraisons de masse à des intervalles de plusieurs années ou décennies, après lesquels les plantes meurent.

Les bambous sont des graminées ligneuses géantes dans la famille Poaceae (Gramineae), avec plus de 1.400 espèces poussant surtout dans les régions tropicales et subtropicales. Ils sont pantropicaux, avec la région Asie-Pacifique ayant le plus d'espèces (1.012, dont 626 seulement en Chine) et l'Afrique le moins d'espèces. Les plus grands bambous peuvent atteindre 15 m de hauteur et ont des tiges qui atteignent 30 cm de diamètre. Ce sont les plantes ligneuses qui connaissent la croissance la plus rapide au monde et sont parmi les plus utiles. Les tiges de bambou sont utilisées pour toutes sortes de constructions temporaires et de mobilier et sont fendues et tissées pour fabriquer des nattes et des paniers, tandis que les jeunes bourgeons de chaume («pousses de bambou») sont un légume populaire dans la cuisine orientale.

Les bambous sont classés en deux types: le bambou cespiteux et le bambou traçant. Les bambous traçants produisent de très longs rhizomes qui peuvent se propager sur des distances considérables sous terre. Chaque nœud du rhizome peut produire une nouvelle pousse, à partir de laquelle un nouveau système de rhizomes peut se développer. Cette caractéristique est parfois bénéfique, par exemple pour lutter contre l'érosion des sols, mais elle permet également à ces plantes de devenir envahissantes et d'étouffer l'établissement et la croissance d'arbres. Si la restauration des forêts est menacée par des bambous envahissants, il faut éliminer ces derniers. La réduction des turions peut être efficace, mais s'il n'y a pas un suivi rigoureux, elle stimule en fait la propagation des rhizomes sous terre. Par conséquent, un herbicide systémique comme le glyphosate (Roundup) peut être appliqué aux souches de chaume coupé au ras du sol pour tuer les rhizomes. Les bambous sont des traits caractéristiques de certains types de forêts tropicales saisonnières. Par conséquent, même s'il peut s'avérer nécessaire de les éliminer lors de l'établissement initial des arbres, il faudrait leur permettre de re-pousser par la suite.

Les forêts tropicales sèches

Les forêts tropicales sèches se trouvent le plus souvent à 12–20° de latitude de l'équateur, où les précipitations annuelles se situent entre 300 et 1.500 mm et où la saison sèche dure entre 5 et 8 mois. Ces forêts se développent souvent étroitement mêlées avec les forêts de type saisonnier. Les transitions brusques entre les deux sont généralement le résultat des incendies ou des variations de l'humidité du sol. Les plus vastes forêts tropicales sèches sont les régions boisées de type miombo-soudanien, type plus sec, en Afrique, de type caatinga-chaco en Amérique du Sud, et les forêts décidues à diptérocarpacées en Asie. Sur le plan structurel, les forêts tropicales sèches sont plus simples que les forêts tropicales humides. Elles sont principalement constituées d'arbres à feuilles caduques, avec une canopée irrégulière et parfois discontinue, pouvant atteindre 25 m de hauteur. Ceci permet le développement d'une couche de terre riche et variée, qui est parfois dominée par les graminées. Les grands arbres émergents, les arbres étayés et les bambous sont absents. Les espèces ligneuses grimpantes et les épiphytes poussent rarement, mais les plantes grimpantes sont plus répandues. Les forêts tropicales sèches partagent un bon nombre des familles et des genres d'espèces végétales qu'on trouve dans les régions tropicales humides, mais la plupart des espèces sont différentes. Elles sont moins riches en espèces que les forêts tropicales humides, mais abritent de nombreuses espèces qui ne vivent dans aucun autre type de forêt (espèces endémiques de l'habitat), ce qui est particulièrement vrai pour les forêts sèches côtières.

Dans les forêts tropicales sèches, on observe la prédominance à l'œil nu des arbres fleuris (lesquels fleurissent souvent lorsqu'ils sont dépourvus de feuilles) qui sont pollinisés par des abeilles spécialisées, les sphinx et les oiseaux (colibris dans la région néotropicale et, dans une moindre mesure, les soui-mangas et les pics verts sous les Tropiques de l'Ancien Monde). Les graines sont dispersées par le vent pour près d'un tiers des arbres et pour près de 80% des espèces ligneuses grimpantes (Gentry, 1995).

Les défis de la restauration des forêts tropicales sèches

Les forêts tropicales sèches sont peut-être les plus menacées des types de forêts tropicales (Janzen, 1988; Vieira & Scariot, 2006) avec seulement 1 à 2% de leur superficie d'origine restant intacte (Aronson *et al.*, 2005). Il est beaucoup plus facile de les défricher par rapport aux forêts sempervirentes, de sorte qu'elles ont été soumises à une dégradation plus longue et plus intense, notamment par l'abattage, la coupe du bois de chauffe, le feu et le broutement par le bétail.

La plantation d'arbres n'est possible que pendant une courte période au début de la saison des pluies, et la saison de croissance pour le développement des racines est de courte durée (généralement moins de 6 mois avant le début de la saison sèche). Par conséquent, il est important que seules les espèces d'arbres à haut rendement soient plantées, et ceux-ci peuvent être plus difficile à trouver que dans d'autres forêts tropicales, car il y a moins d'espèces d'arbres à choisir. La frutification

Peu d'épiphytes poussent dans les forêts sèches et celles qui le font sont très tolérantes à la sécheresse; exemples figurent *Dischidia major* (en haut, sur la photo ci-contre) et *D. nummularia* (en bas sur la photo ci-contre) (Apocynaceae); ici, poussant sur *Shorea roxburghii* (Dipterocarpaceae) dans le nord de la Thaïlande. *Dischidia major* prélève des nutriments qui sont libérés par les activités des fourmis qu'il héberge dans ses feuilles creuses.

Forêt sèche
dominée par
l'Acacia, au Kenya
(Photo: A. McRobb).

est plus saisonnière que dans les types de forêts humides, la dormance des graines est plus fréquente, et les plantules peuvent croître plus lentement dans la pépinière. Tous ces facteurs présentent des enjeux à la production des plants en pépinière dans les zones tropicales sèches et nécessitent des recherches considérables.

Cependant, les plus grands obstacles à la restauration des forêts tropicales sèches sont le climat chaud et sec, les sols pauvres et le feu. Les sites qui sont disponibles pour la restauration sont pour la plupart ceux qui sont trop infertiles pour l'agriculture (Aronson *et al.*, 2005). Les sols sont souvent latéritiques et durs, ce qui rend difficile et coûteuse la trouaison pour la mise en terre des plants. Pendant la saison sèche, les couches supérieures du sol se dessèchent rapidement. Pendant la saison des pluies, elles se gorgent d'eau à cause du mauvais drainage, en étouffant les racines et en tuant les arbres plantés. Ces problèmes peuvent être surmontés par l'amélioration des sols avant la plantation d'arbres, par exemple, en utilisant de l'engrais vert, en ajoutant les gels polymères qui absorbent de l'eau aux trous de plantation, en arrosant les plants immédiatement après la mise en terre et en appliquant l'engrais organique. Toutes ces mesures peuvent réduire la mortalité après plantation, mais elles impliquent également une augmentation des coûts. Les mauvaises herbes poussent assez lentement sur les sites secs, faisant ainsi que le désherbage soit moins fréquent que sur les sites humides, mais l'application fréquente et abondante d'engrais est essentielle tout au long des 2 à 3 premières saisons de croissance.

Les herbes séchées et les feuilles mortes fournissent le combustible idéal pour le feu. Par conséquent, les mesures de prévention des incendies sont particulièrement importantes lors de la restauration des forêts tropicales sèches. Parmi les autres pressions intenses exercées par l'homme, figurent l'introduction d'espèces végétales envahissantes et le broutage par le bétail. Les programmes de sensibilisation des populations locales sont essentiels dans la résolution de ces problèmes. Néanmoins, dans certains endroits, la résilience des forêts sèches perturbées peut être suffisamment élevée pour que la régénération des forêts soit simplement initiée par la prévention des incendies et le déplacement du bétail (voir **Section 5.1**).

Les forêts tropicales de montagne

Avec l'altitude croissante sous les tropiques, les précipitations augmentent généralement alors que les températures moyennes baissent (en moyenne de 0,6°C pour chaque ascension de 100 m), ce qui se traduit par des taux d'évapotranspiration plus faibles et une décomposition plus lente. La matière organique s'accumule donc dans les sols à des altitudes plus élevées, ce qui a augmenté leur capacité de rétention de l'eau. Par conséquent, les forêts de montagne sont plus froides et plus humides que celles qui se poussent sur les basses terres adjacentes. En outre, leur structure, leur taille, leur composition en espèces et la phénologie de leur feuillaison peuvent tous brusquement changer sur de courtes distances. Dans les régions tropicales sèches, les forêts décidues au pied des montagnes cèdent la place aux forêts mixtes décidues plus haut, avec les forêts sempervirentes se limitant aux pentes supérieures et aux sommets. Du point de vue floristique, l'ascension d'une montagne sous les tropiques est analogue à l'éloignement de l'équateur: les genres d'arbres typiques des basses terres tropicales sont progressivement remplacés par ceux plus généralement associés aux forêts tempérées.

Les forêts de montagne ont toujours été divisées en forêts de haute montagne et forêts de basse montagne, bien que la transition entre la flore des deux forêts soit souvent indistincte, et l'altitude à laquelle elles poussent est très variable, en fonction de la latitude, de la topographie et du climat dominant. Les plus vastes écosystèmes forestiers tropicaux de montagne se trouvent à l'Est des tropiques et sur les Andes en Amérique du Sud. Les forêts de montagne sont moins étendues en Afrique, où on peut les trouver au Cameroun et le long de la berge orientale du bassin du Zaïre.

Forêt de basse montagne, au nord de la Thaïlande.

Les forêts tropicales de basse montagne

La transition de la forêt de plaine à la forêt de basse montagne est progressive et peut se produire n'importe où entre 800 et 1.500 m d'altitude. Les forêts de basse montagne sont en grande partie sempervirentes dans les régions tropicales humides ou mixtes (sempervirentes et décidues) à des latitudes plus saisonnières. Les arbres ont tendance à être plus courts que ceux des forêts de plaine (15 à 33 m de hauteur) et on y trouve peu ou pas d'arbres émergents. Les arbres étayés, cauliflores et les lianes sont moins visibles, alors que les épiphytes sont plus répandues. La diversité des espèces est généralement élevée parce que les variations d'altitude, de paysage et de pente peuvent entraîner des changements nets des précipitations, de la direction du vent et de la température.

Les forêts tropicales de haute montagne et les forêts nébuleuses (ou forêts de nuages)

Le changement le plus important dans les forêts de montagne se produit lorsque les montagnes rencontrent les nuages: au-dessus de 1.000 m sur les montagnes côtières et insulaires ou au-dessus de 2.000 à 3.500 m à l'intérieur des terres. Continuellement ou fréquemment trempées par la brume, les forêts nébuleuses (encore appelées forêts «moussues») se caractérisent par des arbres nains (ou rabougris) et tordus avec des troncs et des branches noueux (généralement étouffés dans les épiphytes) et des cimes compactes, composées de petites feuilles épaisses.

Forêt nébuleuse, Irian Jaya (Photo: A. McRobb)

Même si la diversité des espèces est généralement plus faible ici que dans les forêts de basse montagne, les niveaux d'endémisme y sont plus élevés parce que les populations végétales et animales propres à l'habitat s'évoluent dans un isolement génétique.

La matière organique s'accumule dans les sols (parce que la décomposition se fait lentement dans le climat de montagne froid), ce qui les rend très acides. La pluviométrie est élevée, mais jusqu'à 60% de l'eau qui atteint le sol peut provenir des gouttelettes de brouillard qui sont capturées par les cimes des arbres (appelées «gouttes de brouillard» ou «désorption des nuages»). En outre, les sols riches en matière organique des forêts de haute montagne ont un très grand potentiel de stockage d'eau, ce qui rend ces forêts des bassins versants les plus importants pour l'approvisionnement en eau de nombreux pays tropicaux. Malgré cela, les forêts nébuleuses (encore appelées forêts de nuages) sont maintenant parmi les écosystèmes terrestres les plus menacés de la planète (Scatena *et al.*, 2010). Partout en Amérique centrale et dans les Andes sud-américaines, les forêts de nuages sont déboisées pour l'agriculture de subsistance et l'horticulture, en dépit de leurs sols pauvres et du terrain accidenté. Dans les Amériques et en Afrique, les forêts de nuages continuent à être défrichées pour l'élevage du bétail. Les autres menaces sont, entre autres, l'exploitation forestière, la récolte du bois de feu, les incendies, l'exploitation minière, la construction de routes et la chasse.

Tableau 2.1. Caractéristiques générales des forêts de montagne dans les régions tropicales humides (une adaptation de Whitmore (1998)).

Caractéristiques	Plaine	Basse montagne	Haute montagne
Hauteur des canopées	25–45 m	15–33 m	1,5–18 m
Arbres émergents	Caractéristique (jusqu'à 60 m de hauteur)	Souvent absents (jusqu'à 37 m de hauteur)	Généralement absents (jusqu'à 26 m de hauteur)
Feuilles pennées	Fréquentes	Rares	Très rares
Taille des feuilles (plantes ligneuses)	Mésophylle	Mésophylle	Microphylle
Arbres étayés	Fréquents, grands	Rares, petits	généralement absents
Arbres cauliflores	Fréquents	Rares	Absents
Grandes plantes grimpantes	Abondantes	Moins abondantes	Rares ou absentes
Epiphytes vasculaires	Fréquentes	Abondantes	Fréquentes
Epiphytes bryophytes	Occasionnelles	Répandues	Abondantes

Les défis de la restauration des forêts tropicales de montagne

Travailler sur les montagnes tropicales humides raides présente des problèmes logistiques. L'accès est souvent le plus grand obstacle. Le mauvais état des routes et la nécessité d'avoir des véhicules tout terrain à quatre roues motrices peuvent augmenter considérablement les coûts de la restauration. Les glissements de terrain périodiques bloquent les routes et engouffrent les sites de restauration, et l'érosion des sols est un problème continu. Rien de moins que d'importants travaux d'ingénierie peut empêcher les glissements de terrain, mais l'érosion du sol peut être réduite (sur une petite échelle) par l'application du paillis.

Les basses températures ralentissent la croissance des arbres plantés, et dans les dépressions et les ravins, le gel peut les tuer pendant l'hiver. Plus les cimes des arbres sont proches de la terre, plus grand est le risque de dégâts dus au gel. Les arbres à croissance rapide, qui soulèvent leurs cimes au-dessus de la zone dangereuse, sont donc moins enclins aux dégâts provoqués par le gel. La coupe des mauvaises herbes autour des arbres plantés réduit la hauteur à laquelle l'air froid est recueilli. Dégager le paillis aux abords des troncs d'arbres très jeunes et les emballer avec du papier journal peut également aider à réduire le risque de dégâts dus au gel.

L'exposition des arbres plantés à des vents violents est également un problème particulier sur les montagnes. Une solution à long terme peut consister à planter les premiers arbres comme brise-vent occupant une position stratégique. Les brise-vent protègent alors les arbres plantés par la suite contre les vents et peuvent agir comme corridors pour les agents de dispersion de graines (surtout s'ils sont connectés au reste de la forêt), améliorant ainsi le recensement des espèces d'arbres (Harvey, 2000).

La disparition des animaux dispersant les graines des forêts de montagne isolées ou très fragmentées peut sérieusement réduire le taux de recrutement des plantules de nouvelles espèces d'arbres (non plantées) dans les parcelles restaurées, et retarder ainsi le rétablissement de la biodiversité. Attirer les oiseaux qui dispersent les graines en plantant des arbres à croissance rapide, chargés de fruits charnus (la méthode des espèces «framework», voir **Section 5.3),** ou en plaçant des perchoirs artificiels à oiseaux à travers les sites de restauration peut aider à atténuer le problème (Kappelle & Wilms, 1998; Scott *et al.*, 2000).

Selon des prévisions, de vastes superficies de terres agricoles qui autrefois étaient la forêt nébuleuse pourraient être abandonnées en Amérique latine au fur et à mesure que les gens se déplacent vers les zones urbaines, créant ainsi des opportunités considérables pour la restauration (Aide *et al.*, 2011). Ces zones peuvent, toutefois, devenir des prairies entretenues par le feu, qui empêchent la succession naturelle. Par conséquent, le défrichement de la végétation herbacée peut être nécessaire avant que les plants ou les graines, dans certains cas, ne soient mis en terre. La plantation d'arbres indigènes des forêts nébuleuses a été entravée par un manque de connaissances de base sur la biologie de la reproduction, le traitement des semences, la propagation et la sylviculture de la plupart des espèces (Alvarez-Aquino *et al.*, 2004).

Les effets du substrat

Le type de sol et la roche sous-jacente peuvent considérablement influer sur la structure et la composition en espèces de la forêt tropicale. Par exemple, les podzols très riches en acides (pH <4) et pauvres en éléments nutritifs de l'Amérique du Sud et de l'Asie du Sud supportent les **landes**. Ici, de petits arbres à feuilles persistantes, étroitement espacés, souvent de quelques espèces dominantes, forment un couvert forestier bas, non stratifié et constitué principalement d'espèces microphylles sur des sous-bois ligneux. La restauration de telles forêts peut être entravée par les sols sableux très acides et sujets à l'érosion, qui provoquent une forte mortalité parmi les arbres plantés et corrodent les étiquettes métalliques attachées pour suivi.

Lande, Irian Jaya
(Photo: A. McRobb).

Le calcaire supporte également la végétation unique et souvent riche en espèces, avec de nombreuses espèces endémiques, principalement dans les régions tropicales saisonnières de l'Asie du Sud et des Caraïbes. La nature poreuse du calcaire conduit à des pénuries d'eau toute l'année, ce qui entraîne une forêt rabougrie, xéromorphe, semi-décidue et des broussailles, avec une faible densité d'arbres. Le relief accidenté, les sols peu profonds et des niveaux élevés d'endémisme constituent tous des obstacles à la restauration. L'engorgement du substrat ou l'inondation par l'eau douce, de façon saisonnière ou permanente, génère également des types de forêts uniques. Confinées à l'Asie du Sud, les **forêts des marécages tourbeux** (ou forêts «tourbeuses») poussent dans les zones plates de faibles altitudes, où la décomposition de la matière organique morte est ralentie par l'engorgement. Il en résulte une accumulation de la tourbe acide, pour finalement former des dômes de 13 m de profondeur, qui peuvent s'étaler sur 20 km (Whitmore, 1998). On peut distinguer jusqu'à six communautés forestières poussant plus ou moins sur des bandes concentriques du centre du dôme à son bord (Anderson, 1961). Chaque communauté a seulement quelques espèces d'arbres dont plusieurs sont propres à un habitat et sont sensibles aux niveaux d'eau dans la tourbe. Ceci, avec la nature semi-fluide du substratum, complique la restauration. Une fois sèche, la tourbe est très inflammable et les feux de tourbe sont notoirement difficiles à éteindre. Par conséquent, le rétablissement du régime hydrologique (c.-à-d. le «remouillage» de la tourbe en endiguant les canaux de drainage) est souvent la première étape pour restaurer les forêts marécageuses (Page *et al.*, 2009). Il empêche les incendies, préserve les stocks de carbone et crée de meilleures conditions pour l'établissement des arbres.

Forêt se collant aux roches calcaire, Sud de la Thaïlande. La pénurie d'eau est l'obstacle aux plantes qui poussent dans cet habitat.

Forêt marécageuse
riche en sagoutiers,
Irian Jaya
(Photo: A. McRobb)

Les forêts marécageuses d'eau douce (ou forêts marécageuses) sont une gamme variée de types de forêts qui sont inondées périodiquement, par endroits, pendant une période pouvant atteindre 9 mois chaque année, et qui poussent le plus intensément le long des plus grands fleuves tropicaux de la planète (Amazonie, Congo et Mékong). Dans ces forêts, les palmiers et les dicotylédones poussent et peuvent atteindre 30 m de hauteur, formant souvent deux strates du couvert. Plus la période d'inondation de ces forêts est longue chaque année, plus faible est leur richesse en espèces d'arbres. Les forêts marécageuses s'appuient sur l'accumulation de la végétation herbacée morte pour pouvoir prendre racine. Les arbustes s'établissent d'abord; ils sont souvent suivis par des palmiers et plus tard par de grands arbres. Il en résulte un gradient de différents types de forêts lorsqu'on s'éloigne de la bordure de l'eau. La prise en compte de cette zonalité par la manipulation de la succession naturelle et/ou la plantation d'arbres sur les sites inondés est très problématique, mais grâce à des sols riches en nutriments, la restauration peut évoluer rapidement, une fois l'établissement d'arbres ayant eu lieu.

Dans les estuaires tropicaux et le long des côtes, les forêts marécageuses d'eau douce cèdent la place aux **mangroves** dans la zone intertidale. Les mangroves sont dominées par quelques espèces d'arbres tolérantes au sel, souvent aux caractéristiques pneumatophores (les racines exposées pour les échanges gazeux) qui permettent aux plantes de surmonter les conditions anaérobies des sédiments sur lesquels elles poussent. Comme d'autres forêts marécageuses, les mangroves sont implantés dans différents types de forêts le long d'un gradient d'humidité. La plupart des mangroves produisent des graines dispersées par l'eau, annuellement, en grande quantité et quelques-unes sont vivipares (c'est-à-dire les graines germent sur l'arbre avant leur dispersion). Les projets de restauration sur les vasières à marée sont à la fois difficiles et dangereux. La plantation de propagules ou de petits plants connaît très peu de succès tandis que celle de grands plants donne de meilleurs résultats, bien que plus coûteuse. La dessiccation, une forte salinité et les attaques par les insectes herbivores sont les problèmes les plus courants (Elster, 2000).

Mangroves, Irian Jaya
(Photo: A. McRobb)

La succession se produit rapidement au sein des forêts intactes où les trouées de lumière sont créées par les chutes d'arbres. (A) Les arbres fruitiers à proximité fournissent (B) une pluie dense de graines. La forêt environnante fournit un habitat (C) aux animaux qui dispersent les graines. (D) Les arbres endommagés et (E) les souches d'arbres repoussent. (F) Les plantules et les (G) jeunes arbres, autrefois étouffés par le couvert forestier dense, poussent maintenant rapidement. (H) Les graines se trouvant dans la banque de graines du sol germent. Dans les grandes régions déboisées, bon nombre de ces mécanismes naturels de régénération de la forêt sont réduits ou entièrement bloqués par les activités humaines.

Les variations régionales

Jusqu'ici, notre travail n'a fait que passer brièvement en revue les plus grands types de forêts tropicales. Dans chacun de ceux-ci, les systèmes de classification des forêts de chaque pays distinguent plusieurs sous-types, souvent avec des terminologies incompatibles.

2.2 Comprendre la régénération des forêts

La restauration des forêts concerne tout ce qui a trait à l'accélération de la succession forestière naturelle; de ce fait, son succès dépend de la compréhension et de l'amélioration des mécanismes naturels de la succession forestière.

Qu'est-ce que la succession?

La succession est une série de changements prévisibles dans la structure et la composition des écosystèmes qui se produisent après une perturbation. Si on la laisse suivre son cours, la succession débouche finalement sur un écosystème final dit climacique, avec une biomasse maximale, une complexité et une biodiversité structurelles dans les limites imposées par les conditions pédologiques et climatiques au niveau local.

Une forêt tropicale climacique n'est pas un système stable et immuable mais plutôt un équilibre dynamique subissant des perturbations et un renouvellement constants. Des trouées de lumière se forment avec la mort des grands arbres, mais elles sont rapidement comblées au fur et à mesure que les jeunes arbres et les plants croissent. Ainsi, une forêt climacique est une mosaïque en perpétuelle évolution, constituée de trouées de lumière de différentes dimensions dues aux chutes d'arbres, de parcelles de régénération et d'un peuplement vieux, avec la composition des espèces variant en fonction du micro-habitat, des perturbations qui se sont déjà produites, des contraintes de dispersion des graines et des événements aléatoires. Tous ces facteurs contribuent à la grande diversité d'espèces qui est caractéristique de la plupart des forêts tropicales climaciques.

Une perturbation plus généralisée de la forêt climacique peut entraîner le retour à un stade antérieur, à un écosystème temporaire ou à «stade de succession» dans le groupement végétal préclimacique. La nature du stade de succession dépend de la gravité de la perturbation. Une perturbation majeure, comme une éruption volcanique, détruit complètement la communauté végétale et le sol, entraînant le retour de la terre au premier stade de succession: la roche nue. Des perturbations moins graves, telles que l'exploitation forestière, l'agriculture et le feu, transforment les forêts en terrains couverts d'herbes et d'arbustes. Une fois que la perturbation cesse, les changements séquentiels dans la composition des espèces se produit en raison des interactions entre les plantes, les animaux et leur environnement. La roche nue est colonisée par les lichens et les mousses, processus connu sous le nom de «succession primaire». Les terrains couverts d'herbes et d'arbustes subissent «la succession secondaire», à travers laquelle les arbustes font de l'ombre aux herbes, les arbres pionniers qui nécessitent beaucoup de soleil privent les arbustes de lumière, et beaucoup plus tard, les arbres pionniers sont eux-mêmes privés de lumière par les arbres climaciques tolérants à l'ombre. Ainsi, la forêt devient progressivement plus dense, plus complexe sur le plan structurel et plus riche en espèces au fur et à mesure que la succession la fait avancer vers l'état climacique.

Même dans les meilleures conditions, ce processus peut prendre 80 à 150 ans pour s'achever, et dans certaines circonstances une perturbation humaine continue peut empêcher complètement la réalisation de la forêt climacique. Par conséquent, la restauration active est nécessaire là où un retour plus rapide à la forêt climacique est souhaité.

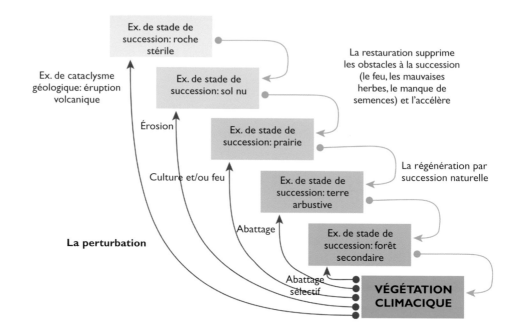

Ex. de stade de succession: roche stérile

Ex. de cataclysme géologique: éruption volcanique

La restauration supprime les obstacles à la succession (le feu, les mauvaises herbes, le manque de semences) et l'accélère

Ex. de stade de succession: sol nu

Érosion

Ex. de stade de succession: prairie

Culture et/ou feu

La régénération par succession naturelle

Ex. de stade de succession: terre arbustive

La perturbation

Abattage

Ex. de stade de succession: forêt secondaire

Abattage sélectif

VÉGÉTATION CLIMACIQUE

Comprendre la succession forestière est essentiel pour la conception des méthodes efficaces de restauration des forêts. La restauration des forêts vise à éliminer les facteurs qui empêchent la succession forestière naturelle de progresser.

Les essences pionnières et climaciques

Les espèces d'arbres peuvent être divisées en deux grands groupes, en fonction du moment de leur apparition dans l'ordre de la succession forestière. Les essences pionnières sont les premières à coloniser les sites déboisés, alors que les essences forestières climaciques s'établissent plus tard, seulement après la création par les pionnières des conditions plus ombragées, plus froides et plus humides. Les principales différences entre les deux groupes sont que les graines des essences pionnières ne peuvent germer qu'en plein soleil et leurs plantules ne peuvent pas grandir à l'ombre, tandis que les graines d'arbres climaciques peuvent germer à l'ombre et leurs plantules sont tolérantes à l'ombre.

Cecropia, le plus grand genre des arbres pionniers dans la région néotropicale.

Les graines d'arbres pionniers peuvent rester en dormance dans le sol, jusqu'à ce que la formation d'une trouée de lumière et l'augmentation de l'intensité lumineuse activent la germination. Cependant, une fois que le couvert forestier se ferme, plus aucune plantule des espèces pionnières ne peut atteindre maturité. Par conséquent, les arbres pionniers croissent rapidement et produisent habituellement un grand nombre de petits fruits et de graines à un jeune âge. Ces dernières sont dispersées sur de longues distances par le vent ou de petits oiseaux, trouvant ainsi de nouvelles zones perturbées à coloniser. Les espèces pionnières peuvent être divisées en deux groupes: les premiers arbres pionniers (par exemple, *Cecropia*, *Macaranga*, *Trema*, *Ochroma*, *Musanga*, *Acronychia* et *Melochia*) et les essences secondaires ou post pionnières (par exemple, *Acacia*, *Alstonia*, *Octomeles*, *Neolamarckia*, *Terminalia* et *Ceiba*). Les premières sont celles qui colonisent les zones ouvertes, mais vivent rarement plus de 20 ans, tandis que les secondes poussent pendant 60 à 80 ans et peuvent survivre même après que les essences climaciques ont commencé à atteindre la canopée (bien que leurs semis soient absents de la couche de terre).

Les essences climaciques poussent lentement pendant de nombreuses années, en consolidant progressivement leur position dans la forêt avant la floraison et la fructification. Elles ont tendance à produire de grosses graines dispersées par les animaux, graines qui ont une faible capacité de dormance (ou inexistante), et de grandes réserves alimentaires qui peuvent soutenir les plantules dans des conditions ombragées. Par conséquent, les essences climaciques peuvent se régénérer sous leur propre ombre, donnant lieu à une composition des espèces relativement stable de la forêt climacique. Elles peuvent vivre pendant des centaines d'années.

En réalité, la division entre les essences pionnières et climaciques peut être trop simpliste. De nombreuses essences climaciques poussent très bien quand elles sont plantées dans des sites déboisés. Leur absence de ces zones est habituelle non pas à cause des conditions sèches, chaudes et ensoleillées des sites déboisés mais due au fait que leurs grosses graines ne parviennent pas à se disperser naturellement dans de telles zones. La plupart des essences forestières climaciques sont *tolérantes* à l'ombre, mais *ne dépendent pas* de l'ombre. Cela signifie que les programmes de plantation d'arbres ne doivent pas se limiter aux espèces pionnières. La plantation d'essences climaciques soigneusement sélectionnées aux côtés d'essences pionnières raccourcit la succession et permet d'avoir une forêt climacique plus rapidement que par la méthode naturelle.

Ashton *et al.* (2001) fournissent une vue plus précise de l'état de succession des espèces d'arbres en reconnaissant six guildes d'arbres. Les essences pionnières, qui ont une courte durée de vie (c.-à-d. les premiers arbres plantés), sont les premiers arbres à former une canopée qui prive les mauvaises herbes de lumière. «Les essences pionnières de l'exclusion des tiges» (c.-à-d. les essences secondaires ou post pionnières) se développent pour dominer la canopée plus tard. Elles continuent à vivre pendant que les essences du couvert du stade final (c.-à-d. le couvert climacique) poussent à leurs côtés, que la biomasse forestière augmente, et que la composition en espèces d'arbres et la structure de la forêt se diversifient davantage. Les plantules des espèces pionnières disparaissent avec le développement d'un sous-étage, marquant ainsi une étape cruciale dans la progression de la succession. Ashton *et al.* (2001) subdivisent les espèces d'arbres du dernier stade de succession en quatre groupes, en fonction de la position de leurs cimes dans le couvert végétal: les espèces dominantes (abondantes dans la canopée ou comme arbres émergents), les espèces non-dominantes (moins abondantes dans la canopée), les espèces du sous-canopée et du sous-bois. Toutes les six guildes peuvent être présentes sous forme de plantules au début de la succession (si la dispersion des graines n'est pas limitative). Si possible, la restauration des forêts devrait, par conséquent, tenter d'imiter cette approche en intégrant les espèces représentatives de toutes les six guildes d'arbres parmi les essences plantées ou celles dont on encourage la régénération.

Phases de développement d'un peuplement (une adaptation de Ashton *et al.* (2001))

PHASES DE DÉVELOPPEMENT D'UN PEUPLEMENT

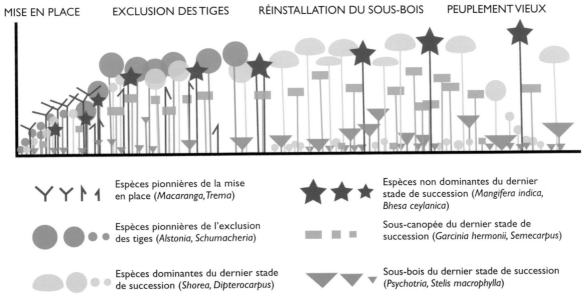

MISE EN PLACE   EXCLUSION DES TIGES   RÉINSTALLATION DU SOUS-BOIS   PEUPLEMENT VIEUX

Espèces pionnières de la mise en place (*Macaranga, Trema*)

Espèces pionnières de l'exclusion des tiges (*Alstonia, Schumacheria*)

Espèces dominantes du dernier stade de succession (*Shorea, Dipterocarpus*)

Espèces non dominantes du dernier stade de succession (*Mangifera indica, Bhesa ceylanica*)

Sous-canopée du dernier stade de succession (*Garcinia hermonii, Semecarpus*)

Sous-bois du dernier stade de succession (*Psychotria, Stelis macrophylla*)

Les contraintes en matière de restauration écologique

Au-delà d'un certain «seuil», la perturbation peut bouleverser les mécanismes écologiques généralement efficaces pour la régénération des forêts, ce qui provoque l'entrée de la végétation dans un «état alternatif». Une bonne analogie est fournie par la bande élastique. Après un étirement modéré, la bande peut facilement revenir à sa forme d'anneau d'origine. Toutefois, si vous étirez trop la bande, elle se casse, devenant une courte bande de caoutchouc extensible, c'est-à-dire qu'elle entre dans un autre état. Les propriétés qui lui ont permis de revenir à l'état d'un anneau ont été détruites. Elle ne reprendra jamais sa forme d'anneau d'origine sans intervention humaine pour remettre les deux extrémités ensemble et restaurer l'anneau.

Par analogie, la déforestation à grande échelle, suivie par une perturbation continue, détruit les mécanismes naturels de la succession qui permettent la régénération des forêts. Les grandes zones déboisées deviennent souvent occupées par un stade de succession préclimacique persistante (appelé «plagioclimax»), tel que des prairies, ou par une communauté complètement nouvelle dominée par les espèces exotiques envahissantes. Là où les activités humaines entravent la succession, l'intervention humaine est nécessaire pour rétablir les mécanismes de régénération des forêts et permettre que la succession avance vers le stade climacique.

Les modèles de la «dynamique des seuils» visent à expliquer et prévoir ces changements irréversibles. Ils montrent comment les mécanismes de «rétroaction positive» maintiennent l'écosystème dans son état dégradé, même après la fin de la perturbation. Par exemple, la coupe d'arbres dans une forêt tropicale augmente les niveaux d'éclairage, ce qui conduit à une augmentation de la couverture herbeuse. Les prairies chaudes et sèches brûlent plus facilement que la forêt fraîche et humide, ce qui donne davantage lieu au feu qui détruit les plants d'arbres. Ce nouveau régime de feu empêche le retour du site à son état initial de forêt, même si la coupe des arbres est arrêtée.

Comprendre ces seuils et les mécanismes de rétroaction qui entrainent les écosystèmes forestiers de rester dans un état dégradé persistant est très utile dans l'élaboration des stratégies appropriées à la restauration des forêts.

La régénération dans les vastes étendues déboisées

Dans les vastes étendues déboisées, la mise en place des arbres forestiers dépend habituellement de la disponibilité des sources de semences locales et de la dispersion des graines dans les sites déboisés. Les semences doivent tomber là où les conditions sont propices à la germination et doivent échapper aux granivores, connus sous le nom «prédateurs de graines». Après la germination, les plantules doivent faire face à une rude concurrence avec les mauvaises herbes pour la lumière, l'humidité et les nutriments. Il faut aussi éviter que les arbres qui poussent soient brûlés par les feux ou mangés par les bovins.

Les contraintes en matière de régénération à partir de la banque de semences

Quand une forêt est abattue, un grand nombre de graines restent à l'intérieur du sol (la banque de semences). Cependant, la grande majorité des essences tropicales produisent des graines qui ne sont viables que pour de courtes périodes. Donc, si une forêt est défrichée et que le site est ensuite brûlé et cultivé pendant plus d'un an, voire deux, la plupart des graines issues de la banque de semences de la forêt climacique d'origine meurent, parce qu'elles n'ont soit pas de capacité de dormance (Baskin & Baskin, 2005) ni une capacité de dormance de très courte durée (c'est-à-dire qu'elles doivent germer pendant une période de 12 semaines (Forest Restoration Research Unit, 2005; Garwood, 1983; Ng, 1980). Par conséquent, la régénération des forêts dépend presqu'entièrement des graines qui sont dispersées dans les sites déboisés à partir des vestiges des forêts survivantes ou à partir des arbres isolés dans le paysage environnant.

Le recépage

Certaines espèces d'arbres peuvent repousser à partir de vieilles souches d'arbres ou des fragments de racines de plusieurs années après la première coupe d'arbre (Hardwick *et al.*, 2000). Les bourgeons dormants autour du collet des racines d'une souche d'arbre peuvent pousser spontanément, en produisant souvent plusieurs nouvelles pousses. C'est ce qu'on appelle le recépage. Certaines des essences climaciques et pionnières peuvent repousser de cette façon. En utilisant les réserves alimentaires qui sont stockées dans les racines, les jeunes pousses issues du recépage peuvent se multiplier rapidement au-dessus des mauvaises herbes qui les entourent et qui ont une plus grande résilience au feu et au broutage que les plantules. Les grandes souches ont tendance à produire des pousses plus vigoureuses au plus grand nombre que les petites souches. En outre, les grandes souches survivent mieux au feu, au broutage et à la concurrence avec les mauvaises herbes que les plus petites, car les pousses sont généralement au-dessus de la hauteur de la perturbation. Par conséquent, la protection des souches d'arbres donne à la régénération des forêts un bon départ.

Cependant, les espèces d'arbres qui se régénèrent à partir des souches ne représentent généralement qu'une faible proportion de la communauté des essences forestières climaciques. Bien que ces arbres puissent accélérer le rétablissement de la structure des forêts, de nouvelles semences sont toujours essentielles pour restaurer l'intégralité de la richesse des essences de la forêt climacique.

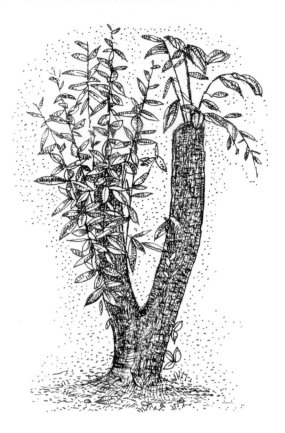

Les souches d'arbres sont une source importante de régénération naturelle, en particulier dans les forêts récemment exploitées.

L'importance des arbres semenciers

Tous les arbres commencent leur vie sous forme de graines, alors la succession forestière dépend finalement de la présence d'arbres fruitiers à côté. Dans un paysage fortement déboisé, certaines espèces d'arbres peuvent être représentées par quelques individus épars, isolés, qui ont en quelque sorte échappé à la tronçonneuse, ou il peut exister des parcelles de forêts résiduelles qui produisent des semences d'un grand nombre d'espèces d'arbres. Les arbres fruitiers fournissent non seulement des semences pour la régénération des forêts, mais également pour attirer les animaux frugivores disperseurs des graines. Par conséquent, dans un paysage déboisé, la protection de tous les arbres matures restants favorise beacoup la régénération naturelle des forêts.

La dissémination des graines

La dissémination des graines concerne toutes les graines qui tombent sur n'importe quel site en particulier, qu'elles y soient soufflées par le vent ou déposées par les animaux. La densité et la composition des graines des espèces d'arbres disséminées sur un site déboisé dépendent de la proximité des arbres fruitiers et de l'efficacité des mécanismes de dissémination des graines. La dissémination des graines est plus abondante et contient la plupart des espèces d'arbres à proximité de la forêt intacte, et est rare au centre des vastes étendues déboisées. La diminution de la dispersion des graines est une des causes les plus importantes de l'absence de régénération des forêts ou d'une faible biodiversité des espèces chez les communautés d'arbres qui colonisent les sites déboisés. Par conséquent, encourager la dispersion des graines est un aspect essentiel de la restauration des forêts.

La dispersion des semences d'arbres par le vent

Dans les régions tropicales humides, relativement peu d'espèces d'arbres produisent des graines dispersées par le vent. Celles qui le font sont généralement les plus grands arbres de la forêt, souvent émergents (par exemple, les diptérocarpacées). La dispersion par le vent est plus fréquente dans les régions tropicales saisonnières ou sèches, mais même là, moins de la moitié des espèces d'arbres sont dispersées par le vent (bien que ces espèces puissent représenter jusqu'à 60% du nombre total d'arbres (FORRU, 2005)).

Les graines dispersées par le vent ont tendance à être petites et légères, et elles ont souvent des ailes ou d'autres structures qui ralentissent leur chute, leur permettant d'être transportées par les courants d'air. La plupart est déposée à quelques centaines de mètres de l'arbre-mère, mais certaines sont soulevées par les vents forts et transportées sur de nombreux kilomètres. Afin de maximiser leurs distances de dispersion, de nombreuses essences tropicales dont les graines sont dispersées par le vent donnent des fruits à la fin de la saison sèche, lorsque les vitesses moyennes maximales de la rafales du vent sont les plus élevées. En conséquence, les espèces d'arbres dispersées par le vent sont capables de coloniser des sites déboisés sur une distance de 5 à 10 km à partir des sources de semences. Si les conditions du site permettent que de telles espèces s'établissent naturellement, il serait moins nécessaire de les intégrer dans des programmes de plantations d'arbres.

La dispersion des graines par les animaux

La plupart des essences tropicales dépendent des animaux pour la dispersion de leurs graines. Les animaux frugivores retirent les graines ou les avalent, en les régurgitant ou déféquant plus tard, à une certaine distance de l'arbre mère (appelé dispersion «endozoochore»). Les fruits qui contiennent les graines dispersées par les animaux ont tendance à avoir des couleurs plus vives pour attirer les animaux et être charnus, produisant une récompense alimentaire aux animaux disperseurs de leurs graines.

La dispersion des graines des arbres forestiers dans les sites déboisés dépend des animaux qui se déplacent régulièrement entre les deux habitats. Malheureusement, peu nombreux sont les animaux de la forêt qui s'aventurent dans des zones ouvertes, de peur de s'exposer à des prédateurs. Mis à part les oiseaux et les chauves-souris, peu d'animaux effectuent un long déplacement entre l'ingestion d'un fruit et le rejet de la graine. En outre, de nombreuses graines sont broyées par des dents ou détruites par les sucs digestifs.

Avec les espèces vivant dans toutes les régions tropicales, les pigeons frugivores sont les «bêtes de somme» de la régénération des forêts naturel, en raison de leur capacité de dispersion de graines. Ici, les colombars chanteurs savourent les fruits de *Hovenia dulcis*.

La taille maximale des graines qui peuvent être dispersées par un animal dépend de la taille de la bouche de l'animal. Les espèces animales de petite taille sont encore relativement répandues dans les régions tropicales, mais la plupart des espèces de plus grande taille, capables de disperser de grosses graines, sont maintenant rares ou ont été chassées. Dans le passé, les grands herbivores étaient sans doute les plus importants disséminateurs de graines provenant de la forêt des zones déboisées. Les éléphants, les rhinocéros, les tapirs, les bœufs sauvages et quelques cerfs consomment souvent des fruits dans la forêt, avant de s'aventurer dans des zones ouvertes la nuit pour brouter ou paître. Avec leurs grandes bouches, les longues durées de rétention et les longues distances qu'ils parcourent, ces animaux peuvent avaler la plus grande quantité de graines et les transporter sur de longues distances. L'élimination de la plupart de ces grands mammifères sur une grande partie de leurs anciennes aires de répartition au cours de ces dernières décennies empêche désormais la dispersion d'un grand nombre d'essences à grosses graines (Stoner & Lambert, 2007).

Parce que les oiseaux et les chauves-souris peuvent voler, ils peuvent disperser les graines sur de longues distances. Les oiseaux forestiers tels que les aras, les perroquets, les calaos, les pigeons, les colombes, les corneilles frugivores, les geais, les tityras et les bulbuls sont particulièrement importants parce que certaines espèces de ces groupes sont à l'aise aussi bien dans les sites forestiers que déboisées et elles peuvent disperser les graines entre les deux. Les chauves-souris frugivores sont également d'importants disséminateurs de graines, car elles volent sur des longues distances et laissent tomber les graines en plein vol. Contrairement à la plupart des oiseaux, les chauves-souris sont nocturnes et ne peuvent pas être identifiées à l'aide de jumelles. Par conséquent, peu de recherches ont été effectuées sur leur rôle dans la régénération des forêts. La recherche sur les chauves-souris constitue, par conséquent, une grande priorité pour l'amélioration des techniques de restauration des forêts. Les espèces de mammifères non volants qui restent relativement répandues et sont susceptibles de disperser des graines entre les forêts et les zones dégradées sont, entre autres, les cochons sauvages, les singes, les cerfs, les civettes et les blaireaux. Mais encore, en grande partie en raison de leurs habitudes nocturnes, très peu d'informations sont disponibles sur les capacités de dispersion de graines de ces animaux des projets de restauration avec des différents défis. des projets de restauration avec des différents défis.

Sur quelle distance sont dispersées les graines?

La plupart des semences d'arbres tombent à quelques mètres de l'arbre-mère, et la densité de l'«ombre des semences» d'un seul arbre décroît fortement avec l'éloignement de l'arbre. Néanmoins, selon Clark (1998), environ 10% des semences d'arbres sont dispersées sur des distances beaucoup plus longues de 1 à 10 km. On dispose de peu de connaissances sur la dispersion des graines sur de longues distances, car elle est très difficile à mesurer, mais elle est vitale pour le rétablissement de la biodiversité dans tout site de restauration qui est à plus de quelques centaines de mètres de la forêt intacte. En l'absence de la dispersion naturelle des graines sur de longues distances, les humains doivent collecter les graines de la forêt et à les «disperser» dans des sites ciblés pour la restauration, afin de restaurer la communauté des essences forestières climaciques. La dispersion des graines faite par les humains peut être la seule façon de s'assurer que les essences à grosses graines sont représentées dans les forêts restaurées.

La prédation des graines

Un seul arbre produit un grand nombre de graines au cours de sa vie, même si, pour son propre remplacement, il n'a besoin de produire qu'une seule graine qui pousse finalement pour devenir un adulte reproducteur mature. Cette grande production de semences est nécessaire parce que la plupart des graines tombent lorsque les conditions sont défavorables à la germination ou sont détruites par les animaux. Les réserves alimentaires riches contenues dans les graines en font des repas nutritifs pour les animaux. Certaines graines peuvent rester intactes tout en voyageant à travers le tube digestif des animaux, mais beaucoup d'autres sont mâchées et digérées.

La prédation des graines est la destruction du potentiel de germination quand un animal broie ou digère son embryon. Elle peut se produire lorsque les graines sont encore attachées à l'arbre-mère (prédation avant dispersion), pourtant elle a plus d'impact sur la régénération des forêts lorsque les graines déjà dispersées dans les zones déboisées sont avalées (prédation après dispersion).

Les niveaux de prédation des graines

La prédation des graines peut sérieusement limiter la régénération naturelle des forêts. Les niveaux de prédation des graines sont très imprévisibles, variant de 0% à 100%, en fonction des espèces d'arbres, de la végétation, de l'emplacement, de la saison et ainsi de suite. Dans les sites déboisés, la prédation des graines est généralement suffisamment forte pour réduire de façon significative la survie des semences de la plupart des essences (Hau, 1999), mais elle est faible au fur et à mesure que la canopée devient dense et que la régénération des forêts progresse. La prédation des graines affecte de manière significative à la fois la distribution et l'abondance des espèces d'arbres. Elle est également un facteur déterminant de l'évolution, contraignant les arbres à développer différents mécanismes morphologiques et chimiques pour défendre leurs semences contre les attaques, par exemple, les poisons, les téguments résistants et bien d'autres mécanismes.

Les animaux frugivores dans la régénération des forêts

Les petits rongeurs et les insectes, en particulier les fourmis, sont les prédateurs de graines les plus abondants, susceptibles d'affecter la régénération des forêts (Nepstad *et al.*, 1996; Sanchez-Cordero et Martínez-Gallardo, 1998). Les rongeurs se développent dans les mauvaises herbes et la végétation herbacée qui dominent la plupart des sites déboisés, mais leurs populations s'affaiblissent dès que la fermeture de la canopée commence pour l'ombrage des mauvaises herbes (Pena-Claros & De Boo, 2002). Les stades de succession plus jeunes supportent également mieux les densités élevées de fourmis que ceux les plus avancées (Vasconcelos & Cherret, 1995).

La vulnérabilité des graines à la prédation

La théorie écologique laisse entendre que la vulnérabilité de toute essence particulière à la prédation des graines dépend de la valeur alimentaire de ses graines. Les animaux doivent consommer les graines qui leur fournissent le maximum d'éléments nutritifs tout en exigeant le moins d'effort pour les trouver. Une plus grande attention a été accordée à l'influence de la taille des graines sur la vulnérabilité à la prédation. Les grosses graines offrent d'importantes récompenses alimentaires à ces prédateurs de graines qui sont capables de les transformer. Les animaux sont en mesure de localiser facilement les grosses graines, parce qu'elles sont plus visibles et dégagent plus d'odeur que les petites graines, mais les petits rongeurs ont des difficultés à gérer les très grosses graines. Par contre, les petites graines ont une faible valeur alimentaire et sont souvent négligées (Vongkamjan, 2003; Mendoza & Dirzo, 2007; Forget *et al.*, 1998). Plus longue est la période de dormance d'une graine dans le sol avant la germination, plus grande est la probabilité qu'un prédateur la découvre. Par conséquent, les graines qui ont de longues périodes de dormance présentent généralement des taux de prédation plus élevés.

La nature du tégument de la graine est importante dans la protection de cette dernière contre la prédation. Un tégument robuste, épais et lisse, rend très difficile l'accès des rongeurs au contenu des semences riches en nutriments. De faibles taux de prédation des graines aux téguments épais ou durs ont été remarqués pour de nombreuses essences forestières (par exemple, Hau, 1999; Vongkamjan, 2003). Il peut y avoir un compromis, cependant, entre les effets de l'épaisseur du tégument et la durée de la dormance sur la prédation des graines. Un tégument épais provoque souvent une dormance prolongée, ce qui prolonge la période pendant laquelle les graines sont exposées à l'attaque des prédateurs. Pourtant même le tégument le plus dur doit se ramollir juste avant la germination, en présentant une occasion aux prédateurs de graines. Vongkamjan (2003) a observé que les semences de plusieurs espèces d'arbres à téguments durs sont attaquées au cours de cette période de vulnérabilité.

Les dents de rats ne font qu'une bouchée de grosses graines, mais les rats peuvent agir comme des disséminateurs de graines minuscules.

Le mode de dispersion peut également influer sur la probabilité de prédation. Il est difficile aux prédateurs de trouver les graines dispersées sur une grande surface (un mode qui résulte souvent de la dispersion par le vent), alors qu'un mode de dispersion groupée (caractéristique de la dispersion par les animaux) signifie qu'une fois une graine a été découverte, l'amoncellement entier sera dévoré. D'importantes cultures fruitières sporadiques peuvent surmonter ce problème en rassasiant les populations de prédateurs de graines: les prédateurs de graines ne peuvent pas probablement manger toutes les graines se trouvant dans de telles grandes cultures, ce qui permet ainsi à de nombreuses graines d'échapper à la prédation.

Quand il s'agit de la prédation des graines, la littérature abonde en déclarations contradictoires et des points de vue antagoniques. Les effets de la prédation des graines dépendent sans aucun doute des interactions complexes entre plusieurs variables, dont la nature de l'environnement, la disponibilité de sources alimentaires de substitution et les préférences individuelles des prédateurs ainsi que les capacités de ces derniers à manipuler les graines. Mais, la prédation des graines est certainement un facteur qui doit être pris en compte dans les projets de restauration des forêts, en particulier ceux qui comprennent l'ensemencement direct. Les modèles qui prédisent avec précision les effets globaux de la prédation des graines n'ont pas encore été mis au point; par conséquent, les effets de la prédation des graines doivent être évalués pour chaque site.

La dormance des graines

Après avoir été déposée dans un site déboisé, une graine peut rester sans germinaton immédiate. La période de dormance est la durée pendant laquelle une graine mûre ne parvient pas à germer dans des conditions favorables. Elle permet la dispersion des graines au moment optimal, leur survie aux obstacles de la dispersion (tel que le fait d'être avalées par un animal), et puis leur germination lorsque les conditions sont favorables pour l'établissement des semis.

En général, les espèces d'arbres qui poussent dans les climats frais et secs sont plus susceptibles de produire des graines dormantes que celles qui poussent dans les climats plus chauds, plus humides. Par conséquent, la dormance est plus fréquente chez les essences feuillues et montagneuses que chez les essences à feuilles persistantes de plaine. Dans une enquête portant sur plus de 2.000 essences tropicales climaciques des forêts sempervirentes, semi-sempervirentes, décidues, de montagne et de savane, Baskin et Baskin (2005) ont signalé que 43%, 48%, 65%, 62% et 66% des espèces, respectivement, ont affiché une période de dormance de plus de 4 semaines. La dormance physiologique (développement inhibé de l'embryon) est le mécanisme le plus fréquent de la dormance chez les essences forestières à feuilles persistantes, semi-persistantes et montagneuses, tandis que la dormance physique (causée par des téguments imperméables qui limitent l'absorption de l'humidité et l'échange gazeux) est plus fréquente chez les essences forestières feuillues et celles des savanes.

La germination

La transition de la graine à la plantule est une période délicate dans la vie d'un arbre. La dormance des graines doit se terminer et il faut qu'il y ait des niveaux d'humidité et de lumière appropriés pour déclencher la germination. En raison de sa petite taille, de ses faibles réserves énergétiques et de sa faible capacité photosynthétique, un jeune plant est très vulnérable aux changements des conditions environnementales, à la concurrence des autres plantes et aux attaques des herbivores. Une seule chenille peut complètement détruire un jeune plant en quelques minutes, tandis que les grandes plantes sont plus résistantes aux attaques.

Le moment de la germination

Dans les régions tropicales toujours humides près de l'équateur, où l'humidité du sol est élevée en permanence, les conditions pour la germination des graines restent favorables toute l'année. Mais dans les zones tropicales à saisons marquées, le période optimale de germination des semences d'arbres est courte après le début de la saison des pluies. Les plantules s'établissant au cours de cette période ont toute la durée de la saison des pluies pour constituer des réserves énergétiques et s'enraciner dans le sol. Un système racinaire étendu permet aux plants de survivre à la chaleur desséchante de leur première saison sèche en accédant à l'humidité stockée en profondeur du sol. Une autre raison pour que la germination commence au début de la saison des pluies est la libération d'éléments nutritifs du sol pendant cette période. Les incendies de la saison sèche libèrent des nutriments sous forme de cendres, que les premières pluies lessivent ensuite dans le sol. Avec l'augmentation de l'humidité du sol, la décomposition de la matière organique s'accélère, en libérant encore davantage de nutriments dans le sol.

Bien que le nombre d'essences qui germent soit à son plus haut niveau au début de la saison des pluies, la dispersion des graines, au niveau de la plantation communautaire d'arbres, se produit tout au long de l'année. Ce phénomène s'explique par le fait que le temps optimal pour la dispersion des semences de chaque essence dépend d'une gamme variée de facteurs, tels que la disponibilité saisonnière des pollinisateurs, le temps nécessaire pour développement d'un fruit mûr à partir d'une fleur fécondée et la disponibilité saisonnière des disséminateurs. La variation de la durée de dormance des graines entre les espèces permet à chaque espèce de disperser ses graines au moment optimal, tout en germant à la période la plus favorable, au début de la saison des pluies. Par exemple, les graines qui sont dispersées au début de la saison des pluies ont tendance à avoir une très courte dormance ou à germer immédiatement, tandis que celles qui sont dispersées six mois plus tôt ont tendance à avoir une dormance d'environ 6 mois. Ce phénomène a été bien documenté à la fois pour l'Amérique centrale et l'Asie du Sud-Est (Garwood, 1983; Forest Restoration Research Unit, 2005) et il joue un rôle crucial dans la production des plants en pépinières (voir **Chapitre 6**).

Conditions nécessaires à la germination

La germination des graines dépend de nombreux facteurs, dont les plus importants sont la suffisance d'humidité et les bonne conditions de lumière (non seulement les niveaux de luminosité, mais aussi la qualité de la lumière). Les grands sites déboisés, généralement dominés par la densité des mauvaises herbes, présentent un environnement hostile aux semences d'arbres. Sur ces sites, les températures fluctuent considérablement entre le jour et la nuit. L'humidité est faible, la vitesse des vents est plus élevée et les conditions du sol sont beaucoup plus sévères que celles d'une forêt. Beaucoup de graines sont étouffées par le feuillage des mauvaises herbes; dans ces conditions, elles se dessèchent et meurent, avant même d'atteindre le sol.

Même pour les semences qui passent à travers le feuillage des mauvaises herbes, les mauvaises herbes posent un autre problème. Un ratio élevé de lumière du rouge au rouge vif stimule la germination de nombre d'essences pionnières, en particulier celles aux petites graines (Pearson *et al.*, 2003). En absorbant proportionnellement plus de lumière rouge que de lumière rouge vif, un couvert végétal dense du feuillage des mauvaises herbes supprime ce stimulus essentiel. Par conséquent, la germination de la plupart des essences forestières dépend de la présence de ce qu'on appelle «microsites de germination», où les conditions sont favorables. Il s'agit de sites minuscules avec une couverture de mauvaises herbes réduite et une humidité du sol suffisante pour induire la germination des graines. Ces sites sont, entre autres, les termitières en décomposition, les rochers couverts de mousse et en particulier les bûches en décomposition. Ces dernières fournissent un excellent milieu riche en humidité et en éléments nutritifs pour la germination des graines et sont généralement exemptes de mauvaises herbes.

Des troncs d'arbres morts en décomposition constituent d'excellents microsites dans lesquels les graines d'arbres peuvent germer.

Les animaux peuvent améliorer la germination des graines

Le passage de semences à travers le système digestif d'un animal peut affecter à la fois le taux total de germination et le rythme de la germination. Pour la plupart des arbres tropicaux, le passage à travers l'intestin d'un animal n'a pas d'effet sur la germination, mais pour les espèces qui montrent une réaction, la germination est améliorée le plus souvent. Travaset (1998) a signalé que l'ingestion par les animaux a augmenté le taux de germination de 36% des essences examinées; elle a réduit le taux de germination de 7% seulement. Les graines de 35% des essences figurant dans l'étude ont germé plus rapidement après leur passage dans le tube digestif d'un animal; seulement 13% ont connu un retard de germination. Néanmoins, les réactions sont très variables: les semences d'espèces à l'intérieur d'un même genre, ou même provenant de différentes individus de la même espèce, peuvent avoir des réactions différentes. Ainsi, la consommation de graines par les animaux peut être essentielle pour la dispersion, mais elle joue un rôle moins important dans l'amélioration de la germination.

L'établissement des plantules

Après la germination d'une graine, les plus grandes menaces à la survie des plantules dans les zones déboisées sont la concurrence avec les mauvaises herbes, la dessiccation et le feu.

Les mauvaises herbes peuvent étouffer la régénération

Les zones déboisées sont généralement dominées par quelques espèces de graminées, d'herbes et d'arbustes qui nécessitent beaucoup de lumière. Ces plantes exploitent rapidement le sol et développent une couverture végétale dense, qui absorbe la majeure partie de la lumière disponible pour la photosynthèse. Les capacités d'une couverture végétale dense de mauvaises herbes à étouffer les nouvelles graines et à inhiber leur germination en altérant la qualité de la lumière ont déjà été mentionnées. Mais, même si les graines germent sous la couverture végétale des mauvaises herbes, les plantules qui émergent sont ensuite étouffées par les mauvaises herbes qui les prive de lumière, d'humidité et de nutriments.

Parce que les arbres se sont développés pour devenir grands, ils doivent dépenser beaucoup d'énergie et de carbone pour produire la substance ligneuse, la lignine, qui supporte leur future taille massive contre la gravité. Sans produire la lignine, les herbes peuvent croître beaucoup plus vite que les arbres. Ce n'est que quand la cime d'un arbre éclipse les mauvaises herbes environnantes, et que son système racinaire va au-delà de celui des mauvaises herbes, que cet arbre prend un avantage. À ce stade, les mauvaises herbes qui nécessitent beaucoup de lumière sont rapidement tuées par l'ombre de l'arbre. Pourtant, la concurrence des mauvaises herbes tue généralement les plants d'arbres bien avant qu'ils ne prennent le dessus sur les mauvaises herbes.

Les mauvaises herbes empêchent aussi la régénération des forêts en fournissant un combustible aux feux de la saison sèche. La plupart des mauvaises herbes herbacées survivent au feu grâce aux graines, bulbes ou tubercules enfouis dans le sol, ou alors elles (par exemple, les graminées) possèdent des points de croissance bien protégés qui repoussent après un incendie. Chez les arbres, les points de croissance sont non-protégés, situés à l'extrémité des branches. Par conséquent, lors d'un incendie, les jeunes plants sont souvent complètement incinérés par les feux intenses du fait des mauvaises herbes séchées et chaudes. La re-germination des plants plus âgés est possible, mais seulement après sa première année.

Les mauvaises herbes qui sont les plus capables d'étouffer la régénération des forêts sont presque toujours des espèces exotiques qui ont été délibérément introduites et qui sévissent maintenant dans les aires de répartition de leurs ennemis naturels. Beaucoup de mauvaises herbes en Afrique et en Asie proviennent de l'Amérique centrale ou du Sud. Plusieurs appartiennent aux familles des légumineuses et des astéracées (composées) et elles ont généralement en commun les caractéristiques suivantes: i) elles sont des plantes vivaces à croissance rapide qui fleurissent et donnent des fruits à un âge très jeune; ii) elles produisent un très grand nombre de graines (ou spores) qui peut survivre dans un état de dormance et donc s'accumuler dans la banque de graines du sol; iii) elles sont résilientes après avoir été brûlées (même si leurs parties aériennes peuvent être totalement détruites, elles peuvent se régénérer rapidement à partir du porte-greffe); iv) elles produisent des substances chimiques qui inhibent la germination des graines et/ou la croissance des plantules des espèces végétales (allélopathie), et v) elles peuvent aussi produire des substances chimiques qui sont toxiques pour les potentiels animaux disperseurs des graines. De nombreux cas de toxicité des plantes exotiques envahissantes nuisant au bétail sont connus, et ces plantes sont probablement aussi toxiques pour la faune. Certaines des espèces les plus répandues sont énumérées dans le **Tableau 2.2**.

Les graminées, la fougère aigle (*Pteridium aquilinum*) et les espèces de la famille Asteraceae (Compositae) (par exemple, *Chromolaena odorata* illustrée ici) sont parmi les mauvaises herbes tropicales les plus omniprésentes qui sont capables d'étouffer la régénération naturelle des forêts.

Tableau 2.2. Mauvaises herbes dominantes capables d'étouffer la régénération des forêts.

Espèces	Famille	Comportement	Origines	Exotique envahissante	Allélopathique	Toxique pour les ongulés	Observations
Dicranopteris linearis	Gleicheniaceae	Fougère grimpante	Asie, Afrique Australasie, Pacifique	—	Oui	Inconnu	Forme un fourré de 2m de hauteur sur un terrain nu dégradé. Non tolérante au feu ou à l'ombre.
Chromolaena spp.	Asteraceae (Compositae)	Herbe ou arbuste	Nouveau Monde	Afrique de l'Ouest, Asie, Australie	Oui	Oui	Syn. *Eupatorium* (Compositae)). Graines dispersées par le vent.
Lantana camara	Verbenaceae	Arbuste, épineux et touffu	Nouveau Monde	Afrique centrale, Australie, Inde, Asie du Sud Est, Iles du Pacifique	Oui	Oui	Introduite comme comme plante ornementale. Fruits vénéneux, dispersés par les oiseaux. Résiste bien aux taillis.
Leucaena leucocephala	Leguminosae	Petit arbre	Belize, Mexique	Iles du Pacifique, Australie du Nord	Oui	Oui (en grandes doses)	Introduite pour la production de bois de feu, de fourrage et de biomasse. Le feu favorise la germination de leurs graines.
Mikania micrantha	Asteraceae (Compositae)	Plante grimpante	Nouveau Monde	Népal, Inde	Oui	Non	Introduite pour le camouflage militaire. Plante grimpante dispersée par le vent qui étouffe les arbres. Menace l'habitat des rhinocéros et des tigres au Népal.
Mimosa pigra	Leguminosae	Arbuste épineux	Nouveau Monde	Afrique, Inde, Asie du Sud Est, Australie, Iles du Pacifique	Oui	Non connu	Introduite pour la stabilisation des berges. Accumule des banques de graines denses. Se développe dans les zones humides et sur les sols perturbés.
Pteridium aquilinum	Dennstaedt-iaceae	Fougère	Région pantropicale	—	Oui	Oui	A un effet comburant. Est résistante au feu. Cancérogène.
Graminées (ex. *Imperata, Pennisetum, Andropogon, Panicum, Phragmites, Saccharum* et plusieurs espèces d'autres genres)	Poaceae	Herbes	Nombreuses	Nombreuses	Quelques espèces	Non	A un effet comburant. Est résistante au feu.

Les prédateurs des semis

En termes de biomasse et d'espèces, les insectes sont de loin les herbivores les plus abondants, mais dans les forêts tropicales, la plupart des espèces d'insectes ne mangent qu'une ou quelques espèces végétales. Par conséquent, les insectes herbivores ne sont capables d'occasionner une forte mortalité que chez les plants qui poussent près de l'arbre-mère. Ceci s'explique par le fait que les insectes qui sont attirés par les arbres-mères trouvent et mangent aussi les plantules poussant à côté (Coley & Barone, 1996). Dans les sites déboisés, toutefois, les petits plants épars sont beaucoup plus difficiles à trouver, donc les insectes herbivores entravent rarement la régénération des forêts.

En revanche, les grands mammifères herbivores peuvent avoir un impact grave sur la régénération des forêts. Les grands herbivores sauvages, comme les éléphants, les rhinocéros et les bœufs sauvages, sont maintenant si rares qu'ils affectent rarement la régénération des forêts, sauf à l'échelle locale. Quant aux bovins domestiques, ils sont omniprésents et ils empêchent la régénération des forêts sur de grandes surfaces. Dans la plupart des pays tropicaux, il est fréquent de trouver des animaux domestiques parcourant librement les forêts dégradées. Leur impact sur la régénération des forêts dépend de la densité de la population. Un petit troupeau de bovins pourrait n'avoir aucun effet significatif (ou il pourrait même avoir un impact bénéfique), mais, là où les populations sont denses, il peut complètement arrêter la succession naturelle.

L'impact le plus évident des bovins est le broutage de la végétation des jeunes arbres. Les bovins peuvent être très sélectifs, mangeant souvent le feuillage des espèces d'arbres agréables au goût, tout en ignorant celles au goût désagréable. Les arbres au goût désagréable ou épineux peuvent ainsi devenir dominants, tandis que ceux qui sont comestibles sont progressivement éliminés. Les bovins peuvent également piétiner les jeunes plants sans discernement.

Les éventuels effets bénéfiques des bovins sont, entre autres, la réduction de la concurrence entre les mauvaises herbes et les plantules du fait du pâturage ou du broutage, même si, comme mentionné ci-dessus, plusieurs des mauvaises herbes typiques des sites déboisés contiennent des toxines qui les protègent contre les herbivores. Un autre effet potentiellement bénéfique du bétail pourrait être la dispersion des graines. Là où les grands ongulés sauvages ont disparu, les bovins domestiques peuvent être les seuls animaux présents capables de disperser les grosses graines de la forêt dans les trouées de lumière. En outre, les empreintes de leurs sabots peuvent fournir des microsites pour la germination des graines, dans lesquels l'humidité et les nutriments s'accumulent et les mauvaises herbes ont été écrasées.

L'équilibre entre ces effets positifs et négatifs et leur relation avec la densité du troupeau, les conditions du site et le type de végétation ne sont pas pleinement compris. Par conséquent, des recherches supplémentaires sont nécessaires pour nous permettre de prévoir l'ensemble des effets du bétail sur la régénération forestière dans un site particulier.

Trop de bovins peuvent dévaster lentement une forêt en empêchant la régénération, mais ils peuvent aussi éliminer les mauvaises herbes et agir comme disséminateurs de graines.

Le feu

Les incendies sont un obstacle majeur à la régénération des forêts. Des feux occasionnels de faible intensité peuvent ralentir la succession et modifier la composition et la structure de la végétation en cours de régénération (Slik *et al.*, 2010; Barlow & Pérès, 2007). Pourtant, des feux fréquents peuvent complètement empêcher la régénération, ce qui conduit à la persistance des prairies où les forêts auraient autrement poussé.

Les incendies peuvent se produire naturellement dans tous les types de forêts tropicales, même dans les plus humides. En Amazonie, au Bornéo et au Cameroun, des couches de dépôts de charbon de bois en profondeur dans le profil du sol montrent que les forêts tropicales ont été consumées par le feu au moins périodiquement au cours des derniers millénaires, à des intervalles de plusieurs centaines ou milliers d'années (Cochrane, 2003). Si l'on se réfère à l'histoire, ces incendies se sont limités à des périodes de sécheresses sévères, mais maintenant, la dégradation accrue des forêts, la fragmentation et les changements climatiques sont autant de facteurs qui augmentent la fréquence des feux, même dans les régions tropicales humides (Slik *et al.*, 2010). Les essences des forêts tropicales humides sempervirentes ont généralement une écorce mince, ce qui les rend très vulnérables aux dommages causés par le feu. Même les feux de faible intensité dans des forêts tropicales humides entrainent une mortalité élevée des arbres et des changements considérables et rapides de la composition en essences, en particulier là où les incendies se reproduisent à des intervalles courts (Barlow & Pérès, 2007).

C'est dans les régions tropicales saisonnièrement sèches *que* les incendies constituent la menace la plus répandue de la régénération des forêts. À la fin de la saison des pluies, la végétation adventice a souvent poussé plus haut la taille humaine devenant pratiquement impénétrable. Pendant la

Le feu peut consumer tous les types de forêts, mais il consume régulièrement les forêts saisonnièrement sèches.

saison chaude, cette végétation meurt, se dessèche et devient hautement inflammable. Chaque fois qu'une forêt est consumée par le feu, la plupart des plantules qui prennent des racines avec les mauvaises herbes sont tués, tandis que les mauvaises herbes et les graminées survivent, repoussent à partir des racines en attente ou des graines protégées sous le sol. Ainsi, la végétation riches en mauvaises herbes crée des conditions propices aux feux et, ce faisant, empêche la mise en place des arbres qui pourraient mettre des ombres aux mauvaises herbes. La rupture de ce cycle est la clé de la restauration des forêts tropicales saisonnièrement sèches.

Les causes du feu

Les incendies peuvent être provoqués par des phénomènes naturels comme la foudre et les éruptions volcaniques. Mais, ces incendies naturels sont rares, ce qui laisse beaucoup de temps aux arbres entre chaque catastrophe de pousser suffisamment pour développer une certaine résistance au feu. Cependant, de nos jours, la plupart des feux sont allumés par l'homme. La raison la plus ordinaire pour ces feux anthropiques est le défrichement des terres pour les cultures. Les feux se propagent et atteint les régions environnantes, où ils tuent les jeunes arbres, en empêchant effectivement la régénération des forêts. Les incendies sont également utilisés comme une arme dans les différends fonciers, pour stimuler la croissance des graminées pour le bétail et pour attirer les animaux sauvages pour la chasse. En plus des dommages écologiques, les incendies sont un risque sanitaire majeur. La pollution par la fumée provoque des problèmes respiratoires, cardio-vasculaires et oculaires chez des centaines de milliers de personnes chaque année.

Les feux d'origine humaine sont en augmentation partout sous les tropiques, à la fois en termes de fréquence et d'intensité. La cause sous-jacente est la croissance de la population humaine qui nécessite le défrichement de toujours plus de terres agricoles. Il en résulte la fragmentation des zones forestières, ce qui expose davantage les lisières des forêts où les incendies peuvent se propager à partir des zones environnantes. Dans les fragments de forêts, la dégradation crée plus de conditions propices aux incendies en ouvrant le couvert forestier. Cela permet aux herbes hautement inflammables de profiter de la lumière, et d'envahir le milieu aussi bien qu'au bois mort de s'entasser. En outre, le changement climatique global se traduit par des conditions plus chaudes et plus sèches qui favorisent le feu dans de nombreuses régions tropicales, en particulier pendant la saison sèche.

Les effets du feu sur la régénération

Des incendies fréquents réduisent à la fois la densité et la richesse en espèces des communautés de plantules et de jeunes plants (Kodandapani et al., 2008). Le feu réduit la dispersion de graines (en tuant les arbres producteurs de semences) et l'accumulation de graines viables dans la banque de graines du sol. Le feu favorise la mise en place des essences pionnières transportées par le vent et à forte demande de lumière au détriment des espèces climaciques tolérantes à l'ombre (Cochrane, 2003; Meng, 1997; Kafle, 1997). Le feu consume la matière organique du sol, conduisant à une réduction de la capacité de rétention de l'humidité par le sol (plus le sol est sec, moins il est favorable à la germination des semences d'arbres). Il réduit également les nutriments du sol. Le calcium, le potassium et le magnésium se perdent sous forme de fines particules dans la fumée, tandis que l'azote, le phosphore et le soufre se perdent sous forme de gaz. En détruisant la végétation, le feu augmente l'érosion du sol. Il tue aussi les microorganismes bénéfiques du sol, en particulier les champignons mycorhiziens et les microbes qui décomposent la matière organique morte et recyclent les nutriments. Les études de comparaison entre les zones fréquemment consumées par le feu et celles qui sont protégées contre les incendies montrent que la prévention des incendies accélère la régénération des forêts.

Le feu et la germination

L'exposition directe au feu tue les semences de la grande majorité des essences tropicales ou réduit de manière significative leur germination. Les graines se trouvant à la surface du sol sont presque toutes tuées par les incendies, même de faible intensité, mais celles qui sont enterrées même à quelques centimètres dans le sol peuvent généralement survivre (Fandey, 2009). La germination d'un très petit nombre d'espèces d'arbres peut, toutefois, être stimulée par le feu. Si le feu perturbe le tégument de la graine sans tuer l'embryon, l'eau entrant dans la graine peut déclencher la germination, et les substances présentes dans la fumée ou provenant du bois carbonisé peuvent parfois stimuler chimiquement la germination. Parmi les essences dont la germination peut être stimulée par le feu, figurent le bois de teck (*Tectona grandis*) et quelques arbres légumineux des forêts tropicales sèches (Singh & Raizada, 2010).

Le feu tue-t-il les arbres?

Les plantules et les jeunes arbres sont généralement tués par le feu, mais les plus grands arbres peuvent survivre aux feux occasionnels de faible intensité (c.-à-d. les feux se limitant à la litière des feuilles ou à la végétation au sol). Alors, quel doit-être le niveau de croissance d'un arbre pour pouvoir survivre à un incendie? L'épaisseur de l'écorce, plutôt que le taux de croissance global, semble être le principal facteur de survie (Hoffman *et al.*, 2009; Midgley *et al.*, 2010). Les grands arbres ont une écorce épaisse, qui fait isoler leur système vasculaire vital (le cambium) de la chaleur des feux, alors ils survivent mieux que les petits arbres. A titre indicatif, les arbres avec une écorce de 5 mm d'épaisseur ont plus de 50% de chance de survie après un incendie de faible intensité (Van Nieuwstadt & Sheil, 2005). Pour qu'une écorce de cette épaisseur se développe les arbres doivent atteindre au moins 23 cm de diamètre à hauteur de poitrine d'homme (dhp), ce qui prend un minimum de 8 à 10 ans. Par conséquent, il est probable que la régénération des forêts soit sévèrement entravée là où les incendies se produisent plus fréquemment qu'une fois tous les 8 ans. En général, les arbres de forêts humides sempervirentes ont une écorce relativement mince, et sont donc plus vulnérables aux dommages causés par le feu que ceux des forêts saisonnièrement sèches ou sèches décidues (Slik *et al.*, 2010).

Même si le feu tue les parties aériennes d'un arbre, les racines isolées de la chaleur par le sol peuvent encore survivre. Les réserves alimentaires stockées dans les racines peuvent alors être mobilisées pour soutenir la croissance des rejets (ou taillis) à partir des bourgeons dormants à proximité du collet des racines ou de la tige (bourgeons gourmands). La capacité de re-germination varie beaucoup entre les espèces et est plus fréquente chez les essences forestières décidues que chez les essences sempervirentes des forêts humides. Habituellement, un arbre doit croître pendant au moins un an avant de pouvoir se re-germer. Ainsi, des incendies fréquents réduisent également les chances de régénération des forêts à partir de la re-germination.

2.3 Le changement climatique et la restauration

Les changements climatiques menacent sévèrement les forêts tropicales, réduisant les aires bioclimatiquement appropriées pour certaines espèces (Davis, 2012) et augmentant les risques de dépérissement à grande échelle des forêts dans certaines régions (Nepstad, 2007). Les négociations internationales ont lamentablement échoué pour faire passer l'économie mondiale dépendante du carbone à une économie neutre en émission de carbone (mais se poursuivent). La combustion de combustibles fossiles et la destruction des forêts tropicales continuent toutes deux à un rythme croissant. Donc, il semble inévitable que les concentrations de dioxyde de carbone, de méthane et d'autres gaz à effet de serre vont augmenter au cours des prochaines décennies (GIEC, 2007).

La relation entre l'augmentation des concentrations atmosphériques de gaz à effet de serre et le réchauffement climatique est bien établie. Par conséquent, les prévisions du réchauffement à venir dépendront des futurs niveaux des émissions de gaz à effet de serre, qui, à leur tour, dépendent de la taille de la population humaine et de l'activité économique. Les modèles informatiques prévoient que, avec une croissance économique modérée et l'adoption rapide de technologies vertes, l'air en surface se réchauffera de 1,8°C en moyenne (intervalle de variation 1,1 à 2,9°C) d'ici la fin de ce siècle. Mais, avec la croissance économique rapide et la dépendance continuelle en combustibles fossiles, cette «meilleure estimation» grimpe jusqu'à 4,0°C (intervalle de variation 2,4 à 6,4°C) (GIEC, 2007). Ce qui est absolument évident, c'est que des mesures d'extrême urgence sont désormais nécessaires pour faire face à ces changements climatiques sans précédent.

Le régime des précipitations va aussi changer, les avis sont partagés entre les météorologues concernant le rythme. Le réchauffement atmosphérique se traduira par une plus grande évaporation des plans d'eau et du sol, faisant en sorte que certaines régions deviennent plus arides. Dans ces zones, les feux de forêt deviendront plus fréquents, en ajoutant encore plus de dioxyde de carbone dans l'atmosphère. D'autre part, l'augmentation de la vapeur d'eau dans l'atmosphère doit se traduire par davantage de précipitations dans l'ensemble, mais les changements dans les courants atmosphériques à l'échelle planétaire sont incertains, ce qui fait qu'il y a un désaccord sur le moment et le lieu où il y aura augmentation des précipitations. Les derniers modèles informatiques prévoient que les précipitations augmenteront dans les régions tropicales de l'Afrique et de l'Asie et diminueront légèrement dans les régions tropicales de l'Amérique du Sud (prés de +42, +73 et –4 mm par an, respectivement, avec un réchauffement de 2°C; doublez ces valeurs avec un réchauffement de 4°C) (Zelazowski *et al.*, 2011). Dans les zones tropicales à saisons marquées, les

Selon les prévisions, le changement climatique devrait se traduire par la diminution des précipitations en Amérique du Sud où, pendant les années de sécheresse, notamment en 2005 et 2010, des zones de la forêt amazonienne sont passées du statut de puits de carbone à celui de source de carbone.

saisons sèches deviendront très probablement plus sèches et les saisons de pluies plus humides. La plupart des modèles informatiques prévoient une augmentation des précipitations pendant la saison de la mousson estivale en Asie du Sud et du Sud-Est et en Afrique de l'Est (GIEC, 2007). Les sécheresses peuvent également provoquer plus d'émissions de dioxyde de carbone que d'absorptions chez les forêts tropicales (en raison de la mort d'arbres et du feu), aggravant ainsi le problème des émissions de gaz à effet de serre (Lewis et al., 2011).

Ces changements climatiques planétaires peuvent modifier à la fois la distribution des types de forêts et les mécanismes de régénération des forêts décrits ci-dessus. Le type de forêt climacique dépendant du climat, les changements de température et de précipitations vont modifier le type de forêt climacique adapté à un site particulier. L'achèvement de la formation d'une forêt climacique est le but ultime de la restauration, et ainsi le changement climatique aura des conséquences profondes pour la planification et l'exécution des projets de restauration forestière (voir **Section 4.2**). Les derniers modèles prévoient que les zones d'Amérique du Sud qui ont actuellement un climat capable de supporter les forêts tropicales humides vont se rétrécir sensiblement, tandis que de telles zones s'étendront en Afrique et en Asie du Sud-Est (Zelazowski et al., 2011). En Amérique du Sud, les anciennes forêts fluviales humides pourraient devenir des forêts saisonnièrement sèches ou même des savanes. En revanche, en Afrique, et en Asie du Sud-Est, il est improbable que les forêts tropicales humides s'étendent naturellement dans de nouvelles zones humides à cause de la dispersion des graines limitée, de l'occupation et de l'utilisation actuelles des terres. Le changement climatique affectera aussi la distribution des types de forêts de montagne. Dans les zones plus sèches, les températures plus élevées pourraient permettre aux types de forêts sèches de se développer sur des montagnes plus hautes[1], en déplaçant les forêts sempervirentes, mais là où les précipitations augmentent, la forêt sempervirente pourrait s'étendre à des altitudes plus basses.

Les effets du réchauffement climatique sur les mécanismes de régénération des forêts seront également importants. Les changements climatiques, en particulier les changements de saisons, se traduiront par les changements des périodes de floraison et de fructification des plantes, ainsi que des cycles de vie des pollinisateurs et des disséminateurs des graines. Ceci pourrait se traduire par un «dé-couplage» des mécanismes de reproduction. Par exemple, les fleurs s'ouvrent lorsque leurs insectes pollinisateurs ne volent pas. D'autre part, la pollinisation et la dispersion des graines par le vent pourraient bénéficier du réchauffement climatique, car les vitesses des rafales du vent et la fréquence des tempêtes capables de soulever même les grosses graines dispersées par le vent vont toutes deux augmenter. La germination et le développement des semis précoces sont à la fois très sensibles aux niveaux de température et d'humidité. Ils sont également particulièrement vulnérables à la propagation des mauvaises herbes, des ravageurs et des maladies qui sont favorisés par le changement climatique.

Une augmentation des feux, avec tous les impacts associés décrits ci-dessus, semble inévitable, en particulier dans les zones qui devraient devenir plus sèches en Amérique du Sud. Dans ces zones, ces feux plus fréquents devraient apporter des «changements substantiels dans la structure et la composition des forêts, avec des changements en cascade de la composition des forêts après chaque nouvel incendie» (Barlow & Pérès, 2007).

La nature a-t-elle besoin d'aide?

Certaines personnes estiment qu'il faudrait laisser les sites déboisés se reconstituer naturellement et que la restauration forestière est une «intervention contraire à la nature». Ce point de vue méconnaît que la situation actuelle dans la plupart des grandes zones déboisées est loin d'être «naturelle». Les êtres humains n'ont pas seulement détruit la forêt, mais ils ont également détruit les mécanismes naturels de régénération des forêts. Tous les obstacles à la régénération des forêts décrits dans ce chapitre sont causés par les humains. La chasse menace la dispersion

---

[1] Leur température limite supérieure idéale augmentera, en moyenne, de près de 100 m d'altitude pour chaque augmentation de 0,6°C de la température.

des graines par les animaux. La plupart des incendies de forêt sont d'origine anthropique et les êtres humains introduisent de nombreuses mauvaises herbes envahissantes qui empêchent aujourd'hui l'établissement des plantules. La restauration des forêts n'est qu'une tentative pour supprimer ou surmonter ces obstacles «peu naturels» à la régénération des forêts.

Même dans les circonstances les plus favorables, la régénération naturelle des forêts se produit lentement. Dans son texte de référence, *The Tropical Rain Forest*, P.W. Richards (1996) a procédé à un examen approfondi de la succession forestière sous les tropiques. Il a conclu: «si le stade de succession est laissé au repos, la succession aboutit finalement à la restauration de la forêt semblable au climax climatique. Ce processus ... prend sans doute plusieurs siècles, même lorsque la superficie défrichée ne représente qu'une faible portion de la forêt intacte.»

Les taux de perte de biodiversité et de changement climatique, sans précédent, nécessitent une action urgente. Attendre des siècles pour que les forêts se régénèrent naturellement n'est plus une option s'il faut sauver les espèces menacées d'extinction ou s'il faut que le stockage du carbone par les forêts ait un impact sur le changement climatique. Les problèmes d'origine humaine exigent des solutions proposées par l'homme... et la restauration des forêts est l'une d'entre elles.

Un paysage montagneux dégradé. La dégradation des bassins versants, l'érosion des sols et les glissements de terrain menacent l'agriculture. Des arbres résiduels isolés, des fragments de forêt, accrochés aux crêtes montagneuses, peuvent encore fournir des semences pour la restauration des forêts, mais sans restauration active, ce paysage, sa faune et ses communautés ont un avenir appauvri.

CHAPITRE 3

RECONNAÎTRE LE PROBLÈME

La dégradation des forêts inverse et entrave la succession naturelle de la forêt, tandis que la restauration forestière favorise sa succession et accélère le retour à l'état climacique. Toutes les démarches nécessaires pour restaurer un écosystème forestier climacique dépendent du stade de succession auquel la végétation a été ramenée et des facteurs limitant sa succession. La complexité, l'intensité et le coût de la restauration augmentent en fonction du niveau de dégradation.

Les diagrammes et les notes dans ce chapitre vous aideront à reconnaître le niveau général de la dégradation dans votre zone de restauration et à décider de la stratégie globale de restauration à adopter (sur la protection, la régénération naturelle accélérée, la méthode des espèces «framework», les techniques de diversité maximale, les écosystèmes nourriciers, etc.). Une fois que vous avez choisi une stratégie de restauration, la prochaine étape consiste à procéder à une évaluation du site qui vous permettra de déterminer les détails nécessaires sur la stratégie de la mise en place des opérations de gestion (voir Section 3.2). Vous passerez ensuite à la planification de votre projet de restauration (voir Chapitre 4). La mise en œuvre de chaque stratégie de restauration est ensuite expliquée en détail au Chapitre 5, tandis que la culture et la plantation d'arbres (potentiellement nécessaires pour la restauration des sites ayant atteint les stades 3–5 de dégradation) sont décrites aux Chapitres 6 et 7.

3.1 Reconnaître les niveaux de dégradation

Il existe cinq grands niveaux de dégradation, dont chacun nécessite une stratégie de restauration différente. On peut les distinguer selon six «seuils» critiques de la dégradation, dont trois correspondent au site en cours de restauration et trois au paysage environnant.

Seuils critiques ayant trait au site:

1) La densité des arbres est réduite de telle sorte que les plantes herbacées dominent le site et contrôlent l'établissement des plantules (voir **Section 2.2**).

2) Les sources locales de la régénération de la forêt (c.-à-.d. la banque de graines ou de semis, les souches vivantes, les arbustes semenciers, etc.) sont inférieures à la quantité nécessaire pour maintenir des populations viables des essences forestières climaciques (voir **Section 2.2**).

3) La dégradation des sols est dans une stade très avancée de telle sorte que les mauvaises conditions édaphiques limitent la mise en place des plantules d'arbres.

Seuils critiques ayant trait au paysage:

4) Des petits vestiges de forêt climacique persistent dans le paysage, si bien que la diversité des espèces d'arbres dans la zone de dispersion du site de restauration n'est pas suffisante pour représenter la forêt climacique.

5) Les populations des animaux disperseurs de graines sont tellement réduites que les graines ne sont plus transportées sur le site de restauration où les densités sont suffisamment élevées pour rétablir toutes les espèces d'arbres nécessaires (voir **Section 2.2**).

6) Le risque d'incendie s'accroît tellement que les arbres établis naturellement ont peu de chance de survivre en raison de la prolifération des plantes herbacées combustibles dans le paysage autour du site de restauration.

La dominance des plantes herbacées dans un site marque un pont critique, où la protection seule n'est plus suffisante pour restaurer la forêt. Les plantules d'arbres sous le feuillage des plantes herbacées doivent être «assistés» par le désherbage ou complétés par la plantation d'espèces d'arbres «framework».

Stade 1
de la
dégradation

SEUILS CRITIQUES AYANT TRAIT AU SITE		SEUILS CRITIQUES AYANT TRAIT AU PAYSAGE	
Végétation	Prédominance des arbres sur les plantes herbacées	**Forêt**	De vastes vestiges subsistent comme sources de graines
Sources de régénération	Nombreuse: banque de graines viables dans le sol; banque de semis dense; une pluie dense de graines; souches d'arbres vivants	**Disperseurs de graines**	Répandus, aussi bien pour les espèces de grandes et petites tailles
Sol	Faible perturbation au niveau local; demeurant fertile	**Risque d'incendie**	Faible à moyen

STRATÉGIE DE RESTAURATION RECOMMANDÉE:

- Protection contre l'empiètement, le bétail, le feu et autres perturbations supplémentaires, et interdiction de la chasse des animaux disperseurs de graines
- Réintroduction des espèces disparues localement

OPTIONS POUR AUGMENTER LES AVANTAGES ÉCONOMIQUES:

- Réserves d'extraction pour une utilisation durable des produits forestiers
- Ecotourisme

Stade 2
de la
dégradation

SEUILS CRITIQUES AYANT TRAIT AU SITE		SEUILS CRITIQUES AYANT TRAIT AU PAYSAGE	
Végétation	Végétation mixte constituée d'arbres et de plantes herbacées	**Forêt**	Des vestiges subsistent comme sources de graines
Sources de Régénération	Banques de graines et de semis appauvries; souches d'arbres vivants répandues	**Disperseurs de graines**	Les espèces de grande taille deviennent rares, mais celles petites restent répandues
Sol	D'une manière générale, demeurant fertile malgré une faible érosion	**Risque de feu**	Moyen à élevé

STRATÉGIE DE RESTAURATION RECOMMANDÉE:

- Protection + RNA
- Réintroduction des espèces disparues localement

OPTIONS POUR AUGMENTER LES AVANTAGES ÉCONOMIQUES:

- Plantation d'enrichissement avec des espèces économiques disparues à cause de l'utilisation non durable
- Mise en place de réserves d'extraction, afin d'assurer l'utilisation durable des produits forestiers
- Ecotourisme

Stade 3
de la
dégradation

SEUILS CRITIQUES AYANT TRAIT AU SITE		SEUILS CRITIQUES AYANT TRAIT AU PAYSAGE	
Végétation	Prédominance des plantes herbacées	**Forêt**	Des vestiges subsistent comme sources de graines
Sources de Régénération	Provenant surtout de la pluie de graines; quelques gaules et souches vivantes pourraient subsister	**Disperseurs de graines**	Essentiellement de petits animaux disperseurs de graines
Sol	D'une manière générale, demeurant fertile malgré une faible érosion	**Risque de feu**	Élevé

STRATÉGIE DE RESTAURATION RECOMMANDÉE:

- Protection du site + RNA + plantation d'espèces «framework»

OPTIONS POUR AUGMENTER LES AVANTAGES ÉCONOMIQUES:

- Plantation d'espèces «framework» qui présentent des avantages économiques
- Garantir la population locale pour bénéficier d'un financement de la plantation d'arbres et de l'entretien du site
- Foresterie analogue[1] ou la «Rainforestation»[2]

[1] en.wikipedia.org/wiki/Analog_forestry
[2] www.rainforestation.ph/index.html

Stade 4
de la
dégradation

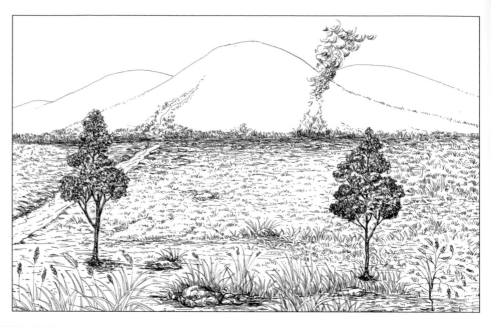

SEUILS CRITIQUES AYANT TRAIT AU SITE		SEUILS CRITIQUES AYANT TRAIT AU PAYSAGE	
Végétation	Prédominance des plantes herbacées	**Forêt**	Vestiges en très faible quantité ou trop éloignés pour la dispersion des semences d'arbres vers le site
Sources de Régénération	Très peu	**Disperseurs de graines**	Pratiquement disparus
Sol	Augmentation du risque d'érosion	**Risque de feu**	Elevé

STRATÉGIE DE RESTAURATION RECOMMANDÉE:

- Protection du site + RNA + plantation d'espèces «framework» + plantation d'enrichissement avec des espèces climaciques
- Méthodes de diversité maximale (Goosem & Tucker, 1995) telles que la méthode de Miyawaki[3]

OPTIONS POUR AUGMENTER LES AVANTAGES ÉCONOMIQUES:

- Plantation enrichie avec des espèces économiques + exploitation durable des produits forestiers non ligneux
- Engagement des populations locales dans le programme de restauration
- Foresterie analogue ou la «Rainforestation»[4]

[3] www.rainforestation.ph/news/pdfs/Fujiwara.pdf
[4] www.rainforestation.ph/index.html

Stade 5
de la
dégradation

SEUILS CRITIQUES AYANT TRAIT AU SITE		SEUILS CRITIQUES AYANT TRAIT AU PAYSAGE	
Végétation	Pas de couvert forestier. Le sol pauvre pourrait limiter la croissance des plantes herbacées	**Forêt**	Généralement absente dans le périmètre de dispersion des graines du site
Sources de Régénération	Très peu ou aucune	**Disperseurs de graines**	Pratiquement disparus
Sol	Mauvaises conditions du sol limitant l'établissement des arbres	**Risque de feu**	Intialement faible (les conditions du sol limitent la croissance de la plante) mais s'accroissant avec le rétablissement de la végétation

STRATÉGIE DE RESTAURATION RECOMMANDÉE:

- Amélioration du sol par la plantation d'engrais vert et l'ajout de compost, d'engrais ou des micro-organismes du sol
- ... suivie de la plantation d'«arbres nourriciers» — c.-à-d. des arbres rustiques fixateurs d'azote qui permettront d'améliorer davantage le sol (également connue sous le nom de méthode de «plantations servant de catalyseurs» (Parrotta, 2000))
- ... puis de la coupe des arbres nourriciers et leur remplacement progressif par la plantation d'un large éventail d'essences forestières autochtones

OPTIONS POUR AUGMENTER LES AVANTAGES ÉCONOMIQUES:

- Il y aura peu d'avantages économiques jusqu'au rétablissement de l'écosystème du sol
- Les plantations d'essences commerciales peuvent être utilisées comme peuplements d'arbres nourriciers pour générer des revenus provenant de la coupe d'arbres
- Mise en place de mécanismes pour faire en sorte que les populations locales bénéficient de l'exploitation des essences commerciales
- Une fois que la plante de l'arbre nourricier est prête pour l'élagage et la modification, l'option pour la réalisation des bénéfices économiques est la même que celle du stade 4 de la dégradation

3.2 Evaluation rapide du site

Identifier lequel des cinq stades de la dégradation a été atteint sur un site permettra de déterminer la stratégie de restauration la plus appropriée en général (**Tableau 3.1**). Une évaluation plus détaillée du site est ensuite nécessaire pour définir le potentiel existant pour la régénération naturelle des forêts et identifier les facteurs limitants. Ces facteurs déterminent les activités entreprises et l'intensité du travail nécessaire pour chaque site (et donc les besoins en main-d'œuvre et les coûts). L'idée de projet peut alors commencer à prendre forme.

Pour mener à bien une évaluation simple du site, les matériels suivants sont nécessaires: une boussole, une carte topographique, un système de positionnement géographique (GPS), un appareil photo, des sacs en plastique, une canne de 2 m en bambou ou un objet similaire, un morceau de ficelle marquée exactement à 5 m du bout et des fiches techniques (voir ci-contre et à **l'annexe A1.1**) sur une écritoire à pince avec un crayon.

Invitez toutes les parties prenantes (en particulier les populations locales) à participer à l'étude du site et commencez par marquer les limites du site sur une carte et suivi de l'enregistrement des coordonnées GPS. Ensuite, étudiez la régénération naturelle le long d'un transect à travers le site, au point le plus large. Sélectionnez le point de départ et choisissez la direction (relèvement de boussole) à suivre.

Au point de départ, positionnez la tige de bambou et utilisez la ficelle attachée à elle pour marquer une placette-échantillon circulaire d'un rayon de 5 m. S'il y a des signes que le bétail ait été présent dans la placette-échantillon (par exemple, de la bouse, des empreintes de sabots, des traces de broutage de la végétation, etc.), cochez la colonne de «bétail» sur la fiche technique; faites de même pour les signes de feu (cendres, ou marques noires à la base de la végétation ligneuse). Enregistrez toutes les informations fournies par les participants locaux lorsqu'on les interroge au sujet des différentes utilisations des terres du site dans le passé. Estimez l'étendue de sol exposé dans le cercle (pourcentage de la superficie), demandez aux participants locaux de classer les conditions du sol (bonnes, moyennes, médiocres, etc.) et relevez tous les signes d'érosion du sol. Estimez le pourcentage du couvert et la hauteur moyenne des graminées et des plantes herbacées sur la parcelle et notez si les plantules sont fortement représentées dans la flore du sol.

Notez le nombre de a) des arbres de plus de 30 cm de circonférence à hauteur de poitrine (chp) (soit 1,3 m à partir du sol), b) des jeunes arbres de plus de 50 cm de hauteur (mais de moins de 30 cm de chp) et c) des souches d'arbres vivantes (avec pousses vertes) dans le cercle. Le nombre des individus de regeneration par cercle est le nombre total d'arbres dans les trois catégories. Placez les échantillons de feuilles collectés sur chacune des espèces d'arbres trouvées sur le site dans des sacs en plastique. Enfin, prenez des photos orientées plein nord, plein sud, plein est et plein ouest à partir du centre.

Mesurez en comptant vos pas la distance requise le long de la direction déterminée à l'avance jusqu'à la prochaine placette. Prenez des données sur un minimum de 10 points échantillons à travers le site, soit au moins 20 pas de distance. Si le site est grand, placez les points échantillons à une plus grande distance les uns des autres et utilisez plus de points (au moins 5 par hectare). Si le site est petit et que le nombre de points requis ne peut pas être monté dans un seul transect, utilisez alors deux ou plusieurs lignes parallèles placées à des endroits représentatifs dans l'ensemble du site. Une fois que vous avez choisi un azimut pour le titre du transect et une distance entre les points échantillons pour chaque ligne, tenez-vous-en strictement à ces paramètres durant l'enquête.

A la fin de l'enquête, trouvez un espace clair et classez les échantillons de feuilles. Regroupez les feuilles de la même espèce et comptez le nombre d'espèces d'arbres répandues sur le site (c'est-à-dire celles qui sont représentées dans plus de 20% des cercles). Demandez aux populations

Exemple d'évaluation rapide du site

Cercle	Signes de bétail	Signes de feu	Sol – % exposé/ condition/ érosion	Mauvaises herbes – % couvert/ hauteur moyenne/ ± semis d'arbres	Nbre d'arbres >50 cm de haut (<30 cm chp)	Nbre de souches d'arbres vivantes	Nbre d'arbres >30 cm chp	Nbre total des individus de régénération
1	✓	✓	5%/pauvre/non	95%/1.0 m/aucune	6	14	0	20
2	✓	✗	15%/pauvre/non	85%/0.5 m/peu	9	15	0	24
3	✓	✗	5%/pauvre/non	95%/1.5 m/aucune	12	12	1	25
4	✓	✓	30%/pauvre/non	70%/0.3 m/aucune	4	3	0	7
5	✓	✓	5%/pauvre/non	95%/1.5 m/beaucoup	14	15	2	31
6	✗	✓	0%/pauvre/non	100%/1.5 m/aucune	7	13	1	21
7	✓	✓	5%/pauvre/non	95%/0.8 m/beaucoup	10	15	1	26
8	✓	✓	10%/pauvre/non	90%/1.2 m/beaucoup	9	12	2	23
9	✓	✓	20%/pauvre/oui	80%/0.5 cm/aucune	9	5	1	15
10	✗	✓	20%/pauvre/non	80%/1.2 m/aucune	6	10	0	16

Localisation, GPS	Siem Reap, Cambodge. 13°34'3.24"N, 104° 2'59.80"E			Total	208	
Recenseur	Kim Sobon			Moyenne	20.8	(= total/10)
Date	1er Juin 2010			Moyenne/ha	2,667	(= moyenne × 10,000/78)
Total d'espèces régénérées	18	Pionnières 16	Climaciques 2	Nbre d'arbres à planter par ha	433	(= 3,100 – Moyenne/ha)

Autres observations: Les villageois ont déclaré que les grands mammifères disperseurs de graines sont absents, mais que les oiseaux et les petits mammifères frugivores sont fréquemment vus. La chasse est une pratique courante dans cette zone. Les villageois veulent utiliser la forêt pour fabriquer du charbon de bois.

Les enquêtes rapides sur le site pour enregistrer la régénération naturelle des forêts existantes et les obstacles les plus importants à sa réalisation sont réalisées à l'aide des placettes d'échantillonnage circulaires de 5 m de rayon.

locales de vous donner les noms vernaculaires de ces espèces et essayez de déterminer si elles sont des espèces pionnières ou climaciques. Si possible, faites des spécimens séchés, y compris des fleurs et des fruits, et demandez à un botaniste d'identifier leurs noms scientifiques. Puis, calculez le nombre moyen des individus de régénération par cercle et par hectare.

A la fin de l'enquête, procédez à une courte séance de discussion avec les participants afin d'identifier les autres facteurs qui pourraient entraver la régénération des forêts et qui n'ont pas déjà été enregistrés sur les fiches techniques, en particulier les activités des populations locales telles que la collecte de bois de chauffage. L'abondance des animaux disperseurs de graines dans la région ne peut pas être évaluée dans l'étude rapide du site, mais la population locale saura sans doute les disperseurs de graines qui restent répandus dans la région. Essayez de déterminer si les disperseurs de graines sont menacés par la chasse.

3.3 Interprétation des données recueillies pendant l'évaluation rapide du site

Les premières activités de restauration devraient viser à:

i) contrôler les facteurs qui entravent la régénération des forêts (par exemple le feu, le bétail, la chasse des animaux disperseurs de graines, etc.);

ii) maintenir ou augmenter le nombre des individus de régénération à 3.100/ha;

iii) maintenir la densité des espèces d'arbres répandues (si elle est déjà élevée) ou augmenter la richesse des espèces d'arbres jusqu'à ce qu'au moins 10% des espèces d'arbres caractéristiques de la forêt climacique cible soient représentées.

Tableau 3.1. Guide simplifié pour le choix d'une stratégie de restauration

SEUILS CRITIQUES AYANT TRAIT AU PAYSAGE			STRATÉGIE DE RESTAURATION PROPOSÉE	SEUILS CRITIQUES AYANT TRAIT AU SITE		
Forêt dans un paysage	Mécanismes de dispersion de graines	Risque de feu		Couvert végétal	Arbres régénérés naturellement	Sol
Vestige forestier subsiste à quelques km du site de restauration	Généralement intacts, en limitant le rétablissement de la richesse des espèces d'arbres	Faible à moyen	PROTECTION	Le couvert arboré dépasse le couvert herbacé	Les arbres qui se régénèrent naturellement dépassent 3.100/ha avec plus de 30[5] espèces d'arbres répandues représentées	Le sol ne limite pas l'établissement des plants d'arbres
		Moyen à élevé	PROTECTION + RNA	Le couvert arboré est insuffisant pour priver les mauvaises herbes de lumière		
		Elevé	PROTECTION + RNA + PLANTATION D'ESPECES «FRAMEWORK» / PROTECTION + RNA + PLANTATION D'ARBRES POUR OFFRIR UNE DIVERSITE MAXIMALE	Le couvert herbacé dépasse de loin le couvert arboré	Les arbres qui se régénèrent naturellement sont en deçà de 3.100/ha avec moins de 30[5] espèces d'arbres répandues représentées	
Parcelles de vestiges forestiers très épars ou absents du paysage environnant	Les animaux disperseurs de graines sont tellement rares ou absents que le recrutement des espèces d'arbres destinées au site de restauration sera limité.	Au départ, faible (les conditions du sol limitent la croissance des plantes); s'accroît avec le rétablissement de la végétation	AMELIORATION DES SOLS + PLANTATION D'ARBRES, NOURRICIERS, SUIVIE DE LA COUPE ET DU REMPLACEMENT DE LA PLANTATION D'ARBRES POUR UNE DIVERSITE MAXIMALE	Le couvert herbacé est limité par les mauvaises conditions du sol		La dégradation du sol limite l'établissement des plants d'arbres

[5] Soit environ 10% du nombre estimé d'espèces d'arbres dans la forêt cible, si elle est connue.

L'étude du site permettra de déterminer les facteurs qui empêchent la régénération naturelle des forêts. Atteindre une densité de 3.100 des individus de régénération par hectare se traduit par un espacement moyen de 1,8 m entre elles. Pour la plupart des écosystèmes forestiers tropicaux, cet intervalle est suffisant pour priver de lumière aux mauvaises herbes et atteindre la fermeture du couvert dans une période de 2 à 3 ans après le début des travaux de restauration. La ligne directrice concernant «près de 10% de la richesse spécifique de l'écosystème forestier cible» est ajustable, en fonction de la diversité de l'écosystème cible. Si vous ne connaissez pas la richesse spécifique de l'écosystème cible, cherchez à rétablir environ 30 espèces d'arbres (par la plantation et/ou la promotion de la régénération naturelle). Normalement, cela suffit à «démarrer» le rétablissement de la biodiversité dans la plupart des écosystèmes forestiers tropicaux, et 30 espèces d'arbres représentent à peu près le maximum qui peuvent être produit dans une pépinière à petite échelle. Le taux global de rétablissement de la biodiversité augmentera avec le nombre d'espèces d'arbres rétablies au début de la restauration, mais certains écosystèmes forestiers tropicaux à faible diversité (par exemple, les forêts de haute montagne et les forêts de mangrove) peuvent être restaurés en plantant dans un premier temps moins de 30 espèces d'arbres.

Le recépage des souches d'arbres doit être pris en compte dans l'étude du site, ainsi que les gaules et les plus gros arbres.

Comparez les résultats de l'évaluation du site avec les directives ci-dessous pour confirmer le niveau de dégradation de votre site de restauration. Sélectionnez une stratégie de restauration d'ensemble pour l'adapter aux conditions recensées et commencez à planifier les tâches de gestion, y compris les mesures de protection (par exemple, l'exclusion du bétail et/ou la prévention des incendies), l'équilibre entre la plantation d'arbres et l'entretien de la régénération naturelle, les types d'espèces d'arbres à planter, la nécessité d'améliorer les sols et ainsi de suite.

Stade 1 de la dégradation

Résultats de l'enquête: Le nombre total moyen des individus de régénération dépasse 25 par cercle, avec plus de 30 espèces d'arbres (soit environ 10% du nombre estimé d'espèces d'arbres dans la forêt cible, si elle est connue), fréquemment représentées dans 10 cercles, y compris plusieurs espèces climaciques. Les jeunes arbres de plus de 50 cm de hauteur sont répandues dans tous les cercles, avec des arbres plus grands retrouvés dans la plupart de ces cercles. Les plantules d'arbres sont répandues au ras du sol. Les herbes et les graminées couvrent moins de 50% des cercles et leur taille moyenne est généralement inférieure à celle des plantes de régénération.

Stratégie: ni la plantation d'arbres, ni la RNA ne sont nécessaires. La protection, c.-à-d. la prévention de l'empiètement et toutes autres perturbations sur le site, devrait être suffisante pour restaurer l'état de la forêt climacique assez rapidement. L'étude du site et la discussion avec les populations locales permettront de déterminer si la prévention des incendies, le déplacement du bétail, et/ou des mesures visant à empêcher la chasse des animaux disperseurs de graines sont nécessaires. Au cas où certains animaux jouant un rôle crucial dans la dispersion des graines sont disparus de la zone, pensez à les réintroduire.

Stade 2 de la dégradation

Résultats de l'enquête: Le nombre moyen des individus de régénération reste supérieur à 25 par cercle, avec plus de 30 espèces d'arbres (soit environ 10% du nombre estimé d'espèces d'arbres dans la forêt cible, si elle est connue) représentées dans 10 cercles, mais les essences pionnières sont plus répandues que les espèces climaciques. Les jeunes arbres de plus 50 cm de hauteur restent répandus dans tous les cercles, mais les arbres de plus grande taille sont rares et le couvert arboré est insuffisant pour priver de lumière les mauvaises herbes. Les herbes et les graminées dominent donc, couvrant plus de 50% des zones circulaires en moyenne, bien que les plantules des petits arbres puissent encore être représentés parmi la flore du sol. Les herbes et les graminées recouvrent les plantules et souvent aussi les jeunes arbres et les repousses de souches d'arbres.

Stratégie: Dans ces conditions, les mesures de protection décrites pour le stade 1 de la dégradation doivent être complétées par d'autres mesures pour «assister» la régénération naturelle afin d'accélérer la fermeture de la canopée. La RNA est nécessaire pour briser la boucle de rétroaction à travers laquelle les niveaux élevés de lumière, créés par la canopée ouverte, favorisent la croissance des graminées et des herbes, ce qui décourage les disperseurs de graines d'arbres et rend le site plus vulnérable aux incendies. Ces dernières inhibent l'établissement des arbres. Les mesures de RNA peuvent comprendre le désherbage, l'épandage d'engrais et /ou l'application du paillis autour de plantes régénérées naturellement. Si plusieurs espèces forestières climaciques ne colonisent pas naturellement le site après la fermeture de la canopée (parce que les vestiges forestiers intacts les plus proches sont trop éloignés, et/ou les disperseurs de graines ont disparu), une plantation d'enrichissement peut être nécessaire.

Stade 3 de la dégradation

Résultats de l'enquête: le nombre total des individus de régénération tombe en dessous de 25 par cercle, avec moins de 30 espèces d'arbres représentés dans 10 cercles (ou à peu près 10% du nombre estimé d'arbres dans la forêt cible, si elle est connue). Les essences climaciques sont absentes ou rares. Les semis d'arbres sont peu fréquents parmi la flore du sol. Les herbes et les graminées dominent, couvrant plus de 70% des zones circulaires en moyenne, et elles atteignent habituellement une taille supérieure à celle des plantes régénérées naturellement qui peuvent survivre. Des vestiges de forêt climacique intacte subsistent dans le paysage à quelques kilomètres du site et des populations viables d'animaux disperseurs de semences subsistent.

Stratégie: Dans ces conditions, la protection et la RNA doivent être complétées par la plantation d'espèces (d'arbres) «framework». La prévention de l'empiètement et l'éloignement du bétail (si présent) restent nécessaires et la prévention des incendies est importante en raison de l'abondance des herbes hautement inflammables. Les méthodes de la RNA nécessaires pour réparer la dégradation subie au stade 2 doivent être appliquées aux plantes régénérées naturellement qui subsistent, mais en outre, il faut augmenter la densité de plantes de régénération par la plantation d'espèces «framework» pour priver de lumière les mauvaises herbes et attirer les animaux disperseurs de graines.

Le nombre d'arbres plantés devrait être de 3.100 par hectare moins le nombre estimé d'arbres régénérées naturellement par hectare (sans compter les petites plantes dans la flore du sol). Le nombre d'espèces plantées dans l'ensemble du site devrait être de 30 (environ 10% du nombre estimé d'espèces d'arbres dans la forêt cible, si elle est connue), moins le nombre total d'espèces recensées lors de l'évaluation du site. Par exemple, les données d'évaluation du site présentées à la page 73 laissent entendre que 433 arbres par hectare de 12 espèces devraient être plantés sur ce site. Ces arbres devraient être essentiellement des espèces climaciques parce que l'évaluation montre que 18 espèces pionnières sont déjà représentées par les individus de régénération ayant survécu.

Les espèces (d'arbres) «framework» devraient être sélectionnées pour la plantation en utilisant les critères définis à la **Section 5.3**. Elles pourraient comprendre à la fois les espèces pionnières et climaciques, mais devraient être des espèces différentes de celles recensées au cours de l'évaluation du site. La plantation d'espèces «framework» reprend le site des graminées et des herbes envahissantes et rétablit les mécanismes de dispersion des graines, renforçant ainsi la recolonisation du site de restauration par la plupart des autres espèces d'arbres qui composent l'écosystème forestier climacique cible. Si des espèces d'arbres importantes ne parviennent pas à recoloniser le site, on peut les réintroduire dans les plantations d'enrichissement ultérieures.

Stade 4 de la dégradation

Résultats de l'enquête: Les conditions recensées lors de l'évaluation du site sont semblables à celles de la dégradation subie au stade 3, mais au niveau du paysage, la forêt intacte ne subsiste plus qu'à 10 km du site et/ou les animaux disperseurs de graines sont devenus si rares qu'ils ne sont plus en mesure d'apporter les semences d'espèces d'arbres climaciques dans le site en quantités suffisantes. La recolonisation du site par la grande majorité des espèces d'arbres est donc impossible par voie naturelle.

Stratégie: Les mesures de protection, les actions de la RNA et la plantation d'espèces d'arbres «framework» devraient toutes être appliquées pour ce qui est de la dégradation subie au stade 3. Ces mesures devraient suffire pour rétablir la structure et le fonctionnement de la forêt de base, mais avec peu de sources de semences et de disperseurs de graines dans le paysage, la composition des espèces d'arbres ne peut être complètement rétablie qu'après l'établissement manuel de toutes les espèces d'arbres absentes mais caractéristiques de la forêt climacique cible, soit par la plantation, soit par ensemencement direct. Cette «approche de la diversité maximale» (Goosem & Tucker, 1995; Lamb, 2011) est techniquement difficile et coûteuse.

Stade 5 de la dégradation

Résultats de l'enquête: Le nombre total des individus de régénération tombe en dessous de 2 par cercle (intervalle moyen entre les plantes de régénération > 6–7 m), avec moins de 3 espèces d'arbres (soit environ 1% du nombre estimé d'espèces d'arbres dans la forêt cible, si elle est connue) représentées dans 10 cercles. Les espèces climaciques sont absentes. Le sol nu est exposé sur plus de 30% des zones circulaires en moyenne et le sol est souvent compacté. Les populations locales estiment que le sol est très pauvre, et des signes d'érosion sont recensés lors de l'évaluation du site. On peut observer le ravinement, ainsi que l'envasement des cours d'eau. La flore du sol est limitée par les mauvaises conditions du sol à un couvert de moins de 70% en moyenne et est dépourvue de plantules d'arbres.

Stratégie: Dans ces conditions, l'amélioration des sols est généralement nécessaire avant le début de la plantation d'arbres. Les conditions du sol peuvent être améliorées par le labour, l'ajout d'engrais et/ou par le paillage vert (par exemple, en établissant une culture d'herbes légumineuses pour ajouter de la matière organique et des nutriments dans le sol). D'autres techniques d'amélioration des sols peuvent être appliquées pendant la plantation d'arbres. Parmi elles, l'ajout du compost, des polymères absorbant l'eau, et/ou de l'inoculum mycorhizien aux trous de plantation, et le paillage autour des arbres plantés (voir **Section 5.5**).

On pourrait encore améliorer les conditions du site en plantant dans un premier temps des arbres «nourriciers» (Lamb, 2011), ce sont des arbres pouvant survivre aux conditions difficiles du sol, mais qui sont également capables de l'améliorer. Ces arbres devraient être coupées au fur et à mesure que les conditions du site s'améliorent; un plus large éventail d'essences forestières autochtones devraient être plantées à leur place. Pour parvenir au rétablissement intégral de la biodiversité, l'approche de la diversité maximale doit être utilisée dans la plupart des cas, mais là où la forêt et les disperseurs de graines subsistent dans le paysage, la plantation d'un plus petit nombre d'espèces «framework» pourrait suffire. Ceci est connu sous le nom de méthode des «plantations comme catalyseurs» ou approche d'«écosystème nourricier» (Parrotta, 2000).

Les arbres nourriciers peuvent être des espèces «framework» spécialisées qui sont capables de pousser sur des sols très pauvres, en particulier les arbres fixateurs d'azote de la famille des légumineuses. Les plantations d'essences commerciales ont parfois été utilisées comme cultures-abris parce que leur coupe génère des premiers revenus qui peuvent aider à financer ce processus coûteux. Toutes les mesures de protection, telles que la prévention des incendies et de l'empiètement, et l'éloignement du bétail, restent indispensables au cours du processus de longue haleine pour protéger les importants investissements nécessaires à la réparation de la dégradation subie au stade 5.

A cause des coûts très élevés, la restauration des forêts est rarement effectuée sur les sites ayant subi une dégradation au stade 5, à l'exception des endroits où les entreprises riches sont tenues par la loi de remettre en état les mines à ciel ouvert.

Réhabilitation d'une mine de lignite à ciel ouvert dans le nord de la Thaïlande. Habituellement, seules les sociétés riches peuvent se permettre des coûts élevés de la restauration des forêts sur les sites du stade 5.

Enadré 3.1. Origines de la méthode des espèces «framework».

La méthode des espèces «framework» (c.-à-d. «cadres») de la restauration des forêts a pris naissance dans la région tropicale humide du Queensland, partie tropicale de l'Australie. Près d'1 million d'hectares de forêt tropicale y subsiste (une partie en fragments). La restauration des écosystèmes de forêt tropicale humide dans les zones dégradées a commencé dans les années 1980, peu de temps avant que la région ne soit collectivement déclarée «patrimoine mondial de l'UNESCO» en 1988. Le Queensland Parks and Wildlife Service (QPWS) était en charge de la restauration de ces forêts si bien qu'une grande partie de la tâche a été déléguée à Tucker Nigel et à sa petite équipe, basée au parc national de Lake Eacham. L'equipe a mis en place une pépinière pour cultiver plusieurs essences indigènes de la forêt tropicale humide de la zone.

Nigel Tucker pointe le doigt vers le sous-bois dense, 27 ans après les travaux de restauration au marais d'Eubenangee.

L'un des premiers essais de restauration a commencé en 1983 au «Eubenangee Swamp National Park» (parc national du marécage d'Eubenangee) sur la plaine côtière. Cette zone de forêt marécageuse avait été dégradée par l'exploitation forestière, le défrichement et l'agriculture, ce qui avait perturbé le débit d'eau nécessaire pour maintenir le marais. Le projet visait à restaurer la végétation riveraine le long du ruisseau qui se jette dans le marais. Diverse essences autochtones de forêt tropicale humide ont été plantées, dont *Homalanthus novoguineensis*, *Nauclea orientalis*, *Terminalia sericocarpa*, *Cardwellia sublimis*. Les plants ont été mis en place parmi les graminées et les plantes herbacées (sans désherbage pour la préparation du site) et des engrais ont été appliqués. Après 3 ans, les premiers résultats ont été décevants. La fermeture du couvert forestier n'a pas

Forêt restaurée, à la lisière du marais d'Eubenangee, se mêlant maintenant imperceptiblement avec la forêt naturelle.

Enadré 3.1. (Suite).

Homalanthus novoguineensis, une des premières espèces «framework» reconnues.

été atteinte et la densité des plantules établies par voie naturelle était inférieure à celle espérée. Toutefois, l'expérience a conduit à une observation cruciale: la régénération naturelle a été mieux sous certaines espèces d'arbres que sous d'autres. Les espèces qui ont favorisé le plus la régénération naturelle ont souvent été les espèces pionnières à croissance rapide, qui ont des fruits charnus, telles que le cœur-saignant (*Homalanthus novoguineensis*).

A partir de ces premières observations au marais d'Eubenangee, l'idée de sélectionner des espèces d'arbres pour attirer les animaux disperseurs de graines s'est mise en place. Cette approche, tout en reconnaissant la nécessité d'une préparation plus intensive du site et de l'élimination des mauvaises herbes, s'est développée pour déboucher sur la méthode des espèces «framework» de la restauration des forêts. Plus de 160 espèces d'arbres de la forêt tropicale humide de Queensland sont actuellement reconnues comme espèces «framework». Le terme est apparu pour la première fois dans une brochure, «Repairing the Rain forest»[6], publiée par la Wet Tropics Management Authority en 1995, dont Nigel Tucker et son collègue de QPWS, Goosem Steve, sont les auteurs. Le concept reconnaît que là où subsistent des arbres et des animaux disperseurs de graines (c.-à-d. les stades 1 à 3 de la dégradation), la plantation de certaines espèces d'arbres, sélectionnés afin d'améliorer les mécanismes naturels de dispersion des graines et de rétablir la structure de la forêt de base, suffit pour «démarrer» la succession forestière en vue d'atteindre l'écosystème forestier climacique, ceci avec un minimum de gestion conséquent . Aujourd'hui, plus de 20 ans après sa création, la méthode des espèces «framework» est largement acceptée comme l'une des approches standards pour la restauration des écosystèmes forestiers tropicaux et cette méthode a été adaptée pour la restauration d'autres types de forêts, bien au-delà des frontières du Queensland.

La restauration de la forêt au marais d'Eubenangee a créé un habitat pour des milliers d'espèces sauvages, dont cette chenille de papillon de 4 heures.

Par Sutthathorn Chairuangsri

[6] www.wettropics.gov.au/media/med_landholders.html

ETUDE DE CAS 2: La restauration de la forêt littorale du sud-est de Madagascar

Pays: Madagascar.

Type de forêt: forêt littorale humide, aux sols sableux pauvres en éléments nutritifs

Nature de la propriété: terres domaniales avec un bail à long terme pour l'exploitation minière d'ilménite.

Gestion et utilisation communautaires: Le paysage de la zone forestière vierge, des forêts dégradées et fragmentées, des terres humides et de la forêt protégée, était cogéré par la communauté, le gouvernement et le QIT Madagascar Minerals (QMM). Des années d'exploitation et de gestion non durable pour la construction, le bois de chauffage et le charbon ont conduit au paysage actuel. Les utilisations sont désormais réglementées par un «Dina», un contrat social crédible pour la gestion des ressources naturelles.

Niveau de dégradation: zone forestière vierge dégradée avec des fragments résiduels de forêts très dégradées.

Contexte

La zone d'étude, à proximité du site minier de QMM de Mandena, est située dans la région du Sud-Est de Madagascar près de Tolagnaro (Fort Dauphin). QMM est détenue à 80% par le groupe minier international Rio Tinto et à 20% par le gouvernement de Madagascar, et exploitera les sables minéraux de la région d'Anosy au cours des 40 prochaines années. Madagascar, l'un des points chaud les plus importants du globe au niveau de la biodiversité, continue à subir un traumatisme environnemental. La restauration des forêts naturelles est devenue une importante question dans les activités forestières et de protection de la nature au Madagascar. Il y a quelques initiatives dans le cadre desquelles des arbres autochtones sont plantés pour servir de zones tampons autour des forêts naturelles ou de corridors pour assurer la continuité des habitats forestiers. Il y a également eu quelques tentatives pour restaurer les forêts naturelles après leur exploitation ou leur destruction complète, mais le travail et les connaissances dans ce domaine sont encore à un stade très préliminaire. L'un des engagements pris dans le cadre du plan de

Localisation de la zone d'étude.

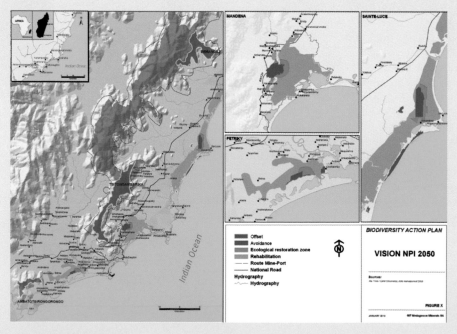

Espèces d'arbres figurant dans cette étude, selon la catégorie où elles sont classées.

	Héliophiles (qui aiment l'ensoleillement)	Pionnières	Intermédiaires	Climaciques et sciaphiles
Caractéristiques	• Véritables espèces forestières • Besoin d'ensoleillement	• Besoin d'un plein ensoleillement pour une croissance optimale	• N'a besoin ni d'ensoleillement ni d'ombre • Taux de germination médiocre dans des conditions de pépinière sans ombre	• Besoin de ombre pour une croissance optimale
Espèces	*Canarium bullatum* inedit (Burseraceae), *Eugenia cloiselii* (Myrtaceae), et *Rhopalocarpus coriaceus* (Sphaerosepalaceae)	*Vernoniopsis caudata* (Asteraceae), *Gomphia obtusifolia* (Ochnaceae), *Dodonaea viscosa* (Sapindaceae), *Aphloia theiformis* (Aphloiaceae), *Scutia myrtina* (Rhamnaceae), et *Cerbera manghas* (Apocynaceae)	*Tambourissa castri-delphini* (Monimiaceae), *Vepris elliottii* (Rutaceae), *Dracaena reflexa var. bakeri* (Asparagaceae), *Psorospermum revolutum* (Hypericaceae), *Eugenia sp.* (Myrtaceae), et *Ophiocolea delphinensis* (Bignoniaceae)	*Dypsis prestoniana* et *D. lutescens* (Arecaceae), *Pandanus dauphinensis* (Pandanaceae), *Podocarpus madagascariensis* (Podocarpaceae), *Diospyros gracilipes* (Ebenaceae), *Apodytes bebile* (Icacinaceae), et *Dombeya mandenensis* (Malvaceae)

gestion environnementale de QMM, à accomplir selon les termes de son permis d'exploitation minière, est la restauration des forêts naturelles et des zones humides après l'exploitation minière. Le plan vise à doubler la superficie de la zone de conservation existante à Mandena par la restauration d'environ 200 ha de forêts naturelles et de 350 ha de zones humides après l'exploitation minière. Des essais sont effectués depuis ces 15 dernières années.

Etude de la sélection des espèces

Cette étude de cas résume 10 ans d'expériences de restauration. Au cours du premier tour de collecte de données qualitatives, les caractéristiques de croissance des jeunes arbres de plusieurs espèces de la forêt littorale, maintenus en pépinière, ont été observées et décrites de façon qualitative. L'objectif de la première étape du programme de plantation a été la mise en place d'une végétation qui pourrait servir de point de départ pour une succession naturelle ou facilitée en vue de la restauration des composantes forestières souhaitées. Les espèces d'arbres ont été classées en fonction de leur tolérance à l'ensoleillement, de l'évaporation élevée et des mauvaises conditions du sol, et de leur capacité à développer rapidement un système racinaire étendu et dense. Quatre-vingt-douze (92) espèces d'arbres autochtones ont été examinées et classées en essences héliophiles (qui aiment la lumière), pionnières, intermédiaires ou parvenues au dernier stade de succession écologique (climaciques ou sciaphiles–tolérant l'ombrage).

Etude des facteurs d'impact de la restauration

Des essais ont été effectués afin de tester l'effet des divers facteurs sur les taux de croissance et de survie des arbres:

1. Les effets de l'ampleur de la déminéralisation sur la restauration et la succession ont été examinés dans une expérience au cours de laquelle les conditions du sol après l'extraction ont été simulées. Les plantes ont été cultivées sur des sols déminéralisés selon trois niveaux: a) une déminéralisation à grande échelle à une profondeur de 2 m (imitant le processus d'exploitation minière), b) une déminéralisation simulée (imitant l'enlèvement de l'humus après l'exploitation) ou c) aucune déminéralisation.

2. Les effets de l'ajout de la terre végétale ont été testés dans une expérience au cours de laquelle les jeunes arbres ont été plantés dans la terre végétale qui avait été soit a) ajoutée pour couvrir sans interruption la superficie de plantation à une profondeur de 20 cm ou b) ajoutée au trou dans lequel le jeune arbre a été planté.

3. Une autre étude a examiné les effets de la distance sur les forêts naturelles comme source de régénération.

4. Les espèces autochtones, avec ou sans espèces exotiques (dont *Eucalyptus robusta* et *Acacia mangium*) ont été plantées comme arbres d'ombrage dans une tentative visant à promouvoir la succession.

5. Conformément aux résultats des études de la succession forestière, les essences forestières ont été classées dans l'une des trois catégories: pionnières (héliophiles), intermédiaires et parvenues au dernier stade de succession écologique (climaciques ou sciaphiles).

6. Les influences des ectomycorhizes, fixatrices d'azote, en association avec des microbes inconnus, sur la succession ont également été examinées.

Enseignements tirés

La déminéralisation des sols sableux comme lors de l'extraction minière (c.-à-d. l'extraction de minéraux lourds, tels que l'ilménite ($FeTiO_2$) et le zircon) n'a eu aucun effet mesurable sur les taux de survie des arbres. Ces minéraux sont stables et ne semblent pas être absorbés par les plantes, qui ont besoin d'ions dans la solution aqueuse aux fins d'assimilation. Plusieurs arbres plantés sur des sols déminéralisés ont produit des fleurs et des fruits; par conséquent, la déminéralisation ne semble pas affecter l'état reproducteur des plantes.

Les arbres autochtones plantés aux côtés des espèces exotiques *Eucalyptus robusta* et *Acacia mangium* ont eu un taux de survie très faible, ou ont été totalement dépassés par les espèces exotiques. Après cinq années de culture les espèces exotiques ont atteint une hauteur d'au moins 5 m. Seules quelques essences d'ombre comme *Apodytes bebile*, *Astrotrichilia elliotii* et *Poupartia chapelieri* ont survécu dans ces conditions. Cependant, on ne sait pas si le faible taux de survie des espèces autochtones est dû à la concurrence pour la lumière ou aux interactions allélochimiques avec des produits des arbres exotiques. Dans les parcelles expérimentales sans espèces d'arbres exotiques, les espèces indigènes héliophiles/pionnières et les classes intermédiaires ont bien survécu. Ces plantes seront probablement importantes pour la première étape de la restauration de la forêt littorale pour remettre les conditions naturelles d'origine après l'exploitation minière.

Les jeunes arbres qui étaient à proximité de la lisière de la forêt naturelle ont poussé plus rapidement que ceux qui en étaient éloignés. En outre, les arbres qui poussent dans de petits secteurs forestiers isolés (dans un paysage ouvert) étaient généralement beaucoup plus petits que ceux des blocs forestiers plus grands. Ces observations corroborent l'idée que les activités de restauration devraient commencer par l'élargissement des blocs forestiers existants, plutôt que par les plantations isolées.

L'ajout de la terre végétale a un grand impact sur la croissance des jeunes arbres. Ces derniers, plantés avec une couche de 20 cm de terre végétale concentrée autour d'eux, ont poussé au même rythme que ceux plantés dans une zone couverte d'une couche continue de terre végétale de 10 cm. A Mandena, l'approvisionnement en terre végétale est devenu un problème de gestion important, car la plupart des forêts naturelles en dehors de la zone de conservation ont été détruites. Il est donc important d'utiliser la terre végétale restante avec autant d'efficacité que possible.

Il faut abandonner l'idée d'utiliser les arbres exotiques pour fournir de l'ombre et un microclimat approprié aux jeunes arbres autochtones. La concurrence pour la lumière et les éléments nutritifs font des espèces exotiques des espèces pionnières inadaptées à la restauration de forêts littorales naturelles.

Une autre préoccupation majeure pour la croissance et la survie des arbres est l'association omniprésente des arbres avec des bactéries et des mycorhizes fixatrices d'azote. Des champignons spécifiques peuvent pénétrer dans les cellules des racines de leurs partenaires symbiotiques, formant ainsi des endomycorhizes, ou rester étroitement liés aux racines sans pénétrer dans la cellule, formant dans ce cas des ectomycorhizes. Ces derniers consistent en structures mixtes mycélium-racines qui augmentent efficacement la surface de résorption de l'arbre et facilitent l'assimilation des nutriments. En outre, les champignons semblent également être en mesure de mobiliser des éléments nutritifs essentiels pour les végétaux directement à partir de minéraux. Cela pourrait être important pour la restauration des forêts, car elle pourrait permettre aux plantes ectomycorhiziennes d'extraire des nutriments essentiels de sources minérales insolubles à travers l'excrétion d'acides organiques.

Les symbioses ectomycorhiziennes sont connues pour moins de 5% des espèces végétales terrestres et sont plus fréquentes en zone tempérée qu'en région tropicale. Il est recommandé de poursuivre les recherches sur les associations ectomycorhiziennes de Sarcolaenaceae, une famille d'arbres endémique à Madagascar et compte huit espèces dans la forêt littorale. Le fait que les associations ectomycorhiziennes fournissent un avantage sur la formation d'endomycorhizes pour les plantes poussant sur des sols sableux pauvres en éléments nutritifs reste à étudier plus en détail. On ne connaît pas l'importance d'une forme quelconque de la mycorhize pour les espèces d'arbres des forêts littorales du sud-est de Madagascar. Cependant, il a été observé que des jeunes arbres plantés sur un sol déminéralisé et n'ayant pas poussé depuis plusieurs années ont, tout à coup, commencé à croître. Cela pourrait indiquer que les plantes devaient d'abord acquérir leurs champignons mycorhiziens ou leurs bactéries fixatrices d'azote avant de pouvoir pousser. Les espèces à ectomycorhizes ou à bactéries fixatrices d'azote semblent avoir accru leur croissance sur le sol déminéralisé, croissant pratiquement trois fois plus vite que les autres espèces. Dans des conditions normales, de tel avantage ne serait pas aussi évident. Ainsi, la connaissance des symbioses microbiennes et des spécificités de leurs espèces pourrait faciliter les programmes de restauration des forêts.

Par Johny Rabenantoandro

Chapitre 4

Planification de la restauration des forêts

La planification de la restauration des forêts est un processus long et complexe, impliquant de nombreuses parties prenantes, qui ont souvent des opinions contradictoires sur le lieu, le moment et la manière dont le projet de restauration devrait être mis en œuvre. Le projet doit être soutenu par la population locale et les autorités compétentes, et les questions de régime foncier et de partage des avantages doivent être réglées. Là où la plantation d'arbres est nécessaire, il faut trouver les semences des espèces exigées, construire des pépinières et conduire les plants à une taille convenable avant la saison optimale pour la plantation. En supposant que l'on parte de rien, toutes ces préparations prendront un à deux ans; il est donc important de commencer le processus de planification bien à l'avance.

Comme la nécessité de résoudre les problèmes environnementaux devient de plus en plus urgente, les bailleurs de fonds exigent souvent de voir les résultats sur le terrain au bout d'une période d'un à trois ans. Cette pression peut conduire à des projets de restauration précipités et pratiquement non planifiés, ce qui se traduit souvent par la plantation d'espèces d'arbres non indiquées aux mauvais endroits et au mauvais moment de l'année. L'échec du projet décourage alors, à la fois, les bailleurs de fonds et les parties prenantes de s'impliquer dans d'autres projets de restauration. La planification à l'avance est donc indispensable au succès.

Les problèmes techniques qui doivent être surmontés par le projet en développement sont déterminés en procédant à une étude du site et en reconnaissant le niveau de dégradation (voir Chapitre 3). Dans le présent chapitre, nous nous penchons sur les aspects opérationnels du type «qui», «quoi», «où» et "comment" de la planification du projet. Plus précisément, nous discutons la manière d'impliquer les parties prenantes, de clarifier les objectifs du projet, adapter la restauration forestière aux paysages dominés par les humains, le calendrier des activités de gestion et, enfin, la manière de combiner toutes ces considérations dans une proposition de projet cohérent.

4.1 Qui sont les parties prenantes?

Les parties prenantes sont des individus ou des groupes de personnes qui ont un intérêt quelconque dans le paysage dans lequel la restauration proposée aura lieu, ainsi que ceux qui peuvent être touchés par les conséquences plus larges de la restauration, tels que les utilisateurs des eaux en aval. Peuvent aussi figurer dans cette catégorie, les individus ou groupes de personnes qui pourraient influer sur le succès à long terme du projet de restauration, tels que les conseillers techniques, les organisations locales et internationales oeuvrant dans la conservation de la nature, les bailleurs de fonds et les représentants des pouvoirs publics. Les parties prenantes devraient représenter tous ceux qui peuvent bénéficier de la gamme complète des avantages qu'offre la forêt (voir **Section 1.3**), ainsi que ceux susceptibles d'être désavantagés par la dégradation continue (voir **Section 1.1**).

Il est essentiel que toutes les parties prenantes aient la possibilité et soient encouragées à participer pleinement aux négociations à toutes les étapes de la planification, de la mise en œuvre, et du suivi du projet (voir **Section 4.3**). Diverses opinions sur l'utilisation eventuelle de la forêt restaurée et sur les bénéficiaires de cette restauration vont inévitablement apparaître.Il se peut aussi que les parties prenantes ne soient pas d'accord sur les méthodes de restauration qui connaîtront le plus de succès. Lorsque les avantages de la restauration forestière sont mal compris, certaines parties prenantes pourraient favoriser la foresterie de type traditionnel (c.-à-d. la plantation de monocultures, souvent des espèces exotiques), mais, en permettant que tous les points de vue soient entendus, le programme de conservation peut faire l'objet d'une communication claire dès le départ et des objectifs communs peuvent généralement être trouvés. Le succès de la restauration forestière dépend souvent du règlement des conflits au début du processus de planification en tenant des réunions régulières avec les parties prenantes, au cours desquelles les rapports sont conservés pour référence future. Le but de ces réunions devrait être de parvenir à un consensus sur un plan de projet qui définit clairement les responsabilités de chaque groupe de parties prenantes, empêchant ainsi la confusion et une répétition inutile des efforts.

Il faut reconnaître les forces et les faiblesses de chacune des parties prenantes, de manière à pouvoir mettre au point une stratégie commune, tout en permettant à chaque groupe de parties prenantes de maintenir sa propre identité. Une fois que les capacités de chaque groupe de parties prenantes ont été identifiées, leurs rôles peuvent être définis et la répartition des tâches convenue.

Il s'agit souvent d'un processus délicat, qui peut être mieux conduit par un animateur. Il s'agit d'une personne ou d'un organisme neutre qui familiarise avec les parties prenantes, mais qui n'est pas considéré comme étant autoritaire ou tirant un quelconque avantage de son implication dans le projet. Son rôle est de veiller à ce que toutes les opinions soient discutées, que tout le monde soit d'accord avec le but de ce projet et que la responsabilité pour les différentes tâches soit acceptée par les personnes les plus capables et désireuses de les réaliser.

Le succès est plus probable lorsque toutes les parties prenantes sont satisfaites des avantages qu'elles pourraient tirer du projet et pensent que leur contribution est bénéfique à la réussite du projet. Quand toutes les parties prenantes sont satisfaites d'avoir contribué à la planification du projet, un sens de «gestion communautaire» est généré (même si cela n'est pas nécessairement synonyme de propriété juridique réelle de la terre ou des arbres). Ceci aide à établir de bonnes relations de travail essentielles entre les parties prenantes qui doivent être maintenues tout au long du projet.

4.2 Définition des objectifs

Quel est le but?

La restauration forestière oriente et accélère la succession forestière naturelle avec pour but final la création d'un écosystème forestier climacique autonome, c'est-à-dire l'écosystème forestier cible (voir **Section 1.3**). Ainsi, une étude d'un exemple d'écosystème forestier cible constitue une partie importante de la fixation des objectifs du projet.

Localisez les vestiges de l'écosystème forestier cible à l'aide de cartes topographiques, de Google Earth ou en visitant un point de vue élevé. Sélectionnez un ou plusieurs de ces vestiges comme site(s) de référence (s). Le(s) site(s) de référence devrait(devraient):

- avoir le même type de forêt climacique que celui qui sera restauré;
- être l'un (les uns) des vestiges forestiers les moins perturbés dans le voisinage;
- être situé(s) aussi près que possible du (des) site(s) de restauration;
- présenter des conditions semblables (par exemple, l'altitude, la pente, l'aspect, etc.) à celles du (des) site(s) de restauration proposé (s);
- être accessible(s) pour l'exploration et/ou la récolte de graines, etc.

Invitez toutes les parties prenantes au suivi du (des) site(s) de référence. Avant le suivi, préparez des étiquettes métalliques et des clous en zinc galvanisé, pour marquer les arbres. Pour avoir les étiquettes, coupez le haut et le bas des canettes, ouvrez les en les tranchant et coupez 6 à 8 étiquettes carrées à partir de l'aluminium doux de chaque cannette. Posez les étiquettes sur une surface douce et utilisez un stylet métallique pour graver les numéros séquentiels dans le métal (face intérieure), puis repassez sur les numéros gravés avec un stylo indélébile.

Parcourez lentement les sentiers à travers le vestige de forêt et étiquetez les arbres matures pouvant atteindre 5 m de hauteur situés à gauche ou à droite de la piste. Marquez les arbres avec les étiquettes métalliques numérotées en suivant l'ordre dans lequel ils sont rencontrés, 1, 2, 3, 4, ... etc. Placez le bord supérieur des étiquettes exactement à 1,3 m au-dessus du niveau du sol et clouez-les dans l'arbre. Enfoncez les clous uniquement à moitié, parce qu'au fur et à mesure que les arbres poussent, ils s'étendront sur la moitié exposée des clous. Mesurez la circonférence de chaque arbre de 1,3 m au-dessus du sol et enregistrez les noms locaux des espèces d'arbres. Recueillez des échantillons de feuilles, de fleurs et de fruits (s'il y en a) aux fins d'identification formelle. Continuez jusqu'à collecter des données sur environ 5 individus de chaque espèce d'arbre. Prenez beaucoup de photos pour illustrer la structure et la composition de l'écosystème forestier cible et notez toutes les observations ou tout signe de faune et de flore.

Saisissez cette occasion pour discuter avec les parties prenantes:

- de l'histoire du vestige forestier et des raisons de sa survie;
- des utilisations des espèces d'arbres recensées;
- de la valeur de la forêt pour les produits non ligneux, la protection des bassins versants, etc.;
- de la faune rencontrée dans la zone.

Après l'enquête, transportez les spécimens d'arbres chez un botaniste pour obtenir les noms scientifiques. Ensuite, utilisez une recherche sur la flore ou le Web pour déterminer le statut de succession des espèces identifiées (arbres pionniers ou climaciques), les périodes typiques de floraison et de fructification des espèces et les mécanismes de dispersion de leurs graines. Ces informations seront utiles pour planifier la sélection des espèces et la récolte de graines plus tard.

Sélectionnez les vestiges à proximité de l'écosystème forestier cible comme sites de référence et étudiez les plantes et la faune qui s'y trouvent pour pouvoir fixer les objectifs du projet.

Le site de référence peut alors être utilisé pour la récolte de graines (voir **Section 6.2**) et, s'il est intégré dans le projet (voir **Section 6.7**), pour les études de la phénologie des arbres, mais surtout, il devient un point de repère qui permet de mesurer les progrès et le succès ultime de la restauration forestière.

Viser une cible dynamique ?

Nous avons déjà dit que le but final de la restauration des forêts devrait être le rétablissement de l'écosystème forestier climacique, c'est-à-dire une forêt à la biomasse maximale, à la complexité structurelle et contenant une diversité d'espèces qui peuvent être soutenues par les conditions pédologiques et climatiques qui y prévalent. Comme le type de forêt climacique dépend du climat, le changement climatique global peut signifier que le type de forêt climacique pour un site particulier à un moment donné dans l'avenir puisse être différent de celui qui soit le mieux adapté au site dans les conditions climatiques actuelles (voir **Section 2.3**). Le problème réside dans le fait que nous ne savons pas jusqu'où le changement climatique mondial peut aller, avant que des mesures pour l'interrompre ne deviennent efficaces, surtout que (au moment de la rédaction de cet ouvrage) les négociations internationales pour mettre en œuvre ces mesures sont bloquées. Avec une telle incertitude, il devient impossible de savoir exactement ce que sera le climat dans l'avenir sur un site particulier et, par conséquent, le type de forêt climacique à viser. Il est donc possible qu'au moins certaines des espèces d'arbres sélectionnées à partir des vestiges de forêt climacique d'aujourd'hui ne puissent pas convenir au climat futur. Certaines peuvent être tolérantes au changement climatique et d'autres non. Ainsi, en plus d'avoir pour objectif la richesse écologique, la restauration des forêts devrait également viser à établir des écosystèmes forestiers qui sont capables de s'adapter aux futurs changements climatiques.

Augmentation de la capacité d'adaptation écologique

Les clés de la sécurisation de l'adaptabilité des écosystèmes forestiers tropicaux au changement climatique global sont: i) la diversité (diversité spécifique et génétique) et ii) la mobilité.

Les espèces d'arbres varient considérablement dans leurs réactions à la température et à l'humidité du sol. Certaines peuvent supporter de grandes variations des conditions («niche large»), tandis que d'autres meurent lorsque les conditions varient, même légèrement, en partant de l'optimum («niche étroite»). Plus le nombre d'espèces d'arbres est grand au début de la restauration, plus il est probable qu'au moins certaines d'entre elles s'adaptent au climat à venir, quel que soit celui-ci. Donc, dans tout projet de restauration, essayez d'augmenter la diversité des espèces d'arbres, autant que possible, dès le début de la succession.

La diversité génétique au sein des espèces d'arbres est également importante. Les réactions au changement climatique des arbres individuels au sein d'une espèce peuvent également varier. Ainsi, le maintien d'une diversité génétique élevée au sein des espèces peut augmenter la probabilité qu'au moins certains individus survivent pour représenter l'espèce dans la forêt dans l'avenir. Ces variantes génétiques seront alors en mesure de transmettre les gènes qui permettent la survie, dans un monde plus chaud, à leur progéniture. Jusqu'à une date récente, il était recommandé de recueillir les graines des arbres poussant aussi près que possible du site de restauration (car elles sont génétiquement adaptées aux conditions locales et elles maintiennent l'intégrité génétique). Maintenant, l'idée d'inclure au moins quelques graines prélevées sur les limites plus chaudes de la distribution d'une espèce est considérée, pour élargir la base génétique, à partir de laquelle des variantes génétiques, adaptées à un climat à venir inconnu, peuvent émerger à travers la sélection naturelle (voir **Encadré 6.1**). Les limites les plus chaudes de la distribution des espèces comprennent généralement les populations d'espèces poussant à l'Extrême-sud de l'hémisphère nord, les populations d'espèces poussant à l'Extrême-nord de l'hémisphère sud et la limite inférieure des espèces orophiles.

Les arbres ne peuvent pas échapper au changement climatique, mais leurs graines le peuvent (voir **Section 2.2**). Ainsi, toutes les actions qui facilitent la dispersion des graines à travers les paysages augmenteront les chances de survie de plus d'espèces d'arbres. La mobilité des graines à travers les paysages peut être maximisée par la plantation d'espèces d'arbres «framework», du moment qu'elles sont spécialement sélectionnées pour l'attrait qu'elles exercent sur les animaux dispersant leurs graines. Les espèces d'arbres aux grosses graines, en particulier celles qui ont dépendu de grands animaux ayant disparu (par exemple, les éléphants, les rhinocéros, etc.) pour leur dispersion, devraient également être ciblées pour la plantation. Sans les disséminateurs de leurs graines, une intervention humaine pour la dispersion de leurs graines (ou semis) pourrait être la seule chance qui leur reste pour la dispersion. Les campagnes visant à empêcher la chasse des animaux qui dispersent les graines sont évidemment importantes à cet égard (voir **Section 5.1**). L'augmentation de la connectivité forestière au niveau des paysages facilite également la dispersion des graines, car de nombreuses espèces animales dispersant les graines n'osent pas s'aventurer à traverser de grands espaces ouverts. Ceci est possible par la restauration des forêts sous la forme de corridors et de «tremplins» (voir **Section 4.4**).

S'il est illusoire de penser que quelque chose d'aussi dynamique et variable comme une forêt tropicale puisse résister au changement climatique, certaines des mesures suggérées ci-dessus peuvent au moins aider à garantir l'avenir à long terme d'une certaine forme d'écosystème forestier tropical sur les sites de restauration d'aujourd'hui.

4.3 Insertion des forêts dans les paysages

De nos jours, aucun projet de restauration forestière n'est réalisé de manière isolée. La destruction des forêts est une caractéristique des paysages à dominance humaine et, par conséquent, la restauration est toujours mise en œuvre au sein d'une matrice d'autres utilisations des terres. Par conséquent, l'examen des effets des projets de restauration sur le caractère du paysage, et *vice versa*, est souvent l'une des premières considérations, lors de l'élaboration d'un plan de projet de restauration (voir **Chapitre 11** de Lamb, 2011). La prise en compte de l'ensemble du paysage dans la planification de la restauration est désormais formalisée dans le cadre de la Restauration des paysages forestiers (RPF).

Restauration des paysages forestiers

La restauration des paysages forestiers est «un processus planifié, qui vise à rétablir l'intégrité écologique et à améliorer le bien-être des êtres humains dans des paysages déboisés ou dégradés»[1] (Rietbergen-McCracken *et al.*, 2007). Elle prévoit des procédures permettant la conformité des décisions de restauration au niveau des sites aux objectifs au niveau du paysage.

Le but de la RPF est de parvenir à un compromis entre la satisfaction des besoins des humains et des animaux et flores sauvages, en rétablissant une gamme de fonctions de la forêt au niveau des paysages. La RPF vise à renforcer la résilience et l'intégrité écologique des paysages et ainsi à garder ouvertes les options de gestion à venir. Les communautés locales jouent un rôle crucial dans le modelage du paysage, et elles tirent des avantages importants de la restauration des ressources forestières, d'où l'importance de leur participation au processus. Par conséquent, la RPF est un processus inclusif et participatif.

La RPF associe plusieurs principes et techniques de développement, de conservation et de gestion des ressources naturelles actuellement utilisés, tels que l'évaluation du caractère du paysage, l'évaluation rurale participative, la gestion adaptative, etc. dans un cadre d'évaluation et d'apprentissage clair et cohérent. La RNA et la plantation d'arbres ne sont que deux des nombreuses pratiques forestières qui peuvent être mises en œuvre dans le cadre d'un programme de RPF. Parmi les autres, figurent la protection et la gestion des forêts secondaires et des forêts primaires dégradées, l'agroforesterie, voire les plantations d'arbres conventionnelles.

Parmi les résultats de la RPF, figurent:
- l'identification des causes profondes de la dégradation des forêts et la prévention de nouveaux cas de déforestation;
- un engagement positif des parties prenantes dans la planification de la restauration des forêts, la résolution des conflits liés à l'utilisation des terres et un accord sur les systèmes de partage des avantages;
- les compromis et les consensus sur l'utilisation des terres qui soient acceptables pour toutes les parties prenantes;
- un ensemble de données sur la diversité biologique de valeur, à la fois, locale et globale;
- la mise à disposition d'une gamme d'avantages utilitaires aux communautés locales, notamment:
    - un approvisionnement fiable en eau potable;
    - un approvisionnement durable en diverses denrées alimentaires, médicaments et autres produits forestiers;
    - les revenus provenant de l'écotourisme, du commerce de carbone et de paiements pour services environnementaux et autres;
    - la protection de l'environnement (par exemple, l'atténuation des inondations/ de la sécheresse et le contrôle de l'érosion des sols).

[1] Un paysage forestier est considéré comme dégradé quand il n'est plus en mesure de maintenir une offre suffisante de produits forestiers ou de services écologiques pour le bien-être des êtres humains, le fonctionnement des écosystèmes, et la conservation de la biodiversité. La dégradation peut inclure le déclin de la biodiversité, de la qualité de l'eau, de la fertilité des sols et de la fourniture de produits forestiers, ainsi que l'augmentation des émissions de dioxyde de carbone.

Le concept de RPF est le fruit d'une collaboration entre les organisations mondiales de protection de la nature de premier plan, dont l'Union Internationale pour la Conservation de la Nature (UICN), le Fonds Mondial pour la Nature (WWF) et l'Organisation Internationale des Bois Tropicaux (OIBT); plusieurs ouvrages exhaustifs sur le concept ont récemment été publiés (par exemple, Reitbergen-McCracken *et al.*, 2007;. Mansourian *et al.*, 2005; Lamb, 2011).

Caractère du paysage

L'évaluation du caractère d'un paysage est souvent la première étape d'une initiative de RPF. Le caractère du paysage est la combinaison des éléments du paysage (comme la géologie, la forme du terrain, le couvert du sol, l'influence humaine, le climat et l'histoire), qui définit l'identité locale unique d'un paysage. Il est le résultat des interactions entre les facteurs physiques et naturels, tels que la géologie, la topographie, les sols et les écosystèmes; et des facteurs sociaux et culturels, tels que l'utilisation des terres et le peuplement. Il identifie les caractéristiques distinctives du paysage et oriente les décisions sur l'endroit où la forêt peut être restaurée d'une manière positive et durable qui soit pertinente pour toutes les parties prenantes.

Evaluation du caractère du paysage

L'évaluation du caractère d'un paysage est essentiellement un exercice de cartographie participative effectué pour parvenir à un consensus sur l'endroit où la forêt sera restaurée, tout en conservant ou en améliorant les caractéristiques de ces paysages, jugées souhaitables par les parties prenantes.

Elle commence par un examen des informations existantes sur la zone, notamment la géologie, la topographie, le climat, la distribution des types de forêts, la diversité végétale et animale, les précédents projets de conservation ou de développement, la population humaine et les conditions socio-économiques. Ces informations peuvent être obtenues à partir des cartes (en particulier celles montrant la couverture forestière), des articles de recherche publiés et/ ou des rapports non publiés. De tels documents peuvent être obtenus auprès des bureaux des administrations publiques (en particulier l'agence locale ou nationale chargée des forêts ou de la protection de la nature, les services météorologiques, les services de la protection sociale), des ONG ayant travaillé dans la zone, et des universités y ayant effectué des recherches. Une quantité considérable d'informations est également disponible en ligne. Google Earth constitue une source utile d'informations sur les zones dont l'accessibilité aux cartes est limitée.

L'étape suivante est la tenue d'une série de réunions des parties prenantes pour mettre ensemble des informations à partir de l'examen des connaissances locales et des observations de terrain. Les populations locales, en particulier les générations plus âgées, peuvent offrir des informations précieuses sur le caractère du paysage, en particulier si elles ont des souvenirs de la région avant la perturbation. Elles peuvent être en mesure d'identifier les changements dans les produits forestiers et les processus écologiques qui ont eu lieu en raison de la dégradation, tels que la diminution de l'écoulement fluvial pendant la saison sèche, et pourraient avoir d'autres connaissances qui peuvent aider à donner la priorité à certaines utilisations des terres. Les parties prenantes devraient travailler ensemble pour construire une carte, qui identifie les potentiels sites de restauration des forêts, au sein d'une matrice d'autres utilisations des terres souhaitables. Les processus et les compétences nécessaires pour réaliser efficacement des évaluations participatives vont au-delà du cadre de ce livre, mais des outils d'aide à la décision, tels que la cartographie participative, l'analyse de scénarii, les jeux de rôle et les instruments de marché ont tous été bien examinés par Lamb (2011) et une abondante littérature a vu le jour grâce aux praticiens de la foresterie communautaire (par exemple, le réseau des forêts d'Asie, 2002; www.forestlandscaperestoration.org et www.cbd.int/ecosystem/sourcebook/tools/).

L'évaluation du caractère du paysage devrait identifier i) les caractères du paysage que les intervenants souhaitent conserver, ii) les problèmes liés à la gestion des paysages actuels et iii) les possibles avantages de la restauration. Les descentes sur le terrain devraient inclure des évaluations participatives i) des vestiges de l'écosystème forestier cible, s'il en existe (voir **Section 4.2** ci-dessus) et ii) des sites potentiels pour la restauration (voir **Section 3.2**).

Le principal résultat de l'évaluation du caractère d'un paysage est une carte, montrant les utilisations actuelles des terres, les caractéristiques du paysage qu'on souhaiterait conserver et les sites dégradés nécessitant la restauration. La carte peut montrer plusieurs sites potentiellement adaptés à la restauration; par conséquent, l'étape suivante est la fixation des priorités. Il peut être tentant de restaurer les zones les moins dégradées dans un premier temps, parce que leur restauration sera moins coûteuse et semble présenter de meilleures chances de succès, mais il se peut que cela ne soit pas la meilleure option. Considérez chacun des aspects suivants:

- l'état de chaque site dégradé et le temps et les efforts nécessaires pour restaurer chacun d'eux;
- cherchez à savoir si la restauration des forêts peut avoir un impact sur un habitat existant de haute valeur de conservation (par exemple, les zones humides ou les prairies naturelles) sur le site ou dans le voisinage; et
- savoir si un site restauré contribuera à la conservation de la biodiversité dans le paysage plus vaste, en élargissant la superficie de la forêt naturelle, en agissant comme un tampon, ou en réduisant la fragmentation de la forêt.

La fragmentation des forêts

La fragmentation est la sous-division de vastes zones forestières en fragments de plus en plus réduits. Elle se produit lorsque de vastes zones de forêt continue sont disséquées par les routes, les terres cultivées et autres. Les petites parcelles forestières isolées peuvent se rétrécir encore davantage en raison des effets de bordure. Les effets de bordure sont des facteurs nuisibles qui pénètrent un fragment forestier de l'extérieur. Ces effets sont, entre autres, la lumière qui favorise la croissance des mauvaises herbes, l'air chaud qui dessèche les plants des jeunes arbres, ou les chats domestiques qui se nourrissent des oiseaux nicheurs. Les petits fragments sont plus vulnérables aux effets de bordure que les grands, parce que plus le fragment est petit, plus grande est la zone qui subit l'effet de bordure.

Un exemple bien connu de fragmentation est le résultat de la construction des routes en Amazonie brésilienne. Souvent construites pour faciliter l'exploration pétrolière et gazière, les routes ont permis aux bûcherons, aux braconniers et aux éleveurs de suivre. Les fragments forestiers qui en résultent sont sujets à des effets de bordure, qui peuvent avoir un impact sur les processus écologiques sur un périmètre d'au moins 200 m en profondeur (Bennett, 2003). Si une telle fragmentation continue, une grande partie de l'Amazonie pourrait être convertie en broussailles sujettes aux incendies (Nepstad *et al.*, 2001).

La fragmentation a d'importantes répercussions sur la conservation de la faune et la flore, car de nombreuses espèces nécessitent une certaine superficie minimale d'habitat continu pour maintenir des populations viables. Souvent, ces espèces ne peuvent pas se disperser à travers les terres agricoles inhospitalières, les routes et d'autres obstacles du «non-habitat». Peu d'espèces animales forestières peuvent traverser de grandes zones non boisées (sauf quelques oiseaux, les chauves-souris et d'autres petits mammifères). Jusqu'à 20% des oiseaux de forêts tropicales sont incapables de franchir des espaces de plus de quelques centaines de mètres (Newark, 1993; Stouffer et Bierregaard, 1995). En d'autres termes, les graines dispersées par les grands animaux sont rarement transportées entre les fragments forestiers.

DISSECTION

Routes, voies ferrées, lignes électriques, etc. construites dans une grande étendue de forêt.

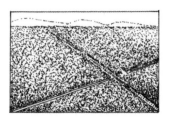
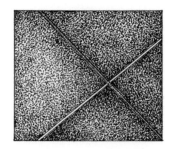

PERFORATION

Des trous se forment dans la forêt au fur et à mesure que les premiers occupants exploitent la terre le long des lignes de communication.

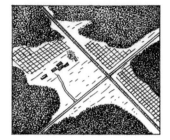

FRAGMENTATION

Les écarts deviennent plus grands que la forêt restante.

ATTRITION

Les vestiges forestiers isolés sont peu à peu érodés par les effets de bordure.

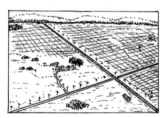

Les minuscules fragments forestiers ne peuvent abriter que de très petites populations d'animaux, qui sont très vulnérables à la disparition. Une fois parties, les espèces ne peuvent pas revenir parce que la migration entre les parcelles forestières est entravée par de vastes étendues de terres agricoles ou des barrières dangereuses telles que les routes. La restauration des corridors naturels pour relier à nouveau les fragments forestiers peut surmonter certains de ces problèmes et aider à créer des populations fauniques viables dans un paysage fragmenté.

Les petites populations végétales et animales isolées qui en résultent sont facilement décimées par la chasse, les maladies, les sécheresses et les incendies, qui ne détruiraient normalement pas des populations plus vastes, plus résistantes, dans les zones forestières plus grandes. L'isolement génétique et la consanguinité augmentent davantage le risque de disparition. D'un fragment à l'autre, les petites populations d'espèces disparaissent et ne peuvent pas être rétablies par la migration, de sorte que finalement les espèces disparaissent de l'ensemble du paysage (voir **Section 1.1**). La recolonisation est rendue difficile, car les terres inhospitalières (telles que les terres agricoles ou urbaines) entre des fragments forestiers entravent la dispersion des potentiels nouveaux individus fondateurs des espèces disparues de la région.

4.4 Le choix des sites pour la restauration

La restauration forestière peut être relativement coûteuse à court terme (même si elle est plus rentable que de permettre la poursuite de la dégradation), il est donc logique de la mettre en œuvre d'abord là où elle va générer un maximum d'avantages écologiques, tels que la protection des cours d'eau, la prévention de l'érosion des sols et l'inversion de la fragmentation.

Comment peut-on inverser la fragmentation?

Les petits fragments forestiers qui sont reconnectés ont une valeur de conservation supérieure à celle de ceux qui sont laissés isolés (Diamond, 1975). La restauration forestière peut être utilisée pour mettre sur pied des corridors naturels qui reconnectent des fragments forestiers. Les corridors naturels offrent aux animaux sauvages la sécurité nécessaire pour passer d'une parcelle de forêt à l'autre. Le brassage génétique recommence et, si la population d'une espèce est disparue d'une parcelle de forêt, elle peut être refondée par l'immigration d'individus le long du corridor à partir d'une autre parcelle de forêt. Les corridors naturels peuvent aussi aider à rétablir les voies de migration naturelle, en particulier pour les espèces qui migrent le long des montagnes du haut vers le bas et vice-versa.

Le concept de corridors naturels n'est pas exempt de controverse. Par exemple, les corridors pourraient devenir des «galeries de tir», en encourageant la sortie des animaux sauvages de la sécurité des aires de conservation et en faisant d'eux des cibles faciles pour les chasseurs. Les corridors pourraient aussi faciliter la propagation de maladies ou d'incendies. Les premiers corridors ont été créés avec peu d'indications quant à leur emplacement, leur conception et leur gestion (Bennett, 2003), mais de plus en plus d'éléments semblent indiquer que les avantages des corridors l'emportent sur les possibles inconvénients. Au Costa Rica, par exemple, les corridors riverains ont réussi à connecter les populations d'oiseaux fragmentaires (Sekercioglu, 2009), et en Australie, il a été récemment confirmé que le brassage génétique chez les petits mammifères peut être rétabli en reliant les îlots boisés, même par des corridors étroits (Tucker & Simmons, 2009; Paetkau *et al.*, 2009) (voir **Encadré 4.1**). Toujours en Australie, on a trouvé des vestiges forestiers linéaires de 30 à 40 m de large pour faciliter le mouvement de la plupart des mammifères arboricoles, bien que la qualité de la forêt soit très importante (Laurance & Laurance, 1999).

Quelle devrait être la largeur d'un corridor?

Plus le corridor est large, plus grand est le nombre d'espèces qui vont l'utiliser. Bennett (2003) a recommandé que les corridors aient une largeur oscillant entre 400 et 600 m, afin que la végétation de base soit protégée contre les effets de bordure, de manière que les animaux et les plantes de l'intérieur des forêts soient attirés. Néanmoins, l'exemple australien (voir **Encadré 4.1)** montre que des corridors étroits ayant une largeur de 100 m peuvent efficacement inverser l'isolement génétique, à condition qu'ils soient bien conçus pour minimiser les effets de bordure. Les corridors de cette largeur peuvent être utilisés par les mammifères de petite taille et de taille moyenne et les oiseaux vivant au niveau du tapis forestier, qui ne peuvent pas traverser les terrains non boisés (Newmark, 1991). Les grands vertébrés herbivores sont plus susceptibles d'utiliser les corridors d'une largeur supérieure à 1 km, tandis que les grands prédateurs mammifères préfèrent les corridors encore plus larges (largeur oscillant entre 5 et 10 km). Une stratégie raisonnable consiste à commencer par la restauration d'un corridor forestier étroit et puis élargir celui-ci peu à peu chaque année par la plantation d'autres arbres, tout en gardant les données sur les espèces animales qui le traversent.

Encadré 4.1. Les espèces «framework» pour la création de corridors.

Le plateau d'Atherton dans le Queensland, en Australie, était autrefois couvert de forêt tropicale de montagne, offrant un habitat à une grande diversité d'espèces végétales et animales. Parmi celles-ci, le spectaculaire casoar à casque (*Casuarius casuarius johnsonii*), un grand oiseau coureur, est un important disperseur de graines au sein de ces forêts, qui est maintenant une espèce en voie de disparition. Les colons européens ont d'abord été attirés dans la région dans les années 1880 par les possibilités d'exploitation forestière et, par la suite, la terre a été défrichée pour la production bovine et agricole. Dans les années 1980, seuls quelques fragments de la forêt tropicale d'origine subsistaient dans certaines parties du plateau d'Atherton, et ces fragments contenaient de petites populations faunistiques et floristiques génétiquement isolées, chacune évoluant vers un avenir incertain.

Les corridors naturels ont été prévus pour reconnecter les fragments forestiers isolés et suivre la migration de la faune à travers ces nouveaux liens. Le corridor de Donaghy était le premier lien de ce genre, destiné à relier le parc national du lac Barrine (491 ha), qui était isolé, au bloc forestier de l'Etat de Gadgarra, qui était beaucoup plus grand (80.000 ha). Le corridor a été mis en place par la plantation d'espèces d'arbres «framework» (c'est-à-dire, les espèces cadres) dans une bande de 100 m de large le long des rives de Toohey Creek, ruisseau qui traversait les pâturages sur une distance de 1,2 km. En mettant l'accent sur l'amélioration de la dispersion des graines à partir de la forêt à proximité, la méthode des espèces «framework» était le choix qui s'imposait pour la création d'un tel corridor.

Un accord a été conclu avec les exploitants agricoles, en intégrant leurs besoins dans le projet, notamment en leur fournissant des points d'eau et des arbres d'ombrage pour le bétail. L'équipe de Queensland Parks and Wildlife de la pépinière du parc national du lac Eacham a établi un partenariat avec un groupe communautaire, TREAT (Trees for the Evelyn and Atherton Tablelands) pour cultiver et planter plus de 20.000 arbres entre 1995 et 1998. Outre la gestion du bétail, d'autres points clés de la conception intégraient la plantation de brise-vent afin de minimiser les effets de bordure, un programme d'entretien rigoureux (comprenant le désherbage et l'épandage d'engrais) et un suivi à long terme de la colonisation végétale et animale.

Arbres plantés pour la mise en place du corridor de Donaghy, en février 1997.

Encadré 4.1. (Suite).

La même zone en février 2010.

Le rétablissement de la végétation le long de la connexion entre les habitats a été rapide, avec 119 espèces de plantes colonisant des transects dans le corridor après 3 ans. Plusieurs espèces d'arbres plantées ont très rapidement donné des fruits après la plantation. A titre illustratif, *Ficus congesta* a donné des figues après 6 à 12 mois. Plusieurs études, utilisant la méthode de marquage-recapture et l'analyse génétique, ont montré que le corridor a bel et bien favorisé la migration de la faune et a rétabli le brassage génétique (Tucker & Simmons, 2009; Paetkau *et al.*, 2009), en fournissant une base plus sûre pour la viabilité à plus long terme de la population.

La participation du groupe communautaire, dès le début, s'est traduite par un intérêt généralisé porté, à la fois, à la méthode des espèces «framework» et aux connexions entre les habitats. Plusieurs autres corridors sont maintenant en cours de restauration dans toute la région et au-delà, dont certains mesurent plusieurs kilomètres de long.

Un des aspects les plus difficiles de la création de longs corridors à travers les terres privées est de garantir la collaboration de tous les propriétaires fonciers tout au long du corridor. Mais, selon Nigel Tucker (voir **Encadré 3.1**), il peut ne pas être nécessaire d'avoir la collaboration de tout le monde avant le début du projet. «Nous travaillons d'abord avec les propriétaires fonciers qui acceptent à se collaborer. L'adhésion des autres propriétaires se gagne plus tard, quand ils voient leurs voisins tirant parti des avantages du corridor. Il s'agit de bâtir des relations et de garantir la collaboration avec une poignée de main – qui est plus importante que les contrats formels».

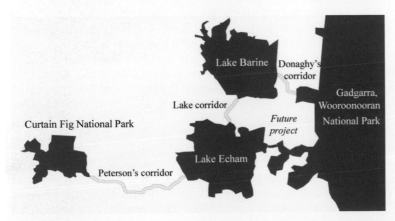

Ce site de démonstration bien étudié a prouvé que les corridors soutiennent la conservation de la biodiversité. Maintenant, plusieurs corridors relient des fragments forestiers à travers le plateau d'Atherton.

Par Kwankhao Sinhaseni

Où faudrait-il créer les corridors?

Les fragments forestiers n'ont pas tous la même valeur écologique. Les grands fragments et ceux qui ont été tout récemment isolés des zones forestières plus grandes conservent une plus grande biodiversité que les fragments de plus petite taille et plus anciens. Ainsi, les corridors forestiers qui reconnectent les vastes fragments forestiers et ceux récemment formés ont une plus grande valeur écologique que ceux qui reconnectent des fragments de plus petite taille et plus âgés. Si l'on sait que les fragments gardent les populations d'espèces en voie de disparition, leur reconnexion avec de grands secteurs forestiers devrait également figurer parmi les principales priorités (Lamb, 2011)

Qu'en est-il des «ponts forestiers»?

Il peut arriver qu'il n'y ait pas suffisamment de fonds pour relier tous les fragments forestiers avec des corridors continus, et dans cette situation, les «ponts forestiers» pourraient être plus réalisables. Les ponts forestiers sont des îlots de forêt restaurée, créés principalement pour faciliter le déplacement de la faune à travers des paysages hostiles, comme les terres agricoles. Les habitats des «ponts forestiers» pourraient aussi favoriser la régénération naturelle dans les zones dégradées environnantes en favorisant les visites de disperseurs de graines, qui pourraient déposer les graines provenant des zones forestières restantes dans lesquelles ils s'étaient précédemment nourris. Une fois que les arbres plantés et issus de la régénération naturelle arrivent à maturité, ils deviennent également des sources de graines à part entière, conduisant à la régénération continue des forêts à la fois à l'intérieur et en dehors des limites du «pont forestier».

Taille et forme des «ponts forestiers»

Tout site de petite taille restauré peut subir les inconvénients de petits fragments forestiers, de sorte que la conception de «ponts forestiers» est importante. La forme de la parcelle de restauration doit avoir une bordure minimale par rapport à la surface. A titre indicatif, essayez de faire en sorte que la longueur et la largeur des «ponts forestiers» soient à peu près égales et ne plantez pas d'arbres dans des parcelles longues et étroites, à moins que votre objectif soit de mettre sur pied un corridor naturel. Il faudrait planter une zone tampon d'arbustes et de petits arbres fruitiers denses sur le pourtour du site de restauration pour agir comme brise-vent et réduire encore davantage les effets de bordure. Dans le reste du «pont forestier», on peut planter les essences «framework» pour rétablir la structure des forêts et attirer les disperseurs de graines.

En règle générale, les grandes parcelles de forêt soutiennent plus le rétablissement de la biodiversité que les petites parcelles. Selon Soule et Terborgh (1999), dans l'idéal, un couvert forestier à croissance rapide atteignant 50% du paysage minimise la perte de plus d'espèces. Néanmoins, les petites parcelles de restauration peuvent avoir d'importantes retombées positives pour la conservation de la biodiversité, en particulier si elles sont bien conçues en termes de composition en espèces d'arbres, de minimisation des effets de bordure (zones tampons) et d'augmentation de la connectivité forestière. Ainsi, la qualité et l'emplacement des parcelles de restauration peuvent aider à compenser leur petite taille (Lamb, p. 448, 2011).

Restauration des grands sites

La taille des parcelles qui sont restaurées chaque année dépendra de la disponibilité des terres, du financement, et de la main-d'œuvre pour le désherbage et les soins des arbres plantés au cours des deux premières années après le début des travaux de restauration (voir **Section 4.5**). Les grands sites nécessiteront de grandes quantités de semences. L'acquisition de semences d'un nombre relativement faible d'espèces «framework» est possible grâce à une collecte et à un stockage soigneusement planifiés à l'avance. Mais là où l'approche de la diversité maximale doit être utilisée sur des terres fortement dégradées (voir **Section 3.1**), il peut être impossible

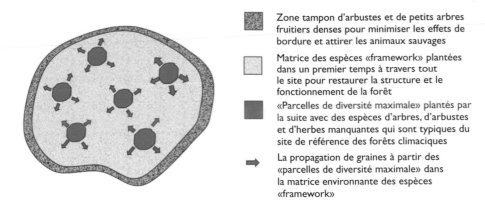

Zone tampon d'arbustes et de petits arbres fruitiers denses pour minimiser les effets de bordure et attirer les animaux sauvages

Matrice des espèces «framework» plantées dans un premier temps à travers tout le site pour restaurer la structure et le fonctionnement de la forêt

«Parcelles de diversité maximale» plantés par la suite avec des espèces d'arbres, d'arbustes et d'herbes manquantes qui sont typiques du site de référence des forêts climaciques

La propagation de graines à partir des «parcelles de diversité maximale» dans la matrice environnante des espèces «framework»

Plan suggéré pour un vaste site de restauration forestière éloigné de la zone la plus proche de la forêt restante. NB: La superficie plantée est à peu près de forme circulaire afin de minimiser les effets de bordure.

d'acquérir suffisamment de semences pour planter toutes les espèces nécessaires à travers l'ensemble du site. Dans de tels cas, une approche alternative consiste à planter les espèces d'arbres «framework» sur l'ensemble du site de façon à rétablir la structure des forêts et à attirer les disperseurs de graines, puis à créer des «parcelles de diversité maximale» de plus petite taille au sein de la matrice des arbres «framework» en utilisant la technique de la «diversité maximale» (voir **Section 5.4).**

Restauration pour la conservation de l'eau et du sol

Les effets de la déforestation et de la restauration forestière sur l'eau et le sol sont expliqués dans les **Sections 1.2 et 1.4.** La régularité de l'approvisionnement en eau et la qualité de l'eau peuvent être améliorées en ciblant les sites des bassins versants supérieurs, en particulier ceux autour des sources, pour la restauration. Bien que les arbres pompent l'eau du sol par la transpiration, ils font plus que compenser cela en augmentant la capacité du sol à retenir l'eau par l'apport de la matière organique, de sorte qu'il peut absorber plus d'eau pendant la saison des pluies et la relâcher pendant les périodes sèches. De cette façon, la restauration forestière peut convertir des cours d'eau saisonnièrement secs en cours d'eau à débit permanent**,** et peut également aider à réduire la quantité de sédiments dans les ressources hydriques.

La plantation d'arbres le long des berges des cours d'eau crée des habitats riverains, qui sont essentiels pour les espèces spécialisées (des libellules aux loutres) qui vivent dans ou à côté de cours d'eau abrités. Ces habitats servent aussi de refuges essentiels à de nombreuses autres espèces animales moins spécialisées pendant la saison sèche, lorsque les habitats voisins se dessèchent ou sont décimés par le feu. La plantation d'arbres sur les rives de cours d'eau empêche également l'érosion des berges et l'ensablement du lit des cours d'eau. Cela réduit le risque de voir les cours d'eau rompre leurs rives, ce qui débouche sur les inondations en saison des pluies.

L'érosion des sols réduit la capacité d'un bassin versant à stocker de l'eau, ce qui contribue à la fois aux inondations en saison des pluies et à la sécheresse pendant la saison sèche. Les glissements de terrain peuvent être considérés comme la forme la plus extrême de l'érosion des sols. Ils peuvent se produire avec une telle soudaineté et une telle force, au point de détruire complètement des villages, des infrastructures et les terres agricoles et entraîner des pertes en vies humaines. La restauration forestière peut contribuer à réduire l'érosion des sols et la fréquence et la gravité des glissements de terrain, car les racines des arbres lient le sol, en empêchant le mouvement des particules du sol. La litière de feuilles contribue également à améliorer la structure du sol et le drainage. Elle augmente la pénétration des eaux de pluie dans le sol (infiltration) et réduit le ruissellement de surface.

Pour une valeur de conservation maximale, restaurez les corridors forestiers naturels pour relier des parcelles de forêt et créer des forêts permanentes, afin de réduire le risque d'érosion des sols ou de glissements de terrain et protéger les cours d'eau, et la faune et la flore riveraines qui leur sont associées.

Pour éviter l'érosion des sols et les glissements de terrain, la restauration devrait avoir pour cibles les sites montagneux avec de longues pentes abruptes et sans interruption. Les ravins et les sites défrichés avec des pentes supérieures à 60% devraient être entièrement restaurés avec une végétation dense (Turkelboom, 1999). Les sites avec des pentes plus modérées peuvent être stabilisés avec moins de 100% de couverture si les parcelles de restauration sont situées à des endroits stratégiques pour suivre les contours de la pente. La plupart des pays ont un système national de classification des bassins versants, avec des cartes montrant le risque relatif d'érosion des sols dans une zone particulière. Demandez au service de vulgarisation agricole de votre localité de consulter ces cartes pour voir dans quelle mesure la restauration des forêts pourrait aider à réduire l'érosion dans votre localité.

Qui est propriétaire foncier?

Au moment d'entreprendre les activités de conservation, la dernière chose à souhaiter, c'est un litige foncier.

Lors de la restauration des forêts sur des terres publiques, obtenez, auprès des autorités compétentes, une permission écrite qui comprend une carte confirmant l'emplacement du site. La plupart des autorités se réjouissent de l'aide à la restauration forestière provenant des groupes communautaires et des ONG, mais l'obtention d'une autorisation écrite peut prendre du temps. Par conséquent, commencez les discussions au moins un an avant la date prévue pour la plantation. Veillez à ce que tous les responsables concernés soient pleinement impliqués dans la planification du projet. Toutes les personnes impliquées doivent comprendre que la plantation d'arbres ne constitue pas nécessairement un droit légitime sur les terres, et les population locales demanderont des garanties pour pouvoir avoir accès au site afin de mettre en œuvre des activités de restauration et/ou récolter des produits forestiers.

S'il s'agit de la plantation sur des terrains privés, assurez-vous que le propriétaire (et ses héritiers) s'engagent pleinement à maintenir la zone en tant que forêt par l'obtention d'un protocole d'accord ou d'un protocole de collaboration pour la conservation. La plantation d'arbres augmente considérablement la valeur de la propriété privée; les propriétaires fonciers privés devraient donc couvrir intégralement les coûts.

Avec la possibilité d'avoir d'énormes sommes d'argent qui se profile à l'horizon en vendant des crédits de carbone dans le cadre de REDD+, qui fait partie du programme de Réduction des Emissions dues à la Déforestation et à la Dégradation des forêts (REDD) de l'ONU, la question de savoir «qui sera propriétaire du carbone?» est devenue presque aussi importante que «qui est propriétaire foncier?». Les arguments sur la façon dont les avantages issus du commerce de carbone seront partagés entre les différentes parties prenantes peuvent conduire à l'échec du projet. Si l'une des parties prenantes qui contribuent au projet est par la suite exclue du partage des recettes de carbone, elle peut décider de brûler la forêt restaurée. Il est donc essentiel de résoudre les problèmes de propriété et/ou d'accès à la terre, au carbone et à d'autres produits forestiers avec toutes les parties prenantes durant le processus de planification du projet.

4.5 Rédaction d'une proposition de projet

Une fois que toutes les parties prenantes ont contribué aux activités de pré-planification, il est temps pour les participants aux réunions officielles de procéder à la rédaction de la proposition du projet.

Une proposition de projet devrait comporter:
- le but et les objectifs du projet;
- un énoncé clair des avantages attendus du projet et un accord sur la façon dont ces bénéfices seront partagés entre toutes les parties prenantes;
- une description du site à restaurer;
- les méthodes qui seront utilisées pour restaurer la forêt sur le site, y compris les dispositions relatives au suivi (et à la recherche);
- un calendrier des tâches, en précisant le responsable de chaque tâche et le calcul de la main-d'œuvre nécessaire pour effectuer chaque tâche;
- un budget.

But et objectifs

Toutes les activités dépendent du but et des objectifs du projet. Décrivez l'objectif global du projet (par exemple: «assurer l'approvisionnement en eau», «conserver la biodiversité» ou «réduire la pauvreté»), suivi par des énoncés plus précis sur les objectifs immédiats du projet (par exemple: «restaurer 10 hectares de forêt sempervirente dans la localité X pour créer un corridor naturel entre Y et Z»). L'étude de la «forêt cible» (voir **Section 4.2**) fournira les objectifs techniques détaillés, tels que le type de forêt, sa structure et la composition spécifique, que le projet veut réaliser.

Accord sur le partage des avantages

Répertoriez l'ensemble des avantages du projet et la façon dont chaque avantage sera partagé entre les parties prenantes. Une fois que le consensus est atteint, toutes les parties prenantes devraient signer l'accord.

Tableau 4.1. Exemple de matrice de partage des avantages.

Avantage	Autorité de l'aire protégée	Habitants de la localité	Bailleur de fonds	ONG	Université
Rémunération de la main-d'œuvre du projet	30%	60%	0%	10%	0%
Produits forestiers non ligneux	0%	100%	0%	0%	0%
Eau	50%	50%	0%	0%	0%
Revenus de l'écotourisme	40%	50%	0%	10%	0%
Vente de crédits de carbone	30%	40%	10%	20%	0%
Données de recherche	30%	0%	0%	10%	60%
Bonne publicité	20%	20%	20%	20%	20%

Lorsque les avantages sont d'ordre pécuniaire (par exemple, les revenus du commerce de carbone, les revenus de l'écotourisme), la répartition convenue dans la proposition de projet peut servir de base pour des contrats juridiques plus formels lorsque ces revenus sont réalisés. Un tableau comme celui-ci sert à mettre l'accent sur la gamme de différents avantages non monétaires et leurs diverses valeurs par rapport aux divers groupes de parties prenantes. Par exemple, la rubrique «bonne publicité» pourrait entraîner une augmentation non quantifiée du chiffre d'affaires d'un commanditaire corporatif, tandis que pour les villageois, cet avantage peut servir à renforcer leur droit de continuer à vivre dans une aire protégée ou alors il pourrait attirer les écotouristes.

Lors de la rédaction de l'accord sur le partage des avantages, il est également nécessaire de veiller à ce que les possibles bénéficiaires soient au courant des restrictions juridiques à la réalisation de l'un des avantages (par exemple, les lois qui interdisent la collecte de certains produits forestiers), ainsi que de tout nouvel investissement qui pourrait être nécessaire avant la possible réalisation d'un avantage (par exemple, l'investissement dans les infrastructures écotouristiques). Chaque groupe de parties prenantes peut alors décider lui-même de la manière dont des avantages du projet seront partagés entre ses membres (par exemple, comment l'eau est partagée entre les propriétaires fonciers en aval).

Il est possible que les avantages intangibles soient évalués différemment par différents groupes de parties prenantes. Une bonne publicité pourrait renforcer le droit des minorités ethniques à vivre dans une aire protégée, tout en permettant éventuellement à l'entreprise sponsor d'attirer de nouveaux clients.

Description du site

Le rapport d'enquête sur la restauration du site (voir **Section 3.3**) fournit tous les détails nécessaires à la description du site. Il est recommandé de le compléter avec des cartes annotées et/ou des images et des photographies satellitaires. Une illustration de l'apparence du paysage après la restauration est également utile.

Méthodes

Le rapport d'enquête sur la restauration du site fournit également la plupart des informations nécessaires pour déterminer les méthodes requises pour mettre en œuvre le projet de restauration. Par exemple, il aidera à déterminer les mesures de protection qui sont nécessaires, l'équilibre entre la plantation d'arbres et la RNA, les types d'actions de RNA à mettre en œuvre, le nombre d'arbres et les types d'espèces à planter et ainsi de suite. L'énumération formelle des méthodes qui seront utilisées dans la proposition du projet facilite l'identification des actions nécessaires à leur mise en œuvre et, par ricochet, l'élaboration d'un calendrier de travail. Plus de détails sur les méthodes nécessaires à la mise en œuvre des principales stratégies de restauration des forêts sont fournis au **Chapitre 5.**

Tableau 4.2. Exemple de calendrier de travail pour la restauration d'une forêt tropicale saisonnièrement sèche dans une aire protégée par la plantation d'espèces d'arbres «framework» en association avec la RNA

Tâche	Période	Partie prenante ayant une responsabilité dans l'organisation
Temps avant la mise en terre des plants		
Une fois qu'un consensus entre parties prenantes est trouvé, étudiez la forêt cible et les potentiels sites de restauration, commencez la création de la pépinière	18–24 mois	Autorité de l'aire protégée
Rédigez la proposition de projet, la décision finale sur les sites de restauration	18–24 mois	Autorité de l'aire protégée
Commencez la collecte de semences et la germination	18 mois	ONG et communauté locale
Surveillez la production de gaules, complétez-la avec des plants provenant d'autres pépinières, si nécessaire	6 mois	ONG
Endurcissez les gaules, organisez des équipes de plantation	2 mois	Communauté locale
Etiquetez les gaules à suivre	1 mois	Communauté locale
Préparation du site: identifiez et protégez les plantes issues de la régénération naturelle, débarassez le site de mauvaises herbes	1 mois	Communauté locale
Transportez les gaules et le materiel végétal sur le site, donnez des directives aux chefs d'équipe de plantation	1–7 jours	Autorité de l'aire protégée
Mise en terre des plants	0 jour (début saison pluvieuse)	Autorité de l'aire protégée
Temps apres la mise en terre des plants		
Vérification de la qualité de la plantation, ajustement des gaules mal plantées, enlèvement des ordures du site	1–2 jours	Communauté locale
Collecte des données de base sur les arbres à suivre	1–2 semaines	Chercheurs universitaires
Désherbage et épandage d'engrais selon les besoins	Durant la 1ère saison pluvieuse	Communauté locale
Suivi de la croissance et de la survie des arbres plantés	Fin de la 1ère saison pluvieuse	Chercheurs universitaires
Debrousaille des pare-feux si nécessaire, organisation des patrouilles anti-incendie	Début de la 1ère saison sèche	Communauté locale
Suivi de la croissance et de la survie des arbres plantés, désherbage et épandage d'engrais selon les besoins, évaluation de la nécessité de remplacer les arbres morts	Fin de la saison sèche	Chercheurs universitaires
Entretien de la plantation selon le besoin	Début de la 2ème saison pluvieuse	ONG
Poursuite du désherbage et épandage d'engrais selon le besoin	2ème saison pluvieuse	Communauté locale
Suivi de la croissance et de la survie des arbres plantés	Fin de la 2ème saison pluvieuse	Chercheurs universitaires
Poursuite du désherbage en saison pluvieuse jusqu'à la fermeture de la canopée, suivi de la croissance si nécessaire, suivi du rétablissement de la biodiversité	Les années suivantes	Communauté locale

Calendrier de travail

Dressez la liste des tâches nécessaires à la mise en œuvre des méthodes dans l'ordre chronologique et attribuez la responsabilité de l'organisation de chaque tâche au groupe des parties prenantes qui possède les compétences et les ressources les plus appropriées (à titre d'illustration, voir **Tableau 4.2**).

Notez qu'un programme de suivi figure dans le calendrier. Le suivi est une composante essentielle de la proposition de projet, importante à la fois pour garantir la réussite du projet (on l'espère) et pour identifier les erreurs et les moyens de les éviter à l'avenir. Il devrait comprendre les évaluations de la performance des arbres (à la fois des arbres plantés et des arbres naturels soumis aux traitements de la RNA) et du rétablissement de la biodiversité (voir **Section 7.4**).

La sous-estimation du temps total nécessaire pour la mise en œuvre des projets de restauration forestière est une erreur fréquente. Si les arbres sont cultivés localement à partir de semences, la construction de pépinières et la collecte des semences doivent commencer 18 mois à 2 ans avant la première date prévue pour la plantation.

Budget

Calcul des besoins en main-d'œuvre

La disponibilité de la main-d'œuvre est le facteur crucial qui détermine la superficie maximale qui peut être restaurée chaque année. Elle est également susceptible d'être la rubrique la plus coûteuse dans le budget du projet, de sorte que le calcul des besoins en main-d'œuvre détermine la viabilité du projet dans son ensemble.

Les grands projets, avec des objectifs ambitieux de replanter de vastes superficies, échouent souvent parce qu'ils ne tiennent pas compte de la capacité limitée des acteurs locaux à mener à bien le désherbage et la prévention des incendies. Les efforts à déployer pour produire un très grand nombre de gaules de la bonne espèce sont aussi couramment sous-estimés. Il est donc préférable de restaurer des superficies plus petites (qui peuvent être convenablement prises en charge par la main-d'œuvre disponible localement) chaque année, pendant de nombreuses années, que de planter des arbres sur une grande surface dans le cadre d'un évènement fort médiatisé, pour voir, par la suite, les arbres plantés mourir par négligence.

Dans les zones où les villageois fournissent la plus grande partie de la main-d'œuvre d'un projet de restauration forestière, les tâches peuvent être organisées en activités communautaires. Par exemple, un comité villageois peut demander que chaque famille du village mette à disposition un adulte pour travailler chaque jour selon les tâches planifiées. Par conséquent, la superficie maximale qui peut être restaurée chaque année dépend du nombre de ménages participants. Avec l'augmentation de la taille de la communauté, une «économie d'échelle» entre en vigueur, ce qui signifie qu'une plus grande surface peut être plantée avec moins d'unités de travail par jour par ménage.

Au début de tout projet de restauration forestière, toutes les parties prenantes doivent être conscientes des engagements relatifs au travail. Les planificateurs de projets doivent aussi aborder la question cruciale de savoir si la main-d'œuvre sera bénévole ou s'il faudra payer des taux quotidiens pour la main-œuvre occasionnelle. Si cette dernière s'applique, les coûts de la main-d'œuvre constitueront la majeure partie du budget. Si les villageois apprécient les avantages de la restauration forestière et qu'un programme de partage équitable des avantages figure dans la proposition de projet, ils sont souvent prêts à travailler comme bénévoles pour garantir ces avantages.

Le **Tableau 4.3** décrit les besoins en main-d'œuvre pour quelques-unes des tâches les plus courantes de la restauration forestière. Notez que certaines tâches ne sont pas nécessaires que pendant la première année du projet, tandis que d'autres doivent être répétées jusqu'à 4 ans après la première plantation, en fonction des conditions.

Tableau 4.3. Aide-mémoire pour les principaux besoins en main-d'œuvre pour les tâches les plus fréquentes de la restauration forestière (pour les sites qui ont subi les stades 1 à 3 de la dégradation (voir Section 3.1)).

	Main- d'œuvre nécessaire (Homme/Jour) par hectare par an	Explication	Besoins annuels (An 1 à 4) A1	A2	A3	A4
PROTECTION						
Pare-feu	Longueur des pare-feu (m) divisée par 30 à 40	On suppose qu'1 personne peut couper 30–40 m de brise-feu (8 m de largeur) par jour (en fonction de la densité de la végétation). Calculez à partir de la longueur du périmètre du site de restauration.	+	+	+	?
Équipes de prévention et d'extinction des incendies	16 × nbre de jours pendant la saison des incendies	Des équipes de 8 travailleurs se relayant toutes les 12 heures (jour et nuit), tout au long de la saison sèche chaude peuvent s'occuper des sites de 1 à 50 ha.	+	+	+	?
RNA						
Localisation et marquage des plantes régénérées	12	3.100 plantes régénérées /ha ÷ 250 (moyenne/personne/jour).	+	–	–	–
Mise sous presse des mauvaises herbes	30	1.000 m² (moyenne/personne/jour) × 3 fois/an (pendant 3 ans).	+	+	+	?
Désherbage d'anneaux de croissance	50	3.100 plantes régénérées /ha ÷ c. 180 (moyenne/personne/jour) × 3 fois par an (pendant 3 ans).	+	+	+	?
PLANTATION D'ARBRES						
Préparation du site	25	Débroussaillement suivi de l'application du glyphosate (voir **Section 7.1**).	+	–	–	–
Plantation	Nbre d'arbres à planter/ ha divisé par 80	Nbre d'arbres à planter = 3.100 – le nbre de plantes régénérées /ha (voir **Section 3.3**). Une personne peut planter près de 80 arbres/jour (en suivant les méthodes décrites à la **Section 7.2**).	+	–	–	–
Désherbage et épandage d'engrais	50	3.100 arbres/ha (y compris les plantes régénérées + arbres plantés) ÷ c. 180 (moyenne/personne/jour) × 3 fois par an (pendant 2 ans).	+	+	–	–
Suivi	32	16 personnes peuvent assurer le suivi d'1 ha/jour. Procédez au suivi deux fois par an (au début et à la fin de la principale saison de plantation). Pour les grands sites, sélectionnez au hasard quelques échantillons aux fins de suivi.	+	+	+	+

Calcul des coûts

Les coûts de la restauration varient considérablement en fonction des conditions locales (à la fois écologiques et économiques) et augmentent de façon nette en fonction du stade de la dégradation. Par conséquent, nous ne pouvons que présenter des lignes directrices pour le calcul des coûts du moment que toute estimation des coûts réels deviendrait rapidement obsolète. Assurez-vous que toutes les dépenses sont soigneusement recensées, afin de permettre une évaluation coûts-avantages du projet dans l'avenir et aider d'autres initiatives locales dans la planification de leurs propres projets.

La restauration des stades 3–5 de la dégradation implique la plantation d'arbres, donc les coûts des pépinières devraient figurer dans le budget du projet. La construction d'une simple pépinière communautaire ne doit pas être chère: par exemple, l'utilisation de matériaux disponibles localement, comme le bambou et le bois, réduira les coûts. Les pépinières durent de nombreuses années, ce qui fait que les coûts de construction de pépinières ne représentent qu'une très petite partie des coûts de production des plants d'arbres. Réduisez les coûts des matériaux en utilisant les produits disponibles localement, comme la balle de riz et le sol forestier, au lieu des terres de rempotage produites à des fins commerciales. Bien qu'une bonne partie de ces matériaux locaux soient essentiellement «gratuits», n'oubliez pas de prendre en compte les coûts de main-d'œuvre et de transport de leur collecte. Les seuls éléments essentiels de pépinières dont il n'existe pas de matériau de substitution naturel efficace sont les sacs en plastique ou d'autres récipients et un moyen d'arrosage des plantes.

Le responsable d'une pépinière devrait être chargé aussi bien de la gestion de la pépinière que de la production d'une quantité et d'une qualité suffisante de plants et des espèces requises. C'est peut être un poste avec un salaire à temps plein ou à temps partiel, en fonction des quantités de gaules à produire. La main-d'œuvre occasionnelle peut être bénévole ou rémunérée à un taux quotidien selon le besoin. Les travaux de pépinière sont saisonniers, avec la majeure partie de la charge de travail juste avant la plantation et une charge de travail moins importante à d'autres moments de l'année. Le personnel de la pépinière devrait également être chargé de la collecte des semences. Pour une pépinière typique, le taux de production devrait osciller entre 6.000 et 8.000 plants produits par membre du personnel de pépinière par an.

Les lignes budgétaires concernant la production de plants devraient donc inclure:

- la construction d'une pépinière (y compris un système d'arrosage);
- le personnel de la pépinière;
- les outils;
- les fournitures, telles que les plateaux de germination, les récipients, les substances, les engrais et les pesticides;
- l'eau et l'électricité;
- le transport (pour le ravitaillement, la collecte des semences et la fourniture des plants au site de restauration).

Les coûts de plantation, d'entretien et de suivi des plants peuvent être divisés en i) main-d'œuvre, ii) matériaux et iii) transport. La main-d'œuvre est de loin le plus important poste budgétaire, la prévention des incendies étant l'activité dont la main-d'œuvre coûte le plus cher. Par conséquent, la viabilité financière de la restauration forestière dépend souvent de la mesure dans laquelle la main-d'œuvre rémunérée peut être remplacée par des bénévoles. En général, il est très facile de trouver des gens travaillant dans des écoles et des entreprises locales pour donner un coup de main le jour de la plantation. La prévention des incendies est aussi une activité qui est généralement organisée par les comités villageois comme «activité communautaire». Par conséquent, le désherbage et l'épandage d'engrais sont les deux activités les plus susceptibles nécessitant une main-d'œuvre rémunérée.

Pour calculer les coûts de main-d'œuvre, commencez par les unités de travail estimées proposées dans le **Tableau 4.3**. Sélectionnez les tâches qui figurent dans votre calendrier de travail et supprimez toute tâche dont le bénévolat est assuré. Additionnez le total d'homme/jour de travail nécessaires pour toutes les tâches de l'année 1 et multipliez la somme par le nombre d'hectares à restaurer et par la rémunération journalière acceptable de la main-d'œuvre. Ensuite, considérez le nombre de tâches à répéter pendant l'année 2 et reprenez le calcul des coûts de la main-d'œuvre, à l'exception de l'ajout d'un pourcentage d'augmentation de l'allocation journalière pour tenir compte de l'inflation. En arrivant à l'année 3, le nombre de travailleurs nécessaires pour le désherbage et l'application d'engrais devrait diminuer considérablement avec l'effectivité du début de la fermeture de la canopée. Par conséquent, différez le calcul des coûts de main-d'œuvre pour les années suivantes jusqu'à ce que les progrès réalisés pendant les années 1 et 2 soient évalués.

Les matériaux de plantation comprennent le glyphosate (un herbicide), les engrais, et une tige de bambou et, éventuellement, un tapis de paillis pour chaque arbre qui sera planté. Calculez le coût de l'application de 155 kg d'engrais par hectare (ce qui suppose 50 g par arbre × 3.100 (à la fois pour les arbres plantés et ceux issues de la régénération naturelle)) quatre fois au cours de la première année et trois fois au cours de la deuxième année. Si vous utilisez le glyphosate pour supprimer les mauvaises herbes, calculez le coût de 6 litres de concentré par hectare.

4.6 Collecte de fonds

Après avoir rédigé la proposition de projet et calculé un budget, la prochaine étape est la collecte de fonds. Le financement des projets de restauration forestière peut provenir de plusieurs sources différentes, dont les gouvernements, les ONG et le secteur privé, à la fois locaux et internationaux. Une intense campagne de financement devrait cibler plusieurs sources de financement possibles.

Les programmes de responsabilité sociale des entreprises (RSE) ont toujours constitué une source importante de financement de la plantation d'arbres, en échange de la promotion d'une «image verte» pour les sponsors. Contactez les entreprises locales impliquées dans l'industrie énergétique (les compagnies pétrolières, par exemple), dans le secteur du transport (par exemple, les compagnies aériennes, les agences maritimes ou les constructeurs automobiles), ou dans les industries qui bénéficient d'un environnement plus vert (par exemple, l'industrie du tourisme ou de la restauration), ainsi que les sociétés qui ont adopté des arbres ou des faunes ou flores sauvages comme logos.

Les procédures de demande de subventions du secteur privé et leur administration sont généralement simples. Toutefois, avant d'accepter le sponsoring d'une ou des entreprise(s), examinez les questions éthiques, telles que l'utilisation de votre projet afin de promouvoir une image verte d'une entreprise qui pourrait être engagée dans des activités nuisibles à l'environnement. Pour éviter de tels dilemmes, assurez-vous que le projet est soutenu par le fonds de responsabilité sociale d'une société, non pas par son budget de publicité, et parcourez soigneusement le contrat.

Le récent regain d'intérêt porté aux forêts tropicales comme puits de carbone devrait augmenter le sponsoring des projets de restauration par les entreprises. Il pourrait, cependant, avoir l'effet inverse, car de nombreuses entreprises ne parrainent actuellement des projets de plantation d'arbres qu'en échange de crédits de carbone volontaires. Cela exige que les projets soient enregistrés auprès d'une pléthore d'organismes[2] qui ont récemment mis en place des systèmes de normalisation, qui surveillent les projets pour vérifier la quantité supplémentaire de carbone stockée et pour s'assurer qu'ils n'ont pas d'effets indésirables. Ces services coûtent actuellement entre 5.000 et 40.000 dollars américains et l'enregistrement peut prendre jusqu'à 18 mois. Avoir à trouver ces fonds importants de démarrage exclut effectivement maintenant les petits projets du sponsoring des entreprises et l'enregistrement long et compliqué retarde la mise en œuvre du projet.

[2] Comme Carbon Fix Standard (CFS, www.carbonfix.info/), Verified Carbon Standard (VCS, www.v-c-s.org/), Plan Vivo (www.planvivo.org/), et «The Climate Community and Biodiversity Standard» (CCBS, www.climate-standards.org/).

Pour les petits projets, les organismes de bienfaisance et les fondations sont souvent une bonne source de financement. Ils fournissent généralement de petites subventions avec de simples procédures comptables et de présentation de rapports. Il faudrait également se rapprocher des organismes publics nationaux, en particulier ceux qui sont impliqués dans la mise en œuvre des obligations d'un pays en vertu de la Convention sur la diversité biologique (CDB). Les organismes publics locaux peuvent aussi fournir de petites subventions pour la conservation de l'environnement.

Si vous trouvez la sollicitation de subventions auprès des organismes qui en accordent un peu décourageante, envisagez alors d'organiser votre propre campagne de financement. Pour les petits projets, des événements de collecte de fonds traditionnels (courses parrainées, tombolas et ainsi de suite) peuvent suffire pour lever les fonds nécessaires. Mais de tels événements exigent beaucoup d'organisation et habituellement certains paiements initiaux (tels que la location des lieux). L'Internet permet désormais d'atteindre plus de gens que jamais auparavant avec un minimum d'efforts. Faire connaître votre projet sur les réseaux sociaux ou par l'intermédiaire d'un site Web dédié au projet peut générer à la fois de l'intérêt et des financements.

Une approche fréquemment utilisée est la campagne «sponsorisez un arbre». Calculez les coûts totaux de votre projet (voir **Section 4.5**) et divisez ce montant par le nombre d'arbres que vous voulez planter (pour obtenir le coût par arbre), puis demandez aux visiteurs de votre site web ou de votre page Facebook de sponsoriser un ou plusieurs arbres. De nombreux sites offrent actuellement de tels programmes, le parrainage d'un arbre coûtant entre 4 et 100 dollars américains. Les systèmes de paiement sur Internet tels que PayPal peuvent être utilisés pour transférer les fonds. Pour surmonter la nature impersonnelle de l'Internet, montrez que vous appréciez le rôle de bailleurs de fonds en fournissant une réaction personnalisée. Invitez les sponsors à se joindre à la plantation d'arbres et/ou fournissez-leur des photos individuelles de «leur» arbre à mesure qu'il grandit. Un site web oriente même les promoteurs vers les images de Google Earth des sites plantés. Apprendre les tenants et les aboutissants de la création des sites web et des systèmes de paiement sur Internet va prendre du temps au début, mais ceci portera ses fruits au fur et à mesure que le projet sera de mieux en mieux connu.

Sur son site internet dédié, «Plantez un arbre aujourd'hui» propose le parrainage de la plantation d'arbres dans l'un des nombreux projets de restauration, à partir de près de 4 dollars américains par arbre.

Une ressource exhaustive pour trouver des financements pour les organismes en charge des projets de restauration est le *Sourcebook on Funding for Sustainable Forest Management – Livre de référence sur le financement de la gestion durable des forêts* du Partenariat de collaboration sur les forêts (PCF) (www.cpfweb.org/73034/fr/). Cet excellent site Web comprend une base de données téléchargeable de sources de financement pour la gestion durable des forêts, un forum de discussion et un bulletin d'information sur les questions de financement, ainsi que des conseils utiles sur la préparation des demandes de subvention.

Chapitre 5

Outils pour la restauration des forêts tropicales

Avec une proposition de projet mise en place et un accord de financement, il est temps de commencer à travailler. Dans ce chapitre, nous allons discuter de la manière de mettre en œuvre les cinq principaux outils pour la restauration des forêts: la protection, la RNA, la plantation d'espèces d'arbres «framework» («cadres»), l'approche de la diversité maximale et les peuplements d'arbres nourriciers (ou plantations comme catalyseurs). Dans le chapitre 3, nous avons montré que ces cinq outils de base sont rarement utilisés de manière isolée. Plus le degré de dégradation est élevé, plus ces outils doivent être associés pour obtenir un résultat satisfaisant. Dans les Chapitres 6 et 7, nous continuons à fournir plus de détails sur la culture et la plantation d'essences forestières autochtones.

«Le succès de la restauration d'un écosystème perturbé est le test de notre compréhension de cet écosystème.» Bradshaw (1987).

5.1 Protection

Il ne sert à rien de restaurer des sites qui ne peuvent pas être protégés contre les activités qui ont détruit la forêt originelle. Ainsi, empêcher la dégradation est fondamental pour tous les projets de restauration forestière, quel que soit le stade de la dégradation abordé. La protection a deux éléments de base: i) la prévention de l'empiètement supplémentaire et ii) l'élimination des éventuels obstacles à la régénération naturelle des forêts. Le premier implique la prévention de nouvelles activités humaines néfastes à la restauration du site, tandis que le second engage les communautés résidentes existantes dans la prévention des incendies, l'éloignement du bétail et la protection des animaux disperseurs de graines contre les chasseurs.

Prévention de l'empiètement

Les terres forestières inoccupées ont toujours attiré les personnes sans terre et à faible revenu. Dans le passé, le défrichement des forêts équivalait à un droit juridique de la propriété foncière et à un moyen de sortir de la pauvreté. Mais, dans les sociétés civiles modernes, et avec la croissance démographique exponentielle, «l'appropriation par la déforestation» n'est plus acceptable. La grande majorité des terres forestières tropicales est maintenant sous le contrôle de l'Etat, et il existe des lois pour empêcher leur exploitation à des fins personnelles. Malheureusement, l'application des lois forestières visant à exclure les personnes qui empiètent les forêts a souvent pour cibles des populations rurales pauvres. Elle est, de ce fait, fortement critiquée par les groupes de la défense des droits de l'homme, en particulier lorsque les sociétés et les riches propriétaires fonciers peuvent s'en sortir sans que l'empiètement des terres forestières ne soit puni. En fin de compte, ces problèmes ne peuvent être résolus que par une meilleure gouvernance forestière[1], mais plusieurs mesures concrètes peuvent être prises au niveau local pour prévenir de nouveaux empiètements.

Les villageois démunis, dont la plupart sont peu instruits, ignorent souvent la loi. Par conséquent, le simple fait de les conscientiser sur la loi et les sanctions imposées peut parfois suffire à les dissuader de l'empiètement des terres forestières (Thira & Sopheary, 2004). Des limites clairement définies, avec des signes visibles le long de celles-ci expliquant le statut de la zone protégée, contribuent aussi à faire en sorte que tout le monde soit au courant des restrictions juridiques et où elles s'appliquent.

L'empiètement tend à se produire le long des routes; dans ces conditions, l'empêchement de la construction de routes et/ou l'amélioration de la forêt protégée sont peut-être les moyens les plus efficaces pour prévenir ce phénomène (Cropper et al., 2001), en particulier dans les zones reculées. Les postes de contrôle routier aux points d'entrée et de sortie des sites protégés peuvent aussi décourager l'empiètement.

Une présence humaine, par exemple, sous la forme de patrouilles inopinées, est peut-être l'ultime moyen d'empêcher l'empiètement sur la forêt. Le maintien d'un système de patrouille est cher, mais les gardes forestiers peuvent avoir de multiples tâches. Lors d'une patrouille, ils peuvent également récolter des graines sur les arbres fruitiers pour alimenter une pépinière, ou enregistrer des observations sur la faune, y compris sur les disperseurs de graines et les pollinisateurs. La technologie GPS peut être utilisée pour enregistrer la position des arbres semenciers et de la faune, ainsi que la couverture de la patrouille et les signes de l'empiètement. Lorsqu'elles sont intégrées dans les systèmes d'information géographique (SIG), ces données peuvent être partagées et utilisées pour prévoir les zones les plus menacées par l'empiètement. C'est le concept de «patrouille intelligente» préconisé par la Wildlife Conservation Society (Stokes, 2010).

La prévention de nouveaux empiètements par les communautés déjà installées au sein d'un paysage forestier dépend de la construction d'un sens profond de la gestion communautaire tant de la forêt restante que de la forêt restaurée. Les populations locales vont travailler

---

[1] www.iucn.org/about/work/programmes/forest/fp_our_work/fp_our work_thematic/fp_our_work_flg

ensemble pour exclure les intrus si elles estiment que l'empiètement menace les intérêts de leur communauté. La foresterie communautaire, dans laquelle un comité villageois (plutôt qu'un organisme d'État) devient responsable de la gestion de la forêt restaurée, constitue un cas de «sens de la gestion communautaire», profond et partagé, parce que le comité villageois traite le cas de toute personne endommageant les ressources forestières de la communauté en utilisant les règles et la réglementation que la communauté s'est fixées. La pression des pairs remplace la nécessité de l'intervention des services répressifs de l'Etat. La foresterie communautaire est bien sûr impossible là où il n'y a pas de forêt. Ainsi, la perspective d'un contrôle des ressources forestières par la communauté (une fois que la forêt aura été restaurée) constitue une puissante motivation pour les populations locales de contribuer à des projets de restauration forestière.

Les communautés à proximité des sites de restauration peuvent également bénéficier de l'emploi direct par les projets de restauration. Les programmes de développement des moyens d'existence peuvent également être pourvus. Ces programmes tirent profit des avantages de la restauration forestière (par exemple, en développant l'écotourisme), réduisent la nécessité de défricher la forêt (par exemple, en intensifiant l'agriculture) ou réduisent l'exploitation des ressources forestières (par exemple, en introduisant le biogaz pour remplacer le bois de chauffage). Si de telles récompenses sont offertes uniquement à des communautés vivant dans les aires protégées, elles peuvent toutefois avoir pour conséquence d'attirer des intrus qui cherchent à accéder aux avantages de tels programmes de développement.

Lorsque les systèmes d'aires protégées ont été introduits pour la première fois, l'opinion générale était que les occupants humains devraient se retirer afin de maintenir la nature «intacte». Ce point de vue ne tenait pas compte du fait que la plupart des zones avaient en fait été occupées par les humains, à un degré plus ou moins élevé, bien avant qu'elles ne soient déclarées protégées. Le réinstallation forcée des occupants loin des aires protégées s'est fait dans la douleur. Dans la plupart des cas, une indemnisation insuffisante leur a été accordée (le cas échéant), les sites de réinstallation étaient de mauvaise qualité et le soutien promis pour l'agriculture, l'éducation et les soins de santé sur les sites de réinstallation ne se sont souvent pas matérialisés (Usher Danaiya, 2009). En outre, le vide laissé derrière quand les gens sont déplacés hors des aires protégées est souvent vite envahi par de nouveaux intrus.

Les populations locales qui connaissent bien les paysages forestiers pour y avoir vécu longtemps sont un grand atout pour les programmes de restauration forestière. Elles constituent une précieuse source de connaissances locales, en particulier en ce qui concerne la sélection des espèces d'arbres et la collecte de semences. Elles peuvent fournir la majeure partie de la main-d'œuvre nécessaire pour les tâches de restauration, à la fois dans la pépinière et dans les champs. Elles peuvent également mettre en œuvre des mesures de protection, telles que les patrouilles et assurer la permanence aux postes de contrôle routiers, comme un devoir civique.

Prévention des dégâts de feu

La protection des sites de restauration forestière contre le feu est essentielle pour le succès de cette opération. Dans les régions tropicales saisonnièrement sèches, la prévention des incendies est une activité annuelle, et même dans les régions tropicales humides, elle est nécessaire pendant les périodes de sécheresse. La plupart des feux sont allumés par les êtres humains, de sorte que la meilleure façon de les prévenir est de veiller à ce que tout le monde dans le voisinage soutienne le programme de restauration et comprenne la nécessité de ne pas allumer le feu. Mais, quels que soient les efforts consentis pour sensibiliser davantage à la prévention des incendies au sein des communautés locales, le feu reste une cause fréquente de l'échec des projets de restauration forestière. La plupart des autorités forestières locales ont des unités de lutte contre les incendies, mais elles ne peuvent pas être partout. Des initiatives communautaires locales de prévention des incendies constituent souvent un des moyens le plus efficace de s'attaquer à ce problème. Les mesures préventives comprennent la mise en place des pare-feu et l'organisation de patrouilles de sapeurs pompiers afin de détecter et éteindre les feux de forêt menaçant avant qu'ils ne puissent se propager vers des sites de restauration.

Encadré 5.1. Les réserves d'extraction.

Les réserves d'extraction fournissent aux communautés locales un intérêt direct dans la protection des forêts tropicales en leur permettant d'exploiter les produits forestiers non ligneux (PFNL) d'une manière durable. Elles établissent un lien entre les revenus des villageois et le maintien d'écosystèmes forestiers intacts. La survie de la forêt et les moyens de subsistance des villageois deviennent interdépendants.

Le concept a été lancé au Brésil dans les années 1980, quand les exploitants de caoutchouc et les syndicats locaux de travailleurs ruraux sollicitèrent la désignation de zones de l'Amazonie où ils pourraient exploiter l'hévéa des forêts pour soutenir le développement durable des communautés locales. Les réserves d'extraction ont été proposées comme zones de conservation dans lesquelles les communautés locales pourraient récolter les PFNL tels que les noix et le latex. Pour l'essentiel, la désignation de telles zones visait à concilier les questions que les décideurs politiques jugeaient traditionnellement incompatibles, à savoir protéger les forêts comme zones de conservation et permettre aux populations locales de les exploiter durablement.

En 1989, le gouvernement brésilien a officiellement intégré les réserves d'extraction dans sa politique nationale. La terre devait devenir la propriété du gouvernement dans le double but de sauvegarder les droits des populations locales et de préserver la biodiversité. Il a été décidé de mettre en place des réserves d'extraction uniquement à la demande des populations locales et là où une longue tradition d'utilisation des forêts était évidente. Les réserves d'extraction sont désormais une stratégie fédérale importante pour la conservation des forêts et le développement économique au sein des populations locales. Dans le cas des syndicats d'exploitants d'hévéa, sous la direction de Chico Mendes, il a été envisagé que la forêt resterait sur pied aux fins d'être utilisée aussi bien par les exploitants d'hévéa que par les populations locales qui souhaitaient récolter des PFNL.

Carte d'Acre montrant l'emplacement de la réserve d'extraction de Chico Mendes. (© UICN).

Encadré 5.1. (suite).

Chico Mendes démontrant le procédé de récolte de l'hévéa pour produire le latex en 1988. (Photo: M. Smith, Miranda Productions Inc.)

La réserve d'extraction la plus connue en Amérique du Sud est la réserve de Chico Mendes dans l'État d'Acre en Amazonie occidentale, qui a une superficie de 980.000 ha. Chico Mendes lui-même a été assassiné en 1988, mais son héritage se perpétue dans plus de 20 réserves d'extraction couvrant environ 32.000 km². Dans la Réserve de Chico Mendes, les droits des populations locales, qui sont tributaires de la forêt, sont protégés. Mais, dans cette réserve et dans d'autres réserves d'extraction, l'UICN reconnaît que l'utilisation d'une «production forestière économiquement, écologiquement et socialement viable comme moteur de développement local» demeure un défi.

En dépit de ces efforts visant à protéger les forêts de l'Amazonie, le taux de déforestation en Amazonie a considérablement augmenté en 2010 et en 2011, et le Parlement brésilien a dû décider de l'assouplissement des lois environnementales qui protègent la forêt, en faveur des agriculteurs à la recherche de plus d'espace pour élever leur bétail. A titre d'illustration, il a été proposé que les agriculteurs soient autorisés à défricher 50% de la forêt sur leurs terres, alors que la loi existante leur permettait de défricher seulement 20%.

Edinaldo Flor da Silva et sa famille bénéficient des nouvelles unités de production d'hévéa, ce qui signifie qu'ils peuvent gagner davantage de leur produit durable. (Photo: © Sarah Hutchison/WWF/Sky Rainforest Rescue)

Pare-feu

Les pare-feu sont des bandes de terres sur lesquelles est éliminée la végétation combustible pour éviter la propagation du feu. Ils sont efficaces pour bloquer les feux modérés qui attaquent la couverture végétale. Les feux plus intenses projettent les débris enflammés, qui peuvent être transportés par le vent à travers les pare-feu pour commencer de nouveaux feux loin du lieu où le feu d'origine a été déclenché.

Mettez en place des pare-feu d'au moins 8 m de large autour des sites de restauration juste avant le début d'une saison sèche. La méthode la plus rapide consiste à couper toutes les graminées, tous les herbes et tous les arbustes (il ne faut pas couper les arbres) le long des deux bords du pare-feu. Amassez la végétation coupée au centre du pare-feu, laissez-la sécher pendant quelques jours, puis brûlez-la. De toute évidence, l'utilisation du feu pour prévenir les incendies peut être risquée. Assurez-vous de la disponibilité de beaucoup de gens munis de rabatteurs et de pulvérisateurs d'eau pour empêcher la fuite accidentelle du feu dans les zones environnantes. Le risque que le feu s'échappe est considérablement réduit par la combustion des pare-feu juste avant le début d'une saison chaude et sèche, lorsque la végétation environnante est trop humide pour brûler facilement. Les routes et les cours d'eau agissent comme des pare-feu naturels. Généralement, il n'est pas nécessaire d'établir des pare-feu le long des ruisseaux, mais il faudrait les mettre en place le long des routes, comme les incendies sont souvent déclenchés par des conducteurs qui lancent des mégots de cigarettes à partir de leurs véhicules.

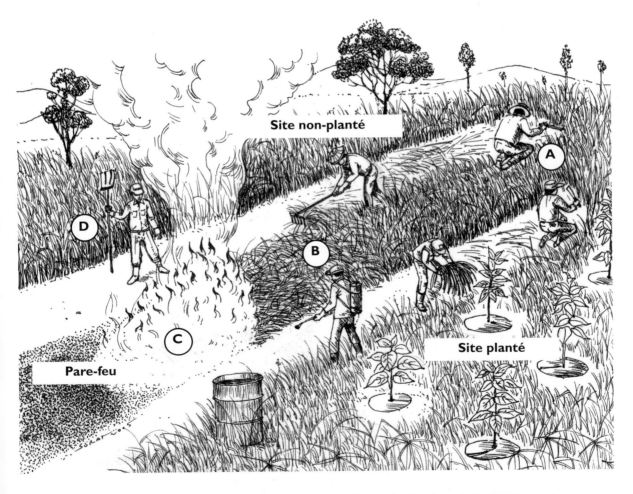

L'utilisation du feu pour combattre le feu. (A) Désherbez deux bandes de végétation séparées d'au moins 8 m. (B) Amassez la végétation coupée au centre. (C) Laissez quelques jours pour permettre l'assèchement de la végétation coupée, puis (D) brûlez-la, en prenant bien soin d'éviter la propagation du feu en dehors du pare-feu.

Lutte contre les incendies

Organisez des équipes de veille pour alerter la population locale en cas de détection d'un incendie. Essayez de faire participer toute la communauté au programme de prévention des incendies, de sorte que chaque ménage mette à disposition un membre de sa famille pendant toutes les périodes de quelques semaines pour les tâches de prévention d'incendies. L'équipe de veille doit rester en état d'alerte jour et nuit tout au long de la saison sèche.

Placez les outils de lutte contre les incendies et des bidons remplis d'eau à des endroits stratégiques autour du site planté. Les outils de lutte contre les incendies sont, entre autres, les extincteurs dorsaux pourvus de pulvérisateurs, les batteurs pour étouffer le feu, les râteaux pour enlever la végétation combustible à partir du front de feu et une trousse de premiers soins. Des branches d'arbres verts peuvent être utilisées comme rabatteurs d'incendie. Si un cours d'eau permanent passe à proximité, au-dessus du site de restauration, pensez à la pose de tuyaux ou conduites d'eau dans les sites de restauration. Cela peut accroître considérablement l'efficacité de la lutte contre les incendies, mais est très coûteux.

Les petits feux peuvent être éteints avec (A) des extincteurs dorsaux, (B) de simples outils tels que les râteaux pour retirer le combustible de l'itinéraire du feu, et (C) des rabatteurs pour éteindre les feux de petite taille. Les fûts à pétrole remplis d'eau peuvent être placés à des endroits stratégiques à travers le site à l'avance comme points de recharge des extincteurs dorsaux.

Seuls les incendies au sol de faible intensité et lents peuvent être contrôlés avec des outils manuels. Les incendies plus graves, en particulier ceux qui atteignent la cime des arbres, doivent être éteints par des pompiers professionnels avec un appui aérien. N'hésitez pas à communiquer avec les autorités locales de lutte contre les incendies si le feu est hors de contrôle, et prenez des précautions supplémentaires. Les incendies graves se déplacent très rapidement et peuvent facilement entraîner des pertes en vies humaines. Les unités de lutte contre les incendies de forêt des autorités forestières locales offrent souvent une formation en prévention des incendies et aux techniques de lutte contre les incendies à l'intention des populations locales. Elles peuvent être en mesure de fournir du matériel anti-incendie aux initiatives communautaires de prévention des incendies; entrez donc en contact avec votre unité locale de lutte contre des incendies de forêt pour avoir de l'aide.

Que peut-on faire en cas d'incendie effectif des sites de restauration?

Tout n'est pas perdu. Certaines espèces d'arbres peuvent re-pousser (ou produire des rejets) à partir de porte-greffe après avoir été brûlées (voir **Section 2.2**). Les branches brûlées et mortes permettent l'entrée de ravageurs et de pathogènes, si bien que les couper peut accélérer le rétablissement après l'incendie. Taillez les branches mortes, en laissant une souche ne dépassant pas 5 mm. Après le feu, la surface du sol noirci absorbe plus de chaleur, en provoquant une évaporation plus rapide de l'humidité du sol. Cela peut par la suite tuer les jeunes arbres qui ont survécu à l'incendie initial. Par conséquent, la pose d'un paillis de la végétation coupée ou du carton ondulé autour des jeunes arbres brûlés peut augmenter leurs chances de survie et de re-croissance.

Gestion du bétail

Les bovins, les chèvres, les moutons et d'autres animaux d'élevage peuvent complètement empêcher la régénération des forêts en broutant les jeunes arbres. En fin de compte, la décision de réduire le nombre de têtes de bétail ou de les supprimer complètement dépend de l'examen minutieux de leur valeur économique pour la communauté et de leur capacité à jouer un rôle utile dans la restauration des forêts, pour compenser les effets néfastes qu'elles ont sur les jeunes arbres. La gravité des dommages augmente évidemment avec la densité du cheptel.

Dans la zone de conservation de Guanacaste (ACG), au Costa Rica, le bétail a joué un rôle positif dans les premières phases d'un projet de restauration forestière en broutant une espèce d'herbe exotique qui alimente les incendies, mais dès que les cimes d'arbres en voie de développement ont commencé à priver l'herbe de lumière, les bovins ont été progressivement supprimés (voir **Étude de cas 3**, p. 149). De même, dans les pâturages de montagne de la Colombie, où les herbes sont un obstacle majeur à la régénération des forêts, le pâturage du bétail a favorisé l'établissement d'arbustes, ce qui a créé un microclimat qui était plus propice à l'établissement d'essences forestières tropicales de montagne (Posada *et al.*, 2000).

Le bétail peut aussi faciliter la régénération naturelle des forêts en dispersant les graines d'arbres, en particulier dans les forêts où les espèces d'ongulés sauvages sont disparues (Janzen, 1981). Les têtes de bétail en liberté consomment souvent les fruits d'arbres dans les forêts et les déposent dans les aires ouvertes lors du broutement. Les espèces d'arbres dispersées par les bovins poussent le plus dans les forêts tropicales sèches et ont généralement des fruits secs, indéhiscents, brun-noir avec graines dures, avec un diamètre mesurant en moyenne 7,0 mm. La famille des Leguminosae contient plusieurs espèces d'arbres ayant des graines qui sont dispersées par le bétail; d'autres familles avec moins d'espèces d'arbres dont les graines peuvent être dispersées par le bétail comprennent les Caprifoliaceae, les Moraceae, les Myrtaceae, les Rosaceae, les Sapotaceae et Malvaceae. Les éleveurs des vallées centrales du Chiapas, au Mexique, utilisent délibérément le bétail pour planter des graines d'arbres (Ferguson, 2007).

Par conséquent, la gestion prudente du bétail peut avoir des effets bénéfiques pour la restauration des forêts, si la densité du cheptel est faible et si le feuillage des essences désirées est désagréable. Mais, même dans de telles circonstances, l'élevage peut réduire la richesse en espèces d'arbres dans les sites forestiers restaurés par un broutement sélectif.

L'impact du bétail peut être géré en attachant les animaux dans le champ pour limiter leurs mouvements ou en les excluant complètement. Des clôtures pour le bétail peuvent être érigées pour contenir les animaux durant les premières phases de la restauration forestière, mais ces clôtures doivent être maintenues jusqu'à ce que les cimes des arbres aient atteint une taille au-delà de la portée du bétail.

Les bovins peuvent agir en tant que «tondeuses à gazon vivantes» et peuvent disperser les graines, mais des populations denses étouffent la régénération de la forêt.

Au Népal, les villageois ne permettent pas souvent à leurs vaches de se promener librement dans leurs forêts communautaires. Pour favoriser la régénération rapide des forêts, les villageois gardent leurs vaches en dehors de la forêt. Ils coupent l'herbe et le fourrage des forêts pour nourrir leurs vaches. Cela alimente les vaches sans endommager les jeunes arbres en régénération et favorise également le désherbage efficace des parcelles forestières (Ghimire, 2005).

Protection des disperseurs de graines

Pour que la restauration des forêts soit un succès, avec un rétablissement acceptable de la biodiversité, la protection des arbres doit être complétée par la protection des animaux disperseurs de graines. La dispersion des graines à partir de la forêt intacte dans les sites de restauration est essentielle pour le retour d'essences forestières climaciques. La chasse aux animaux disperseurs de graines peut donc considérablement réduire le recrutement des espèces d'arbres. Il est inutile de restaurer l'habitat forestier pour attirer les disperseurs de graines s'il ne reste pas de disperseurs de graines à attirer.

De simples campagnes d'éducation peuvent être efficaces pour transformer les chasseurs en conservationnistes. Dans la localité de Ban Mae Sa Mai dans le nord de la Thaïlande, les enfants des tribus de colline étaient les principaux chasseurs; ainsi, ils capturaient les oiseaux dans les pièges et les tuaient avec des catapultes, parfois pour les manger, mais surtout pour le plaisir. Ils ciblaient particulièrement les bulbuls, principaux disperseurs de graines de la forêt dans les zones ouvertes. Une campagne de sensibilisation efficace (parrainée par Eden Project, Royaume-Uni) a entraîné les enfants à avoir de la passion pour l'observation des oiseaux, avec la possibilité de renforcer les capacités de certains d'entre eux pour devenir des guides pour écotouristes. Le projet a fourni des jumelles et des livres d'identification d'oiseaux et a organisé des voyages réguliers d'observation d'oiseaux. Les enfants ont mis en place leur propre réserve de petits oiseaux et la «police chargée des oiseaux», en utilisant la pression des pairs pour dissuader leurs camarades de classe de chasser. Ils ont également porté le message de la conservation à leurs parents à la maison. Les pièges d'oiseaux et les catapultes sont maintenant rarement visibles autour du village.

S.O.S. «Sauvons nos disperseurs de graines»: de simples campagnes d'éducation peuvent transformer les chasseurs d'oiseaux en guides ornithologiques. (Photos: T. Toktang).

5.2 Régénération naturelle «assistée» ou «accélérée» (RNA)

Qu'est-ce que la RNA?

La RNA est un ensemble d'activités, hormis la plantation d'arbres, qui améliorent les processus naturels de régénération de la forêt. Elle comprend les mesures de protection qui éliminent les obstacles à la régénération naturelle des forêts (par exemple, les incendies et l'élevage), déjà décrits dans la **Section 5.1**, ainsi que des actions supplémentaires pour i) «faciliter» ou «accélérer» la croissance de plantes issues de la régénération naturelle qui sont déjà établies dans le site de restauration (c.-à-d. les plantules, les jeunes arbres et les souches vivantes des essences forestières autochtones); et ii) encourager la dispersion des graines dans le site de restauration.

En partenariat avec le gouvernement philippin et les ONG communautaires, l'Organisation des Nations Unies pour l'Alimentation et l'Agriculture (FAO) a soutenu une grande partie de la recherche qui a contribué à transformer le concept de RNA en une technique efficace et réalisable (voir **Encadré 5.2**). La FAO recommande maintenant la RNA comme une méthode d'amélioration de la mise en place des forêts secondaires par la protection et l'entretien des arbres semenciers et des plantules naturelles déjà présents dans la zone. Avec la RNA, les forêts secondaires et dégradées croissent plus vite qu'elles ne le feraient naturellement. Cette méthode améliore simplement les processus naturels déjà existants, de sorte qu'elle nécessite moins de

Encadré 5.2. Origines de la RNA.

Bien que les humains aient pendant longtemps manipulé la régénération naturelle des forêts, l'idée de sa promotion active pour restaurer les écosystèmes forestiers est relativement récente. Le concept formel de RNA — la régénération naturelle «accélérée» ou «assistée» — est apparu pour la première fois aux Philippines dans les années 1980 (Dalmacio, 1989). Un partenariat de longue date entre le Bureau régional de l'Organisation des Nations Unies pour l'Alimentation et l'Agriculture (FAO) pour l'Asie et le Pacifique et la Bagong Pagasa (New Hope) Foundation (BPF), une petite ONG aux Philippines, joue depuis lors un rôle crucial pour propulser ce concept simple de l'obscurité à la lumière de la technologie de restauration des forêts tropicales.

Avec le concours de la Japan Overseas Forestry Consultants Association (JOFCA), BPF a mis en place un premier projet de RNA dans le village de Kandis, à Puerto Princesa, sur l'île de Palawan, aux Philippines, dans le but de restaurer 250 ha de bassin versant dégradé où prédominaient les graminées. La RNA a été testée à la fois comme une technique de restauration et comme un outil de développement pour l'amélioration des moyens de subsistance de 51 familles. Aux fins de restaurer la forêt, le projet a associé la RNA pour la restauration de la forêt avec la création de vergers. Les traitements étaient, entre autres, la prévention des incendies, le désherbage des anneaux de croissance de juenes arbres et la mise sous presse de l'herbe. Les arbres pionniers, qui ont grandi rapidement après les traitements de désherbage, ont favorisé la régénération de 89 essences forestières (représentant 37 familles d'arbres), y compris de nombreuses espèces forestières climaciques. Les arbres forestiers ont été plantés aux côtés des caféiers et des arbres fruitiers domestiques pour fournir aux villageois des revenus. Après trois ans, un écosystème forestier autonome et durable a commencé à se développer. Le suivi systématique a révélé un rétablissement significatif de la biodiversité et l'amélioration des sols (Dugan, 2000).

Bien qu'il existe maintenant de nombreux projets de RNA couronnés de succès aux Philippines, très peu d'informations ont été initialement publiées pour permettre aux autres de tirer des enseignements des expériences des organisations telles que Bagong Pagasa. Par conséquent, la FAO a financé plusieurs projets visant à promouvoir la RNA pour la restauration des forêts dans plusieurs pays. Lancé en 2006, le projet «Promotion de l'application de la régénération naturelle assistée pour une restauration efficace des forêts à faible coûts[2]» a créé des sites de démonstration dans trois localités différentes des Philippines. Le projet s'est concentré sur la restauration de la forêt dans les prairies dégradées d'*Imperata cylindrica*, en utilisant la mise sous presse des mauvaises herbes pour libérer les semis d'arbres privés de lumière. Plus de 200 forestiers, membres d'ONG et représentants des communautés ont été formés aux méthodes de la RNA sur ces sites de démonstration. Selon les conclusions du projet, les coûts de la RNA représentent à peu près la moitié de ceux de la plantation d'arbres classique. En conséquence, le Philippines Department of Environment and Natural Resources (DENR) — Ministère de l'Environnement et des Ressources Naturelles — a alloué 32 millions de dollars américains pour soutenir la mise en œuvre des techniques de la RNA sur environ 9.000 hectares. Le projet a suscité l'intérêt et le financement de l'industrie minière et des municipalités locales qui cherchent à compenser leurs empreintes de carbone (émissions de carbone). En collaboration avec la BPF, la FAO finance maintenant des essais similaires de RNA en Thaïlande, en Indonésie, en République Démocratique Populaire du Lao (Laos) et au Cambodge.

Patrick Dugan, président fondateur de Bagong Pagasa. En établissant des partenariats avec le gouvernement des Philippines (Ministère de l'Environnement et des Ressources Naturelles) et la FAO, la fondation a promu le concept de RNA bien au-delà de ses origines aux Philippines.

[2] www.fao.org/forestry/anr/59224/en/

travail que pour la plantation d'arbres et il n'y a pas les coûts de pépinières. Par conséquent, elle peut être un moyen à faible coût pour restaurer les écosystèmes forestiers. Shono *et al.* (2007) procèdent à un examen complet des techniques de la RNA.

La RNA et la plantation d'arbres ne doivent pas être considérées comme des alternatives à la restauration forestière s'excluant mutuellement. Le plus souvent, la restauration forestière associe la protection et la RNA avec une dose de plantation d'arbres. La technique d'étude du site, détaillée dans les **Sections 3.2 et 3.3**, peut être utilisée pour déterminer si la protection et la RNA utilisées ensemble sont suffisantes pour atteindre les objectifs de restauration ou si elles doivent être complétées par la plantation d'arbres et, si oui, savoir le nombre d'arbres qui devraient être plantés.

Dans quelle situation la RNA est-elle appropriée?

La protection + la RNA peuvent être suffisantes pour provoquer la restauration rapide et substantielle des forêts et le rétablissement de la biodiversité là où la dégradation des forêts est au stade 2. A ce stade de la dégradation, la densité des plantes issues de la régénération naturelle dépasse 3.100 pieds par hectare, et plus de 30 essences communes typiques de la forêt climacique cible (soit à peu près 10% du nombre estimé d'espèces d'arbres dans la forêt cible, si elle est connue) sont présentes. Là où la densité de plantes issues de la régénération naturelle est inférieure ou moins d'espèces d'arbres sont représentées, la RNA doit être utilisée en combinaison avec la plantation d'arbres (voir **Section 3.3**). En outre, une forêt intacte devrait subsister à quelques kilomètres du site de restauration proposé, pour constituer une source de graines pour le rétablissement des essences forestières climaciques, et les animaux disperseurs de graines devraient demeurer assez répandus (voir **Section 3.1**).

Certains adeptes de la RNA proposent son utilisation dans les prairies fortement dégradées, où la densité de plantes issues de la régénération (> 15 cm de hauteur) est seulement de 200 à 800 pieds par hectare (à partir du stade 3 de la dégradation, voir **Section 3.1**) (Shono *et al.*, 2007). L'application de la RNA de manière isolée dans de telles circonstances se traduit généralement par des forêts de faible valeur productive et écologique en raison de la dominance de quelques essences pionnières omniprésentes. Mais, même une forêt secondaire pauvre en espèces constitue une amélioration considérable, en termes de rétablissement de la biodiversité, sur les prairies dégradées qu'elle remplace; et la régénération de la forêt peut se poursuivre tant que les arbres semenciers et les disperseurs de graines subsistent dans le paysage.

(A) Près d'un an avant la prise de cette photographie (photo prise en mai 2007), les agriculteurs ont défriché illégalement la forêt sempervirente de plaine de ce site situé dans la réserve forestière au sud de la Thaïlande pour établir une plantation d'hévéas. Beaucoup de sources de la régénération naturelle ont subsisté, dont les essences pionnières et climaciques, rendant le site idéal pour la restauration par la RNA. Des amas de paillage composés de carton ont été placés autour des jeunes arbres et des plantules restantes, les mauvaises herbes ont été coupées et l'engrais a été appliqué trois fois au cours de la saison des pluies. (B) Juste 6 mois plus tard, la fermeture de la canopée avait été réalisée (photo prise en novembre 2007). La plupart des espèces d'arbres de la canopée étaient des espèces pionnières, et donc le sous-bois a été enrichi par la plantation de gaules des essences forestières climaciques cultivées dans les pépinières.

Techniques de RNA

Réduction de la concurrence des mauvaises herbes

Le désherbage réduit la concurrence entre les arbres et la végétation herbacée, augmente la survie et accélère la croissance des arbres. Avant le désherbage, marquez clairement les plantules et les jeunes arbres avec des bâtons de couleur vive afin de les rendre plus visibles. Cela empêche qu'ils soient accidentellement piétinés ou coupés lors du désherbage.

Tout d'abord, estampillez les sources de régénération naturelle des forêts.

Désherbage des anneaux de croissance

Eliminez toutes les mauvaises herbes, y compris leurs racines, en utilisant des outils manuels dans un cercle de 50 cm de rayon autour de la base de toutes les plantules et tous les jeunes arbres. Arrachez à la main les mauvaises herbes (portez des gants) à proximité des plantules et des jeunes arbres, étant donné que déterrer les racines des mauvaises herbes avec des outils manuels peut endommager leur système racinaire. Puis, posez un paillis épais de mauvaises herbes coupées autour de chaque plantule et chaque jeune arbre, en laissant un espace d'au moins 3 cm entre le paillis et la tige pour aider à prévenir l'infection fongique. Lorsque les mauvaises herbes coupées ne donnent pas un volume suffisant de paillis, utilisez du carton ondulé comme paillis.

Mise sous presse ou aplatissement des mauvaises herbes

Supprimez l'ombre en aplatissant la végétation herbacée qui subsiste entre les plantes issues de la régénération naturelle exposées à l'aide d'une planche de bois (130 × 15 cm). Attachez une corde solide aux deux extrémités de la planche, en faisant une boucle assez longue pour la passer au-dessus de vos épaules (attachez des épaulettes pour votre confort). Placez la planche au-dessus de la canopée des mauvaises herbes et marchez dessus avec tout le poids du corps pour rabattre les tiges de graminées et d'herbes près de la base. Répétez cette action, en avançant à petits pas[3]. Le poids des plantes devrait les garder aplaties. Cette technique est particulièrement efficace lorsque la végétation est dominée par des graminées souples comme l'*Imperata*. Les anciennes graminées robustes, à tige dressée (par exemple, les *Phragmites*, *Saccharum*, *Thysanolaena* spp.) ne devraient pas être aplaties, car elles peuvent facilement produire des rejets à partir des nœuds le long de leurs tiges. La mise sous presse des mauvaises herbes est beaucoup plus facile que le désherbage; une personne expérimentée peut aplatir environ 1000 m² par jour.

La mise sous presse de l'herbe avec une planche de bois est particulièrement adaptée pour étouffer la croissance de l'herbe *Imperata* et pour libérer les plantes issues de la régénération naturelle de la concurrence.

La mise sous presse s'effectue mieux lorsque les mauvaises herbes ont environ 1 m de hauteur ou plus: les plantes plus courtes ont tendance à se redresser juste peu de temps après avoir été aplaties. Le meilleur moment pour aplatir l'herbe se situe habituellement à environ deux mois après le début des pluies, quand les tiges d'herbe se replient facilement. Avant de procéder à la mise sous presse sur une grande superficie, effectuez un test simple sur une petite surface. Aplatissez l'herbe et attendez la nuit. Si l'herbe se redresse le matin, attendez encore quelques semaines de plus avant d'essayer à nouveau. Aplatissez toujours les mauvaises herbes dans la même direction. Sur les pentes, aplatissez les graminées dans le sens de la descente. Si les plantes sont aplaties quand elles sont humides, l'eau sur les feuilles les aide à rester collées, de sorte qu'elles sont moins susceptibles de se redresser.

La mise sous presse efficace utilise la propre biomasse des mauvaises herbes pour les empêcher de germer et pour les éliminer. Les plantes se trouvant dans les couches inférieures de la

---

[3] www.fs.fed.us/psw/publications/documents/others/5.pdf and www.fao.org/forestry/anr/59221/en/

masse aplatie de la végétation meurent à cause du manque de lumière. Certaines plantes peuvent survivre et repousser, mais elles le font beaucoup plus lentement que si elles avaient été coupées. Par conséquent, la mise sous presse ne doit pas être répétée aussi souvent que le désherbage. La végétation aplatie étouffe la germination des graines de mauvaises herbes en bloquant la lumière. Elle protège également la surface du sol contre l'érosion et ajoute des éléments nutritifs au sol au fur et à mesure que les couches inférieures commencent à se décomposer. La mise sous presse des mauvaises herbes ouvre le site de restauration, en y facilitant le déplacement et le travail autour des jeunes arbres. Elle contribue également à réduire la gravité des incendies. Les plantes aplaties sont beaucoup moins inflammables que celles dressées en raison de l'absence de circulation d'air dans la masse aplatie de la végétation. Elles se consument bel et bien, mais la hauteur de la flamme est plus faible et donc les cimes des arbres sont moins susceptibles d'être brûlées.

Là où la densité de plantes issues de la régénération naturelle est élevée, l'utilisation d'herbicides pour éliminer les mauvaises herbes n'est pas recommandée, car il est très difficile d'empêcher que la pulvérisation n'atteigne le feuillage des plantes de régénération naturelle.

Utilisation d'engrais

La plupart des plantules et des juenes arbres atteignant environ 1,5 m de hauteur réagissent bien aux applications d'engrais, quelle que soit la fertilité des sols. L'épandage d'engrais augmente la survie et accélère la croissance et le développement des cimes. Cela entraîne la fermeture de la canopée et prive les mauvaises herbes de lumière plus tôt que si aucun engrais n'était appliqué, réduisant ainsi les coûts de travail pour le désherbage des anneaux de croissance et la mise sous presse de mauvaises herbes. Ainsi, bien que les engrais chimiques puissent être coûteux, ces coûts sont partiellement compensés dans le long terme par les économies de coûts de désherbage. Les engrais organiques, comme le fumier, peuvent être utilisés comme alternative moins coûteuse aux engrais chimiques. C'est probablement un gaspillage d'énergie et d'argent que d'appliquer de l'engrais à des arbustes et à des souches d'arbres, qui ont déjà développé des systèmes racinaires profonds.

Favoriser la germination de souches d'arbres

L'importance du recépage des souches d'arbres dans l'accélération de la fermeture de la canopée et la contribution à la richesse en espèces d'arbres dans les sites de restauration a été examinée dans la **Section 2.2.** Mais, outre le fait d'éviter que les souches d'arbres ne soient à nouveau coupées, brûlées ou broutées, presqu'aucun traitement pour améliorer leur possible rôle dans la RNA n'a été testé. Des expériences sur «la culture des souches d'arbres» pourraient tester l'efficacité de i) l'application de produits chimiques pour prévenir la carie fongique ou l'attaque par les termites, ii) l'application des hormones végétales pour stimuler la croissance des bourgeons et le recépage, et iii) l'élagage des nouvelles pousses qui sont faibles afin de libérer une plus grande quantité des ressources de la plante pour celles qui subsistent.

Coupe sélective des arbres issus de la régénération naturelle

Là où les peuplements denses d'une seule espèce dominent, l'auto-éclaircie se produit naturellement car les plus grands arbres priveront de lumière les plus petits. Ce processus peut être accéléré par la coupe sélective de certains des plus petits arbres (au lieu d'attendre qu'ils meurent de façon naturelle). Cette disparition offre des trouées de lumière dans lesquelles d'autres espèces d'arbres, moins répandues, peuvent s'établir, et devrait augmenter la richesse globale en espèces d'arbres.

Améliorer la dispersion de graines

L'importance de la dispersion de graines comme service écologique essentiel et gratuit qui assure la recolonisation des sites de restauration par des essences forestières climaciques a été soulignée tout au long du présent ouvrage (voir **Sections 2.2**, **3.1** et **5.1**). Alors, comment peut-on l'améliorer?

Les perchoirs artificiels pour oiseaux sont, en théorie, un moyen rapide et pas cher pour attirer les oiseaux et augmenter la dispersion de graines dans les sites de restauration. Les perchoirs sont habituellement des poteaux de 2 à 3 m de hauteur, pourvus de barres transversales pointant dans des directions différentes. Bien que la dispersion de graines augmente sous les perchoirs (Scott *et al.*, 2000; Holl *et al.*, 2000; Vicente *et al.*, 2010), l'établissement des plantules augmente uniquement si les conditions pour leur germination et leur croissance sont favorables sous les perchoirs. Les graines peuvent être mangées par des prédateurs ou alors les jeunes plants peuvent être dominés par les plantes herbacées (Holl 1998; Shiels & Walker 2003). Donc, le désherbage sous les perchoirs est nécessaire s'ils ne sont pas sur des sites à faible densité de mauvaises herbes.

Bien que les perchoirs artificiels attirent les oiseaux, ils le font moins efficacement que les arbres et les arbustes réels, qui fournissent l'avantage supplémentaire de priver de lumière les mauvaises herbes et donc améliorent les conditions de l'établissement des plantules. L'établissement d'une végétation structurellement variée, comprenant des arbustes fruitiers ou des arbres résiduels, est le meilleur moyen d'attirer les oiseaux et les animaux disperseurs de graines, mais cela prend du temps. Ainsi, les perchoirs artificiels pour oiseaux peuvent constituer une mesure échappatoire.

Dans les zones perturbées, la dispersion naturelle de graines est dominée par les essences forestières secondaires, souvent à partir des arbres donnant des fruits au sein du site dégradé même (Scott *et al.*, 2000). Par conséquent, les perchoirs peuvent augmenter la densité de plantes de régénération sans augmenter la richesse spécifique. Dans de telles circonstances, la dispersion de graines apportées par les oiseaux devrait être complétée par l'ensemencement direct des essences forestières climaciques moins répandues.

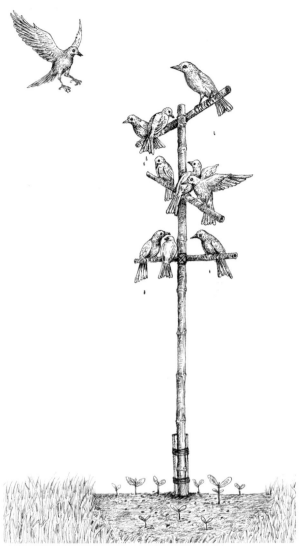

Les perchoirs artificiels pour oiseaux peuvent être utilisés pour augmenter la dispersion des graines d'arbres de la forêt intacte vers des sites de restauration.

Limites de la RNA

La RNA agit uniquement sur les plantes issues de la régénération naturelle qui sont déjà présentes dans les sites déboisés. Elle peut permettre la fermeture rapide de la canopée, mais seulement lorsque les plantes issues de la régénération sont présentes à des densités suffisamment élevées. La plupart des arbres qui colonisent les zones dégradées sont d'un nombre limité d'espèces pionnières héliophiles répandues (voir **Section 2.2**), qui produisent des graines qui sont dispersées par le vent ou les oiseaux de petite taille. Ils ne représentent qu'une petite portion des espèces d'arbres qui poussent dans la forêt cible. Là où la faune reste répandue, les arbres «assistés» attireront les animaux disperseurs de graines, ce qui entraîne le recrutement d'espèces d'arbres. Mais, là où les animaux disperseurs de graines de grande taille sont disparus, la plantation d'essences forestières climaciques à grosses graines peut être la seule façon de transformer la forêt secondaire, créée par la RNA, en forêt climacique.

5.3 La méthode des espèces «framework»

La plantation d'arbres devrait être utilisée pour compléter la protection et la RNA là où moins de 3.100 pieds d'arbres issues de la régénération naturelle peuvent être trouvés par hectare et/ou moins de 30 espèces d'arbres (soit environ 10% du nombre estimé d'espèces d'arbres dans la forêt cible, si elle est connue) sont représentées. La méthode des espèces «framework» (c.-à-d. «cadres») est la moins intensive des options de plantation d'arbres: elle exploite les mécanismes naturels (et gratuits) de dispersion de graines pour provoquer le rétablissement de la biodiversité. Cette méthode consiste à planter le plus petit nombre d'arbres nécessaires pour priver de lumière les mauvaises herbes (c.-à-d. pour assurer la «reconquête du site») et attirer les animaux disperseurs de graines.

Pour que cette méthode fonctionne, les vestiges du type forestier cible qui peuvent agir comme source de graines doivent exister à quelques kilomètres du site de restauration. Les animaux (surtout les oiseaux et les chauves-souris) qui sont capables de disperser les graines à partir des parcelles forestières résiduelles ou des arbres isolés sur le site de restauration doivent également rester assez répandus (voir **Section 3.1**). La méthode des espèces «framework» renforce la capacité de dissémination naturelle des graines pour obtenir rapidement le recrutement d'espèces d'arbres dans les parcelles de restauration. Par conséquent, les niveaux de biodiversité se rétablissent pour atteindre ceux typiques des écosystèmes forestiers climaciques sans nécessairement planter toutes les espèces d'arbres qui composent l'écosystème forestier cible. En outre, les arbres plantés rétablissent rapidement la structure et le fonctionnement des forêts, et créent les conditions pédologiques propices à la germination des graines d'arbres et à l'établissement des plantules. La méthode a d'abord été conçue en Australie, où elle a été initialement utilisée pour restaurer les sites dégradés à l'intérieur de la zone de la région tropicale humide du Queensland déclarée patrimoine mondial (voir **Encadré 3.1**). Depuis lors, elle a été adaptée pour être utilisée dans plusieurs pays de l'Asie du Sud-Est.

Qu'entend-on par espèces d'arbres «framework»?

La méthode des espèces «framework» implique la plantation de mélanges de 20 à 30 (soit environ 10% du nombre estimé d'espèces d'arbres dans la forêt cible, si elle est connue) des essences forestières autochtones qui sont typiques de l'écosystème forestier cible et qui ont en commun les caractéristiques écologiques suivantes:

- des taux de survie élevés lorsqu'elles sont plantées sur des sites déboisés;

- une croissance rapide;

- des cimes denses et étendues qui privent de lumière les plantes herbacées;

- la production, à un jeune âge, de fleurs, de fruits, ou d'autres ressources qui attirent les animaux sauvages disperseurs de graines.

Dans les régions tropicales saisonnièrement sèches, où les feux de végétation en saison sèche représentent un danger tout au long de l'année, une caractéristique supplémentaire souhaitée des espèces «framework» est la résilience à la combustion. En cas d'échec des mesures de prévention des incendies, le succès des plantations de restauration des forêts peut dépendre de la capacité des arbres plantés à repousser à partir la partie basse du tronc après que le feu a brûlé leurs parties aériennes (c.-à-d. le recépage, voir **Section 2.2**).

Sur le plan pratique, la propagation des espèces «framework» devrait être facile et l'idéal serait que leurs graines germent rapidement et de manière synchrone, avec une croissance ultérieure de jeunes arbres vigoureux à une taille convenable (30–50 cm de hauteur) en moins d'un an. En outre, là où la restauration forestière doit apporter des avantages aux communautés locales, les critères économiques tels que la productivité et la valeur des produits et des services écologiques fournis par chaque espèce peuvent être pris en compte.

Fonctionnement de la méthode des espèces «framework»

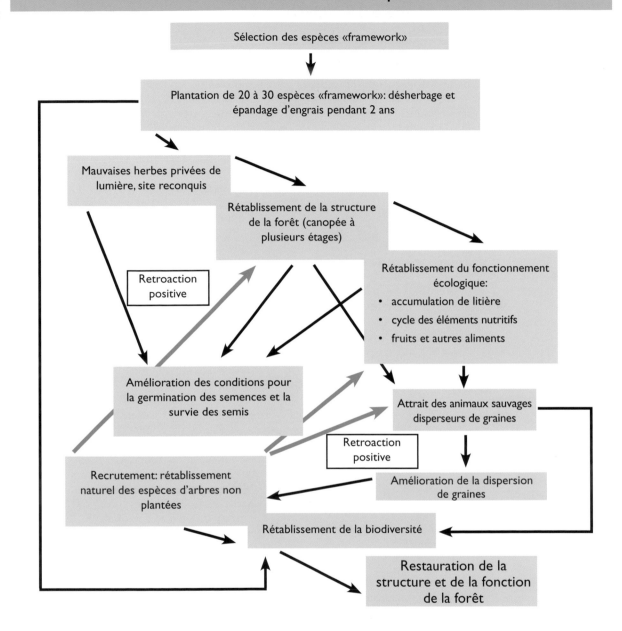

Les arbres «framework» sont-ils des espèces pionnières ou climaciques?

Les mélanges d'espèces d'arbres «framework» sélectionnées pour la plantation devraient inclure les espèces pionnières et les espèces climaciques (ou des espèces qui représentent toutes les «guildes» de succession expliquées à la **Section 2.2**, si elles sont connues). La succession forestière peut être «court-circuitée» par la plantation juxtaposée d'arbres pionniers et climaciques en une seule étape. Mais, pour parvenir à la fermeture rapide de la canopée, Goosem et Tucker (1995) recommandent qu'au moins 30% des arbres plantés soient des espèces pionnières.

De nombreuses essences forestières climaciques se développent bien dans les conditions ouvertes et ensoleillées des zones déboisées, mais elles ne parviennent pas à coloniser ces zones de façon naturelle en raison de l'absence de la dispersion de graines. Les espèces d'arbres climaciques ont souvent des graines qui sont dispersées par de grands animaux et la raréfaction des grands mammifères sur de vastes zones empêche la dispersion de ces arbres dans les sites déboisés. En intégrant certains d'entre eux parmi les arbres qui sont plantés, il est possible de contourner cette limite et d'accélérer la régénération de la forêt climacique.

Les arbres pionniers plantés apportent la plus grande contribution à la fermeture précoce de la canopée et à l'ombrage sur les plantes herbacées. Le point à partir duquel les cimes des arbres dominent la pelouse herbacée s'appelle «reconquête du site». Les essences pionnières arrivent à maturité de façon précoce et certaines peuvent commencer à fleurir et à porter des fruits seulement 2 à 3 ans après la plantation. Le nectar des fleurs, les fruits charnus, et les emplacements pour les perchoirs, les nids et les juchoirs créés au sein de la cime des arbres attirent la faune de la forêt avoisinante. La diversité des animaux augmente de façon spectaculaire à mesure que les nouveaux arbres s'établissent et, surtout, beaucoup d'animaux fréquentant les sites de restauration portent avec eux des graines d'arbres de la forêt climacique. En outre, le sol forestier frais, ombragé, humide, riche en humus et exempt de mauvaises herbes, créé sous la canopée des arbres plantés, offre des conditions idéales pour la germination des graines.

Les espèces pionnières commencent à mourir après 15 à 20 ans, en créant des trouées de lumière. Celles-ci permettent aux jeunes arbres de nouvelles espèces d'arbres de croître et de remplacer les essences pionnières plantées dans la canopée forestière. Si l'on plantait uniquement les espèces pionnières de courte durée, elles pourraient mourir avant l'établissement d'un nombre suffisant de nouvelles espèces d'arbres, ce qui conduirait à la possibilité de ré-invasion du site par les mauvaises herbes herbacées (Lamb, 2011). Les essences climaciques plantées forment un sous-bois qui empêche cela. Elles ajoutent également la diversité et quelques-unes des caractéristiques structurelles et des niches de la forêt climacique dès le début du projet de restauration.

Essences rares ou menacées de disparition

Les espèces d'arbres rares ou menacées de disparition sont peu susceptibles d'être recrutées dans les sites de restauration de leur propre chef, parce que la source de leurs semences est probablement limitée et elles peuvent avoir perdu leurs principaux mécanismes de dispersion de graines. L'intégration de ces espèces dans les plantations de restauration forestière peut aider à prévenir leur disparition, même s'il leur manque certaines caractéristiques «framework». Les informations sur les espèces d'arbres en voie de disparition dans le monde sont rassemblées par le World Conservation Monitoring Centre du Programme des Nations Unies pour l'environnement[4].

Sélection des essences «framework»

La sélection des espèces «framework» se fait en deux étapes: i) la présélection, en se basant sur les connaissances actuelles, aux fins d'identifier les espèces «framework» qui seront soumises aux essais, et ii) les expériences dans les pépinières et les essais dans les champs pour confirmer les traits «framework». Au début d'un projet, des informations détaillées sur chaque espèce sont susceptible d'être rares. La présélection doit être fondée sur les sources d'information existantes et sur l'étude de la forêt cible. Avec la multiplication progressive des résultats des expériences en pépinière et des essais en champ, la liste des espèces d'arbres «framework» acceptables peut être progressivement affinée (voir **Section 8.5**). La sélection des espèces «framework» s'améliore peu à peu à chaque plantation, les espèces aux mauvais rendements étant abandonnées et de nouvelles espèces testées.

Parmi les sources d'information pour les présélections, figurent: i) les flores, ii) les résultats de l'étude de la forêt cible (voir **Section 3.2**), iii) les connaissances locales et autochtones et iv) des documents scientifiques et/ou des rapports de projet décrivant tous les travaux faits précédemment dans la zone (**Tableau 5.1**).

---

[4] www.earthsendangered.com/plant_list.asp

Dans la méthode des espèces «framework», les essences pionnières (colorées en bleu) et les espèces climaciques (en rouge) sont plantées les unes aux cotés des autres à une distance de 1,8 m en une seule étape, «court-circuitant» ainsi la succession, tout en préservant les arbres naturels et les jeunes arbres (en vert).

Les arbres pionniers plantés croissent rapidement et dominent la canopée supérieure. Ils commencent à fleurir et porter des fruits quelques années après la plantation. Cela attire les animaux disperseurs de graines. Les essences climaciques plantées forment un sous-bois, tandis que les semis des espèces «recrutées» (c'est-à-dire non plantées) (apportées par la faune attirée) poussent sur le sol de la forêt.

Après 10 à 20 ans, quelques-uns des arbres pionniers plantés commencent à mourir, en fournissant des trouées de lumière dans lesquelles les espèces recrutées peuvent se développer. Les essences climaciques croissent et dominent de la canopée forestière et la structure de la forêt, le fonctionnement écologique et les niveaux de biodiversité tendent vers ceux de la forêt climacique.

Tableau 5.1. La présélection et la sélection finale des essences «framework» (ou «cadres») reposent sur une gamme variée de différentes sources d'informations*.

Caractéristique «framework»	Présélection				Sélection finale	
	Flores	Etude de la forêt cible	Connaissances autochtones	Documents et rapports de précédents projets	Recherche en pépinière (voir Section 6.6)	Essais en champ (voir Sections 7.5 et 7.6)
Autochtones, non-domestiquées, adaptées à l'habitat ou à l'altitude	Souvent indiquées dans les descriptions de plantes dans les ouvrages de botanique	Enumérez les essences à partir de l'étude de la forêt cible	Peu fiables: les villageois ne parviennent pas à distinguer les espèces autochtones des espèces exotiques	Les EIE et les précédentes études pour les plans de gestion de la conservation énumèrent souvent les essences locales	–	–
Forts taux de survie et de croissance	–	–	Demandez aux habitants de la zone essences qui survivent bien et croissent rapidement dans les champs en jachère	Peu probables, sauf pour les essences économiques dans les précédents projets forestiers	Evaluez la survie et la croissance des plantules poussant dans les pépinières	Suivez un échantillon d'arbres plantés de chaque espèce pour la survie et la croissance (**Section 7.5**)
Une cime dense et étendue prive les mauvaises herbes de lumière	Peu d'ouvrages couvre la structure de la cime des arbres	Observez la structure de la cime des arbres dans la forêt cible	–	–	La taille des feuilles et l'architecture de la cime peuvent être indiquées par les jeunes arbres en pépinière	Suivez un échantillon d'arbres plantés de chaque espèce pour la largeur de la cime et la réduction de la couverture herbacée au-dessous
Attirent la faune	Fruits charnus ou fleurs riches en nectar indiqués dans les descriptions taxonomiques	Observez le type de fruits et les animaux mangeant les fruits ou les fleurs dans la forêt	Les villageois connaissent souvent les essences qui attirent les oiseaux	–	–	Etude phénologique des arbres après la plantation
Résilience au feu	–	Etudiez les arbres dans les zones récemment brûlées	Les villageois connaissent souvent les essences qui se rétablissent après un incendie dans les champs en jachère	–	–	Là où les mesures de prévention des incendies échouent, étudiez les arbres dans les parcelles consumées immédiatement après un incendie et 1 an après
Propagation facile	–	–	–	Peu probables, sauf les essences économiques dans les projets forestiers	Expériences de germination et suivi des plantules	–
Essences climaciques ou à grosses graines	Souvent indiquées dans les descriptions des plantes dans la littérature botanique	Observez les fruits et les graines des arbres dans la forêt cible	–	–	–	–

*L'organisation et l'intégration de ces informations sont discutées dans la **Section 8.5.**

Les flores peuvent fournir des données taxonomiques de base sur les espèces testées ainsi que sur leur convenance aux conditions propres au site telles que le type de forêt cible en cours de restauration ou l'altitude (en termes d'intervalle). Elles indiquent également si une espèce produit des fruits charnus ou des fleurs riches en nectar qui sont susceptibles d'attirer la faune.

L'étude de la forêt cible (voir **Section 3.2**) fournit une grande quantité d'informations originales utiles pour la sélection des espèces d'arbres «framework» susceptibles d'être soumises à des essais, y compris une liste des essences autochtones; elle répertorie également les espèces ayant des fleurs riches en nectar, des fruits charnus ou des cimes denses formant une couronne capable de priver de lumière les mauvaises herbes. Les études phénologiques fournissent des informations sur les espèces d'arbres qui attirent les animaux disperseurs de graines. Les études des connaissances botaniques des populations locales (ethnobotanique) peuvent également fournir un aperçu de la capacité des arbres à agir comme espèces «framework». Lors de la réalisation de telles études, il est important de travailler avec les communautés qui connaissent bien l'histoire de la forêt pour avoir vécu à proximité de celle-ci pendant longtemps, en particulier celles qui pratiquent l'agriculture itinérante (sur brûlis). Les agriculteurs de ces communautés connaissent généralement les espèces d'arbres qui colonisent facilement les champs en jachère et qui croissent rapidement et les espèces d'arbres qui attirent la faune. Les résultats de telles études doivent toutefois être examinés de façon critique. Parfois, les populations locales fournissent des renseignements qui, selon eux, plairaient aux chercheurs plutôt que des informations basées sur des expériences réelles. La superstition et les croyances traditionnelles peuvent aussi fausser l'évaluation objective des capacités d'une espèce d'arbre. Par conséquent, les informations d'ordre ethnobotanique ne sont fiables que si elles sont fournies de façon indépendante par les membres de plusieurs communautés différentes vivant dans différents milieux culturels. Pour concevoir des enquêtes ethnobotaniques efficaces, veuillez vous référer à Martin (1995).

La population locale sait également si d'autres chercheurs jouent un rôle actif dans la zone et les organismes ou les institutions dont ils sont issus. Les organes en charge des forêts et les autorités des aires protégées effectuent souvent des études de la biodiversité, bien que les résultats puissent se trouver dans des rapports non publiés. Contactez ces organismes et demandez à avoir accès à ces rapports. L'herbier local ou national pourrait aussi avoir des spécimens d'arbres provenant du site de votre projet. Parcourir les étiquettes de l'herbier peut révéler beaucoup d'informations utiles. Si des projets de développement ont été réalisés à proximité du site de votre projet, il est probable que l'étude d'impact environnemental (EIE), comprenant une étude de la végétation, ait été réalisée. Donc, il est recommandé de contacter l'organisme qui a réalisé l'EIE. Si des étudiants chercheurs sont actifs dans la zone, alors les universités peuvent aussi être une source d'informations plus détaillées. Enfin, il y a toujours l'Internet. Le simple fait de taper le nom du site de votre projet dans un moteur de recherche pourrait révéler d'importantes sources d'informations supplémentaires.

Les listes des essences «framework» testées ne sont actuellement disponibles que pour l'Australie (Goosem & Tucker, 1995) et la Thaïlande (FORRU, 2006). Mais, les espèces d'arbres des mêmes genres que ceux indiqués pour l'Australie et la Thaïlande pourraient aussi produire de bons résultats dans d'autres pays, de sorte que l'intégration de certaines d'entre elles dans les essais initiaux des espèces «framework» en vaut la peine. Deux essences pantropicales méritent une mention spéciale: les figuiers (*Ficus spp.)* et les légumineuses (*Leguminosae*). Les espèces autochtones au sein de ces deux taxons produisent presque toujours de bons résultats comme les espèces «framework». Les figuiers ont des systèmes racinaires denses et robustes qui leur permettent de survivre, même dans de très mauvaises conditions. Les figues qu'ils produisent sont une source alimentaire irrésistible pour un large éventail d'espèces animales disperseuses de graines. Les arbres légumineux se développent souvent rapidement et ont la capacité de fixer l'azote atmosphérique dans les nodules de leurs racines contenant des bactéries symbiotiques, ce qui conduit à l'amélioration rapide des conditions du sol.

La gestion du site

Tout d'abord, mettez en œuvre les mesures de protection habituelles décrites à la **Section 5.1**, en particulier les mesures de prévention du feu et de la chasse aux animaux disperseurs de graines. Deuxièmement, protégez et entretenez les plantes issues de la régénération naturelle existantes en utilisant les techniques de RNA décrites à la **Section 5.2**. Troisièmement, plantez suffisamment d'espèces d'arbres «framework» pour porter le nombre total des espèces sur le site (y compris les plantes issues de la régénération naturelle) à environ 30 (soit près de 10% du nombre estimé d'espèces d'arbres dans la forêt cible, si elle est connue), séparées par une distance d'environ 1,8 m ou de la même distance de plantes issues de la régénération naturelle: cela portera la densité totale des arbres sur le site à près de 3.100 pieds/ha.

Il est recommandé de procéder au désherbage fréquent et à l'application d'engrais aussi bien aux arbres plantés qu'aux jeunes arbres issus de la régénération naturelle pendant les deux premières saisons pluvieuses. Le désherbage empêche les herbes et les graminées, en particulier les vignes, d'étouffer les arbres plantés, en permettant leurs cimes de se développer au-dessus de la canopée des mauvaises herbes. L'épandage d'engrais accélère la croissance des arbres, ce qui entraîne la fermeture rapide de la canopée. Enfin, procédez au suivi de la survie et de la croissance des arbres plantés, et du rétablissement de la biodiversité dans les sites de restauration, de sorte que le choix des essences «framework» pour les plantations futures puisse s'améliorer en permanence.

Pour de plus amples informations sur la plantation, et la gestion post-plantation, ainsi que le suivi des arbres «framework», voir **Chapitre 7**.

L'ensemencement direct comme alternative à la plantation d'arbres

Certaines essences «framework» peuvent être plantées directement aux champs à partir des semences. L'ensemencement direct consiste en:

- la collecte des graines d'arbres autochtones dans l'écosystème forestier cible et, si nécessaire, leur stockage jusqu'à l'ensemencement;
- la plantation des graines dans le site de restauration au moment optimal de l'année pour une meilleur germination;
- la manipulation des conditions sur le terrain, afin de maximiser la germination.

L'ensemencement direct est relativement peu coûteux, car il n'y a pas de frais de pépinière ni de plantation (Doust *et al.*, 2006; Engel & Parrotta, 2001). Le transport des semences vers le site de restauration est évidemment plus facile et moins cher que le transport par camion des plants, faisant en sorte que cette méthode soit particulièrement adaptée aux sites moins accessibles. Les arbres établis par ensemencement direct ont généralement un meilleur développement racinaire et croissent plus rapidement que les jeunes arbres cultivés en pépinière (Tunjai, 2011), car leurs racines ne sont pas enfermées dans un récipient. L'ensemencement direct peut être mis en œuvre en combinaison avec les techniques de RNA et de plantation d'arbres conventionnelle aux fins d'augmenter la densité et la richesse spécifique des plantes issues de la régénération naturelle. En plus d'établir les essences «framework», l'ensemencement direct peut être utilisé avec la méthode de la diversité maximale ou pour établir des peuplements d'«arbres nourriciers», mais il ne fonctionne pas avec toutes les espèces d'arbres. Des expériences sont nécessaires pour déterminer les espèces qui peuvent être mises en place par ensemencement direct et celles qui ne le peuvent pas.

Possibles obstacles à l'ensemencement direct

Dans la nature, un très faible pourcentage de graines d'arbres dispersées germe et un nombre encore plus réduit de plantules survivent pour devenir des arbres matures. Il en va de même concernant l'ensemencement direct (Bonilla-Moheno & Holl, 2010; Cole *et al.*, 2011). Les plus grandes menaces aux graines semées et aux plants sont les suivantes: i) la dessiccation,

ii) la prédation des graines, en particulier par les fourmis et les rongeurs (Hau, 1997) et iii) la concurrence des plantes herbacées (voir **Section 2.2**). En luttant contre ces facteurs, il est possible d'améliorer les taux de germination et de survie des plantules par rapport à ceux des graines dispersées naturellement.

Le problème de la dessiccation peut être résolu par la sélection d'espèces d'arbres dont les graines sont tolérantes ou résistantes à la dessiccation (c'est-à-dire celles munies d'un tégument épais) et en enterrant les graines ou en posant le paillis sur les points d'ensemencement (Woods & Elliott, 2004).

L'enterrement des graines peut également réduire la prédation des graines en rendant les semences plus difficiles à trouver. Les traitements de pré-ensemencement qui accélèrent la germination peuvent réduire le temps disponibles pour les prédateurs de graines pour trouver les graines. Une fois que la germination commence, la valeur nutritionnelle des graines et l'attrait qu'elles exercent sur les prédateurs diminuent rapidement. Mais les traitements qui brisent le tégument de la graine et exposent les cotylédons augmentent parfois le risque de dessiccation ou rendent les graines plus attrayantes pour les fourmis (Woods & Elliott, 2004). Il pourrait également être intéressant d'étudier la possibilité d'utiliser des produits chimiques pour repousser les prédateurs de graines. Les carnivores qui se nourrissent de rongeurs (par exemple, les rapaces ou les chats sauvages) devraient être considérés comme de précieux atouts sur les sites de RNA. La prévention de la chasse de ces animaux peut aider à lutter contre les rongeurs et à réduire la prédation des graines.

Les carnivores, comme ce chat léopard (*Felis bengalensis*), peuvent aider à lutter contre les rongeurs prédateurs de graines, de sorte que leur capture ou leur abattage dans les sites de restauration devrait être fortement découragé.

Les plantules qui germent à partir de graines sont minuscules par rapport aux jeunes arbres plantés, cultivés dans les pépinières, ainsi le désherbage autour des plants est particulièrement important et il doit être effectué avec un soin particulier. Ce désherbage méticuleux peut augmenter considérablement le coût de l'ensemencement direct (Tunjai, 2011).

Essences appropriées pour l'ensemencement direct

Les essences qui ont tendance à s'établir avec succès par ensemencement direct sont généralement celles qui ont de grosses graines sphériques (>0,1 g de matière sèche), avec une teneur moyenne en humidité (36–70%) (Tunjai, 2012). Les grosses graines ont de grandes réserves alimentaires, de sorte qu'elles peuvent survivre plus longtemps que les petites graines, et produire des plants plus robustes. Les prédateurs de graines ont du mal à manipuler les grosses graines, rondes ou sphériques, surtout si ces graines ont aussi un tégument dur et lisse.

Les espèces d'arbres de la famille des Légumineuses sont les plus fréquemment reconnues comme étant convenables à l'ensemencement direct. Les graines de Légumineuses ont généralement des téguments durs et lisses, ce qui les rend résistantes à la dessiccation et la prédation. La capacité d'un grand nombre d'espèces de Légumineuses à fixer l'azote peut leur donner un avantage concurrentiel sur les mauvaises herbes. Les espèces d'arbres de plusieurs autres familles ont également montré des résultats prometteurs qui sont énumérés dans le **Tableau 5.2** (Tunjai, 2011).

Les rapports publiés sur l'ensemencement direct ont tendance à se concentrer sur les essences pionnières (Engel & Parrotta, 2001) parce que leurs plantules se développent rapidement, mais les essences forestières climaciques peuvent également s'établir avec succès par l'ensemencement direct. En fait, parce qu'elles ont généralement de grosses graines et de grandes réserves énergétiques, les graines d'arbres forestiers climaciques peuvent être particulièrement adaptées à l'ensemencement (Hardwick, 1999; Cole *et al.*, 2011; Sansevero *et al.*, 2011). Avec la disparition des vertébrés disperseurs de grosses graines sur une grande partie de leurs anciennes aires de répartition, l'ensemencement direct peut être le seul moyen pour que les grosses graines de certaines essences climaciques puissent atteindre les sites de restauration (remplacement efficace des rôles autrefois joués par ces animaux par le travail des humains).

Tableau 5.2. Rapports des espèces et techniques pour un ensemencement direct à succès à partir des expériences à travers les tropiques. (Préparé par Panitnard Tunjai.)

Région	Période optimale pour l'ensemencement	Type de forêt	Altitude (m)	Espèces à succès	Méthodes recommandées	Références
Sud de la Thaïlande	Début de la saison pluvieuse	Forêt sempervirente de plaine	<100	Artocarpus dadah (Moraceae), Callerya atropurpurea (Leguminosae), Vitex pinnata (Lamiaceae), Palaquium obovatum (Sapotaceae) et Diospyros oblonga (Ebenaceae)	Tube pour empêcher le déplacement des graines; pas de paillage ni d'engrais au cours des deux premières années	Tunjai, 2012
Nord de la Thaïlande	Début de la saison pluvieuse	Forêt sèche à diptérocarpacées	300–400	Afzelia xylocarpa (Leguminosae) et Schleichera oleosa (Sapindaceae)	Pas de désherbage après première année; scarification pour accélérer ou maximiser la germination pour les deux essences à tégument dur	Tunjai, 2012
		Forêt sempervirente de montagne	1.200–1.300	Balakata baccata (Euphorbiaceae), Syzygium fruticosum (Myrtaceae), Aquilaria crassna (Thymelaeaceae), Sarcosperma arboreum (Sapotaceae) et Choerospondias axillaris (Anacardiaceae)	Pas de désherbage après l'ensemencement au cours de la première année	
Nord de la Thaïlande	Début de la saison pluvieuse	Forêt sempervirente de montagne	1.200–1.300	Choerospondias axillaris (Anacardiaceae), Sapindus rarak (Sapindaceae) et Lithocarpus elegans (Fagaceae)	Enfouissement; traitement de pré-ensemencement pour accélérer ou maximiser la germination	Woods & Elliott, 2004
Cambodge	Saison humide	Décidue	85	Afzelia xylocarpa (Leguminosae), Albizia lebbeck (Leguminosae) et Leucaena leucocephala (Leguminosae)	Labour du sol par un tracteur et application du fumier de vache avant l'ensemencement	Cambodia Tree Seed Project, 2004
Hong Kong	Début de la saison pluvieuse.	Forêt tropicale semi-sempervirente	200–550	Triadica cochinchinensis (Euphorbiaceae), Microcos paniculata (Malvaceae) et Choerospondias axillaris (Anacardiaceae)	Enfouissement des graines 1 à 2 cm au-dessous de la surface du sol	Hau, 1999
Australie	Saison pluvieuse	Vignes mésophylles et notophylles complexe	121–1.027	Acacia celsa (Leguminosae), Acacia aulacocarpa (Leguminosae), Alphitonia petriei (Rhamnaceae), Aleurites rockinghamensis (Euphorbiaceae), Cryptocarya oblata (Lauraceae) et Homalanthus novoguineensis (Euphorbiaceae)	Enfouissement des graines; désherbage mécanique et chimique avant l'ensemencement et deux applications d'herbicide (glyphosate) à 1 mois d'intervalle par la suite. Mise en place plus régulière lorsqu'on utilise des espèces à grosses graines	Doust et al., 2006 et 2008

Tableau 5.2. (Suite).

Région	Période optimale pour l'ensemencement	Type de forêt	Altitude (m)	Espèces à succès	Méthodes recommandées	Références
Brésil	Début de la saison pluvieuse	Forêt saisonnièrement semi-décidue	464–775	*Enterolobium contortisiliquum* (Leguminosae) et *Schizolobium parahyba* (Leguminosae)	Herbicide (glyphosate) avant l'ensemencement; traitement localisé supplémentaire et désherbage manuel autour des semis	Engel & Parrotta, 2001
Brésil	Fin de la saison pluvieuse	Forêt saisonnièrement semi-décidue	574	*Enterolobium contortisiliquum* (Leguminosae) et *Schizolobium parahyba* (Leguminosae)	Labour en profondeur pour préparer des lignes de semis de 40 cm de profondeur	Siddique *et al.*, 2008
Brésil	Fin de la saison pluvieuse	Terre ferme	N/D	*Caryocar villosum* (Caryocaracea) and *Parkia multijuga* (Leguminosae)	Plantation des essences pionnières à grosses graines	Camargo *et al.*, 2002
Brésil	Début de la saison pluvieuse	Forêt équatoriale semipervirente humide	—	*Spondias mombin* (Anacardiaceae), *Parkia gigantacarpa* (Leguminosae), *Caryocar glabrum* (Caryocaraceae), *Caryocar villosum* (Caryocaraceae), *Couepia* sp. (Chnysobalanaceae), *Bertholletia excelsa* (Lecythidaceae), *Carapa guianensis* (Meliaceae) et 27 autres espèces	Sur une mine à ciel ouvert: labour profond à 90 cm, ajout de 15 cm de terre végétale; ensemencement le long des lignes alternées de 2 × 2 m créées par le labour	Knowles & Parrotta, 1995
Costa Rica	Début de la saison pluvieuse	Forêt de montagne	1.110–1.290	*Garcinia intermedia* (Clusiaceae)	Semez les graines des fin de succession après l'établissement des arbres à croissance rapide et fixateurs d'azote	Cole *et al.*, 2011
Mexique	—	Forêt saisonnièrement semi-sempervirente	—	*Brosimum alicastrum* (Moraceae), *Enterolobium cyclocarpum* (Leguminosae) et *Manilkara zapota* (Sapotaceae)	Semez les graines dans une forêt de succession précoce (8–15 ans) ou dans une forêt de référence (>50 ans)	Bonilla-Moheno & Holl, 2010
Mexique	Début de la saison pluvieuse	Forêt saisonnièrement tropicale	—	*Swietenia macrophylla* (Meliaceae)	Enfouissement des graines à 0,5 cm de la surface du sol; désherbage et brûlis pour nettoyer les sites	Negreros & Hall, 1996
Jamaïque	Début de la saison pluvieuse	Sèche	140	*Eugenia* sp. (Myrtaceae) et *Calyptranthes pallens* (Myrtaceae)	Semez les graines sous l'ombre avec des suppléments d'humidité.	McLaren & McDonald, 2003
Ouganda	Début de la saison pluvieuse	Forêt sempervirente semi-décidue	1.250–1.827	*Strombosia schefferi* (Olacaceae), *Craterispermum laurinum* (Rubiaceae), *Musanga leo-errerae* (Urticaceae) et *Funtumia africana* (Apocynaceae)	Ameublissement du sol avant l'ensemencement	Muhanguzi *et al.*, 2005

Ensemencement aérien

L'ensemencement aérien est une extension logique de l'ensemencement direct. Il peut être utile lorsque l'ensemencement direct doit être appliqué à de très grandes superficies, pour la restauration des sites escarpés inaccessibles, ou lorsque la main-d'œuvre est une denrée rare. Beaucoup de choix des espèces et de traitements de pré-ensemencement développés pour l'ensemencement direct peuvent s'appliquer aussi bien à l'ensemencement aérien.

La Chine est un exemple dans ce domaine, avec la conduite de dizaines de programmes de recherche sur l'ensemencement aérien depuis les années 1980 et après avoir appliqué la méthode à des millions d'hectares pour établir des plantations de conifères en particulier et pour inverser la désertification. Pour éviter la prédation des graines, l'enterrement de ces derniers n'est pas une option avec l'ensemencement aérien. Donc, le Forestry Research Institute de la province du Guangdong a mis au point «R8», un répulsif chimique pour éloigner les prédateurs de graines. De même, l'Institut de recherche forestière de Beipiao, Province de Liaoning, a mis au point un agent à usages multiples qui repousse les prédateurs de graines, empêche la dessiccation des graines, améliore l'enracinement, et augmente la résistance des semis à la maladie (Nuyun & Jingchun, 1995).

Les précédentes expériences d'ensemencement aérien pour la foresterie en Amérique et en Australie (en général pour établir des monocultures de pins ou d'eucalyptus) consistaient à lâcher des graines, soit non protégées soit incorporées dans des granulés d'argile, à partir d'un vol par avion ou par hélicoptère (Hodgson and McGhee, 1992). Un moyen plus efficace pour un mélange d'espèces d'arbres autochtones pourrait consister à placer les graines dans un projectile biodégradable qui est capable de pénétrer la couverture des mauvaises herbes et de déposer les graines dans la surface du sol. En plus de la graine elle-même, de tels projectiles pourraient contenir un gel polymère (pour éviter la dessiccation des semences), des granulés qui permettent une libération lente de l'engrais, des produits chimiques qui repoussent les prédateurs et des inoculations microbiennes (Nair & Babu, 1994), qui, ensemble, permettraient de maximiser la capacité de germination des graines, la survie et la croissance des plantules. Un drone aérien qui est capable de déverser précisément jusqu'à 4 kg de graines par vol grâce à la technologie GPS est actuellement à l'étude (Hobson, comm. pers.). Un drone permet un ensemencement à faible coût, offre la possibilité de procéder au suivi plus fréquemment, et permet le suivi des zones difficiles d'accès.

L'un des principaux obstacles à la réussite de l'ensemencement aérien de grands sites inaccessibles est l'incapacité d'effectuer le désherbage efficace, avec pour corollaire l'incapacité de protéger les plantules de la concurrence des herbes et des graminées. La pulvérisation d'herbicides par voie aérienne relève de la routine dans l'agriculture et pourrait être utilisée pour débarrasser les sites de restauration de mauvaises herbes au départ, à condition qu'il existe très peu de plantes issues de la régénération naturelle à préserver. Cependant, après la germination des graines d'arbres, des pulvérisations d'herbicides par voie aérienne tueraient les jeunes plants d'arbres ainsi que les mauvaises herbes. Il faut des herbicides spécifiques qui peuvent tuer les mauvaises herbes sans tuer les plantes issues de la régénération naturelle ni les plants qui germent à partir de graines déversées par voie aérienne.

Limites de la méthode des espèces «framework»

Pour le rétablissement de la richesse spécifique des arbres, la méthode des espèces «framework» dépend des vestiges forestiers à proximité pour fournir i) une source diversifiée de graines et ii) un habitat pour les animaux disperseurs de graines. Mais, quel doit être le degré de proximité du vestige forestier le plus proche? Dans les sites forestiers fragmentés à feuilles persistantes de hautes terres dans le nord de la Thaïlande, des mammifères de taille moyenne, comme la civette, peuvent disperser les graines de certaines espèces d'arbres forestiers sur un rayon de 10 km. Ainsi, cette technique peut éventuellement fonctionner à quelques kilomètres de vestiges de la forêt, mais de toute évidence, plus le site de restauration est proche du vestige de la forêt climacique, plus rapide sera le rétablissement de la biodiversité. Si les sources de graines ou les disperseurs de graines sont absents du paysage, le rétablissement de la richesse spécifique des arbres ne se produira pas, à moins que la quasi-totalité des espèces d'arbres de la forêt d'origine soient replantées, soit sous la forme de graines soit sous la forme de jeunes arbres cultivés en pépinières. Il s'agit de l'approche de la «diversité maximale» pour la restauration des forêts.

Encadré 5.3. «Rainforestation»

La «*Rainforestation*» partage de nombreuses similitudes avec la méthode des espèces «framework» de la restauration des forêts, en particulier l'accent mis sur la plantation d'espèces d'arbres autochtones à des densités élevées pour priver de lumière les plantes herbacées et rétablir les services écologiques, la structure de la forêt et l'habitat de la faune. Mais, la méthode de «*Rainforestation*» a été adaptée à la situation écologique et socio-économique particulière des Philippines. Avec la croissance démographique la plus rapide et la plus dense parmi les pays d'Asie du Sud (à l'exception de Singapour), passant de 27 millions d'habitants en 1960 à 92 millions (soit 313 hbts/km²) aujourd'hui, un taux de croissance annuel de 2,1%[5], la déforestation a laissé moins de 7% du pays couvert de forêts anciennes. Avec un si grand nombre d'espèces endémiques des Philippines, lesquelles sont menacées d'extinction en raison de la diminution de la couverture de la forêt primaire, la restauration des forêts a manifestement un rôle majeur à jouer dans la conservation de la biodiversité. D'autre part, avec une telle intensité de la pression humaine, il faut des méthodes de restauration qui génèrent également des revenus monétaires.

«En introduisant l'idée 'plantons pour nos forêts', les agriculteurs ont toujours dit que nous devons également penser à l'amélioration de leur agriculture, alors pourquoi ne pas intégrer un volet 'moyens de subsistance'? La «Rainforestation» est une stratégie de restauration de la forêt, mais en même temps, elle peut être un moyen d'améliorer les revenus des agriculteurs, de sorte que vous devez les améliorer par l'intégration des cultures ... de cette manière, elle devient un système d'exploitation agricole.» Paciencia Milan (Interview de 2011).

Les arbres pionniers sont généralement plantés lors de la première année; cette plantation est suivie par celle des essences climaciques sciaphiles (parfois, les diptérocarpacées) qui sont plantées dans le sous-bois au cours de la deuxième année. Les densités de plantation varient selon les objectifs du projet: par exemple, pour la production de bois, 400 arbres/ha (25% de pionniers à 75% d'arbres climaciques); pour l'agroforesterie, 600 à 1.000 arbres/ha (en fonction de la canopée des arbres fruitiers intégrés); et pour la conservation de la faune, 2.500 arbres/ha. Parce que les essences de diptérocarpacées dispersées par le vent dominent les forêts des Philippines et que la forêt primaire restante est souvent réduite en fragments éloignés, la dispersion des graines de la forêt dans les sites de restauration par les animaux est moins évidente dans la «*Rainforestation*» qu'elle ne l'est dans la méthode des espèces «framework».

Le concept de «*Rainforestation*» a été conjointement mis au point par le professeur Paciencia Milan de Visaya State University (VSU, anciennement State College Visayas of Agriculture) et le Dr Josef Margraf de la GTZ (Deutsche Gesellschaft für Internationale Zusammenarbeit) dans le cadre du ViSCA-GTZ Applied Tropical Ecology Program (Programme d'écologie tropicale appliquée entre ViSCA et la GTZ). Les premières parcelles d'essai ont été créées en 1992 sur 2,4 ha de prairies d'*Imperata* au sein du campus de VSU qui avait des parcelles de café, de cacao et de banane et des portions de pâturages.

Une parcelle de démonstration de la Rainforestation d'origine de 19 ans, plantée en 1992 dans la réserve forestière de 625 ha de VSU sur les pentes inférieures du mont Pangasugan (50 m d'altitude). Prairies d'*Imperata* à l'origine, le site abrite désormais la forêt qui a une structure complexe et une flore et une faune très diversifiées, y compris le Tarsier des Philippines menacé d'extinction.

[5] Les chiffres de 2010 à l'adresse www.prb.org/Publications/Datasheets/2010/2010wpds.aspx

Encadré 5.3. (Suite).

La «*Rainforestation*» a rapidement évolué du concept original d'une approche écologique de restauration de la forêt tropicale vers la «Rainforestation Farming» ou «agriculture dans une forêt à canopée fermée et à forte diversité», conçue pour répondre aux besoins économiques des populations locales par l'intégration de la culture des arbres fruitiers et autres cultures aux côtés des arbres forestiers. Le principe fondamental est que «plus la structure d'un système agricole tropical est proche d'une forêt tropicale naturelle, plus ce système est durable». L'objectif de la «Rainforestation Farming» est de soutenir la production alimentaire des forêts tropicales, tout en conservant la biodiversité et le fonctionnement écologique de la forêt. L'idée est de remplacer les formes les plus destructrices de l'agriculture itinérante sur brûlis par des systèmes agricoles écologiquement plus durables et plus rentables.

De 1992 à 2005, VSU a créé 25 champs de démonstration de la «*Rainforestation*» sur divers types de sols sur l'île de Leyte, et les a suivis en collaboration avec les habitants de la zone. La «*Rainforestation*» a non seulement fourni des revenus aux agriculteurs, mais elle a aussi rétabli les écosystèmes forestiers à forte biodiversité et amélioré la qualité des sols. La technique s'est maintenant diversifiée en trois principaux types (avec 10 sous-types) pour différentes objectifs: i) la conservation de la biodiversité et la protection de l'environnement (par exemple, l'introduction des zones tampons et des corridors naturels dans les aires protégées, la prévention des glissements de terrain ou la stabilisation des berges); ii) la production de bois et les agro-écosystèmes, et iii) des projets dans les zones urbaines (par exemple, l'embellissement de routes ou l'introduction des parcs). Différentes espèces d'arbres et techniques de gestion sont recommandées pour optimiser la conservation et/ou les rendements économiques de chaque sous-type de projet, mais l'utilisation des essences forestières autochtones reste au cœur du concept de «*Rainforestation*».

«La Rainforestation ne doit pas avoir pour seul objectif la restauration des forêts. Elle peut être utilisée à d'autres fins, à condition de planter les arbres autochtones.» Paciencia Milan (Interview de 2011).

Un champ de «*Rainforestation*» communautaire de 15 ans enregistré, créé en 1996 dans une plantation âgée de cocotiers par la plantation de 2.123 arbres/ha, dont 8 espèces de diptérocarpacées et un sous-étage d'arbres fruitiers sciaphiles (par exemple, le mangoustan ou durian). Les bénéfices sont répartis entre les membres de la communauté proportionnellement à leur degré de bénévolat dans le domaine de la main-d'œuvre.

Encadré 5.3. (Suite).

La «*Rainforestation*» a été acceptée comme stratégie nationale pour la restauration des forêts par le Ministère philippin de l'Environnement et des Ressources Naturelles (circulaire 2004-06). Des pépinières des espèces autochtones et des parcelles de démonstration de la «*Rainforestation*» sont actuellement mises en place pour développer davantage la technique dans plus de 20 universités d'Etat et des établissements d'enseignement supérieur à travers les Philippines, avec l'appui de la Philippines Fondation Tropical Forest Conservation et du Philippine Forestry Education Network. L'Environmental Leadership & Training Initiative, en collaboration avec la Rain Forest Restoration Initiative et Forru-CMU, travaille avec ces institutions afin de promouvoir l'adoption des protocoles de recherche et de suivi normalisés pour faciliter la création d'une base de données nationale des espèces d'arbres autochtones, et l'adaptation de la «*Rainforestation*» à la myriade de milieux sociaux et environnementaux des Philippines.

Sources: Milan *et al*. (non datées et interview 2001); Schulte (2002).
Pour les dernières informations, veuillez vous connecter sur le portail d'information sur la Rainforestation à l'adresse www.rainforestation.ph/

5.4 Méthodes de la diversité maximale

Le terme «méthode de la diversité maximale» a été inventé par Goosem et Tucker (1995), qui définissent cette approche comme un ensemble de «tentatives pour recréer autant que possible la diversité d'origine (avant destruction)». La méthode tente effectivement de recréer la composition spécifique des arbres de la forêt climacique par une préparation intensive du site et une opération unique de plantation d'arbres, en neutralisant simultanément les obstacles à l'habitat et à la dispersion. Pour les sites des régions tropicales humides du Queensland, en Australie, Goosem et Tucker (1995) ont recommandé la préparation intensive du site, comprenant le labour profond, le paillage et l'irrigation, au besoin, suivie par la plantation d'une soixantaine de jeunes arbres de 50 à 60 cm de hauteur, la plupart étant des arbres climaciques, espacés de 1,5 m.

> «*La méthode est bien adaptée aux petites plantations, où la gestion intensive est possible, et aux zones isolées de la végétation autochtone, qui pourraient fournir des semences.*»
> Goosem & Tucker (1995).

La méthode de la diversité maximale devient applicable lorsque la dispersion naturelle des graines a tellement diminué qu'elle n'est plus capable de rétablir la richesse spécifique des arbres à un taux acceptable dans un site de restauration. C'est peut-être parce que trop peu d'individus ou d'espèces d'arbres semenciers subsistent au sein des périmètres de dissémination des graines des sites de restauration ou parce que les animaux disperseurs de graines sont devenus rares ou disparus de la zone. L'absence de ce service gratuit de dispersion des graines doit donc être compensée par la plantation de la majorité, sinon de la totalité, des espèces d'arbres qui composent la forêt climacique cible; ce qui garantit une grande richesse spécifique et une représentation des espèces d'arbres à dispersion limitée dès le début du processus de restauration.

> «*Les gens qui plantent des arbres remplacent les oiseaux disperseurs de graines.*»

Par conséquent, les méthodes de diversité maximale de la restauration des forêts sont beaucoup plus intensives et coûteuses que celles des espèces «framework». La différence de coûts entre les deux méthodes peut être considérée comme la valeur monétaire de la perte des mécanismes de dispersion des graines.

Les dépenses sont élevées à toutes les étapes du processus. D'abord, de nombreux travaux de recherche sont nécessaires pour parvenir à un type de plantation efficace, et la recherche est coûteuse. La collecte et la propagation de graines de la gamme complète des espèces d'arbres qui composent l'écosystème forestier climacique cible sont techniquement difficiles et coûtent cher.

Les îlots boisés restaurés suivant cette méthode ont tendance à être isolés de la forêt naturelle; aussi sont-elles malheureusement affectées par tous les problèmes de fragmentation décrits à la **Section 4.3**. Des efforts de gestion peuvent être nécessaires pour i) réduire les effets de bordure (par exemple, par une plantation dense, dans les zones tampons, d'arbustes et de petits arbres comme brise-vent, voir **Section 4.4)** et ii) conserver les petites populations végétales et animales qui pourraient finir par coloniser de telles parcelles forestières.

Les essences forestières climaciques plantées se développent lentement, de sorte les arbres plantés doivent être proches les uns des autres pour compenser le retard de la fermeture de la canopée et l'ombrage sur les plantes herbacées (voir **Encadré 5.4**). Par comparaison avec la RNA et la méthode des espèces «framework», le retard de la fermeture de la canopée signifie que la lutte contre les mauvaises herbes doit se poursuivre plus longtemps. En outre, il faut de nombreuses années pour que les arbres climaciques arrivent à maturité et produisent des graines à partir desquelles les jeunes arbres climaciques du sous-bois peuvent se développer. Entre temps, les parcelles de restauration peuvent être envahies par les mauvaises herbes ligneuses indésirables (Goosem & Tucker, 1995), qui finissent par entrer en concurrence avec les plants issus des arbres climaciques plantés. L'éradication de ce sous-bois indésirable fait également augmenter les coûts.

En raison de ses coûts élevés, la méthode de la diversité maximale n'a été mise en œuvre que par des organismes ayant des ressources financières et/ou l'obligation légale de le faire, en particulier les sociétés minières, d'autres grandes entreprises et les collectivités locales urbaines.

Les sociétés minières figurent parmi les premiers à expérimenter la méthode de la diversité maximale, principalement en raison des obligations faites par la loi de remettre les mines à ciel ouvert des zones forestières tropicales dans leur état d'origine. En travaillant dans une mine de bauxite à ciel ouvert dans le centre de l'Amazonie, Knowles et Parrotta (1995) ont reconnu la nécessité de sélectionner la gamme la plus large possible des espèces d'arbres autochtones pour leur éventuelle intégration dans les programmes de reboisement, «là où la succession naturelle est retardée par des obstacles physiques, chimiques et/ou biologiques», dans le but de «reproduire, de façon accélérée, les processus naturels de succession forestière qui conduisent à des écosystèmes forestiers complexes et autonomes».

> «*En intégrant une large gamme d'espèces d'arbres dans le programme de sélection... indépendamment de leur valeur commerciale ... il est beaucoup plus probable de rétablir des forêts diversifiées qui ressemblent aux forêts naturelles et fonctionnent comme ces dernières.*» Knowles & Parrotta (1995)

Même si la forêt primaire a poussé près de la mine, les disperseurs de graines ont rarement visité les sites de restauration, car les opérations minières qui s'y déroulaient ont créé des obstacles tels que les terrains découverts abandonnés et des routes à fort trafic. Donc, la méthode des espèces types, dont le succès dépend de la dispersion naturelle des graines, n'aurait pas facilité le recrutement d'espèces d'arbres.

Par conséquent, Knowles et Parrotta ont systématiquement passé au crible 160 espèces d'arbres (environ 76%) de la forêt tropicale humide sempervirente à proximité de la mine, afin de développer un système de sélection des espèces qui étaient adaptées aux plantations regroupant plusieurs espèces sur une échelle opérationnelle. Ils ont mis au point un système de classement des espèces (une approche similaire est décrite dans la **Section 8.5**) qui reposait sur le pouvoir germinatif des graines, le type de matériel de plantation et les taux de croissance au début. Les espèces d'arbres recommandées pour les plantations initiales ont été classées en espèces «héliophiles très appropriées» et «convenables», même si, au départ, elles étaient tolérantes à l'ombre (59 taxons (37% des espèces testées) et 30 taxons (19%), respectivement). Les 71 taxons sciaphiles restants représentaient près de la moitié des espèces d'arbres de l'écosystème forestier cible, et donc Knowles et Parrotta ont recommandé de planter ces espèces environ 5 ans plus tard, une fois que les arbres plantés initialement auraient créé l'ombre et les conditions du sol propices à leur établissement. Ainsi, Knowles et Parrotta ont essentiellement préconisé une méthode de la diversité maximale à deux étapes, en utilisant principalement les espèces pionnières héliophiles pour créer les conditions nécessaires à l'ajout, par la suite, de l'ensemble des autres espèces d'arbres qui étaient représentatives de l'écosystème forestier cible.

Les sites de restauration ont été nivelés et recouverts de 15 cm de terre végétale en un an de déforestation et d'extraction de la bauxite. Ils ont été labourés à une profondeur de 90 cm (1 m entre les lignes de labour) et les propagules d'arbres (semis direct (voir **Tableau 5.1**), les semis naturels ou les plants produits en pépinière) ont été plantés le long des lignes de labour alternées, et séparés par des intervalles de 2 × 2 m (2.500 plants par ha). Au moins 70 espèces ont été plantées dans un système qui faisait en sorte que les arbres de la même espèce ne soient pas plantés côte à côte.

La méthode de la diversité maximale est aussi particulièrement adaptée à la foresterie urbaine, ce qui ajoute de la biodiversité aux paysages urbains et offre aux citadins une rare opportunité d'entrer en contact avec la nature. Les autorités urbaines ont la responsabilité de prendre soin des parcs, des jardins et des bords de route et ont des budgets assez consistants pour financer des opérations d'aménagement des paysages importants. Sur les sites urbains, les coûts élevés des techniques de la diversité maximale sont justifiés par l'usage intensif et l'appréciation des forêts urbaines par des populations denses, ainsi que par la grande valeur des terrains. Lors de la plantation d'arbres sur des terrains urbains, il est important de veiller à ce que ces arbres ne perturbent pas les câbles électriques ni les conduites d'eau. Les aspects esthétiques, comme l'attractivité des essences plantées, doivent également être pris en compte (Goosem & Tucker, 1995).

En résumé, la méthode de la diversité maximale peut être mise en œuvre au moyen des plantations constituées surtout des essences forestières climaciques uniquement ou au moyen des plantations en deux étapes, à commencer principalement par les arbres pionniers et suivis, après la fermeture de la canopée, par la plantation des essences climaciques sciaphiles dans le sous-bois. L'objectif est de planter la plupart des espèces d'arbres qui constituent la forêt climacique cible. Cependant, les difficultés de collecte de semences et les capacités limitées des pépinières ont à ce jour limité les essais de la diversité maximale de 60–90 espèces d'arbres. La plupart des espèces devraient être représentées par au moins 20 à 30 arbres par hectare. Une plus grande attention peut être accordée i) aux espèces à grosses graines; ii) aux «espèces clé de voûte» (par exemple, *Ficus spp.) et* iii) aux espèces en voie de disparition, vulnérables ou rares, afin d'augmenter la valeur de conservation de la biodiversité de l'action. Habituellement, les méthodes de plantation et d'entretien qui sont utilisées pour la méthode des espèces «framework» (c.-à-d. le désherbage, le paillage et l'épandage d'engrais, voir **Section 7.3**) peuvent également être utilisées pour la méthode de la diversité maximale (Lamb, 2011, pp 342–3), même si une préparation plus intensive du site, comme le labour profond, peut être nécessaire dans les sites fortement dégradés (Goosem & Tucker, 1995; Knowles & Parrotta, 1995).

5.5 Amélioration du site et les peuplements d'arbres nourriciers

Sur les sites dont la dégradation est au stade 5, où les conditions pédologiques et microclimatiques se sont détériorées au-delà du point où ils peuvent abriter l'établissement des plantules, l'amélioration du site devient une condition préalable au processus de restauration forestière. Le tassement et l'érosion du sol sont généralement les principaux problèmes, mais l'exposition à des conditions chaudes, sèches, ensoleillées et venteuses peut également empêcher l'établissement d'arbres, même lorsque les conditions du sol ne sont pas aussi dégradées. L'amélioration du site peut consister au travail du sol qui est plus souvent associé à l'agriculture et à la foresterie commerciale (comme dans la méthode de Miyawaki, voir **Encadré 5.4**), et/ou à l'établissement des plantations d'essences très résilientes pour améliorer le sol et modifier le microclimat —

Encadré 5.4. La méthode de Miyawaki.

L'une des premières formes de la méthode de la diversité maximale, et peut-être la plus célèbre d'entre elles, est la méthode de Miyawaki, inventée par le Dr Akira Miyawaki, professeur émérite de l'Université nationale de Yokohama, au Japon et directeur de l'IGES-Centre Japonais pour les Etudes Internationales en Ecologie (JISE). Mise au point dans les années 1970, la méthode est basée sur 40 années d'études de la végétation naturelle perturbée, partout dans le monde. Elle a d'abord été utilisée pour restaurer les forêts sur des centaines de sites au Japon, et a ensuite été modifiée avec succès pour une application aux forêts tropicales au Brésil[6], en Malaisie[7] et au Kenya[8].

La méthode de Miyawaki, ou «forêt autochtone par des arbres autochtones», est basée sur le concept de «végétation naturelle potentielle» (VNP) (synonyme de «type forestier cible»): l'idée est que la végétation de tout site perturbé peut être prévue à partir des conditions actuelles du site, telles que la végétation, le sol, la topographie et le climat au moment de l'étude du site. Par conséquent, la restauration commence par des études détaillées du sol et une cartographie de la végétation (en utilisant des méthodes phytosociologiques), qui sont combinées pour produire une carte d'unités de la VNP à travers le site de restauration. La carte de la VNP est ensuite utilisée pour sélectionner les espèces d'arbres à planter et pour préparer la proposition de projet (Miyawaki, 1993).

La prochaine étape consiste à récolter les graines, dans la zone, des essences faisant partie de(s) la VNP(s). Les plantules de toutes les espèces dominantes de(s) la (les) VPN, et autant d'espèces associées (en particulier les espèces en milieu et en fin de succession) que possibles sont cultivés à une hauteur oscillant entre 30 et 50 cm dans des récipients en pépinières pour la plantation. La préparation du site peut consister en l'utilisation des engins de terrassement pour niveler le site ou l'arranger en terrasses et le développement d'une couche de 20 à 30 cm de bonne terre végétale, par le mélange de la paille, du fumier ou d'autres types de compost organique dans les couches supérieures du sol. Sur les sites érodés, la terre végétale est importée des chantiers de construction urbains. Le sol est ensuite mis sous la forme de monticules pour augmenter l'aération. Jusqu'à 90 espèces d'arbres sont plantées, au hasard, à des densités très élevées, 2 à 4 arbres/m². Après la plantation, le site est désherbé (et les mauvaises herbes sont entassées et appliquées comme paillis) pendant un maximum de trois ans, au bout desquels la fermeture de la canopée est obtenue et l'entretien cesse.

«Après trois ans, l'absence de gestion est la meilleure gestion» (Miyawaki, 1993).

Le Professeur Akira Miyawaki (en chapeau vert) pose avec des enfants impliqués dans la plantation d'arbres au Kenya dans le cadre d'un projet utilisant sa technique désormais célèbre. (Photo: Prof. K. Fujiwara.)

[6] www.mitsubishicorp.com/jp/en/csr/contribution/earth/activities03/activities03-04.html
[7] Actuellement grace à un projet collaboration entre l'UPM, Universiti Malaysia Sarawak et JISE, qui est parrainé par la société Mitsubishi.
[8] www.mitsubishicorp.com/jp/en/pr/archive/2006/.../0000002237_file1.pdf

Encadré 5.4. (Suite).

Les premiers essais tropicaux utilisant la méthode de Miyawaki ont débuté en 1991 dans le campus de Bintulu (Sarawak) de l'«Universiti Pertanian Malaysia» (actuellement connu sous le nom de Universiti Putra Malaysia (UPM))[8]. Dix-huit ans plus tard, les parcelles restaurées par la méthode de Miyawaki ont montré une meilleure structure forestière et les arbres plantés étaient plus grands, avaient un diamètre à hauteur de poitrine d'homme (DBH) plus large et une plus grande surface au niveau de la base par rapport à celles de la forêt secondaire issue de la régénération naturelle qui se trouvait à proximité (Heng *et al.*, 2011). Le rétablissement de la faune du sol est particulièrement rapide (Miyawaki, 1993). Cependant, les expériences dans le nord du Brésil ont moins bien réussi: des espèces pionnières économiques à croissance rapide ont été utilisées dans le mélange d'espèces et elles ont à la fois rapidement dépassé et ralenti la croissance des espèces autochtones en fin de succession qui étaient ainsi plus vulnérables aux coups de vent (au déracinement) (Miyawaki & Abe, 2004). Bien que la densité de plantation élevée se traduise par une fermeture rapide de la canopée, elle peut parfois avoir des effets indésirables. La concurrence entre les arbres plantés de la canopée peut entraîner une mortalité initiale élevée et un faible DHP (plus de 70% des arbres avaient un DHP de moins de 10 cm lorsqu'on les mesurait 18 ans après la plantation (Heng *et al.*, 2011)).

Des parcelles vieilles de 16 ans restaurées par la méthode de Miyawaki au Campus de Bintulu de l'«Universiti Pertanian Malaysia» (UPM). Les arbres plantés avec un espacement réduit entre eux se sont bien développés, en créant une canopée principale à plusieurs niveaux (à gauche) et en éliminant complètement les mauvaises herbes (à droite). (Photos: Mohd Zaki Hamzah.)

Le caractère intensif de la méthode de Miyawaki (en particulier la nécessité des études du site menées par un expert, la préparation mécanique du site et les densités de plantation très élevées) signifie qu'elle est parmi les plus chères de toutes les techniques de restauration forestière. Dans ces conditions, elle est fortement tributaire du parrainage des sociétés riches (par exemple, Mitsubishi[9], Yokohama[10], Toyota[11]) et son utilisation se limite essentiellement au «re-verdissement» de petits sites industriels ou urbains de grande valeur, à des fins récréatives et d'amélioration des conditions climatiques. Les avantages engrangés par les sociétés commanditaires sont, entre autres, l'amélioration des relations publiques, en particulier la promotion d'une «image verte». Au Japon, cette méthode est également préconisée pour sa capacité à atténuer les catastrophes dans les zones urbaines.

[9] www.mitsubishicorp.com/jp/en/csr/contribution/earth/activities03/
[10] yrc-pressroom.jp/english/html/200891612mg001.html
[11] www.toyota.co.th/sustainable_plant_end/ecoforest.html

méthode connue sous le nom de peuplement d'«arbres nourriciers» (également connue sous le nom de «plantations en tant que catalyseurs» (Parrotta *et al.*, 1997a) ou d'«écosystèmes nourriciers» (Parrotta, 1993).

Des sites miniers à ciel ouvert offrent probablement les exemples extrêmes de dégradation de site. Le remplacement de la terre végétale et le labour profond des sites miniers ont déjà été mentionnés dans la **Section 5.4** dans le cadre de la méthode de la diversité maximale. Le labour profond, parfois connu sous le nom de sous-solage, consiste à creuser de minces sillons (jusqu'à 90 cm de profondeur, séparés d'environ 1 m) dans le sol avec de fortes dents étroites, sans retourner le sol. Le labour profond ouvre simplement les sols qui se sont compactés (par exemple, à cause du piétinement par les machines ou le bétail) permettant à l'eau et à l'oxygène de pénétrer dans le sous-sol, où les racines des arbres plantés croîtront par la suite. Il est réalisé par de lourds engins, et il n'est donc possible que sur des sites relativement plats et accessibles, et il est très coûteux[12]. Le relèvement est un autre traitement physique qui peut améliorer les conditions pédologiques en aérant le sol et en réduisant le risque d'engorgement.

L'ajout de matières organiques comme la paille et d'autres déchets organiques (même l'écorce d'orange provenant d'une usine de jus a été testée au cours du projet ACG (voir **Encadré 5.2**) (Janzen, 2000)) améliore la structure, le drainage, l'aération et l'état nutritionnel du sol et favorise le rétablissement rapide de la faune du sol.

Le paillage vert (ou «engrais vert») est une méthode biologique d'amélioration des sols. Il consiste à semer les graines de légumineuses herbacées sur le site de restauration, à récolter leurs graines, puis à faucher les plantes. On laisse les plantes mortes se décomposer sur le sol ou on les enfouit dans les couches supérieures du sol avec des houes ou des charrues. On peut acheter les espèces commerciales de légumineuses dans les magasins de fournitures agricoles, mais une approche plus économique et plus écologique (bien qu'elle exige beaucoup de temps) consiste à sélectionner un mélange d'espèces de légumineuses herbacées qui poussent naturellement dans la zone et à récolter leurs graines pour les semis sur le site de restauration. Si les graines sont ensuite récoltées sur les plantes avant de les faucher, la réserve de graines s'accumule progressivement avec chaque cycle de paillage vert, et en fin de compte, les graines peuvent être utilisées pour d'autres sites. Il peut être nécessaire de répéter cette méthode pendant plusieurs années avant que le sol ne soit prêt pour abriter les jeunes plants. Le paillage vert peut inhiber la croissance des mauvaises herbes sans utiliser les herbicides, protéger la surface du sol contre l'érosion, améliorer la structure, le drainage, l'aération et l'état nutritionnel du sol, et faciliter le rétablissement de la macrofaune et de la microfaune du sol.

L'application d'engrais chimiques améliore également l'état nutritionnel du sol, mais n'apporte pas à la structure du sol ni à la faune les avantages offerts par les matières organiques. Plusieurs techniques, notamment l'observation des symptômes visuels de carence en éléments nutritifs, les analyses chimiques du sol et/ou des feuilles, et les essais en pot sur l'omission en nutriments, peuvent être employées pour déterminer les éléments nutritifs du sol qui sont en nombre insuffisant (Lamb, 2011, pp 214–9). Cependant, la plupart de ces techniques sont coûteuses et nécessitent une expertise spécialisée. Si elles sont jugées impossibles ou trop coûteuses, l'application d'un engrais à usage général (NPK 15:15:15 à 50–100 g par arbre) devrait résoudre la plupart des problèmes de carences en éléments nutritifs.

D'autres occasions d'appliquer des traitements des sols se présentent lorsque des trous sont creusés pour la plantation d'arbres. C'est une pratique courante sur les sites fortement dégradés d'ajouter du compost dans les trous avant la plantation d'arbres (environ 50:50 mélangé avec du remblai à partir du trou de plantation). Les gels polymères hydroabsorbants peuvent également être ajoutés aux trous de plantation: 5 g de granulés séchés mélangés avec le remblai ou, dans les sols secs, deux tasses à thé pleines d'un gel hydraté. Différents types de gel sont disponibles et la terminologie utilisée pour les désigner se confuse et est souvent inconsistante; par conséquent, il est recommandé de discuter des options avec votre fournisseur agricole et de

---

[12] www.nynrm.sa.gov.au/Portals/7/pdf/LandAndSoil/10.pdf

lire les instructions sur l'emballage du produit. La pose de paillis autour des arbres plantés aide également à préserver l'humidité du sol, ajoute des éléments nutritifs et crée des conditions favorables à la faune du sol.

Les sols fortement dégradés n'ont sans doute pas beaucoup de souches de micro-organismes qui sont nécessaires pour de hauts rendements de toutes les espèces d'arbres en cours de plantation (en particulier les bactéries *Rhizobium* ou *Frankia* fixatrices d'azote qui forment des relations symbiotiques avec les légumineuses, et les champignons mycorhiziens qui permettent d'améliorer l'absorption des éléments nutritifs pour la plupart des essences tropicales). Le mélange d'une poignée de terre de l'écosystème forestier cible avec du compost ajouté aux trous de plantation est probablement le moyen le plus simple et le moins coûteux pour déclencher le rétablissement de la microflore du sol.

Une autre possibilité consiste à inoculer les arbres en pépinière. La simple introduction du sol forestier dans le terreau de remplissage fait généralement en sorte que les arbres soient infectés par les micro-organismes bénéfiques. Cependant, la recherche semble indiquer que l'application d'inoculums obtenus par culture de micro-organismes récoltés sur des arbres adultes a un potentiel supplémentaire pour accélérer la croissance des arbres. Par exemple, Maia et Scotti (2010) ont montré que l'inoculation de l'*Inga vera* des arbres légumineux qui est largement utilisé pour la restauration des forêts riveraines au Brésil, avec des rhizobiums, réduit les besoins en engrais de près de 80% et améliore la croissance. Les souches de rhizobium sont produites à des fins commerciales pour les cultures de légumineuses agricoles, mais elles ne peuvent pas nécessairement être utilisées pour les arbres forestiers, car les différentes espèces de légumineuses exigent différentes souches de rhizobium pour une fixation d'azote optimale (Pagano, 2008). Il est peu probable que les souches spécifiques de rhizobium requises pour les espèces d'arbres en cours de plantation seront disponibles sur le marché. La fabrication de la souche implique la collecte des bactéries à partir des mêmes espèces d'arbres et leur culture dans un laboratoire. Il en va de même pour les champignons mycorhiziens. L'application d'un mélange d'espèces de champignons mycorhiziens ubiquistes, produits à des fins commerciales, avec des plants d'arbres forestiers cultivés en pépinière dans le nord de la Thaïlande n'a pas réussi à produire des avantages (Philachanh, 2003).

La plantation d'arbres «nourriciers» (Lamb, 2011, pp 340–1) peut améliorer les conditions du site, ouvrant, par la suite, la voie à des pratiques de restauration pour rétablir la biodiversité. Par un rétablissement rapide d'une canopée fermée et la chute de litière, les plantations peuvent créer des conditions plus fraîches, plus ombragées et plus humides au-dessus et au dessous de la surface du sol. Cela devrait conduire à l'accumulation de l'humus et des nutriments du sol et, finalement, à des meilleures conditions pour la germination des graines et l'établissement des plantules des essences moins tolérantes (Parrotta *et al.*, 1997a)[13]. Ces plantations sont également capables de produire du bois et d'autres produits forestiers à un stade précoce dans le processus de restauration.

Les peuplements d'arbres nourriciers sont généralement composés d'une seule (ou juste quelques-unes des) espèces pionnières à croissance rapide, qui est (sont) tolérante(s) aux conditions pédologiques et microclimatiques difficiles imposées sur les sites dont la dégradation se situe au stade 5, et qui est (sont) également capable(s) d'améliorer le sol. Les espèces d'arbres autochtones sont préférables en raison de leur capacité à favoriser le rétablissement de la biodiversité plus rapidement que les espèces exotiques (Parrotta *et al.*, 1997a). Une étude de la flore des arbres de la zone révèle habituellement des essences pionnières autochtones qui poussent aussi bien que les espèces exotiques importées.

---

[13] Un numéro spécial de Forest Ecology and Management (Vol. 99, n ° 1–2) publié en 1997 a été consacré au potentiel des plantations d'arbres comme «catalyseurs» de la restauration des forêts tropicales. En utilisant «les plantations d'arbres» dans leur sens large (des monocultures à la diversité maximale), les 22 communications qui y figurent sont devenues des documents essentiels pour ceux qui sont impliqués dans la restauration des forêts tropicales.

Néanmoins, les essences exotiques peuvent être utilisées comme arbres nourriciers à condition de remplir les conditions suivantes:

1) être incapables de produire des plants viables, et devenir ainsi de mauvaises herbes ligneuses et...
2) soit, être des espèces pionnières héliophiles à courte durée, qui seront ombragées par les essences forestières climaciques introduites par la suite ou...
3) être délibérément abattues (par exemple, être récoltées ou écorce enlevée et laissée en place aux fins de décomposition) après avoir contribué à l'amélioration du site, et la bonne mise en place des jeunes arbres qui remplacent les arbres.

Par exemple, l'utilisation de *Gmelina arborea*, espèce exotique, dans le projet ACG (voir **Étude de cas 3**, p. 149) était justifiée parce que ses plants qui préfèrent le soleil n'ont pas pu s'établir sous son propre couvert et ses grosses graines dispersées par les animaux n'étaient pas disséminées en dehors de la plantation. En revanche, l'utilisation de l'*Acacia mangium,* autre espèce exotique, dans la plantation d'arbres en Indonésie est devenue un problème majeur pour la restauration forestière. Dans l'avenir les plantules de cette espèce dominent rapidement les zones autour des plantations. Leur retrait des futurs sites de restauration forestière va coûter très cher. Il en va de même pour *Leucaena leucocephala* en Amérique du Sud et dans les régions tropicales du nord de l'Australie. Les plantules d'espèces exotiques peuvent être plus faciles à obtenir à partir des pépinières commerciales. Mais si vous ne savez pas si l'espèce considérée ne répond pas aux critères sus énumérés, il est préférable d'examiner la flore des arbres de la forêt cible pour une alternative indigène.

Les essences de la plantation devraient être des essences pionnières héliophiles (comme beaucoup d'essences commerciales), extrêmement robustes et de courte durée. En général, de meilleurs résultats ont été obtenus avec les espèces feuillues qu'avec les conifères. Les plants doivent être de la plus haute qualité (Parrotta *et al.*, 1997a).

Les légumineuses (c.-à-d. les membres de la famille des Leguminosae) et les espèces de figuiers autochtones (*Ficus spp.*) produisent presque toujours de bonnes espèces de peuplements d'arbres nourriciers ainsi que des espèces d'arbres «framework» utiles (**Section 5.3**). Les racines du figuier sont capables d'envahir et de briser les sols compactés et même les rochers sur les sites les plus dégradés, tandis que la capacité de nombreuses espèces d'arbres légumineux à fixer l'azote peut améliorer rapidement l'état nutritionnel du sol. La plantation de mélanges de figuiers et de légumineuses comme peuplements d'arbres nourriciers pourrait, par conséquent, améliorer à la fois la structure physique et la fertilité des sols, sans nécessairement avoir recours aux traitements physiques du sol, intensifs et coûteux, décrits ci-dessus, ou à l'application d'engrais azoté.

Lors de l'établissement d'une plantation d'arbres classique, il est agréable de suivre les pratiques classiques de production forestière. Mais, le type et la gestion de peuplements d'arbres nourriciers pour la restauration forestière nécessitent une approche plus réfléchie. La fermeture de la canopée est le premier objectif de la plantation, et l'espacement entre les arbres plantés devrait ainsi être plus réduit que dans le cas de la foresterie commerciale (Parrotta *et al.*, 1997a). Si possible, trouvez des arbres de la même espèce plantés à proximité, et essayez de déterminer à peu près la largeur de leurs cimes au bout de 2 à 3 ans de croissance. Cela fournira la distance de plantation nécessaire pour la fermeture de la couronne au bout de 2 à 3 ans. Lamb (2011) recommande une densité de plantation de 1.100 arbres par hectare. Le couvert devrait être suffisamment dense pour priver les mauvaises herbes de lumière, mais pas si dense pour inhiber la croissance des arbres plantés par la suite ou pour empêcher la colonisation du site par les nouvelles essences dispersées par voie naturelle.

La foresterie conventionnelle exige le désherbage intensif ou la «propreté» de plantations. Si les plantes herbacées ne menacent pas la survie des jeunes arbres des arbres nourriciers plantés au début (sur les sites au stade 5, la dégradation limite généralement même la croissance des mauvaises herbes), le désherbage n'est donc pas nécessaire. Même en cas de nécessité, le désherbage doit cesser dès que les cimes des jeunes arbres plantés ont atteint une hauteur

supérieure à celle de la couverture herbacée. Sur les sites où la dispersion de nouvelles graines pourrait encore être possible, un désherbage excessif entravera la croissance des plantules d'arbres qui cherchent à s'établir.

Avec l'amélioration des conditions du site, les arbres nourriciers peuvent être enlevés et remplacés par la plantation d'un plus large éventail d'essences forestières autochtones. Cela devrait se faire progressivement pour empêcher l'envahissement de la terre désormais fertile par les plantes herbacées qui aiment la lumière. Si les arbres nourriciers font partie des espèces commerciales, les arbres abattus peuvent fournir des revenus aux participants au projet sur plusieurs années. Lors de l'éclaircissage, il est recommandé de prendre des précautions afin de ne pas perturber le sous-étage et donc d'endommager la biodiversité accumulée. Le débardage des grumes d'une plantation sans endommager le sous-bois n'est pas facile, c'est le moins que l'on puisse dire, mais diverses techniques d'exploitation forestière à «impact minimum» ou «à impact réduit» (par exemple, en utilisant des animaux au lieu des machines) sont actuellement encouragées (Putz *et al.*, 2008).

Là où la dispersion des semences dans un site de restauration peut être encore possible, il est recommandé de planter les espèces d'arbres «framework» au fur et à mesure que les arbres nourriciers sont progressivement enlevés: les espèces pionnières «framework» pour remplacer les arbres nourriciers et les espèces climaciques «framework» pour constituer le sous-bois. Mais, dans la plupart des sites de restauration dont la dégradation se situe au stade 5, les sources de graines et/ou les animaux disperseurs de graines auront été éliminés de la zone environnante, de sorte que le rétablissement de la biodiversité nécessite la méthode de la diversité maximale.

L'utilisation de peuplements d'arbres nourriciers ne se confine pas nécessairement à la dégradation au stade 5, aux conditions pédologiques difficiles. Ces peuplements ont souvent été utilisés sur des sites moins fortement dégradés, où la dispersion naturelle des graines fonctionne toujours,

Si les figuiers peuvent germer dans les blocs d'Angkor Wat au Cambodge et les briser par la suite, ils n'éprouveront aucune difficulté à pénétrer même les sols les plus fortement dégradés.

comme une alternative plus simple et moins coûteuse à la méthode des espèces «framework». L'utilisation de plantations d'essences exotiques, telles que *Gmelina arborea*, à proximité d'une forêt survivante au Costa Rica est décrite dans **l'étude de cas 3**. Une espèce autochtone, *Omalanthus novoguineensis*, a été utilisée avec un succès similaire en Australie pour attirer les oiseaux disperseurs de graines se trouvant dans la forêt à proximité des sites de restauration (Tucker, comm. pers.). Les plantations de *l'Eucalyptus camaldulensis*, espèce exotique, n'ont pas, cependant, facilité la régénération des forêts autochtones (Miombo) dans les montagnes d'Ulumba au Malawi (Bone *et al*., 1997).

Au Costa Rica, une culture nourricière de *Gmelina arborea*, espèce exotique, a stimulé l'établissement d'arbres autochtones et généré des revenus de l'abattage au bout de 8 ans.

5.6 Coûts et avantages

La question ci-après est souvent posée aux praticiens de la restauration des forêts: «Pourquoi ne plantez-vous uniquement des espèces économiques?» La réponse à cette question est: «Il n'y a pas, d'un côté, les espèces d'arbres économiques et, de l'autre, les espèces non-économiques». Tous les arbres séquestrent le carbone et produisent de l'oxygène, tous contribuent à la stabilité des bassins versants et tous sont constitués d'un combustible hautement inflammable. La question n'est pas de savoir si la restauration des forêts est d'ordre économique, mais si les avantages économiques peuvent être convertis en flux monétaires.

Quel est le coût de la restauration des forêts?

Très peu de rapports sur les coûts de la restauration des forêts ont été publiés (**Tableau 5.3**). Une telle situation traduit à la fois la difficulté de mener à bien des comparaisons significatives de coûts et peut-être aussi une mauvaise tenue des comptes parmi les praticiens de la restauration des forêts et/ou leur réticence à divulguer des informations d'ordre financier. La comparaison des coûts entre les méthodes et les lieux est complexifiée par les fluctuations des taux de change, l'inflation et les variations considérables des coûts de la main-d'œuvre et des matériaux. Les coûts sont fortement liés à la localité (zone) et à la période. Mais, le calcul des coûts précis n'est pas nécessaire pour montrer une évidence: les coûts de la restauration augmentent, lorsqu'on passe du stade 1 au stade 5 de la dégradation, car l'intensité des méthodes requises augmente.

Tableau 5.3. Exemples de coûts publiés pour différentes méthodes de restauration forestière.

Stade de dégradation	Méthode	Pays	Coût publié ($US/ha)	Date	Référence	Coûts actuels $US/ha*[14]
Stade 1	Protection	Thaïlande	–	–	Estimation	300–350
Stade 2	RNA (**Encadré 5.2**)	Philippines	579	2006–09	Bagong Pagasa Foundation, 2009	638–739
	RNA (Castillo, 1986)	Philippines	500–1.000	1983–85	Castillo, 1986	1.777–3.920
Stade 3	Méthode des espèces «framework» (**Section 5.3**)	Thaïlande	1.623	2006	FORRU, 2006	2.071
Stade 4	Diversité maximale avec amélioration du site minier (**Section 5.4**)	Brésil	2.500	1985	Parrotta *et al.*, 1997b	8.,890
	Méthode de Miyawaki (**Box 5.4**))	Thaïlande	9.000	2009	Toyota, pers. comm.	9.922
Stade 5	Amélioration du site et peuplements d'arbres nourriciers	–	–	–	Indisponible	?

* Coûts totaux pour l'ensemble de la période, nécessaires pour un système autonome

Valeur potentielle des avantages

La valeur économique potentielle des avantages de la réalisation d'un écosystème forestier climacique, en termes de services écologiques et de diversité des produits forestiers, est la même, indépendamment du point de départ. L'étude de l'économie des écosystèmes et de la biodiversité (EEB, 2009)[15] situe la valeur moyenne annuelle des forêts tropicales entièrement restaurées à 6.120 dollars américains/ha/an en 2009 (**Tableau 1.2**), ce qui équivaut aujourd'hui à 6.747 dollars américains, en tenant compte de l'inflation. Même les méthodes de restauration forestière les plus coûteuses n'excèdent pas 10.000 dollars américains/ha au total, de sorte que la valeur des avantages potentiels d'une forêt restaurée compense largement les coûts de mise en place en quelques années après être parvenu à l'état de forêt climacique.

La rapidité des avantages qui en résultent dépend, cependant, du stade de dégradation initiale et des méthodes de restauration utilisées. Plus le stade de dégradation est avancé, le temps nécessaire pour réaliser la gamme complète des avantages potentiels augmente, passant de quelques années à plusieurs décennies. Par conséquent, le rendement des investissements est tardif. La réalisation de l'ensemble des potentiels avantages monétaires de la restauration forestière n'est possible que s'ils sont commercialisés et que si les gens sont prêts à en payer le prix. Les mécanismes de commercialisation des produits forestiers et de l'écotourisme ou de vente des crédits de carbone et les «Paiements pour Services Environnementaux» (PSE) nécessitent tous beaucoup de développement et un investissement initial avant la réalisation éventuelle de l'ensemble du potentiel monétaire des forêts restaurées (voir **Chapitre 1**).

[14] Estimations faites en appliquant un taux constant de 5% d'inflation annuelle.
[15] www.teebweb.org/

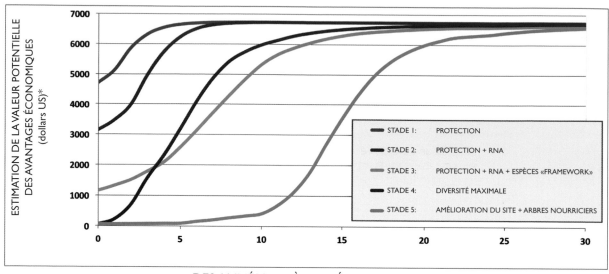

DES ANNÉES APRÈS LE DÉBUT DE LA RESTAURATION

Courbes hypothétiques représentant l'augmentation des potentielles retombées économiques, au fil du temps, des cinq principales approches de restauration forestière. La restauration d'un site dont la dégradation se situe au stade I produit des avantages considérables dès le départ, alors que les projets de restauration des sites dont la dégradation se situe aux stades 4 et 5 commencent par ne produire aucun avantage. Sur ces sites, l'augmentation initiale de possibles avantages économiques est lente, jusqu'à ce que la fermeture de la canopée favorise un afflux d'espèces recrutées, ce qui augmente le taux d'accumulation des avantages (par exemple, une plus grande biodiversité conduit à plus de produits forestiers, ou la litière de feuilles améliore la capacité du sol à retenir de l'eau). Plus l'accumulation des avantages se rapproche du maximum, le taux d'augmentation ralentit parce que la réalisation des quelques retombées finales prend du temps (en raison de leur dépendance à l'égard des processus environnementaux lents ou du retour d'espèces rares). Notez qu'avec la méthode de la diversité maximale, il est possible d'obtenir plus rapidement des avantages économiques parce que plus d'espèces d'arbres sont plantées au début. Avec la dégradation au stade 5, l'amélioration du site et la culture des arbres nourriciers produisent de faibles avantages économiques jusqu'à l'établissement d'un peuplement d'arbres plus variés.

Dégradation	Coûts de restauration	Augmentation progressive des avantages	Ensemble des avantages qui en résultent
Stade 1	FAIBLE	FAIBLE	RAPIDE
Stade 2			
Stade 3	↓	↓	↓
Stade 4			
Stade 5	ÉLEVÉS	FORTE	TARDIF

Résumé des coûts et avantages économiques de la restauration des différents stades de la dégradation forestière.

ETUDE DE CAS 3   Aire de Conservation de Guanacaste (ACG)

Pays: Costa Rica

Type de forêt: Une mosaïque comprenant la forêt tropicale sèche, la forêt tropicale humide, et des fragments de forêts de nuages entourées de pâturages.

Propriété: Le Fonds de conservation des forêts sèches de Guanacaste (GDFCF) a financé l'achat de 13.500 hectares de forêt à des propriétaires privés.

Gestion et utilisation communautaires: Pâturage pour bétail et possibilité d'exploiter le «peuplement d'arbres nourriciers» de *Gmelina arborea*.

Niveau de dégradation: déboisée à l'exception des fragments de forêt pour l'élevage et les cultures agricoles.

L'un des premiers grands projets de restauration des forêts en Amérique centrale, reposant sur des travaux scientifiques, se poursuit dans l'Aire de conservation de Guanacaste (ACG) dans le nord-ouest du Costa Rica (www.gdfcf.org/). Initié en grande partie par le biologiste américain Daniel Janzen et sa femme Hallwachs Winnie, le projet est devenu un exemple classique de la façon dont la restauration forestière au niveau d'un paysage peut être réalisée, principalement à travers les mesures de protection décrites à la **Section 5.1**, puis en laissant la nature suivre son cours.

Le site du projet, Hacienda Santa Rosa (le second ranch espagnol fondé au Costa Rica) a été déboisé dans son ensemble, à l'exception des fragments de sa forêt tropicale sèche, à partir de la fin des années 1500, et a été utilisé principalement pour l'élevage des mules et des bovins, la viande sauvage, l'eau pour l'irrigation, et les terres cultivées. L'axe routier interaméricain a été percé au cœur de ce site dans les années 1940 et l'herbe de pâturage jaragua (*Hyparrhenia rufa*) qui s'y trouve a été importée de l'Afrique orientale. Cette herbe a fourni une grande partie du combustible des incendies causés par l'homme, chaque année pendant la saison sèche, ce qui a effectivement bloqué la succession forestière, parce que les éleveurs voulaient des pâturages «propres». Le résultat est un mélange de forêt sèche, de forêt tropicale et de fragments de forêt de nuages entourés de pâturages.

En 1971, le Parc National de Santa Rosa de 10.000 ha a été désigné. Dans les années 1990, l'expansion de 165.000 ha de l'ACG est devenue une partie du nouveau Système national des aires de conservation (SINAC), l'une des 11 unités de conservation qui couvrent environ 25% du Costa Rica. Les bovins et les chevaux ont été retirés, mais cela a permis à l'herbe Jaragua de pousser pour atteindre 2 m de hauteur, ce qui alimentait les feux dévorants qui consumaient, chaque année, les arbres et les vestiges forestiers. Faute d'arrêter les feux, il n'y aurait bientôt plus de vestiges forestiers laissés pour fournir les semences d'arbres nécessaires à la restauration.

En septembre 1985, Janzen et Hallwachs ont rédigé un plan pour la survie à long terme de la forêt sèche de Santa Rosa, qui est devenu le Projecto Parque Nacional Guanacaste (Project du Parc National de Guanacaste) (PPNG). Le projet avait pour missions de: i) permettre que les graines provenant des vestiges de la forêt restaurent 700 km^2 de la forêt sèche originale pour «maintenir à perpétuité toutes les espèces animales et végétales et leurs habitats qui occupaient le site à l'origine»; ii) «offrir un menu de biens matériels» à la société, et iii) fournir un site d'étude pour la recherche écologique et assurer une «revitalisation des offres intellectuelle et culturelle du monde naturel».

«La recette technologique pour la restauration de ce vaste écosystème de forêt sèche était évidente: acheter de vastes exploitations bovines et agricoles peu rentables, à côté de Santa Rosa, et les relier aux forêts humides de l'Est, arrêter les incendies, l'agriculture, et la chasse et l'exploitation forestière occasionnelles, et laisser la nature reprendre ses droits» (Janzen, 2002).

Les résidents de la province de Guanacaste ont été embauchés pour prévenir les incendies, mais avec l'herbe qui poussait si haut, il était difficile de lutter contre les incendies avec des outils manuels. Une grande partie de la solution était de ramener le bétail. Au cours des cinq premières années du projet, les pâturages de la forêt de l'ACG à restaurer ont été loués comme terres de pâturage pour un maximum de 7.000 têtes de bétail à la fois. Les têtes de bétail ont agi comme des «tondeuses biologiques», en maintenant les quantités de combustibles à un niveau si bas permettant au programme de lutte contre les incendies et de gérer des feux moins sévères. Les bovins ont été retirés une fois que les arbres établis par voie naturelle ont poussé au point de priver l'herbe de la lumière.

La plantation d'arbres a également été essayée dans quelques sites sélectionnés pendant quelques années. Pourtant, elle a été abandonnée, car la régénération forestière naturelle à partir de graines, qui étaient dispersées par le vent et les vertébrés dans les sites de restauration à partir des parcelles éparses de forêts secondaires, dépassait largement les efforts et les dépenses liés à la plantation d'arbres.

Cependant, dans la partie boisée de l'ACG, la régénération naturelle des pâturages abandonnés était beaucoup plus lente. Par rapport à la forêt sèche, moins d'espèces végétales étaient dispersées par le vent, moins d'animaux disperseurs de graines s'aventuraient en dehors de la forêt vers les pâturages de la forêt tropicale, et la survie des plantules d'arbres a été entravée par les conditions chaudes, sèches et ensoleillées des pâturages. Dans ces zones, une approche de «peuplement d'arbres nourriciers» (voir la **Section 5.5**) a été employée, à l'aide de plantations abandonnées des espèces de bois d'œuvre exotiques, *Gmelina arborea*. Les canopées denses de plantations de *G. arborea* ont privé les graminées de lumière au bout de 3 à 5 ans et le sous-bois rempli d'un peuplement diversifié d'arbres, d'arbustes et de vignes de la forêt tropicale humide, qui ont été introduits sous forme de graines par de petits vertébrés de la forêt tropicale voisine. Après une rotation de 8 à 12 années, les grumes de *G. arborea* auraient pu être récoltées et les souches tuées avec l'herbicide, en générant des revenus pour soutenir le projet. Par manque d'acheteurs, l'ACG a pourtant choisi de laisser les arbres mourir de vieillesse à l'âge de 15–20 ans. Ces essais ont démontré que, si les sources de semences forestières et les animaux disperseurs de graines subsistent à proximité, les pâturages de la forêt tropicale pourraient facilement être transformés en jeune forêt tropicale en les plantant avec *G. arborea*, puis en abandonnant la forêt (plutôt que de tailler et d'élaguer les arbres comme c'est le cas avec une plantation).

Dans les années 1980, lorsque Janzen et Hallwachs ont initié le projet, la restauration forestière était une idée nouvelle, une innovation par rapport à la notion classique selon laquelle les parcs nationaux avaient été créés uniquement pour protéger la forêt existante. Le projet a été désapprouvé par plusieurs ONG de protection de la nature, dont la survie dépendait en grande partie du slogan «une fois que la forêt tropicale est abattue, elle disparaît à jamais», qui leur permettait de collecter de fonds. Aujourd'hui, les attitudes ont changé. Les publications de l'ACG et de Janzen sont considérées comme des évènements marquants dans la science de la restauration des forêts tropicales. Ayant fermement établi un bon nombre des pratiques nécessaires à la restauration des forêts tropicales au Costa Rica, il est maintenant urgent de déterminer la manière d'assurer et de maintenir des conditions politiques et sociologiques stables. Ce qui permet de mettre en œuvre de telles techniques ailleurs sur une base durable et prévisible, et de savoir la manière de maintenir le financement annuel suffisant afin de soutenir le personnel et les opérations nécessaires à la conservation de toute grande végétation:

«La principale technique de gestion consiste à arrêter les agressions — le feu, la chasse, l'exploitation forestière, l'agriculture — et à laisser le biote ré-envahir l'ACG. L'approche sociologique clé était d'obtenir l'accord du projet au niveau local, national et international ... La question n'est pas de savoir si une forêt tropicale peut être restaurée, mais plutôt de savoir si la société permettra la réalisation de cette restauration» (Janzen, 2002).

Abrégé de Janzen (2000, 2002) www.gdfcf.org/articles/Janzen_2000_longmarchfor ACG.pdf

(A) Les limites forestières de Jaragua étaient caractéristiques de dizaines de milliers d'hectares de l'ACG au début du processus de restauration (photo prise en décembre 1980). Agé d'au moins 200 ans, le pâturage était autrefois occupé par les herbes autochtones qui étaient brûlées tous les 1 à 3 ans. La forêt secondaire de vieux chênes a conservé plus de 100 espèces d'arbres. (B) La même vue (photo prise en novembre 2000) après 17 ans de prévention des incendies. La canopée de la forêt de chênes est encore visible et la main de Winnie Hallwach se situe à 2 m au-dessus du sol. La régénération est dominée par Rehdera trinervis (Verbenaceae), un arbre moyen dont les graines sont dispersées par le vent, mélangé avec 70 autres espèces ligneuses. Une telle invasion des pâturages par la forêt à la suite de la prévention des incendies est maintenant caractéristique de dizaines de milliers d'hectares de l'ACG. (Photos: Daniel Janzen.)

Chapitre 6

Cultivez vos propres arbres

Un matériel végétal de haute qualité est essentiel pour la réussite de tous les projets de restauration forestière qui impliquent la plantation d'arbres (par exemple, pour la restauration des stades 3 à 5 de la dégradation). Tous les jeunes plants de chaque espèce doivent être cultivés à une taille convenable et être robustes, vigoureux et exempts de maladies quand la saison est optimale pour les planter. Cela est difficile à réaliser lorsqu'on cultive un grand nombre d'essences forestières autochtones, qui donneront des fruits à différents moments de l'année et dont les taux de germination et de croissance des plantules varieront largement, surtout si ces espèces n'ont jamais été produites en masse dans les pépinières auparavant. Dans ce chapitre, nous fournissons des conseils standard, généralement applicables lors d'une première tentative de production de plants d'arbres forestiers autochtones pour un programme de restauration forestière. Nous incluons également des protocoles de recherche qui peuvent être utilisés pour améliorer vos méthodes de propagation d'arbres, menant à l'élaboration des calendriers de production détaillés pour chaque espèce propagée.

6.1 Construction d'une pépinière

Une pépinière doit offrir des conditions idéales pour la croissance de plants d'arbres et doit les protéger contre les agressions. Elle doit également être un cadre confortable et sûr pour les pépiniéristes.

Choix d'un site

Le site d'une pépinière doit être protégé contre des conditions climatiques extrêmes. Il devrait être:

- plat ou légèrement incliné, avec un bon drainage (des pentes plus raides nécessitent un terrassement);
- protégé et partiellement ombragé (l'idéal serait d'avoir un site protégé par des arbres existants);
- à proximité d'une source d'approvisionnement permanent en eau potable (mais sans risque d'inondation);
- suffisamment grand pour produire le nombre de plants requis et pour permettre des futures expansions;
- près d'une source d'approvisionnement en sol approprié;
- suffisamment accessible pour permettre le transport commode de jeunes arbres et des fournitures.

Si un site exposé ne peut être évité, une ceinture de protection faite d'arbres ou d'arbustes pourrait être plantée, ou alors de grands arbres conteneurisés pourraient fournir un abri.

Quelle superficie faut-il pour une pépinière?

La taille de la pépinière dépend en définitive de la superficie de la zone à restaurer, qui, à son tour, détermine le nombre d'arbres qui doivent être produits chaque année. Les autres considérations sont, entre autres, les taux de survie et les taux de croissance des plants (qui déterminent la durée de conservation des plants dans la pépinière).

Le **Tableau 6.1** concerne la superficie à restaurer chaque année par rapport à la taille minimale nécessaire pour la pépinière. Ces calculs sont basés sur la germination des graines dans des bacs et leur transplantation ultérieure dans des conteneurs, avec des taux de survie relativement élevés. Par exemple, si la superficie à restaurer est de 1 hectare par an, jusqu'à 3.100 arbres seront nécessaires, ce qui nécessite une pépinière d'environ 80 m^2.

Caractéristiques essentielles d'une pépinière

La construction d'une pépinière ne coûte pas forcément cher. Les matériaux disponibles localement, tels que le bois recyclé, le bambou et les feuilles de palmier, peuvent tous être utilisés pour construire une pépinière simple et peu coûteuse. Les conditions essentielles sont, entre autres:

- une zone ombragée avec des bancs pour la germination des graines, qui est protégée contre les prédateurs de graines par un grillage; l'ombrière peut être construite à base des produits commerciaux, mais également à partir des feuilles de palmier, de grosses herbes et des lamelles de bambou;
- un endroit ombragé où les plantules en pot peuvent être cultivés avant d'être prêts pour la plantation (l'ombrage devrait être amovible si les jeunes arbres doivent être affermis à cet endroit avant la plantation);
- un espace de travail pour la préparation des semences, le repiquage des plants, etc.;
- un approvisionnement en eau fiable;
- un magasin se fermant à clé pour les matériaux et les outils;
- une clôture pour empêcher les animaux errants d'entrer;
- un abri et des toilettes pour le personnel et les visiteurs.

Tableau 6.1. Relation entre l'espace nécessaire pour une pépinière et la superficie du site de restauration.

Superficie à restaurer (ha/an)	Nombre maximum d'arbres nécessaires[a]	Superficie consacrée à la germination (m²)	Superficie de mise en attente[b] (m²)	Stockage, abri, toilette etc. (m²)	Superficie totale nécessaire pour la pépinière (m²)
0,25	775	3	11	15	29
0,5	1.550	6	22	15	43
1	3.100	13	44	15	72
5	15.500	63	220	15	298
10	31.000	125	440	15	580

[a] En supposant une absence de plantes issues de la régénération naturelle.
[b] Une superficie supplémentaire de taille similaire pourrait être nécessaire pour l'endurcissement des plants s'il n'est pas possible de supprimer l'ombrage des plants conteneurisés.

Conception d'une pépinière

Un plan minutieusement examiné d'une pépinière peut augmenter considérablement l'efficacité. Pensez aux diverses activités qui y seront menées et le déplacement des matériaux autour de la pépinière. Par exemple, placez les lits de conteneurs et les zones d'endurcissement près du point d'accès principal, c'est-à-dire près de l'endroit où les arbres seront finalement chargés dans des véhicules pour le transport vers le site de restauration; placez le magasin se fermant à clé et le magasin de substances près de la zone d'empotage.

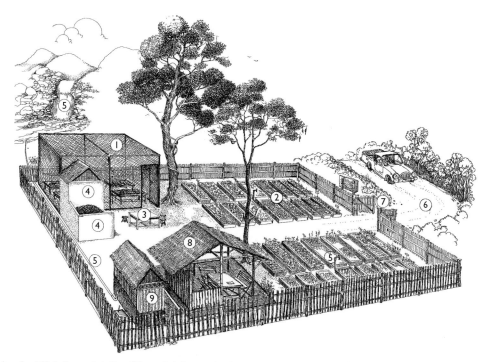

Le plan idéal d'une pépinière: (1) un abri de germination qui est protégé contre les prédateurs de graines; (2) une zone réservée (suppression de l'ombre); (3) une zone pour l'empotage; (4) un magasin de substances et un magasin d'équipement se fermant à clé; (5) un approvisionnement en eau fiable; (6) un accès facile; (7) une clôture pour empêcher les animaux errant d'entrer; (8) un abri contre le soleil et la pluie, et (9) des toilettes.

Outils de pépinière

La production des plants nécessite un équipement simple et peu coûteux. Bon nombre des articles illustrés ici sont facilement disponibles dans une communauté agricole moyenne et pourraient être empruntés pour le travail en pépinière:

- une pelle (1) et des seaux (2) pour la collecte, le transport à l'intérieur de la pépinière et le mélange du terreau de rempotage;
- des truelles (3) ou des pelles à manche en bambou (4) pour remplir les récipients avec le terreau de rempotage;
- des arrosoirs (5) et un tuyau, les deux équipés d'un système qui donne de fines gouttes;
- des spatules ou des cuillères pour le repiquage des plants;
- des tamis (6) pour préparer la substance d'empotage;
- des brouettes (7) pour transporter les plantes et les matériaux autour de la pépinière;
- des houes (8) pour le désherbage et l'entretien des environs;
- des sécateurs (9) pour l'élagage des plants;
- une échelle et des outils de base pour la construction de l'ombrière, etc.

Un magasin se fermant à clé pour le stockage sûr du matériel et un magasin de substances sont des éléments essentiels d'une pépinière.

Matériel indispensable d'une pépinière.

6.2 Récolte et traitement des graines d'arbres

Quels sont les fruits et les graines?

La structure qui est semée dans un bac de germination n'est pas toujours uniquement la graine. Pour les espèces d'arbres comme les chênes et les hêtres (les *Fagaceae* dans l'hémisphère nord et les *Nothofagaceae* dans l'hémisphère Sud), le fruit entier est semé. Pour d'autres espèces, on sème le pyrène qui se compose d'une ou de plusieurs graines enfermées dans la paroi interne dure du fruit (c'est-à-dire l'endocarpe, ce qui peut retarder la pénétration de l'embryon de la graine par l'eau). Ainsi, une compréhension de base de la morphologie des fruits et des graines peut être utile dans le choix des traitements appropriés des pré-semis (le cas échéant).

Une graine se développe à partir d'un ovule fécondé qui est contenu dans l'ovaire d'une fleur, généralement après la pollinisation et la fécondation. Produits lors de la reproduction sexuée, au cours de laquelle les gènes des deux parents sont combinés, les graines sont une source essentielle de la diversité génétique au sein des populations d'arbres.

Les graines se composent de trois parties principales: les enveloppes, les tissus de réserve et l'embryon. Le tégument de la graine ou testa protège les graines de conditions environnementales difficiles et joue un rôle important dans la période de dormance. Les tissus de réserves nutritives, qui soutiennent le métabolisme pendant et immédiatement après la germination, sont stockés dans l'endosperme ou les cotylédons. L'embryon se compose d'une pousse rudimentaire (plumule), d'une racine rudimentaire (radicule) et des feuilles de la graine (cotylédons).

Les fruits sont dérivés de la paroi ovarienne. Ils peuvent être «simples» (formés à partir de l'ovaire d'une seule fleur); «agrégés» (formés à partir de l'ovaire d'une seule fleur, mais avec plusieurs fruits fusionnés en une structure plus large) ou «multiples» (formés à partir de la fusion des ovaires de plusieurs fleurs). Chaque catégorie contient plusieurs types de fruits.

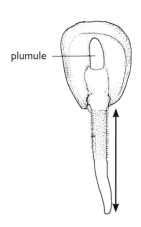

plumule

A la germination, la radicule (première racine) et la plumule (bourgeon de la pousse) font irruption à travers le tégument externe (testa) de la graine alimentée par les réserves nutritives provenant de l'endosperme.

A

B

C

D

Les fruits simples peuvent avoir soit un péricarpe charnu, comme celui de la tomate, soit A) une enveloppe sèche, comme les gousses de légumineuses. B) L'anone (*Annona reticulata*) produit des fruits agrégés, alors que C) les jacquiers (*Artocarpus heterophyllus*) produisent des fruits multiples. D) Le fruit multiple du figuier est essentiellement constitué d'une infrutescence fermée (sycone).

Quand faudrait-il récolter les graines?

Dans toutes les forêts tropicales, différentes espèces d'arbres portent des fruits chaque mois de l'année, donc au moins une expédition de récolte de graines est nécessaire tous les mois. Dans les forêts tropicales saisonnières, la fructification atteint son maximum à la fin de la saison sèche et à la fin de la saison des pluies. La réduction du nombre d'espèces d'arbres fruitiers au début de la saison des pluies entraîne logiquement la réduction du nombre d'expéditions de récolte de graines.

Dans certaines parties de l'Asie du Sud et de l'Amérique centrale, les mois de fructification de quantité d'espèces d'arbres sont bien connus, mais pour de nombreuses régions, des études phénologiques sont nécessaires pour fournir cette information (voir **Section 6.6**). Trouvez des arbres semenciers dans la forêt et procédez à leur suivi régulier, à partir de la floraison, afin de décider du meilleur moment pour récolter les fruits. Récoltez les fruits une fois qu'ils ont atteint leur maturité complète, mais juste avant qu'ils ne soient dispersés ou consommés par les animaux. Les graines qui sont récoltées trop tôt se développeront peu et ne germeront pas, alors que celles récoltées trop tard pourraient avoir perdu leur viabilité.

Pour les fruits charnus, la maturité est généralement indiquée par un changement de couleur du fruit, le plus souvent du vert à une couleur plus vive qui attire les animaux disperseurs de graines. La consommation des fruits par les animaux est un signe certain que les graines sont prêtes pour la récolte. Les fruits déhiscents, tels que ceux de certaines légumineuses, commencent à se fendre quand ils arrivent à maturité. Il est généralement préférable de couper les fruits des branches d'arbres plutôt que de les ramasser sur le sol.

Si vous avez reçu une formation appropriée, grimpez sur l'arbre pour couper les fruits mûrs. Utilisez un harnais de sécurité et ne le faites jamais tout seul. Pour les petits arbres, une méthode plus pratique pour la récolte des graines consiste à utiliser un couteau attaché à l'extrémité d'une longue perche. Les fruits peuvent aussi être délogés par la secousse des arbres de petite taille ou de quelques-unes des branches les plus basses.

Le ramassage des fruits tombés sur le sol forestier peut être la seule option pour les arbres de très grande taille. Si tel est le cas, assurez-vous que les graines ne sont pas pourries en les ouvrant pour chercher un embryon bien développé et/ou un endosperme solide (si présent). Ne ramassez pas les fruits ni les graines qui présentent des signes d'infection fongique, des marques de dents d'animaux ou de petits trous faits par les insectes perceurs de graines. Recueillez les fruits ou les graines du sol forestier lorsque les premiers fruits arrivés vraiment à maturité commencent à tomber.

Les expéditions de collecte de semences nécessitent une planification et une liaison avec les personnes en charge du traitement et de la culture des graines parce que les graines sont vulnérables à la dessiccation et/ou à une attaque fongique si elles ne sont pas traitées rapidement. Semez les graines dès que possible après la collecte ou apprêtez-les pour le stockage comme décrit plus loin dans ce chapitre. Avant de semer, ne les laissez pas dans des endroits humides, où elles pourraient pourrir ou germer prématurément. Si elles sont vulnérables à la dessiccation, ne les laissez pas en plein soleil.

Le choix des graines à récolter

La variabilité génétique est indispensable pour permettre à une espèce de survivre dans un environnement changeant. La conservation de la diversité génétique est donc une des considérations les plus importantes dans tout programme de restauration visant à conserver la biodiversité. Il est donc crucial que les arbres plantés ne soient pas tous étroitement liés. La meilleure façon d'éviter cela est de recueillir des graines d'au moins 25 à 50 arbres mères de haute qualité au niveau local, et de préférence d'augmenter cette quantité avec quelques graines d'arbres situés dans les zones plus éloignées, appariés sur le plan éco-géographique (voir **Encadré 6.1**). Si les graines sont récoltées sur quelques arbres locaux seulement, leur diversité génétique peut être faible, réduisant ainsi leur capacité à s'adapter aux changements environnementaux. Des quantités égales de graines de chaque arbre semencier doivent être mélangées (phénomène connu sous le nom d'étoffement) avant le semis, afin de s'assurer de la représentation égale de tous les arbres semenciers. Une fois que les arbres arrivent à maturité dans les parcelles restaurées, ils peuvent se croiser, ce qui réduit par conséquent la variabilité génétique des générations suivantes (la consanguinité). La pollinisation croisée avec des arbres indépendants peut restaurer la diversité génétique, mais seulement lorsque ces arbres poussent à proximité des sites de restauration.

Le nombre de graines récoltées dépend du nombre d'arbres requis, du pourcentage de germination des graines et des taux de survie des plants. Gardez des registres précis pour déterminer les quantités nécessaires lors des récoltes à venir.

Informations à enregistrer lors de la collecte de semences

Numéro de l'espèce: Numéro de lot:

FICHE DE TECHNIQUE SUR LA COLLECTE DE SEMENCES

Famille:

Espèce: Nom commun:

Date de collecte: Nom de l'agent de collecte:

No d'étiquette de l'arbre.:   Circonférence du tronc:

Ramassées au sol [ ] ou coupées sur la branche de l'arbre [ ]

Localisation: Altitude:

Le type de forêt:

Nombre approximatif de semences collectées:

Détails concernant le stockage /transport:

Traitement de pré-semis: Date de semis:

Prélèvement de l'échantillon de feuilles et fruits [ ]

Notes pour l'étiquette de l' herbier:

Chaque fois que vous récoltez les graines d'une nouvelle espèce, attribuez à cette espèce un numéro spécifique unique. Clouez une étiquette métallique numérotée sur l'arbre, de manière à pouvoir le repérer par la suite. Prélevez un échantillon de feuilles et de fruits pour l'identification des espèces. Placez l'échantillon dans un presse-spécimens, asséchez-le et demandez à un botaniste d'identifier les espèces. Utilisez un crayon pour écrire le nom de l'espèce (s'il est connu), la date et le numéro de l'espèce sur une étiquette et placez l'étiquette à l'intérieur du sac contenant les graines.

Sur une fiche de données (exemple ci-joint), reportez les détails essentiels sur les lots de semences collectées et tout ce qu'ils ont subi (en termes de traitement par exemple) de la collecte au semis dans les caisses de germination. Ces informations permettront de comprendre pourquoi certains lots germent bien et d'autres pas, conduisant ainsi à l'amélioration des techniques de collecte dans le futur. Une fiche pour la collecte des données plus détaillées pouvant être utilisée pour la recherche est fournie en **l'annexe (A1.3)**.

Encadré 6.1. Flux de gènes, diversité génétique adaptative et approvisionnement en semences.

Le changement climatique mondial a de profondes conséquences pour les écosystèmes forestiers tropicaux. L'adaptabilité évolutive d'une espèce et sa capacité à survivre aux changements environnementaux dépendent de la diversité génétique présente chez les individus de cette espèce. Les populations d'arbres qui ont un large spectre de variation génétique adaptative ont les meilleures chances de survivre au changement climatique ou aux changements d'autres facteurs environnementaux, tels que l'augmentation de la salinité, l'utilisation d'engrais et la redistribution de la végétation résultant de la conversion de l'habitat.

Considérez isolément les arbres d'une espèce, dont chacun pourrait posséder différentes versions ou «allèles» d'un gène codante d'une protéine déterminée. Si l'un de ces allèles fonctionne mieux dans des conditions plus sèches, alors les individus porteurs de cet allèle pourraient mieux survivre si la pluviométrie baisse et pourraient donc être plus susceptibles de transmettre leur version du gène aux générations suivantes. A l'inverse, les arbres qui portent un autre allèle du même gène ou d'un gène différent pourraient mieux survivre si les conditions devaient devenir plus humides. Par conséquent, la préservation de la variabilité génétique entre les arbres qui composent la population d'une espèce est l'un des aspects les plus importants de tout programme de restauration pour la conservation de la biodiversité.

La variation génétique adaptative dépend des taux de mutation du gène, du flux de gènes et d'autres facteurs. La sélection naturelle augmente la fréquence des traits, qui confèrent des avantages aux individus, à un moment ou à un endroit particulier. Dans le cas des arbres tropicaux, elle peut agir au stade de la plantule, quand les jeunes plants ont la possibilité de remplacer un arbre de la canopée qui est tombé. Elle peut aider les populations d'arbres à faire face aux futures agressions d'origine climatique.

La diversité génétique adaptative augmente en raison du flux de gènes, c'est-à-dire au moment où différents gènes sont introduits dans une population par le pollen ou les graines d'un autre arbre, ou d'une population d'arbres. Le flux de gènes peut se produire sur des distances pouvant atteindre des centaines de kilomètres (Broadhurst *et al.*, 2008). La fragmentation de l'habitat empêche la dispersion aussi bien des pollens que des graines. En outre, les populations d'arbres qui sont adaptées aux conditions environnementales actuelles pourraient ne pas avoir une diversité génétique adaptative suffisante pour permettre à un nombre suffisant de leur progéniture de survivre au changement climatique. Les praticiens de la restauration forestière doivent chercher à savoir si les pools de gènes locaux ont une diversité génétique adaptative et une résilience suffisantes pour faire face aux problèmes liés au changement climatique, et pour s'adapter assez rapidement aux changements environnementaux. Par conséquent, il pourrait y avoir de solides arguments qui plaident en faveur de la fourniture d'une partie des semences destinées aux projets de restauration à partir des zones non situées dans la localité dans une tentative d'imitation du flux génétique naturel.

Il a été recommandé que les graines destinées aux projets de restauration forestière soient récoltées au niveau local, sur des arbres mères de «haute qualité», parce que les arbres locaux sont connus comme étant le produit de la longue histoire de sélection naturelle qui a permis leur adaptation génétique pour survivre et se reproduire dans les conditions locales prédominantes. Cependant, compte tenu de la nécessité de maintenir des niveaux élevés de diversité génétique de manière à assurer l'adaptabilité aux changements climatiques, les semences d'origine locale pourraient être complétées par un petit pourcentage de graines récoltées dans d'autres zones qui ont des conditions environnementales et climatiques semblables à celles du site de plantation. La «provenance composite» a été proposée comme un moyen d'amélioration du flux de gènes naturels (Broadhurst *et al.*, 2008). Par exemple, la majorité des graines pourrait être récoltée sur le plus d'arbres parents locaux possible, mais aussi inclure des sources proches et éco-géographiquement similaires (Sgró *et al.*, 2011). Une plus faible proportion (10–30%) pourrait provenir d'endroits beaucoup plus éloignés (Lowe, 2010). Les nouvelles combinaisons de gènes qui en résultent pourraient permettre aux populations d'arbres de faire face aux changements environnementaux, crucial au cas où la sélection naturelle devrait agir sur les plantations de restauration.

Encadré 6.1. suite.

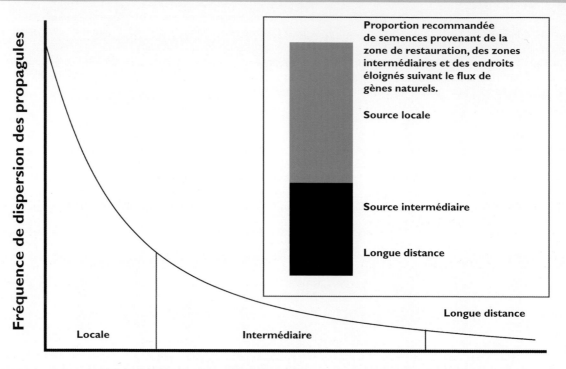

Distance de la plante mère

Figure reproduite avec l'aimable autorisation de Sgró *et al.* (2011)

Pour la plupart des espèces, la dispersion des graines se fait à l'échelle locale, des proportions beaucoup plus faibles de graines étant dispersées sur des distances intermédiaires et plus longues. La provenance composite imite cette dispersion, en utilisant une forte proportion de graines adaptées aux conditions locales, et de plus faibles proportions de graines récoltées dans des zones proches (en imitant le flux génétique intermédiaire) et dans des endroits éloignés. Les graines récoltées à une certaine distance du site de restauration pourraient introduire de nouveaux gènes dans la population.

Extraction de graines des fruits

Pour la plupart des espèces, les graines doivent être extraites des fruits et nettoyées avant le semis.

Pour les fruits charnus, enlevez autant que possible la pulpe du fruit avec un couteau et lavez la pulpe restante avec de l'eau. Pour les fruits compacts, faites les tremper dans de l'eau pendant 2 à 3 jours pour suffisamment adoucir la pulpe, afin de faciliter l'extraction des graines. Une fois que la pulpe du fruit a été enlevée, les graines pourraient germer rapidement. Dans ces conditions, semez-les immédiatement ou traitez-les aux fins de stockage. Le non-décorticage des fruits favorise une infection fongique. Chez certaines espèces, le retrait de la pulpe révèle un pyrène ligneux ou pierreux contenant une ou plusieurs graines. Si les graines doivent être plantées immédiatement, fendez l'endocarpe dur pour permettre à l'eau de pénétrer dans l'embryon afin de déclencher la germination. Utilisez un étau, un marteau ou un couteau pour fendre l'endocarpe en douceur, sans endommager la(es) graine(s) à l'intérieur.

Les fruits secs déhiscents, tels que les gousses d'arbres de la famille des légumineuses, se fendent souvent naturellement. Dans ces conditions, exposez-les dans un endroit sec et ensoleillé jusqu'à ce qu'ils s'ouvrent et que les graines tombent seules ou puissent être facilement secouées.

Pour les fruits secs indéhiscents qui ne se fendent pas naturellement, coupez les gousses et écartez-les avec un sécateur ou d'autres outils. Les graines de certains fruits indéhiscents, tels que les noix et les samares, ne sont généralement pas extraites et les fruits entiers devraient être placés dans des bacs de germination. Les appendices de fruits, tels que les ailes de samares (par exemple, *Acer*, *Dipterocarpus)* ou les cupules de noix, y compris les glands ou les châtaignes, doivent être enlevés pour faciliter le traitement. La germination des graines couvertes par un arille est presque toujours accélérée en grattant l'arille.

Assurer la qualité des graines

Il est très important de ne semer que les graines de la plus haute qualité disponible. Elles ne devraient pas présenter de signes de la croissance fongique, ni de marques de dents d'animaux ni de petits percements d'insectes tels que le charançon. Quant aux grosses graines, celles mortes peuvent être rapidement identifiées par immersion des graines dans l'eau pendant 2 à 3 heures. Retirez les graines flottantes, car elles contiennent de l'air au lieu des cotylédons épais et d'un embryon fonctionnel. Semer des graines de mauvaise qualité est une perte de temps et d'espace, et pourrait favoriser la propagation des maladies.

Séparez les bonnes graines des mauvaises graines: les bonnes graines vont au fond (à gauche), les mauvaises graines flottent (à droite).

Stockage des graines

Bien qu'il soit généralement préférable de faire germer les graines dès que possible après la récolte, le stockage des graines peut s'avérer utile dans la rationalisation de la production d'arbres, la répartition des semences entre les pépinières et l'accumulation des semences pour le semis direct. En fonction de leur potentiel de stockage physiologique, les graines peuvent être classées comme suit: orthodoxes, récalcitrantes ou intermédiaires. Des informations sur le comportement de nombreuses espèces pendant le stockage sont disponibles à l'adresse http://data.kew.org/sid/search.html.

Graines orthodoxes et récalcitrantes

Les graines orthodoxes restent viables lors de la dessiccation à basse teneur en eau (2–8%) et refroidies à des températures basses (généralement de quelques degrés au-dessus de la congélation), de sorte qu'elles peuvent généralement être conservées pendant de nombreux mois, voire des années.

Les graines récalcitrantes sont plus fréquentes chez les espèces provenant des habitats tropicaux humides et ont tendance à être grandes et à avoir de minces téguments ou parois de fruits. Elles sont très vulnérables à la dessiccation et ne peuvent pas être soumises à un séchage dont la teneur en eau est inférieure à 60–70%. En outre, elles ne peuvent pas être réfrigérées et ont une durée de vie relativement courte. Par conséquent, il est très difficile de les stocker pendant plus de quelques jours, sans perdre leur viabilité.

Il y a aussi un sous-groupe d'espèces qui ont des graines «intermédiaires». Celles-ci peuvent être soumises à une dessiccation à basse teneur en eau, se rapprochant de celle tolérée par les graines orthodoxes, mais elles sont sensibles au froid lors de la dessiccation.

Séchage et stockage des graines orthodoxes

Tout d'abord, cherchez à savoir si la majorité des graines sont mûres ou immatures parce que des arbres pris isolément peuvent disperser leurs graines à des moments légèrement différents. Les graines mûres, prêtes pour la dispersion, réagit mieux à la dessiccation. Les graines immatures sont généralement plus difficiles à sécher.

Les graines immatures, soit fraîches soit après séchage, ne germent pas. Toutefois, on peut provoquer leur maturation et faire nettement augmenter leur viabilité en les stockant à une humidité et à une température régulées. Une humidité relative de 65% est suffisamment faible pour réduire les risques de moisissure. Une autre possibilité consiste à stocker les fruits dans des conditions aussi naturelles que possibles, c'est-à-dire avec le fruit laissé sur les tiges et les graines laissées dans le fruit. Examinez quelques graines de temps en temps pour déterminer le moment où le lot arrivera à maturité.

Les graines mûres doivent être manipulées avec soin entre la récolte dans la forêt et le stockage ou le semis en pépinière. Une fois que les graines sont récoltées, elles commencent à vieillir, en particulier si elles sont conservées à des teneurs en humidité élevées. Elles peuvent être attaquées par des insectes, des acariens et/ou des champignons (si elles ne sont pas conservées dans un endroit bien aéré) ou alors elles peuvent germer.

Développement de la qualité des graines en fonction du temps de maturation. (Reproduit avec l'aimable autorisation du conseil d'administration de la Royal Botanic Gardens, Kew)

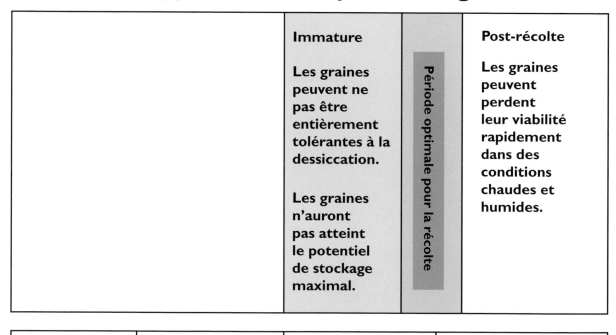

Développement de la qualité des graines

	Immature	Période optimale pour la récolte	Post-récolte
	Les graines peuvent ne pas être entièrement tolérantes à la dessiccation. **Les graines n'auront pas atteint le potentiel de stockage maximal.**		**Les graines peuvent perdent leur viabilité rapidement dans des conditions chaudes et humides.**
Différenciation dans la formation des graines	Accumulation de réserves pour la maturation	Post-abscission maturation	Dispersion/vieillissement ou réparation post-récolte

Développement des graines — temps après la floraison

Mesure de la teneur en humidité

Pour conserver leur viabilité pendant le stockage, les graines orthodoxes doivent être séchées, mais quel devrait être le degré de dessiccation pour considérer que les graines sont assez sèches? Pour savoir si les graines sont suffisamment sèches pour le stockage, remplissez à moitié un bocal en verre avec des graines et ajoutez un petit hygromètre ou une bande hydrophile dans le pot (Bertenshaw & Adams, 2009a). Attendez que l'air dans le pot atteigne un taux d'humidité stable à l'ombre ou l'humidité relative d'équilibre (HRE). Le **Tableau 6.2** montre qu'un taux d'HRE de 10 à 30% est recommandé pour le stockage à long terme des graines orthodoxes.

Un hygromètre numérique sophistiqué et coûteux (à gauche) ou de simples hygromètres à cadran bon marché (à droite) peuvent être utilisés pour évaluer la teneur en humidité des graines.

Tableau 6.2. Relation entre le taux d'HRE, la teneur en humidité des graines et la survie des graines lors du stockage.

% d'HRE	Teneur en humidité approximative (varie en fonction de la teneur en matières grasses des graines et de la température)		Survie des graines
	Graines non oléagineuses (2% de matières grasses)	Graines oléagineuses (25% de matières grasses)	
85–100%	>18,5%	> 16%	Risque élevé de moisissures, de ravageurs et de maladies.
70–85%	12,5–18,5%	9,5–16%	Graines à risque de perte rapide de la viabilité.
50–70%	9–12,5%	6–9,5%	Ralentissement du taux de détérioration; les graines peuvent survivre pendant 1 à 2 ans.
30–50%	7,5–9%	5,5–6%	Les graines peuvent survivre pendant plusieurs années.
10–30%	4,5–7,5%	3–5,5%	Les graines peuvent être maintenues en vie pendant des décennies.
< 10%	< 4,5%	< 3%	Risque de dommages, il vaut mieux éviter.

Essai rudimentaire du sel pour vérifier la teneur en humidité des graines. Le petit pot à confiture (avant) et le troisième flacon à partir de la droite contiennent du sel fluide indiquant les graines qui sont assez sèches pour le stockage.

Le sel peut également être utilisé dans un essai rudimentaire pour vérifier la teneur en humidité. Remplissez un petit pot en verre jusqu'au quart avec du sel de table très sec, ajoutez environ un volume égal de graines et agitez. Si le sel forme des grappes, l'HRE est supérieure à 70%. Si le sel demeure fluide, les graines peuvent alors être stockées, au moins à court terme.

Une autre méthode de détermination de la teneur en humidité des graines séchées consiste à peser un sous-échantillon des graines séchées au soleil, puis à les mettre dans un four à 120–150°C pendant une heure avant de procéder à une nouvelle pesée. Si le calcul ci-dessous donne une valeur <10%, les graines sont prêtes pour le stockage:

$$\frac{(\text{Masse des graines après le séchage au soleil} - \text{Masse des graines après le séchage au four}) \times 100\%}{\text{Masse des graines après le séchage au soleil}}$$

Jetez le sous-échantillon des graines utilisées pour cet essai.

Séchage des graines

La façon la plus simple de sécher les graines consiste à les nettoyer et à les laisser au soleil pendant quelques jours. Étalez les graines en couches minces sur un tapis, et retournez-les régulièrement avec un râteau afin qu'elles sèchent rapidement et uniformément, sans surchauffe. L'ensoleillement direct pendant des périodes prolongées réduit la viabilité des graines. Abritez les graines du soleil au cours de la partie la plus chaude de la journée et protégez-les dans la nuit ou après la pluie pour empêcher la réabsorption de l'humidité. Si possible, versez les graines dans des récipients scellés pendant la nuit. Une fois toutes les 24 à 48 heures, testez la teneur en humidité d'un échantillon de graines, et poursuivez le séchage jusqu'à ce que l'HRE tombe à 10–30% (l'équivalent d'un taux d'humidité de 5–10% des graines). Le temps de séchage dépend de la taille de la graine, de la structure et de l'épaisseur du tégument, de la ventilation et de la température.

Séchage de graines sur un tapis en Tanzanie. (Photo: K. Gold).

Les déshydratants

Les déshydratants sont des substances qui absorbent l'humidité de l'air. Un large éventail de déshydratants peut être utilisé pour sécher les graines dans des récipients scellés. Le gel de silice est probablement le plus connu, mais des produits locaux, tels que le riz grillé et le charbon de bois, sont des alternatives moins onéreuses. Le Royal Botanic Gardens, Kew, a développé une technique de séchage des graines qui utilise le charbon de «bois naturel», disponible partout dans les communautés rurales des zones tropicales (Bertenshaw & Adams, 2009b). Tout d'abord, séchez les graines pendant 2 à 3 jours dans les conditions ambiantes; parallèlement, séchez de petits morceaux de charbon de bois dans un four ou directement au soleil. Placez le charbon de bois au fond d'un récipient avec couvercle, puis couvrez-le avec du papier journal et placez les graines au-dessus du papier. Ajoutez un hygromètre ou une bande hydrophile, fermez le récipient et gardez-le dans un endroit frais. Une autre possibilité consiste à mettre les graines dans des sacs en tissu et à les poser dans des récipients plus grands, tels que des fûts en plastique, avec du charbon au fond. Pour atteindre une HRE de 30%, utilisez un rapport charbon de bois – poids de graines de 3/1; pour un taux d'HRE de 15%, utilisez un rapport de 7,5/1.

Le charbon de bois est un agent desséchant pas cher qui est largement disponible dans les communautés rurales des zones tropicales.

Une fois que les graines sont séchées, stockez-les dans des récipients hermétiquement fermés dans des conditions qui réduisent le métabolisme de graines et empêchent l'entrée (ou la croissance) des parasites et des pathogènes. Les récipients peuvent être en plastique, en verre ou en métal et leurs joints pourraient être améliorés avec l'utilisation de gaines intérieures en caoutchouc. Remplissez les récipients complètement pour réduire au minimum le volume d'air (et d'humidité) à l'intérieur. L'étanchéité efficace des récipients est cruciale, afin d'empêcher l'entrée d'humidité ou de spores fongiques. Même une hausse de seulement 10% d'HRE peut réduire de moitié la durée de conservation des graines. Si les récipients sont susceptibles d'être ouverts fréquemment, stockez les graines dans de petits paquets scellés dans des conteneurs plus grands, afin de minimiser l'exposition des graines restantes à l'air et à l'humidité. Mettre un petit sachet de gel de silice coloré dans les récipients indiquera si l'humidité entre dans le récipient.

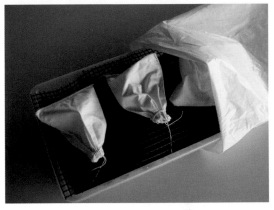

Le charbon de bois dans un récipient scellé ou dans des sacs scellés peut être utilisé en tant que déshydratant naturel. (Photo: K. Mistry).

Le stockage des graines dans les récipients aux températures ambiantes doit être suffisant pour maintenir la viabilité pendant 12 à 24 mois. La conservation des graines pendant de plus longues périodes peut nécessiter un stockage à basse température mais cela peut être coûteux et n'est généralement pas nécessaire pour les projets de restauration forestière.

Stockage des graines récalcitrantes et intermédiaires

La tolérance des graines récalcitrantes et intermédiaires au stockage varie énormément. Certaines espèces n'ont pas de dormance du tout. Les graines très récalcitrantes meurent lorsque leur teneur en humidité descend en dessous de 50–70%, tandis que celles qui sont moins vulnérables peuvent rester viables jusqu'à un taux d'humidité de 12%. La tolérance au froid varie également. Maintenez la durée de stockage des graines récalcitrantes à un minimum absolu. Lorsque le stockage est inévitable, évitez le dessèchement et la contamination microbienne et maintenez une alimentation en air adéquate.

Pour un compte rendu exhaustif concernant la récolte et le traitement de graines, le texte de référence «*A Guide to Handling Tropical and Subtropical Forest Seed*», de Lars Schmidt (publié par le DANIDA Forest Seed Centre, Denmark, 2000) est fortement recommandé.

6.3 Graines en germination

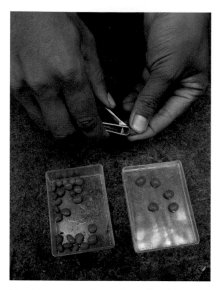

Pour les grosses graines qui ont des téguments durs, la dormance peut être rompue en coupant manuellement le tégument.

En pépinière, la dormance prolonge le temps de production des plants (voir **Encadré 6.2**). Par conséquent, différents traitements sont couramment appliqués pour réduire la dormance. Le traitement utilisé pour chaque espèce dépend du(des) mécanisme(s) particulier(s) de dormance.

Un tégument épais et imperméable peut empêcher l'eau ou l'oxygène d'atteindre l'embryon, donc une des techniques les plus simples pour briser la dormance est de fractionner le tégument avec un couteau bien aiguisé ou une coupe-ongle. Pour les petites graines, frotter doucement avec un papier abrasif peut être aussi efficace. Ces techniques sont appelées scarification. Au cours de la scarification, il faut prendre soin de ne pas endommager l'embryon dans la graine.

Pour les espèces à dormance mécanique, le traitement à l'acide est recommandé. Les acides peuvent tuer l'embryon. Dans ces conditions, il faut tremper les graines dans de l'acide assez longtemps pour ramollir le tégument de la graine, mais pas assez longtemps pour permettre à l'acide d'atteindre l'embryon.

Lorsque la germination est inhibée par des produits chimiques, le simple fait d'enlever complètement la pulpe du fruit peut résoudre ce problème. Mais, si les inhibiteurs chimiques sont présents dans la graine, il faut les éliminer au lavage par un trempage répété. Pour en savoir plus sur les traitements de pré-semis, voir **Section 6.6.**

La germination est le moment le plus vulnérable dans la longue durée de vie d'un arbre.

Ensemencement

Semez les graines dans des bacs de germination remplis d'un terreau de rempotage approprié. Les grosses graines peuvent être semées directement dans des sacs en plastique ou dans d'autres récipients. L'avantage d'utiliser des bacs de germination, repose sur la facilité du déplacement autour de la pépinière, mais n'oubliez pas qu'ils peuvent sécher rapidement s'ils sont négligés. Les caissettes à semis doivent avoir une profondeur de 6 à 10 cm, avec beaucoup de trous de drainage au fond.

Le milieu de germination doit avoir une bonne aération et un bon drainage; il doit également fournir un soutien adéquat aux plants en germination jusqu'à ce qu'ils soient prêts pour le repiquage. Les racines des plants ont besoin de respirer, de sorte que le milieu de germination doit être poreux. Une trop grande quantité d'eau remplit les espaces aériens du milieu et étouffe les racines des plants. Elle favorise également les maladies. Le sol compacté inhibe la germination et la croissance des plantules.

Mélangez le sol forestier avec des matières organiques pour créer un milieu bien structuré. L'Unité de recherche sur la restauration forestière de Chiang Mai University (FORRU-CMU) recommande un mélange de deux tiers de terre végétale des forêts et d'un tiers de cosse de noix de coco. Un mélange de 50% de sol forestier et de 50% de sable grossier est plus approprié pour les petites graines, en particulier celles (par exemple, *Ficus spp.*) qui sont sensibles à la fonte des semis. Mettez une certaine quantité de sol forestier dans le milieu pour fournir une source de champignons mycorhiziens, dont la plupart des essences forestières tropicales ont besoin. Si la terre végétale de la forêt n'est pas disponible, utilisez un mélange comprenant du sable grossier (pour favoriser un bon drainage et une bonne aération) et tamisez la matière organique (pour assurer la texture, les nutriments et la rétention de l'eau). N'ajoutez pas d'engrais au milieu de germination des graines (sauf quand il s'agit des graines en germination de *Ficus spp.*), du moment que les jeunes plants n'en auront pas besoin.

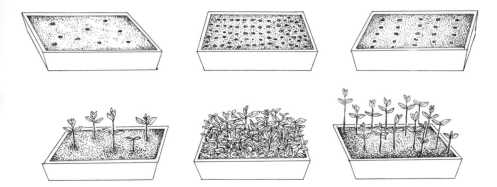

Semer les graines avec un trop grand espacement (à gauche) est un gaspillage d'espace, mais les semer avec un espacement trop rapproché (au centre) augmente le risque de maladie.

Déposez les graines de petite à moyenne taille sur la surface du milieu, puis recouvrez-les d'une mince couche de milieu de germination (avec une profondeur d'environ 2 à 3 fois le diamètre des graines) qui devrait atteindre jusqu'à 1 cm du bord du bac. Les graines de plus de 5 mm de diamètre nécessitent d'être recouvertes d'une épaisseur équivalente de milieu de germination. Cela protège les graines contre les prédateurs et le dessèchement et empêche qu'elles soient emportées lors de l'arrosage. Si les rats ou les écureuils constituent un problème, recouvrez les bacs de germination d'un maillage métallique. Placez les bacs à l'ombre pour réduire le dessèchement et la brûlure des feuilles.

Semez les graines avec un espacement d'au moins 1 à 2 cm (davantage si les graines sont grosses) pour éviter le surpeuplement. Si les graines sont semées avec un espacement trop rapproché, les plantules peuvent être affaiblies et donc plus vulnérables aux maladies telles que la fonte des semis. Arrosez légèrement les bacs de germination, immédiatement après les semis et régulièrement par la suite, à l'aide d'un vaporisateur ou d'un arrosoir qui donne des gouttes fines pour éviter la compaction du milieu. Un arrosage trop fréquent favorise la fonte des semis.

Une salle de germination parfaite au bord du parc national du lac Eacham dans le Queensland, en Australie, avec des plateaux de germination sur des bancs de treillis métallique. Les plateaux à l'arrière sont protégés par des cages métalliques, qu'on fait descendre dans la nuit pour empêcher les rats et les oiseaux d'entrer. Notez que tous les plateaux de germination portent des étiquettes indiquant clairement les espèces et la date de semis.

Encadré 6.2. Dormance et germination.

La dormance est la période pendant laquelle des graines viables ne germent pas malgré des conditions (humidité, lumière, température, etc.) normalement favorables aux étapes ultérieures de la germination et de l'établissement des plantules. Il s'agit d'un mécanisme de survie qui empêche la germination des graines pendant les saisons où les plants sont susceptibles de mourir.

La dormance peut prendre sa source dans l'embryon ou les tissus qui l'entourent (c'est-à-dire l'endosperme, le testa ou péricarpe). La dormance dans l'embryon peut être due i) à la nécessité d'un développement supplémentaire de l'embryon (après maturation); ii) à l'inhibition chimique du métabolisme; iii) à un blocage de la mobilisation des réserves nutritives, ou iv) à l'insuffisance d'hormones de croissance des plantes. La dormance due à l'épisperme peut être causée par i) la restriction du transport de l'eau ou de l'oxygène dans l'embryon; ii) la restriction mécanique de l'expansion de l'embryon, ou iii) des produits chimiques qui inhibent la germination (le plus souvent, l'acide abscissique). Chez de nombreuses espèces végétales, la dormance résulte d'une combinaison de plusieurs de ces mécanismes.

La germination se compose de trois processus étroitement imbriqués. i) L'absorption de l'eau provoque un gonflement des graines et le fractionnement du tégument. ii) Les réserves nutritives dans l'endosperme sont mobilisées et transportées dans la racine embryonnaire (radicule) et la pousse (plumule), qui commencent à croître et à pousser le tégument. iii) La dernière étape (et la définition la plus précise de la germination) est l'émergence de la racine embryonnaire à travers le tégument. Dans les essais de germination, ceci peut être difficile à observer, les graines étant enterrées; donc, l'émergence de la pousse embryonnaire peut également être utilisée pour indiquer la germination.

Numéro de l'espèce: **Numéro de lot:**

FICHE DE COLLECTE DE DONNÉES SUR LA GERMINATION

Espèce:

Date de semis: **Nbre de graines semées:**

Germées	Date	Nbre de jours depuis le semis
Première graine		
Graine médiane		
Dernière graine		

Nbre de graines germées: **% Germination:**

Date de repiquage:

Nbre de plants repiqués:

Date	Nbre germées	Date	Nbre germées

La germination des graines est influencée par l'humidité, la température et la lumière. Les plantules sont le plus vulnérables à la maladie, aux dommages mécaniques, au stress physiologique et à la prédation juste après la germination; prenez donc soin de protéger les graines en germination de l'infection, des vents desséchants, de fortes pluies et d'un fort ensoleillement.

Le suivi de l'évolution de la germination améliore progressivement l'efficacité de la pépinière au fil du temps.

Fonte des semis

Le terme «fonte des semis» renvoie à des maladies qui sont causées par plusieurs genres de champignons telluriques, dont *Pythium*, *Phytopthera*, *Rhizoctonia* et *Fusarium*, qui peuvent attaquer les graines, les pousses en émergence et les jeunes plants. La fonte des pousses avant émergence ramollit les graines et les fait brunir ou noircir. La fonte des pousses après émergence attaque les tissus mous de semis récemment germés juste au-dessus de la surface du sol. Les plantules infectées semblent être «pincées» à la base de la tige, qui vire au brun.

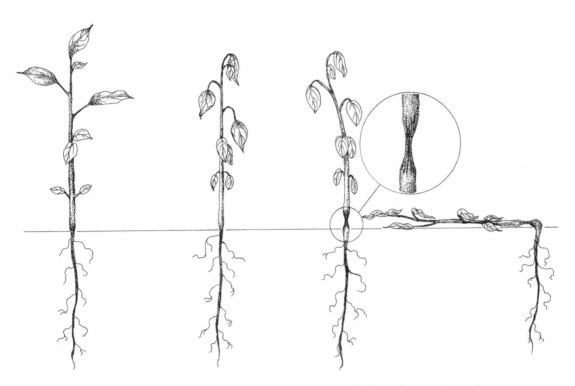

La fonte des semis, qui est causée par différents champignons, commence par des lésions brunes qui apparaissent sur la tige, au niveau de la surface du sol ou juste en-dessus. Les lésions s'étendent et les feuilles flétrissent. Enfin, la tige s'effondre et le plant meurt.

Si elle devient un problème sérieux, la fonte des semis peut être combattue avec des fongicides tels que le Captan. L'utilisation de produits chimiques n'est pas souhaitable, mais une prompte application de fongicides à l'éruption de la maladie peut permettre la préservation de la culture arbustive évitant ainsi l'attente d'une autre année pour récolter les graines à nouveau.

Enlevez immédiatement les plants infectés et détruisez-les pour empêcher la propagation de la maladie. Des mesures d'hygiène de base peuvent considérablement réduire l'incidence de la fonte des semis et sont préférables à une pulvérisation d'un fongicide. Il s'agit notamment de ne pas semer les graines de manière trop dense, de maintenir un milieu de germination bien structuré, de ne pas trop arroser, de veiller à la libre circulation de l'air autour des plants et de désinfecter les outils de la pépinière qui sont entrés en contact avec le sol.

Encadré 6.3. Propagation des espèces du genre *Ficus*.

Les espèces du genre *Ficus* jouent un rôle vital dans la restauration des forêts tropicales (voir **Encadré 2.2**) et plusieurs espèces devraient toujours être produites en pépinière de restauration. Mais leur propagation nécessite quelques techniques particulières. Le matériel végétal de *Ficus* est mieux cultivé à partir des graines. Bien que la propagation à partir de boutures soit efficace, le matériel végétal issu de graines est généralement plus sain et plus vigoureux. Le matériel issu des graines est également génétiquement plus diversifié, un facteur essentiel pour les projets de conservation de la biodiversité. Mais, la production des plants de figuiers qui sont assez grands pour la plantation à partir de la graine peut prendre 18 à 22 mois; donc, en cas d'urgence du matériel végétal, essayez des boutures.

Assurez-vous d'abord qu'il y a des graines dans la figue comme c'est le cas avec cette figure femelle de *Ficus hispida*. (Photo: C. Kuaraksa)

Séparez les graines de la pulpe à l'intérieur du fruit et séchez-les à l'air pendant quelques jours.

Cueillez des figues mûres, fendez-les pour voir si elles contiennent des graines. Les figues de l'espèce monoïque de *Ficus* contiennent à la fois des fleurs mâles et femelles, de sorte que toutes leurs figues ont la capacité de produire des semences si elles ont été visitées par des guêpes pollinisatrices de figuiers (voir **Encadré 2.2**). Les figues dioïques ont des arbres mâles et femelles distincts. Évidemment, les figues sur des arbres mâles ne contiennent jamais de graines; il est donc recommandé de scruter les ficus pour savoir si les espèces que vous souhaitez propager sont monoïques ou dioïques.

Une seule figue peut contenir des centaines, voire des milliers de minuscules graines brun pâle et dures. Grattez la pulpe qui contient les graines de l'intérieur des figues avec une cuillère. Pressez la pulpe à travers un morceau de moustiquaire au dessus d'un bol d'eau. Les graines viables passeront à travers le filet et couleront au fond. Videz la majeure partie de l'eau et versez le reste de l'eau, ainsi que les graines (qui ont coulé au fond de la cuvette), à travers un filtre (passe-thé) fin. Lavez soigneusement les graines et laissez-les sécher lentement pendant 1 à 2 jours.

Répandez uniformément les graines (en visant des intervalles de 1 à 2 cm) sur la surface d'un milieu de germination comprenant un mélange de 50% de sable et de 50% de cosses de riz carbonisé ou des matériaux similaires (n'ajoutez pas le sol forestier dans le milieu). Ne couvrez pas les graines. Arrosez les plateaux à la main en utilisant un flacon pulvérisateur à fines gouttelettes.

La plupart des espèces commenceront à germer au bout de 3 à 4 semaines et la germination sera terminée au bout de 7 à 8 semaines. Les plantules de figues sont minuscules et se développent lentement dans un premier temps. L'ajout de quelques granulés d'engrais à libération lente (par exemple, l'Osmocote) juste en dessous de la surface du milieu de germination peut accélérer la croissance des plantules, mais il peut aussi augmenter la mortalité de ces dernières. Les plants de *Ficus* sont particulièrement sensibles à la fonte des semis; il est donc recommandé d'enlever les plants infectés immédiatement et d'appliquer un fongicide tel que le Captan si une épidémie se produit. Procédez au repiquage des plants après le développement de la seconde paire de vraies feuilles (4 à 10 mois après la germination) et empotez-les dans des récipients et dans des milieux standards.

Pour produire du matériel végétal à partir de boutures, suivez la méthode figurant dans **l'encadré 6.5**. S'il s'agit de la propagation d'une espèce dioïque, collectez un nombre égal de boutures à partir des arbres mâles et femelles. Appliquez les auxines synthétiques pour stimuler l'enracinement (Vongkamjan, 2003).

Par Cherdsak Kuaraksa

Ombre

Faites germer toutes les graines, qu'elles soient des espèces héliophiles ou sciaphiles, à l'ombre. Si possible, fournissez plus d'ombre aux espèces sciaphiles. A mesure que le temps du repiquage approche, réduisez le niveau de l'ombre aussi proche que possible de celui de la zone de mise en attente. Si plusieurs couches de toile d'ombrage en plastique ont été utilisées, retirez-les une à la fois.

6.4 Empotage

Conteneurs ou couches de terreau?

Les plants qui ont été cultivés dans des couches de terreau sont qualifiés d'arbres à «racines nues», car ils conservent très peu de terre sur les racines quand ils sont déterrés pour la plantation. Leurs racines exposées perdent rapidement de l'eau et sont facilement endommagées. Lorsque le système racinaire est réduit, mais que la surface foliaire demeure intacte, les racines sont incapables de fournir suffisamment d'eau aux pousses, afin de maintenir la transpiration et de conserver la turgescence des cellules des feuilles, provoquant en conséquence leur flétrissement et une mortalité accrue. Ainsi, les plants à racines nues souffrent souvent du «choc de la transplantation» quand ils sont repiqués dans des sites déboisés, d'où un taux de mortalité beaucoup plus élevé que celui des plants cultivés dans des conteneurs.

Avec un système conteneurisé, les plants sont transplantés des bacs de germination vers des conteneurs dans lesquels ils se développent jusqu'à ce qu'ils soient assez grands pour être repiqués. Les conteneurs protègent les arbres pendant leur transport vers le site de plantation, où la motte entière peut être retirée du récipient, ce qui minimise le stress de la transplantation.

Choix des conteneurs (récipients)

Les récipients doivent être suffisamment grands pour permettre le développement d'un bon système racinaire et soutenir une croissance adéquate des pousses. Ils doivent avoir suffisamment de trous pour permettre un bon drainage. Ils doivent également être légers, peu coûteux, durables et facilement accessibles. Les récipients peuvent être fabriqués à partir de divers matériaux tels que le polyéthylène, l'argile et des matériaux biodégradables. Lorsque les fonds sont insuffisants pour permettre l'achat de récipients, essayez d'improviser par la conversion de cartons, de bouteilles en plastique ou de vieilles boîtes (n'oubliez pas d'ajouter des trous de drainage) même des feuilles de bananier peut être pliées pour fabriquer un récipient adéquat.

Les sacs en plastique sont probablement les récipients les plus couramment utilisés. Leurs tailles sont variables et ils sont solides, légers et pas chers. En outre, ils ont été utilisés avec succès chez un très large éventail d'espèces. Les grands sacs en plastique sont difficiles à transporter et nécessitent un grand milieu, tandis que les petits limitent le développement des racines. La taille optimale est de 23 × 6,5 cm, ce qui permet aux racines pivotantes d'atteindre une longueur raisonnable avant d'atteindre le fond du sac et de commencer à s'enrouler.

Les sacs en plastique présentent, en effet, certains inconvénients. Ils peuvent se plier facilement, en particulier pendant le transport, ce qui peut endommager la motte, entraînant ainsi son éboulement lors de la plantation. Les racines d'espèces d'arbres à croissance rapide peuvent remplir les sacs rapidement et commencer à s'enrouler au fond. Cette mauvaise formation de racines peut accroître la vulnérabilité des arbres au déracinement plus tard dans leur vie. Les racines peuvent se développer à travers les trous de drainage dans le sol en dessous, de sorte que les racines sont coupées lorsque l'arbre est soulevé juste avant la plantation, ce qui provoque le choc de la transplantation. Les stimulateurs de racines peuvent réduire ce problème.

Les sacs en plastique (23 × 6,5 cm) ne coûtent pas cher, mais ne sont pas réutilisables et peuvent causer l'enroulement des racines des espèces d'arbres à croissance rapide.

Stimulateurs de racines

Les stimulateurs de racines sont des pots en plastique rigides avec des rainures vers le bas sur les flancs qui dirigent la croissance des racines vers le bas, empêchant donc l'enroulement des racines. De larges trous au fond permettent l'exposition des racines à l'air (voir **Section 6.5**). Même si, au début, ils coûtent plus cher que de nombreux autres types de récipients, ils peuvent être réutilisés de nombreuses fois et leur rigidité protège la motte pendant le transport.

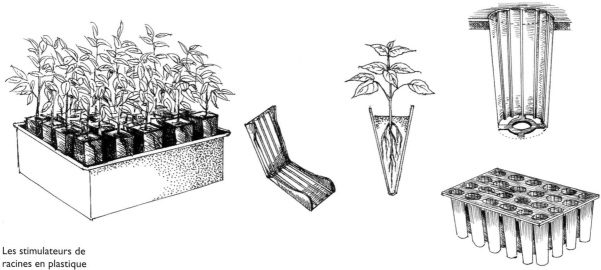

Les stimulateurs de racines en plastique rigides viennent sous la forme de différents modèles et tailles.

Qu'est-ce qui fait un bon terreau de rempotage?

Un terreau de rempotage est constitué de particules de sol grossier et fin avec des pores entre elles qui permettent l'aération et le drainage. Le terreau doit fournir aux arbres en croissance le soutien, l'humidité, l'oxygène, les nutriments et les micro-organismes symbiotiques.

Les racines des plants qui poussent dans des récipients n'ont accès qu'à un volume limité du terreau. Le sol seul est un terreau non approprié, car il se compacte facilement et le récipient empêche le libre drainage, donc engorgement et étouffement des racines. Un bon drainage est indispensable mais le terreau doit aussi avoir une teneur en matière organique suffisante pour faire en sorte que le terreau reste suffisamment humide entre les arrosages.

Différents matériaux peuvent rentrer dans les terreaux de rempotage, y compris le sable grossier ou le gravier (lavé pour éliminer les sels) et la terre végétale de la forêt. La matière organique peut être ajoutée sous la forme de charbon vert fabriqué à partir de balles de riz, de cosses de noix de coco, de coques d'arachides et même de déchets provenant de la production agricole, comme la pulpe de fruits du café ou la canne à sucre pressée. Une autre possibilité consiste à fabriquer du compost à partir des déchets organiques domestiques. L'ajout de la bouse de vache au mélange peut considérablement augmenter les taux de croissance des semis en raison de sa forte teneur en substances nutritives.

Bien que la terre végétale de la forêt prise isolément soit un terreau pauvre, elle constitue une composante importante des mélanges de terreaux car elle porte les spores de micro-organismes du sol qui aident les arbres à se développer, comme les bactéries *Rhizobium* et les champignons mycorhiziens. Pour éviter le compactage, mélangez le sol forestier avec de la matière organique volumineuse ou du sable grossier. Le mélange du sol forestier avec ces ingrédients «aère» le milieu et améliore le drainage et l'aération. Quels que soient les matériaux que vous choisissez, ils devraient être bon marché et disponibles localement tout au long de l'année.

Tableau 6.3. Terreau standard.

Ingrédient	Proportion	Propriétés bénéfiques	Exemples
Sol forestier	50%	Nutriments, micro- organismes du sol, soutien structurel	15 cm de terre végétale noire de la forêt
Grossières particules de matières organiques	25%	Espaces aérés	Coques d'arachides, feuilles mortes, compost domestique, écorce d'arbre
Fine particules de matières organiques	25%	Conservation de l'humidité, nutriments	Fibre de noix de coco, charbon vert fabriqué à partir des balles de riz, bouse sèche des bovins

Un terreau universel standard est constitué de 50% de terre végétale de la forêt mélangée avec 25% de matières organiques fines et 25% de matières organiques grossières (**Tableau 6.3**).

Conservez le terreau de rempotage dans un endroit humide mais protégé de la pluie. Pour éviter la propagation des maladies, ne recyclez jamais le terreau de rempotage. Lorsque vous vous débarrassez des arbres faibles ou malades, éloignez de la pépinière le terreau dans lequel ils ont grandi.

Lorsque vous fabriquez un terreau de rempotage, tamisez les matériaux pour enlever les pierres ou les grosses mottes et mélangez-les sur une surface dure et plane à l'aide d'une pelle. Les grandes pépinières utilisent des bétonnières électriques pour mélanger leurs terreaux.

Encadré 6.4. Les semis naturels comme alternative aux semences.

Les cultures mixtes d'espèces d'arbres «framework» à partir de graines peuvent prendre 18 mois ou plus, car il faut attendre que les arbres mères portent des fruits et que les graines germent. Alors, existe-t-il un moyen plus rapide pour produire des jeunes plants «framework»? Les sauvageons sont des plants qui sont déterrés de la forêt et élevés dans une pépinière. En général, les arbres forestiers produisent un grand nombre de plants excédentaires, dont la plupart meurent. Dans ces conditions, en déterrer quelques-uns pour les transférer dans une pépinière ne nuit pas à l'écosystème forestier. Si les sauvageons sont transplantés d'une forêt fraîche et ombragée directement vers un site déboisé ouvert, ils meurent généralement de choc de la transplantation. Donc, il faut d'abord empoter les sauvageons, en prendre soin dans une pépinière, et les endurcir avant de les planter. Des chercheurs de l'Unité de recherche sur la restauration forestière de l'Université de Chiang Mai (CMU-FORRU) ont déterminé la façon d'utiliser les sauvageons pour produire des arbres «framework» aux fins de plantation (Kuarak, 2002).

Dans la forêt, repérez plusieurs arbres mères convenables des espèces requises qui ont donné beaucoup de fruits lors de la précédente saison de fructification. Il est préférable de prélever des plants des nombreux arbres mères qui se trouvent sur le site pour maintenir la diversité génétique. Recueillez les plants qui n'ont pas plus de 20 cm (au-delà de cette taille, les plants ont une mortalité élevée en raison du choc violent de la transplantation) dans un rayon de 5 m de l'arbre mère (qui mourraient, dans le cas contraire, à la suite de la concurrence de l'arbre mère). La première considération lors de la collecte des sauvageons est de minimiser l'endommagement des racines; il est donc recommandé de les déterrer au cours de la saison des pluies, lorsque le sol est mou. Extirpez les très jeunes plants de petite taille avec soin à l'aide d'une cuillère ou déterrez les grands plants avec un déplantoir, en conservant une motte de terre autour des racines. Placez les semis dans un seau avec un peu d'eau, ou utilisez des récipients fabriqués à partir de tiges de bananier.

Aux Philippines, des récipients fabriqués à partir de sections de tiges de bananier constituent des contenants bon marché pour le transfert de semis naturels de la forêt à la pépinière.

Si les sauvageons ont une hauteur supérieure à 20 cm, pensez à les émonder juste après les avoir déterrés pour réduire la mortalité et augmenter le taux de croissance. Taillez la tige d'un tiers ou de moitié, mais n'oubliez pas que ce ne sont pas toutes les espèces qui tolèrent l'élagage; ainsi, il se peut que vous ayez à mener certaines expériences. Faites une taille de 45° à environ 5 mm au-dessus d'un bourgeon axillaire. Une autre possibilité consiste à tailler les plus grandes feuilles d'environ 50%. Les racines secondaire peuvent nécessiter un émondage pour permettre l'empotage aisé des semis dans des sacs en plastique de 23 × 6,5 cm, remplis de terreau standard sans plier la racine pivotante. Gardez les semis naturels empotés sous une ombre épaisse (20% de la lumière solaire normale) pendant environ 6 semaines ou construisez une chambre de récupération. Par la suite, suivez les mêmes procédures utilisées pour les soins et l'endurcissement des jeunes plants qui ont été cultivés à partir de graines. Par rapport à la production des plants à partir de graines, ces techniques peuvent réduire le temps nécessaire pour la production des plants à une taille convenable de plusieurs mois, voire d'un an, et peuvent réduire considérablement les coûts de production.

Une chambre de récupération de 1 × 4 m est suffisamment grande pour 1.225 plantes. Cette enceinte est construite dans une zone ombragée de la pépinière à partir d'une simple structure en bambou fendu. La structure est recouverte d'une feuille de polyéthylène, dont les bords sont enterrés dans une tranchée peu profonde autour de la structure, scellant ainsi la chambre. L'humidité s'accumule dans la chambre, ce qui empêche le choc de la transplantation. Après quelques semaines, la chambre est partiellement ouverte pour permettre aux plantes de s'acclimater aux conditions ambiantes et, finalement, le couvercle est enlevé complètement.

By Cherdsak Kuaraksa

Quel volume de terreau est-il nécessaire?

Pour calculer le volume nécessaire pour remplir vos récipients, mesurez leur rayon et leur hauteur, et appliquez la formule suivante:

Volume total de terreau nécessaire = (rayon du récipient)^2 × hauteur du récipient × 3,14 × nombre de récipients

Par exemple, pour 2.000 sacs en plastique de 23 × 6,5 cm, vous aurez besoin de (6,5/2)^2 × 23 × 3,14 × 2.000 = 1.525.648 cm^3, soit près de 1,5 m^3 de terreau de rempotage.

Remplissage des récipients

Tout d'abord, assurez-vous que le terreau est humide mais pas trop: pulvérisez-y de l'eau si nécessaire. Lors du repiquage des plants de petite taille, remplissez complètement les récipients avec du terreau en utilisant un déplantoir ou une pelle en bambou. Frappez chaque récipient sur le sol à quelques reprises pour permettre au terreau de se tasser, avant d'y ajouter une épaisseur du terreau jusqu'à 1–2 cm du bord du conteneur. Le terreau de rempotage ne doit pas être tellement compact qu'il inhibe la croissance des racines et le drainage, mais il ne devrait non plus être trop ouvert. La consistance du terreau de rempotage à l'intérieur des sacs en plastique peut être vérifiée en saisissant fermement le sac. La trace de votre main doit y rester après le relâchement et le sac doit rester debout, non tenu.

«Repiquage»

Le «repiquage» (empotage) consiste à transférer les plantules issues de bacs de germination dans des conteneurs. Cette tâche doit être effectuée à l'ombre, en fin de journée. Les plants sont prêts pour le repiquage lorsque les 3 premières paires de vraies feuilles se sont complètement développées. Remplissez les récipients selon la description ci-dessus. Ensuite, utilisez une cuillère pour faire un trou dans le terreau qui est assez grand pour prendre les racines du plant sans les plier. Manipulez les plantules fragiles avec soin. Saisissez délicatement une feuille (pas la tige) de la plantule et enlevez lentement cette dernière de son bac de germination avec une cuillère. Placez la racine du plant dans le trou du terreau de rempotage et remplissez le trou avec davantage de terreau. Frappez le récipient sur le sol pour permettre au terreau de se tasser.

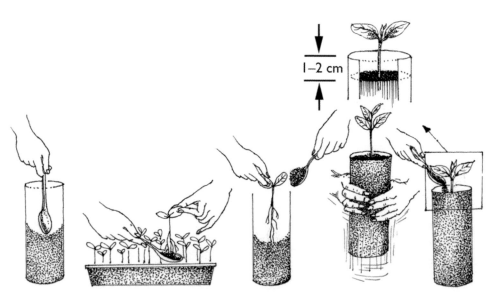

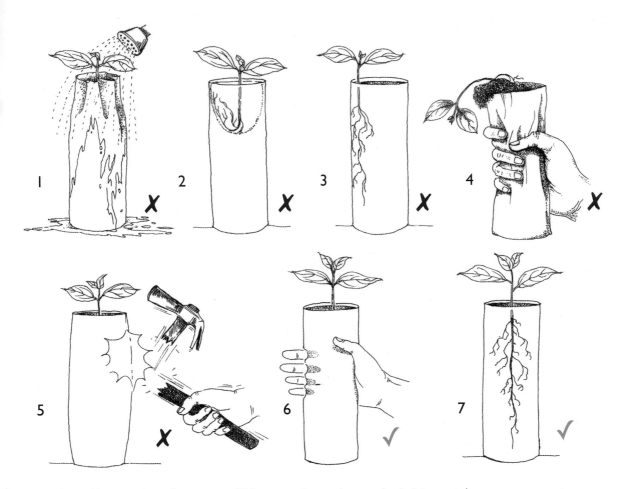

Les possibles problèmes posés par le rempotage: (1) le terreau s'est tassé causant le rétrécissement du sac en plastique et bloquant l'arrosage; (2) l'enroulement des racines rendra l'arbre adulte vulnérable au déracinement; (3) la plantule n'est pas placée au centre; (4) le terreau est trop mou; (5) le terreau est compacté; (6) excellente consistance du terreau, et (7) plantule parfaitement mise en pot!

Ajoutez-y une épaisseur du terreau jusqu'à 1–2 cm du bord du conteneur. Le collet de la plantule (la jonction entre la racine et la pousse) doit être à la surface du terreau de rempotage. Puis, pressez le terreau pour faire en sorte que la plante soit en position verticale et placée au centre. Pour les plants de grande taille, suspendez les racines dans un récipient partiellement rempli, puis ajoutez avec soin du terreau autour des racines.

«Mise en attente»

Par «mise en attente», on entend le temps pendant lequel les plants conteneurisés sont conservés dans la pépinière, de l'empotage jusqu'à leur transport vers le site de plantation. Après l'empotage des plantules, placez les récipients dans un endroit ombragé et arrosez les plants. Faites en sorte que les sacs en plastique restent debout et ne soient pas serrés. Dans un premier temps, les récipients peuvent être en contact les uns avec les autres (c'est-à-dire des «pots en forme de cœur»). Au fur et à mesure que les plants poussent, espacez les récipients de quelques centimètres, afin d'éviter que les semis ne se fassent de l'ombre entre eux.

Les conteneurs peuvent être debout sur un sol nu, sur un terrain recouvert par divers matériaux ou sur des grilles métalliques surélevées. Si les conteneurs sont mis en attente sur le sol nu, les racines des arbres peuvent se développer en traversant les trous dans le fond des récipients et

Encadré 6.5. Les boutures comme alternative aux graines.

La multiplication végétative n'est normalement pas recommandée pour la production du matériel végétal destiné aux projets de restauration forestière, car elle tend à réduire la diversité génétique adaptative (voir **Encadré 6.1**). Toutefois, elle peut convenir aux espèces d'arbres «framework» qui sont rares et très convoités dont les graines sont difficiles à trouver ou à faire germer. Pour ces espèces, la multiplication par boutures est acceptable à condition que les boutures soient prélevées sur autant d'arbres mères que possibles.

Les arbres qui sont cultivés à partir de boutures arrivent souvent à maturité de façon précoce — une caractéristique souhaitable pour les espèces d'arbres «framework». Les méthodes courantes peuvent être utilisées pour enraciner les boutures. Longman et Wilson (1993) signalent que la plupart des essences tropicales testées à ce jour peuvent être enracinées comme boutures feuillues dans des «poly-propagateurs» rudimentaires et/ou sous la brume (brumisation). Ces auteurs ont également procédé à un examen exhaustif des techniques mais gardez à l'esprit que peu de travaux ont été effectués sur la multiplication végétative de la grande majorité des essences tropicales qui doivent être utiles pour la restauration des écosystèmes forestiers tropicaux.

Une étude de la multiplication végétative à l'Unité de recherche sur la restauration forestière de l'Université de Chiang Mai (FORRU-CMU) a fait les recommandations suivantes pour l'enracinement des boutures d'espèces «framework», en utilisant une méthode simple basée sur les sacs en plastique (Vongkamjan, 2003).

Coupez des jeunes pousses vigoureuses de taille moyenne (les pousses feuillues peuvent souvent être trouvées sur les souches après la coupe ou le brûlage), sur autant d'arbres mères que possible, à l'aide d'une paire de sécateurs tranchants et propres ou d'un couteau. Placez les boutures dans des sacs en plastique avec un peu d'eau et transportez-les immédiatement vers une pépinière. Dans la pépinière, taillez les boutures de 10 à 20 cm. Retirez les parties inférieures ligneuses et le fragment apical fragile. Si chaque nœud a une feuille ou un bourgeon, les nœuds simples peuvent être utilisés mais pour les pousses qui n'ont pas de bourgeons et ont de courts entre-nœuds, les boutures peuvent inclure 2 à 3 nœuds.

Taillez les feuilles transversalement de 30 à 50%. Coupez les bases des boutures avec un propagateur (couteau) tranchant sous la forme d'un talon juste en-dessous d'un nœud.

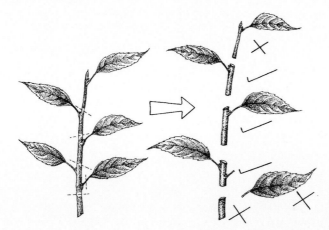

Les traitements hormonaux sont généralement nécessaires pour stimuler l'enracinement des boutures. Chaque espèce réagit différemment aux diverses préparations hormonales qui sont disponibles; il est donc recommandé de procéder à certaines expériences. Les produits contenant des auxines, soit l'acide indole-3-butyrique (IBA) soit l'acide naphtalène-1-acétique (NAA), dans différentes concentrations, sont les plus susceptibles d'être efficaces. Ces produits sont généralement des poudres, qui devraient être légèrement répandues sur les bases des boutures. Certaines poudres d'enracinement contiennent également un fongicide comme le Thiram ou le Captan, ce qui contribue à prévenir les maladies. Suivez les instructions sur le paquet.

Encadré 6.5. suite.

Des sachets contenus dans des sacs peuvent être utilisés pour maintenir une humidité de 100% tandis que les boutures font pousser des racines.

Mélangez 50% de sable avec 50% de charbon de balles de riz pour faire un terreau d'enracinement et placez ce mélange dans de petits sacs en plastique de couleur noire. Introduisez les bases des boutures dans le terreau. Arrosez le terreau et pressez-le pour le rendre ferme autour de chaque bouture. Mettez des groupes de 10 petits sacs dans des grands sacs en plastique (20 × 30 cm). Ajoutez un litre d'eau et scellez le grand sac, ce qui crée une atmosphère de 100% d'humidité qui va garder les boutures en vie jusqu'à ce que les racines poussent et soient en mesure de fournir suffisamment d'eau aux pousses de boutures. Placez sur chaque sac une étiquette contenant le nom de l'espèce et la date de départ. Tenez des registres dans lesquels figure le nombre de boutures qui développent des racines et des pousses. Chaque semaine, ajoutez de l'eau dans les sacs et enlevez les boutures mortes et les feuilles séchées. Lorsque les boutures laissent apparaître des racines vigoureuses et le développement des pousses, transplantez-les dans des sacs en plastique de 23 × 6,5 cm et prenez soin d'elles, comme décrit à la **Section 6.5**.

Par Suphawan Vongkamjan

pénétrer dans le sous-sol. Lorsque les arbres seront extraits pour la plantation, ces racines se briseront et réduisent tout d'un coup l'approvisionnement en eau de la racine à la tige. Cela peut fragiliser la plante avant même qu'elle n'atteigne le site de plantation. Par conséquent, les conteneurs doivent être soulevés toutes les quelques semaines, et les racines saillantes élaguées avant qu'elles ne puissent pénétrer dans le sol. La couverture des lits d'attente avec du gros gravier peut aider à prévenir ce problème. Les racines qui croissent dans le gravier ne trouvent pas d'éléments nutritifs et peu d'humidité et sont progressivement tuées par l'exposition à l'air. La couverture de la zone de mise en attente par des feuilles en plastique empêche également les racines de pénétrer dans le sol mais le plastique non poreux peut évidemment créer des problèmes de drainage.

(A) La mise en attente sur la terre nue fonctionne bien, mais les jeunes arbres nécessitent une attention constante pour empêcher la croissance des racines dans le sol sous les pots. Dans cette pépinière, des glissières de sécurité en bambou sont utilisées pour maintenir les plantes en position verticale. (B) La couverture du sol avec du gravier puis avec une feuille poreuse («tapis de barrière contre les mauvaises herbes») empêche les racines de se développer dans le sous-sol. Dans cette pépinière, un système de gicleurs automatiques arrose les plantes qui sont cultivées dans des pots en plastique carrés, rigides et réutilisables.

La solution ultime (et la plus chère) est de mettre les conteneurs sur des grilles métalliques surélevées. Les racines qui se développent à partir des conteneurs sont exposées à l'air et cessent de croître ou meurent. C'est ce qu'on appelle l'exposition à l'air (voir la **Section 6.5**). Elle favorise la ramification des racines dans des conteneurs et la formation d'une motte dense, ce qui augmente les chances de survie des arbres après la plantation.

Hébergement «cinq étoiles» pour arbres. Les arbres se trouvent dans des plateaux de treillis métallique sur une ossature qui est surélevée, ce qui permet l'exposition des racines à l'air. Le filet de protection solaire permet le contrôle les conditions d'éclairage.

6.5 Entretien des arbres dans la pépinière

Besoins en matière d'ombre

Après le repiquage, placez les plantules dans un endroit ombragé à près de 50% pour éviter la brûlure des feuilles et le flétrissement. Le filet de protection solaire, classé en fonction du pourcentage de l'ombre projetée, peut être acheté dans la plupart des magasins de fournitures agricoles. Suspendez-le sur un châssis de 0,5 à 2,5 m au-dessus du sol. Si le filet de protection solaire n'est pas disponible ou coûte trop, les matériaux locaux tels que les feuilles de cocotiers, des bandes minces de bambou ou même de l'herbe séchée sont également efficaces mais prenez garde de ne pas fournir trop d'ombre avec ces matériaux. Plus de 50% d'ombre va produire de grands arbres faibles, vulnérables aux maladies. Même lorsqu'ils sont bien établis dans des conteneurs, les arbres restent vulnérables à des températures élevées et au plein ensoleillement. Par conséquent, ils sont généralement cultivés sous un léger ombrage jusqu'à ce qu'ils soient prêts pour l'endurcissement.

Arrosage

Chaque conteneur contient une quantité d'eau relativement faible, de sorte que les plantules peuvent se dessécher rapidement si l'arrosage est interrompu pendant plus d'une journée, en particulier en saison sèche. En revanche, un arrosage excessif peut saturer le terreau de rempotage, ce qui étouffe les racines, et cela peut être tout aussi dommageable pour la croissance de la plante que la déshydratation.

Arrosez les arbres en début de matinée et/ou en fin d'après-midi pour éviter la chaleur de la journée. S'il y a quelque doute sur la fiabilité de l'approvisionnement en eau, installez un système de réservoirs d'eau comme source d'approvisionnement d'appoint. Les pépiniéristes qui sont responsables de l'arrosage doivent, chaque fois, noter sur un calendrier le jour où l'arrosage est effectué.

Les grandes pépinières commerciales utilisent souvent un système de pulvérisateurs qui sont interconnectés avec des tuyaux, ce qui permet un arrosage sans effort chaque fois que le robinet est ouvert. Mais de tels systèmes sont coûteux. Dans les pépinières produisant une gamme variée d'espèces d'arbres avec des besoins en eau différents, l'arrosage à la main au moyen d'un arrosoir ou d'un tuyau libérant de fines gouttelettes est recommandé. Cela permet aux pépiniéristes d'évaluer l'aridité de chaque lot d'arbres et d'ajuster la quantité d'eau aspergée en conséquence.

Généralement, il faut une certaine formation pour permettre à la personne chargée de l'arrosage d'apprécier la quantité d'eau à répandre. Pendant la saison des pluies, il peut être possible de passer plusieurs jours sans arrosage des jeunes plants dans une pépinière en plein champ. En revanche, en saison sèche, il peut être nécessaire d'arroser les jeunes plants deux fois par jour lorsque la surface du sol commence à sécher. La présence de mousses, d'algues ou d'hépatiques sur la surface du terreau de rempotage

L'arrosage à la main permet un plus grand contrôle que l'arrosage automatique.

indique que les plants reçoivent trop d'eau; il est recommandé d'enlever ces plantes herbacées et de réduire l'arrosage. Les mauvaises herbes peuvent livrer une concurrence féroce pour l'eau; il faut donc les enlever des conteneurs.

Il faut une attention particulière lors de l'arrosage des plateaux de germination: il est recommandé d'utiliser un arrosoir aux gouttelettes très fines et d'effectuer l'arrosage dans un mouvement de balayage pour éviter d'endommager les plants.

Engrais

Les arbres ont besoin de grandes quantités d'azote (N), de phosphore (P) et de potassium (K), des quantités modérées de magnésium, de calcium et de soufre et d'infimes quantités de fer, de cuivre et de bore et d'autres nutriments minéraux pour parvenir à une croissance optimale. Le terreau peut fournir des quantités suffisantes de ces nutriments, surtout si le sol forestier riche est utilisé, mais l'application d'engrais supplémentaire peut accélérer la croissance. Votre service local de vulgarisation agricole ou votre collège d'agriculture pourrait être en mesure d'analyser la teneur en nutriments du terreau que vous utilisez et de vous donner des conseils sur les besoins en engrais.

La décision d'appliquer des engrais dépend non seulement de la disponibilité des éléments nutritifs dans le terreau de rempotage, mais aussi du taux de croissance requis, ou de l'aspect des plants. Les plantes qui ont des symptômes de carence en éléments nutritifs, tels que le jaunissement des feuilles, devraient recevoir des engrais. Il est également recommandé d'appliquer les engrais si besoin pour accélérer la croissance afin que les plantes soient prêtes pour la transplantation à la saison de plantation.

L'application de 10 granulées d'engrais à libération lente tous les 3–6 mois permet d'avoir des plants prêts à la date de plantation, alors qu'une absence de fertilisation peut amener à attendre une année supplémentaire.

L'utilisation de granulés d'engrais à libération lente à une vitesse d'environ 1,5 g par litre de terreau de rempotage est recommandée. A la FORRU-CMU, de bons résultats ont été obtenus pour plusieurs espèces en ajoutant environ 10 granulés de 'Osmocote' 14:14:14 NPK (environ 0,3 g) à la surface du terreau de chaque récipient tous les 3 mois. «Nutricote» est également largement disponible, et recommandé. Bien que les engrais à libération lente soient chers, seules de très petites quantités sont appliquées tous les 3 à 6 mois, et donc les coûts de main-d'œuvre de leur application sont très faibles.

Une autre possibilité consiste à utiliser des engrais ordinaires, soit des engrais solides mélangés au terreau de rempotage (par exemple, 1 à 5 g par litre de terreau) soit dissouts dans l'eau. Dissolvez environ 3–5 g d'engrais par litre d'eau et appliquez-le avec un arrosoir. Puis, arrosez de nouveau les plants avec de l'eau fraîche pour ôter les solutions d'engrais qui se trouvent sur les feuilles. Ce traitement doit être répété tous les 10–14 jours. Il faudrait donc beaucoup plus de temps et de main-d'œuvre par rapport à l'utilisation des granulés à libération lente.

N'appliquez pas d'engrais i) aux essences à croissance rapide qui atteindront une taille convenable avant la période de plantation optimale (car elles seront trop grandes pour leurs conteneurs), ii) aux espèces de la famille des légumineuses, ou iii) immédiatement avant l'endurcissement (comme la croissance des nouvelles pousses ne devrait pas être encouragée à cette période). La surutilisation des engrais peut entraîner la «brûlure chimique» des plantes et tuer les micro-organismes bénéfiques du sol tels que les champignons mycorhiziens.

Les champignons mycorhiziens

Les champignons mycorhiziens (littéralement «champignon des racines») forment des relations «symbiotiques» mutuellement bénéfiques avec les plantes. Ils forment de vastes réseaux de fines hyphes de champignons qui rayonnent à partir des racines d'arbres dans le sol environnant. Les champignons transfèrent les éléments nutritifs des arbres à partir d'un volume beaucoup plus grand de la terre que ce qui peut être exploité par les systèmes racinaires des arbres seuls. En retour, les champignons acquièrent les hydrates de carbone (en tant que source d'énergie) à partir des arbres. Il y a deux principaux types de mycorhizes qui s'associent avec les arbres: les ectomycorhizes et les mycorhizes vésiculaires-arbusculaires (MVA). Les ectomycorhizes forment une gaine de fils fongiques autour de la partie extérieure des racines d'arbres qui s'étend entre les cellules de la plante, mais n'y pénètrent pas. Tous les diptérocarpes, certains légumes, de nombreux conifères et quelques arbres feuillus (par exemple, les chênes) ont des ectomycorhizes. Les MVA vivent dans les racines et pénètrent effectivement dans les cellules des racines. On peut les trouver sur la grande majorité des arbres tropicaux, mais nous savons relativement peu sur la diversité des mycorhizes dans les forêts tropicales ou sur leur rôle dans le maintien de la complexité des écosystèmes forestiers tropicaux. Il est donc impossible de prescrire des mesures détaillées pour l'utilisation des mycorhizes dans les pépinières forestières.

Nous savons, cependant, que l'inoculation mycorhizienne peut augmenter la survie et la croissance des arbres cultivés en pépinière après leur repiquage, en particulier sur des terres très dégradées qui ont été sans végétation indigène et sans terre végétale pendant plusieurs années (par exemple, les terrains infestés de mines). Lorsque le sol forestier fait partie du terreau de rempotage, la plupart des essences forestières autochtones deviennent naturellement infectées par des champignons mycorhiziens et l'application de l'inoculation mycorhizienne produite à des fins commerciales n'a aucun avantage significatif (Philachanh, 2003).

Lutte contre les mauvaises herbes

Les mauvaises herbes dans la pépinière peuvent héberger des ravageurs et leurs graines peuvent se propager dans les conteneurs. Les graminées, les herbes et les vignes doivent toutes être éliminées des zones de croissance avant qu'elles ne fleurissent. Les mauvaises herbes qui colonisent les conteneurs entrent en concurrence avec les plants pour l'eau, les nutriments et la lumière. Si rien n'est fait quand elles sont encore petites, il peut être difficile d'enlever les mauvaises herbes des conteneurs sans endommager les racines des jeunes plants. Vérifiez fréquemment les conteneurs et utilisez une spatule émoussée pour enlever les mauvaises herbes pendant qu'elles sont encore petites. Enlevez les mauvaises herbes dans la matinée, de sorte que tous les fragments de mauvaises herbes restantes se dessèchent sous la chaleur de la journée. Portez des gants lorsque vous manipulez des mauvaises herbes épineuses ou nocives. Supprimez également toutes les mousses et les algues qui poussent sur la surface du terreau de rempotage. De toute évidence, les herbicides ne peuvent pas être utilisées pour lutter contre les mauvaises herbes dans les pépinières.

Prenez soin d'éviter les serpents et les insectes venimeux dans le feuillage dense d'un lot de plants d'arbres cultivés dans des conteneurs.

Plus de mauvaises herbes que d'arbres? Désherbez régulièrement la pépinière pour éviter l'accumulation de mauvaises herbes dans les conteneurs.

Maladies

Prévention des maladies

Les maladies peuvent se produire même dans les pépinières les mieux entretenues. Trois causes principales sont à noter:

- **les champignons** — bien que certaines espèces soient bénéfiques, d'autres provoquent la fonte des semis, la pourriture des racines et les taches foliaires (brûlures et rouilles);
- **les bactéries** — la plupart sont inoffensives, mais certaines provoquent la fonte des semis, le chancre et la flétrissure; et
- **les virus** — la plupart ne causent pas de problèmes mais quelques-uns provoquent les taches foliaires.

Prévenir vaut mieux que guérir, gardez donc les contenants, les outils et les surfaces de travail propres en les lavant dans une solution d'eau de Javel domestique. Suivez les instructions du fabricant pour la dilution en prenant soin d'éviter que l'eau de Javel ne touche votre peau ni n'entre dans vos yeux. Lavez soigneusement les contenants en plastique rigide lors de leur réutilisation. Ne recyclez pas les sacs en plastique ni le terreau de rempotage.

Les pots en plastique rigide peuvent être réutilisés à condition d'être bien nettoyés, mais les sacs en plastique doivent être mis au rebut pour éviter l'accumulation d'agents pathogènes.

Détection et contrôle des maladies

Une vigilance constante est nécessaire pour prévenir les épidémies. Veillez à ce que tout le personnel de la pépinière apprenne à reconnaître les symptômes des maladies courantes des plantes et que tous les jeunes arbres soient inspectés au moins une fois par semaine. Pour prévenir la propagation des maladies, veillez à ce que les plantes ne soient pas trop arrosées, qu'il y ait un drainage adéquat à l'intérieur et à la base des conteneurs et que les plantes soient bien espacées pour permettre la circulation d'air autour d'elles et empêcher la transmission directe d'agents pathogènes entre plants individuels voisins. Utilisez un désinfectant pour nettoyer les outils ou les gants en caoutchouc qui entrent en contact avec les plantes malades.

Si un foyer de maladie se produit, enlevez les feuilles infectées ou mettez immédiatement au rebut les plantes malades. Brûlez-les bien à l'écart de la pépinière. Ne recyclez pas le terreau de rempotage ni les sacs en plastique dans lesquels ces plants se sont développés. Si vous utilisez des conteneurs rigides, lavez-les avec un désinfectant et séchez-les au soleil pendant plusieurs jours avant de les réutiliser. Inspectez les plantes tous les jours jusqu'à la fin de l'épidémie.

Une pulvérisation de routine de produits chimiques ne devrait pas être nécessaire. Les produits chimiques sont coûteux et ils sont un danger pour la santé s'ils ne sont pas correctement manipulés. S'il est nécessaire de pulvériser un lot de plantes infectées, essayez tout d'abord d'identifier le type de maladie (fongique, bactérienne ou virale) et sélectionnez un produit chimique approprié. Par exemple, l'Iprodione est actif contre les taches foliaires fongiques alors que le Captan est particulièrement efficace contre la fonte des semis.

Lors de l'utilisation de fongicides, lisez les instructions relatives à la santé sur le paquet et suivez toutes les mesures de protection spéciales recommandées.

Là où les maladies deviennent courantes, envisagez la pasteurisation du terreau de rempotage en le chauffant au soleil. Cette opération détruira la plupart des germes pathogènes, des parasites et des graines de mauvaises herbes mais elle pourrait aussi tuer les micro-organismes bénéfiques du sol. Il est donc recommandé d'ensemencer à nouveau le terreau de rempotage avec les mycorhizes.

Lutte contre les parasites

La plupart des insectes sont inoffensifs, voire bénéfiques, mais certains peuvent rapidement défolier les jeunes arbres ou endommager leurs racines en provoquant la mort. Les organismes nuisibles ne sont pas tous des insectes: les vers nématodes, les limaces et les escargots, et même les animaux domestiques peuvent tous être nuisibles.

Les ravageurs les plus importants comprennent les mangeurs de feuilles, comme les chenilles, les charançons et les grillons; les foreurs des pousses, en particulier les coléoptères et les larves de mites; les insectes suceurs, comme les pucerons, les cochenilles et les punaises; les mangeurs de racines, tels que les vers nématodes; les vers-gris, les larves de certains papillons, les termites, qui détruisent également les structures des pépinières. En plus de manger les plantes, les parasites peuvent transmettre des maladies.

Inspectez régulièrement et soigneusement les arbres à la recherche de parasites afin de prévenir le développement d'une infestation. Enlevez les parasites ou leurs œufs à la main, ou pulvérisez un désinfectant doux sur les jeunes plants. Si cela n'empêche pas l'infestation, pulvérisez un insecticide sur les jeunes plants. Mieux vaut prévenir que guérir, la plupart des insecticides étant toxiques pour les humains. Il est donc essentiel de lire les étiquettes sur les emballages d'insecticides et de suivre attentivement les instructions, en observant toutes les précautions sanitaires recommandées par le fabricant. Sélectionnez le produit chimique le plus adapté aux espèces de ravageurs données présentes. Par exemple, le Pyrimicarbe est actif contre les pucerons, l'Aldrine peut être utilisée pour lutter contre les termites, et la Pyréthrine est un insecticide plus général.

Tous les parasites ne sont pas de petite taille — cette pépinière dans l'ouest de la Thaïlande est protégée contre les éléphants par une clôture électrique.

Tous les parasites ne sont pas de petite taille. Les chiens, les porcs, les poulets, les bovins et autres animaux peuvent causer des ravages dans une pépinière en quelques minutes seulement. Par conséquent, là où ces animaux se trouvent, faites en sorte que les plantes soient protégées au sein d'une clôture solide.

Contrôle de la qualité par le classement

Le classement est une méthode efficace de contrôle de la qualité. Il consiste à ranger les arbres qui poussent par ordre de taille, tout en enlevant en même temps les arbres rabougris, malades ou faibles. De cette façon, seuls les arbres les plus vigoureux et en bonne santé sont choisis aux fins d'endurcissement et de repiquage et, ainsi, la survie après la plantation est maximisée. Lorsque la pépinière est pleine, les plants les plus petits et les plus faibles peuvent être facilement identifiés et enlevés pour céder la place à de nouveaux plants plus vigoureux.

Le classement est la meilleure forme de contrôle de la qualité.

Procédez au classement au moins une fois par mois. La taille des racines et le contrôle de maladies peuvent être effectués en même temps. Lavez-vous les mains, nettoyez fréquemment les gants et les sécateurs dans une solution désinfectante pour éviter la propagation des maladies d'un bloc de plantes à l'autre. Éliminez les plants de mauvaise qualité en les brûlant, bien loin de la pépinière, et ne recyclez pas le terreau de rempotage ni les sacs en plastique dans lesquels ils ont été cultivés. Les pépiniéristes sont parfois réticents à mettre au rebut les plants de mauvaise qualité, mais les garder est une fausse économie, car ils occupent inutilement l'espace et la main-d'œuvre, font gaspiller l'eau et d'autres ressources de la pépinière qui seraient plus efficacement fournies aux plantes saines. Les plants de mauvaise qualité sont vulnérables à la maladie, et présentent donc un risque pour la santé de l'ensemble du matériel végétal de la pépinière.

Le gestionnaire de la pépinière doit produire des arbres de haute qualité qui produisent de bons résultats quand ils sont plantés dans des conditions difficiles typiques des sites déboisés. La partie aérienne et le système racinaire des jeunes arbres doivent être en bonne santé et en équilibre l'un avec l'autre. Ceci réduit le stress de la transplantation, la mortalité des arbres et le risque d'avoir à replanter l'année suivante. La plantation des arbres de mauvaise qualité est une fausse économie et une perte de temps.

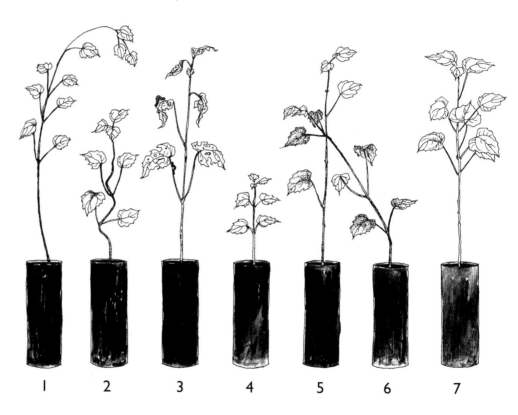

1. Croissance déséquilibrée des racines et des pousses: la pousse est trop longue et mince et pourrait bien se briser lors de la manipulation. Taillez-la bien avant l'ensemencement.
2 Une tige malformée compromet la croissance future, les plantes qui ont des tiges de ce genre doivent être enlevées.
3 Les plants qui ont été attaqués par des insectes doivent être brûlés et les plants ayant survécu traités avec un insecticide afin de prévenir la propagation de l'infestation.
4 Éliminez les plants dont la croissance connaît un retard par rapport à d'autres plants de même âge.
5 Cette plante perd ses feuilles, peut-être en raison de la maladie; il est recommandé de la brûler.
6 Ce conteneur a été renversé et a passé quelque temps couché sur le côté, ce qui entraîne une tige non verticale – mettez au rebut de tels plants.
7 Le plant parfait est bien équilibré, exempt de maladies et droit; avec des soins adéquats et un classement rigoureux, tous les plants de votre pépinière devraient ressembler à ceci.

Un système racinaire sain

Les systèmes racinaires sont beaucoup plus cruciaux pour la survie des arbres que la partie aérienne (feuilles et tige). Une plante peut survivre et re-pousser après avoir perdu sa pousse mais pas après avoir perdu ses racines. Le système racinaire doit constamment fournir de l'eau et des nutriments aux pousses. La croissance des racines est affectée par le conteneur, le terreau de rempotage, le système d'arrosage et par les ravageurs et les maladies. Au moment de la mise en terre, les systèmes racinaires des plants conteneurisés doivent:

- former une motte compacte qui ne s'émiette pas lorsque l'arbre est retiré de son contenant;
- être densément ramifiés avec un équilibre entre les épaisses racines d'appui et celles fines qui absorbent l'eau et les nutriments;
- être non enroulés à la base du conteneur;
- être en mesure de soutenir la partie aérienne de la plante;
- être infectés par des champignons mycorhiziens et (si l'arbre est une légumineuse) par des bactéries fixatrices d'azote; et
- être exempts d'organismes nuisibles et de maladies.

Si les conteneurs sont placés verticalement sur la terre nue, soulevez-les fréquemment et élaguez les racines saillantes en utilisant une paire de sécateurs propres (faites-le dans l'après-midi afin de minimiser la perte d'humidité). Une autre possibilité consiste à inhiber la croissance des racines au-delà des conteneurs en plaçant verticalement les arbres sur du gravier ou sur des treillis métalliques surélevés, ce qui permet l'exposition à l'air des racines (voir **Section 6.4**).

Taille des jeunes plants au moment des semis

La hauteur réelle des jeunes plants au moment de la plantation est moins importante que leur capacité à produire une nouvelle croissance vigoureuse. Certaines essences pionnières à croissance rapide peuvent être plantées lorsqu'elles n'ont que 30 cm de hauteur; en ce qui concerne les espèces de *Ficus,* la hauteur recommandée est de 20 cm (Kuaraksa & Elliott, 2012). Pour les essences forestières climaciques à croissance lente, il est préférable de planter des arbres d'environ 40–60 cm de hauteur. Les petites plantules ont des taux de mortalité post-plantation beaucoup plus élevés que celles de grande taille en raison de la concurrence avec les mauvaises herbes, mais les jeunes plants de très grande taille sont beaucoup plus vulnérables aux chocs de transplantation et plus difficiles à transporter.

L'élagage des racines favorise à la fois la ramification dans le pot et la formation d'une motte compacte, augmentant ainsi la probabilité de survie après le repiquage.

Elagage des pousses

L'élagage des pousses est nécessaire pour les plants des espèces à croissance rapide qui doivent être conservés dans la pépinière pendant une longue période. Ces arbres peuvent devenir trop grands pour que leurs racines leur servent d'appui ou trop encombrants, ce qui rend difficile leur manipulation durant le transport et la plantation. Les tiges de gaules de grande taille se cassent facilement lors de leur transport. Chez certaines espèces, l'élagage favorise la ramification. Il s'agit d'une caractéristique souhaitable, car l'étalement des cimes fait rapidement de l'ombre aux mauvaises herbes et ferme rapidement la canopée. Ne taillez jamais les pousses le mois précédant le repiquage, car l'élagage favorise la croissance de nouvelles feuilles; tout comme les jeunes arbres qui sont susceptibles de subir un choc au moment de la transplantation. Immédiatement après la plantation, le système racinaire pourrait ne pas être en mesure de prélever suffisamment d'eau pour alimenter de nouvelles feuilles; il est donc recommandé d'éviter tout ce qui peut entrainer la fragmentation de la motte de terre autour du plant peu de temps avant la plantation. Certaines espèces ne réagissent pas bien à l'élagage ou deviennent très vulnérables aux infections fongiques après voir été élaguées. Donc, avant de tenter d'élaguer un grand nombre de gaules, procédez à un essai sur quelques-unes pour tester les effets de l'élagage.

L'endurcissement

Le sevrage, ou «endurcissement», prépare les gaules à la transition difficile de l'environnement idéal de la pépinière aux conditions difficiles de sites déboisés. S'ils ne sont pas aguerris aux conditions chaudes, sèches et ensoleillées des sites de plantation, les arbres plantés subissent le choc de la transplantation et les taux de mortalité sont élevés.

Environ 2 mois avant la plantation, déplacez toutes les gaules à planter dans une zone distincte de la pépinière et réduisez progressivement l'ombre et la fréquence des arrosages. Les arbres héliophiles devraient être exposés au plein ensoleillement pour leur dernier mois dans la pépinière. Il est recommandé de réduire, mais pas de supprimer l'ombrage destiné aux essences qui supportent l'ombre et qui ne seront pas exposés au plein ensoleillement lors du repiquage.

Réduisez peu à peu l'arrosage d'environ 50% pour ralentir la croissance des pousses et à veillez à ce que la quantité de feuilles en voie de formation soit relativement faible. Pendant l'endurcissement, n'arrosez les jeunes plants qu'une seule fois (dans l'après-midi) au lieu de deux (tôt le matin et dans l'après-midi). Arrosez-les bien une fois tous les deux jours. Ne réduisez pas l'arrosage de manière à provoquer le flétrissement des feuilles car cela fatiguerait et affaiblirait les jeunes plants. Quel que soit le calendrier normal, arrosez les jeunes plants dès que vous observez des signes de flétrissement.

Tenue de registres

La tenue de registres et l'étiquetage des caissettes à semis facilitent la gestion efficace des pépinières.

Apprendre de l'expérience n'est possible que si les activités des pépinières et les résultats obtenus pour chacune des espèces sont enregistrés avec exactitude. Les registres sont essentiels pour empêcher les nouveaux pépiniéristes de répéter les erreurs de leurs prédécesseurs. Ils servent également à l'évaluation de la productivité et des rendements de la pépinière (par exemple, le nombre d'espèces ou de gaules cultivées) et à l'élaboration des calendriers de production des espèces.

Placez sur les plateaux de semences et de plantes dans la pépinière des étiquettes où y figurent les noms d'espèces, les numéros de lots et les dates de collecte et de mise en terre des semences. Utilisez la fiche d'enregistrement de **l'annexe (A1.6)** pour enregistrer la date et le lieu de collecte de chaque lot de graines et les types de traitements qui ont été appliqués aux graines, ainsi que les taux de germination, les taux de croissance, les maladies observées et ainsi de suite. Enfin, notez la date et l'endroit où les jeunes arbres ont été expédiés aux fins de plantation.

6.6 Recherche pour améliorer la propagation des arbres indigènes

Les protocoles standard décrits ci-dessus sont suffisants pour vous aider à démarrer la culture d'une vaste gamme d'essences forestières indigènes. Mais avec l'expérience engrangée, vous voudrez sans doute affiner ces techniques et établir des calendriers de production individuels pour chaque espèce en cours de propagation, améliorant ainsi l'efficacité et la rentabilité de votre pépinière. Ici, nous vous proposons quelques procédés fondamentaux en matière de recherche pour vous aider à produire des jeunes plants de haute qualité, vigoureux, exempts de maladie, et ayant la taille requise, au moment optimal pour la plantation, de manière aussi rapide et rentable que possible. Ce résultat est obtenu en effectuant des expériences de base contrôlées pour tester les traitements qui soit accélèrent, soit ralentissent la germination des graines et/ou la croissance des plants.

Sélection des espèces à des fins de recherche

Des orientations pour la sélection des espèces «framework» et des essences nourricières qui seront soumises à des essais ont été données dans les **Sections 5.3** et **5.5**. Il est très probable que les protocoles de propagation auront déjà été bien étudiés pour toutes les espèces à valeur commerciale. Donc, commencez par faire une recherche documentaire afin de savoir ce qui est déjà connu sur les espèces que vous souhaitez cultiver et d'identifier les lacunes dans les connaissances.

Reconnaître et identifier les arbres

Au début d'un programme de recherche sur la restauration, tous les noms scientifiques des espèces d'arbres à cultiver ne seront pas connus, il est donc utile d'assigner un numéro d'espèce à chaque espèce d'arbre sur laquelle les graines sont récoltées: la première espèce à fournir des graines devient E001, la seconde E002 et ainsi de suite. Les lots de graines récoltées par la suite sur la même espèce portent des étiquettes contenant le même numéro «E», mais reçoivent leur propre numéro de lot. Donc, «E001L1» serait le premier lot de graines récoltées sur l'espèce n°1, et «E001L2» serait le deuxième lot de graines récoltées sur l'espèce n°1, soit sur le même arbre, à une date différente ou sur un arbre différent de la même espèce. Les pépiniéristes se souviennent souvent plus facilement des numéros d'espèces que des noms scientifiques et, avec un peu d'expérience, les chiffres seront utilisés plus constamment que les noms locaux. Répertoriez toutes les espèces et leurs numéros «E» sur un tableau dans la pépinière et maintenez-le à jour. Puis placez sur chaque plateau de germination des graines et sur chaque bloc de plantules conteneurisées une étiquette contenant leurs numéros «E» et «L».

Affichez une liste de numéros «E», aux côtés de noms locaux et scientifiques, de sorte que tout le personnel de la pépinière connaisse les espèces avec lesquelles il travaille.

Tous les numéros d'espèces doivent être associés à des noms scientifiques. Les noms locaux en langue vernaculaire peuvent également être consignés, mais il est recommandé de ne pas s'y fier, car les populations locales regroupent souvent des espèces semblables sous un nom unique ou utilisent des noms différents pour désigner la même espèce d'arbre. Recueillez les spécimens de référence de tous les arbres sur lesquels les graines sont récoltées. Si, plus tard, il y a des doutes sur les espèces d'arbres de la pépinière ou sur celles qui sont plantées lors des essais en champs, le spécimen de référence de l'arbre semencier peut être réexaminé pour confirmer ou modifier le nom de l'espèce. Les botanistes taxonomistes révisent fréquemment les nomenclatures végétales et changent les noms d'espèces; il est donc recommandé d'avoir un spécimen de référence avec un numéro d'espèce qui lui est associé pour réduire la confusion.

Prélevez toujours un spécimen de référence qui peut être utilisé pour confirmer l'identification des espèces.

Fabriquez un simple caisson de séchage dans lequel des ampoules légères sont utilisées pour sécher les spécimens doucement.

Montez sur une perche et utilisez un couteau pour obtenir un échantillon de feuillage, de fruits ou de fleurs. Taillez légèrement l'échantillon sans perdre les caractéristiques essentielles (par exemple, disposition des feuilles, ramifications de l'infrutescence, etc.) jusqu'à ce qu'il entre bien dans un presse-spécimens de taille standard. Dans la pépinière, fabriquez un simple caisson de séchage qui utilise des ampoules de faible intensité pour fournir une chaleur douce pour sécher les spécimens. Rédigez une étiquette pour chaque spécimen qui comprend les numéros «E» et «L», le(s) nom(s) local(aux), les détails de l'emplacement de l'arbre, et les descriptions de l'écorce et des caractéristiques qui peuvent changer avec le séchage, en particulier les couleurs.

Montez les exemplaires sur du papier solide en utilisant des techniques d'herbier standard. S'il y a de l'espace, le personnel et les facilités voulus, démarrez votre propre herbier. Conservez les spécimens montés dans des armoires appropriées et saisissez les informations obtenues à partir des étiquettes de spécimens dans une base de données. Prenez des précautions pour empêcher les insectes ou les champignons d'attaquer les spécimens. Pour plus de sécurité, faites plusieurs feuilles d'herbier pour chaque échantillon et gardez les doublons dans des herbiers reconnus. Procurez-vous les spécimens examinés et identifiés par un botaniste taxonomiste professionnel. Pour plus d'informations sur les techniques d'herbier, voir 'The Herbarium Handbook' publié par le Royal Botanic Gardens, Kew, Royaume-Uni (www.kewbooks.com).

Phénologie

La phénologie est l'étude des réponses des organismes vivants aux cycles saisonniers des conditions environnementales. Dans le secteur forestier, les études phénologiques sont utilisées pour déterminer le temps de récolte des graines et pour comprendre le fonctionnement des forêts (en particulier en ce qui concerne la reproduction des arbres et la dynamique forestière) de sorte que la même fonctionnalité peut être reproduite dans une forêt restaurée.

La floraison et la fructification de nombreux arbres tropicaux sont généralement liées aux variations saisonnières de l'humidité (Borchert et al., 2004) et de l'énergie du rayonnement solaire (insolation) (Calle et al., 2010). Les cycles des phénomènes de reproduction sont le plus marqués dans les régions tropicales saisonnières mais les cycles de floraison et de fructification peuvent être observés même dans les forêts équatoriales moins soumises aux variations saisonnières. Tous les arbres tropicaux ne se reproduisent pas de manière saisonnière. Certains produisent des fleurs et des fruits deux fois ou plusieurs fois par an tandis que d'autres produisent des fruits en masse à des intervalles de plusieurs années.

L'obtention de graines mûres est le premier grand défi dans les projets de plantation d'arbres, de sorte qu'il vaut la peine de mener des études phénologiques afin de déterminer les calendriers optimaux pour la collecte des semences en vue d'un bon approvisionnement de la pépinière en toutes les espèces nécessaires. Les études phénologiques peuvent également être utilisées pour prévoir la durée de la dormance des graines et le type de traitements de pré-semis qui sont susceptibles de réussir à briser ou à prolonger la dormance. En outre, elles permettent l'identification des principales espèces d'arbres: celles qui produisent des fleurs et des fruits à des moments où d'autres ressources alimentaires des animaux sont en quantité insuffisante (Gilbert, 1980). Les espèces d'arbres clé de voûte, comme les figuiers (*Ficus* spp.), subviennent aux besoins de communautés entières d'animaux pollinisateurs et disséminateurs de graines dont dépendent d'autres essences pour leur reproduction. Elles sont tout à fait indiquées pour être soumises à des essais destinés à vérifier leur qualité d'espèces «framework». Les observations de mécanismes de pollinisation et de dispersion des graines peuvent aussi être faites au cours des études phénologiques. Des données supplémentaires sur la phénologie de la feuillaison des arbres sont généralement recueillies dans le même temps. Ces données peuvent aider à prévoir les sites optimaux pour la plantation d'espèces d'arbres prises isolément; par exemple, les espèces à feuilles caduques sont plus adaptées à des habitats plus secs et les espèces à feuilles persistantes aux habitats humides.

Réalisation d'une étude phénologique

Des sentiers phénologiques sont mis en place dans le cadre de l'étude de la forêt cible selon la procédure décrite à la **Section 4.2**. Etiquetez au moins cinq individus de chaque espèce d'arbres qui caractérisent le type de forêt cible. Collectez les spécimens de référence (tels que décrits précédemment) de chaque arbre étiqueté et demandez à un botaniste de les identifier. Rédigez une brève note, en décrivant l'emplacement de chaque arbre par rapport au sentier (par exemple, «10 m du côté gauche», «20 m du côté droit à côté d'un affleurement rocheux»). Au fil des observations répétées chaque mois, vous serez bientôt en mesure de vous rappeler l'emplacement de chaque arbre.

Quelle devrait être la fréquence de la collecte de données?

Les arbres doivent être inspectés au moins une fois par mois. Même avec les observations mensuelles, certains phénomènes de floraison d'arbres pourraient être loupés car certains arbres produisent et laissent tomber leurs fleurs en un mois. Habituellement, de tels phénomènes de renouvellement rapide de fleurs peuvent être déduits lorsque les arbres sont ensuite observés à partir de leurs fruits. Dans de tels cas, l'ensemble de données peut être ajusté au cours du traitement pour ajouter le temps «estimé» pour une floraison. Si vous loupez de nombreuses floraisons, augmentez la fréquence de la collecte de données à deux fois par mois.

Grille d'indices phénologiques

Nous recommandons la méthode de «densité de la cime» pour l'enregistrement de la phénologie des arbres, initialement conçue par Koelmeyer (1959) et, par la suite, beaucoup modifiée par divers auteurs. Cette méthode semi-quantitative utilise une échelle linéaire de 0–4, dans laquelle un score de 4 représente l'intensité maximale des structures de reproduction (bourgeons floraux (BF), fleurs ouvertes (FL) et fruits (FR)) dans la cime d'un seul arbre. Les scores de 3, 2 et 1 représentent, respectivement, environ ¾, ½ et ¼ de l'intensité maximale. L'intensité maximale d'une floraison ou d'une fructification varie selon les espèces, et l'appréciation de ces phénomènes est forcément subjective au début, mais elle s'améliore avec l'expérience.

La même approche peut être utilisée pour noter les observations de la feuillaison. Pour les cimes d'arbres individuels, l'estimation des scores doit être comprise entre 0 et 4 pour i) les branches nues, ii) les jeunes feuilles, iii) les feuilles matures et iv) les feuilles sénescentes. La somme de ces quatre scores devrait toujours être égale à 4 (ce qui représente la totalité de la cime de l'arbre). Les scores des fleurs + fruits sont toujours inférieurs à 4, sauf lorsque la floraison ou la fructification se produit à l'intensité maximale typique pour les espèces qui sont observées.

Des exemples
de scores
phénologiques pour
les fleurs (conçus
par Khwankhao
Sinhaseni.)

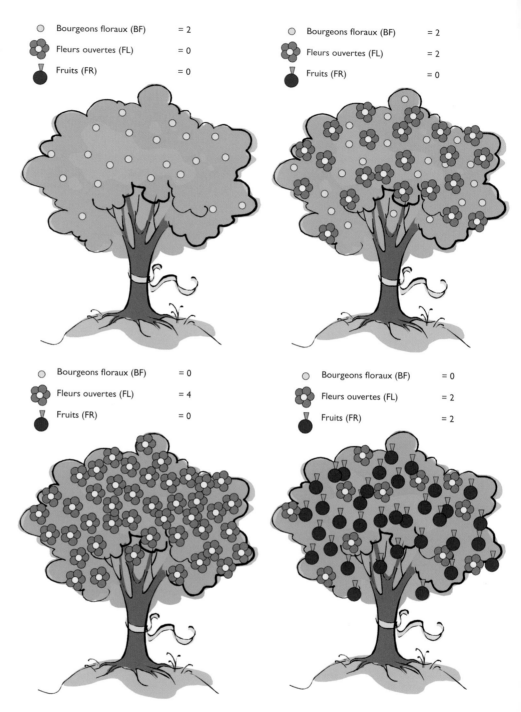

Bourgeons floraux (BF) = 2
Fleurs ouvertes (FL) = 0
Fruits (FR) = 0

Bourgeons floraux (BF) = 2
Fleurs ouvertes (FL) = 2
Fruits (FR) = 0

Bourgeons floraux (BF) = 0
Fleurs ouvertes (FL) = 4
Fruits (FR) = 0

Bourgeons floraux (BF) = 0
Fleurs ouvertes (FL) = 2
Fruits (FR) = 2

La méthode de la densité de la cime est un compromis entre le dénombrement absolu des fleurs et des fruits, qui prend beaucoup de temps (ou des estimations de la biomasse en utilisant les trappes à litière) et la méthode qualitative qui consiste en un rapide enregistrement de la simple présence ou absence. Elle est rapide et permet l'application des techniques d'analyse quantitative sur données. Cependant, au début d'une étude, il est important de former tous les collecteurs de données pour qu'ils soient cohérents dans leur notation, ce qui minimise la subjectivité de la technique.

Des exemples de scores phénologiques pour les feuilles (conçus par Khwankhao Sinhaseni.)

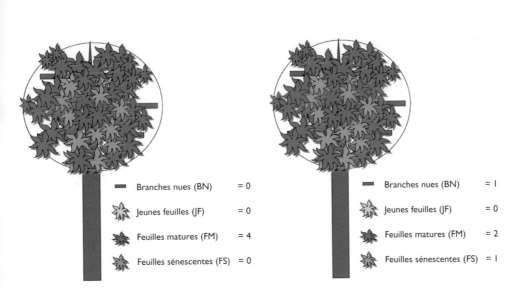

Branches nues (BN) = 0
Jeunes feuilles (JF) = 0
Feuilles matures (FM) = 4
Feuilles sénescentes (FS) = 0

Branches nues (BN) = I
Jeunes feuilles (JF) = 0
Feuilles matures (FM) = 2
Feuilles sénescentes (FS) = I

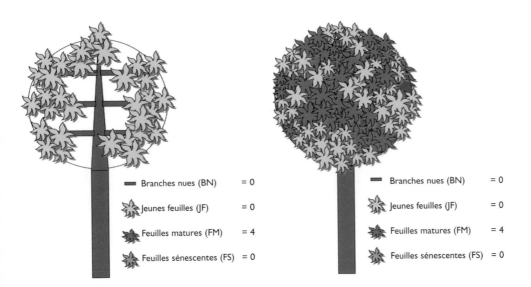

Branches nues (BN) = 0
Jeunes feuilles (JF) = 0
Feuilles matures (FM) = 4
Feuilles sénescentes (FS) = 0

Branches nues (BN) = 0
Jeunes feuilles (JF) = 0
Feuilles matures (FM) = 4
Feuilles sénescentes (FS) = 0

Présentation et analyse des données phénologiques

Les feuilles de calcul Microsoft Excel sont idéales pour stocker et manipuler des données phénologiques. Une fois que les arbres faisant l'objet de l'étude ont été sélectionnés et étiquetés, préparez une feuille de données comme indiqué ci-dessous. Dressez la liste des arbres en suivant l'ordre dans lequel ils sont rencontrés le long du sentier phénologique. Sur le terrain, emportez les fiches de données du mois précédent, ainsi que des fiches vierges pour l'enregistrement des données du mois en cours.

Au fil des mois, accumulez toutes les données dans un tableur simple. Saisissez toujours les nouvelles données au bas de la feuille de calcul (plutôt qu'à droite). Après chaque séance de collecte de données, collez une copie de la fiche vierge destinée à l'enregistrement de données au bas de la feuille de calcul, puis ajoutez-y les nouvelles données recueillies.

Pour analyser les données, utilisez les outils contenus dans Excel pour trier les données par ESPECE dans un premier temps, «ETIQUETTE» par la suite, et enfin, «DATE». Ceci arrange les données dans l'ordre chronologique, pour chaque arbre de chaque espèce (voir ci-dessous).

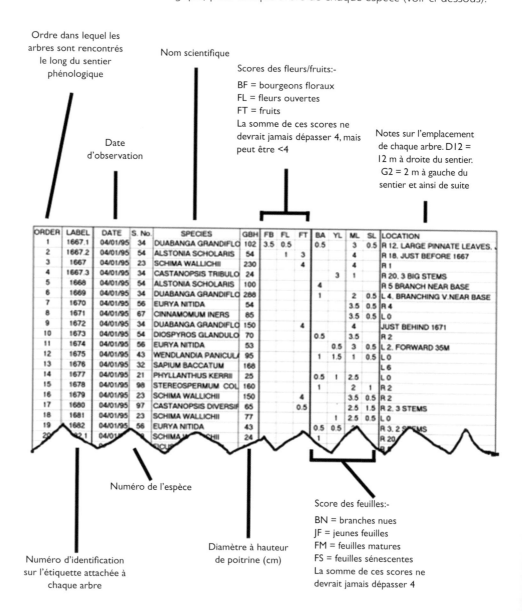

Ordre dans lequel les arbres sont rencontrés le long du sentier phénologique

Nom scientifique

Scores des fleurs/fruits:-
BF = bourgeons floraux
FL = fleurs ouvertes
FT = fruits
La somme de ces scores ne devrait jamais dépasser 4, mais peut être <4

Notes sur l'emplacement de chaque arbre. D12 = 12 m à droite du sentier. G2 = 2 m à gauche du sentier et ainsi de suite

Date d'observation

ORDER	LABEL	DATE	S. No.	SPECIES	GBH	FB	FL	FT	BA	YL	ML	SL	LOCATION
1	1667.1	04/01/95	34	DUABANGA GRANDIFLO	102	3.5	0.5		0.5		3	0.5	R 12. LARGE PINNATE LEAVES.
2	1667.2	04/01/95	54	ALSTONIA SCHOLARIS	54		1	3			4		R 18. JUST BEFORE 1667
3	1667	04/01/95	23	SCHIMA WALLICHII	230			4			4		R 1
4	1667.3	04/01/95	34	CASTANOPSIS TRIBULO	24					3	1		R 20. 3 BIG STEMS
5	1668	04/01/95	54	ALSTONIA SCHOLARIS	100				4				R 5 BRANCH NEAR BASE
6	1669	04/01/95	34	DUABANGA GRANDIFLO	288				1		2	0.5	L 4. BRANCHING V.NEAR BASE
7	1670	04/01/95	56	EURYA NITIDA	54						3.5	0.5	R 4
8	1671	04/01/95	67	CINNAMOMUM INERS	85						3.5	0.5	L 0
9	1672	04/01/95	34	DUABANGA GRANDIFLO	150			4			4		JUST BEHIND 1671
10	1673	04/01/95	54	DIOSPYROS GLANDULO	70				0.5		3.5		R 2
11	1674	04/01/95	56	EURYA NITIDA	53					0.5	3	0.5	L 2. FORWARD 35M
12	1675	04/01/95	43	WENDLANDIA PANICULA	95				1	1.5	1	0.5	L 0
13	1676	04/01/95	32	SAPIUM BACCATUM	168								L 6
14	1677	04/01/95	21	PHYLLANTHUS KERRII	25				0.5	1	2.5		L 0
15	1678	04/01/95	98	STEREOSPERMUM COL	160				1		2	1	R 2
16	1679	04/01/95	23	SCHIMA WALLICHII	150			4			3.5	0.5	R 2
17	1680	04/01/95	97	CASTANOPSIS DIVERSIF	65			0.5			2.5	1.5	R 2. 3 STEMS
18	1681	04/01/95	23	SCHIMA WALLICHII	77					1	2.5	0.5	L 0
19	1682	04/01/95	56	EURYA NITIDA	43				0.5	0.5			R 3. 2 STEMS
20	82.1	04/01/95		SCHIMA WALLICHII	24				1				R 20

Numéro de l'espèce

Numéro d'identification sur l'étiquette attachée à chaque arbre

Diamètre à hauteur de poitrine (cm)

Score des feuilles:-
BN = branches nues
JF = jeunes feuilles
FM = feuilles matures
FS = feuilles sénescentes
La somme de ces scores ne devrait jamais dépasser 4

Ensuite, utilisez l'Assistant graphique de Microsoft Excel pour créer un profil visuel phénologique comme celui ci-contre. Commencez par faire un profil pour chaque arbre de chaque espèce. Cela vous donnera une idée de la variabilité du comportement phénologique au sein de chaque population spécifique et vous permettra d'évaluer la synchronie des phénomènes phénologiques. Vous pouvez donc calculer la moyenne des valeurs de points sur l'ensemble des individus au sein de chaque population d'espèces et construire un profil «moyen» pour

ORDER	LABEL	DATE	S. No.	SPECIES	GBH	FB	FL	FT	BA	YL	ML	SL	LOCATION
272	296	05/01/95	34	ACROCARPUS FRAXINIF	222	3	0	0	1.5		1.5	1	L 4, OPP.297
272	296	26/01/95	34	ACROCARPUS FRAXINIF	222	0	4	0	3	1			L 4, OPP.297
272	296	15/02/95	34	ACROCARPUS FRAXINIF	222	0	1	3	1.5	2.5			L 4, OPP.297
272	296	08/03/95	34	ACROCARPUS FRAXINIF	222	0	0.5	3			4		L 4, OPP.297
272	296	30/03/95	34	ACROCARPUS FRAXINIF	222	0	0	3			4		L 4, OPP.297
272	296	20/04/95	34	ACROCARPUS FRAXINIF	222	0	0	3			4		L 4, OPP.297
272	296	12/05/95	34	ACROCARPUS FRAXINIF	222	0	0	3.5			4		L 4, OPP.297
272	296	01/06/95	34	ACROCARPUS FRAXINIF	222	0	0	3.5			4		L 4, OPP.297
272	296	23/06/95	34	ACROCARPUS FRAXINIF	222	0	0	3.5			4		L 4, OPP.297
272	296	14/07/95	34	ACROCARPUS FRAXINIF	222	0	0	1			4		L 4, OPP.297
272	296	06/08/95	34	ACROCARPUS FRAXINIF	222	0	0	0			4		L 4, OPP.297
272	296	30/08/95	34	ACROCARPUS FRAXINIF	222	0	0	0			4		L 4, OPP.297
272	296	21/09/95	34	ACROCARPUS FRAXINIF	222	0	0	0			4		L 4, OPP.297
272	296	13/10/95	34	ACROCARPUS FRAXINIF	222	0	0	0			4		L 4, OPP.297
272	296	02/11/95	34	ACROCARPUS FRAXINIF	222	0	0	0			4		L 4, OPP.297
272	296	25/11/95	34	ACROCARPUS FRAXINIF	222	0	0	0			4		L 4, OPP.297
272	296	16/12/95	34	ACROCARPUS FRAXINIF	222	0	0	0			4		L 4, OPP.297
329	464	05/01/95	34	ACROCARPUS FRAXINIF	575						4		EG 10/5
329	464	26/01/95	34	ACROCARPUS FRAXINIF	575	3	0	0	2.5		1.5		EG 10/5
329	464	15/02/95	34	ACROCARPUS FRAXINIF	575	3.5	0.5	0	3.5	0.5			EG 10/5
329	464	08/03/95	34	ACROCARPUS FRAXINIF	575	0	0	2	1.5	2	0.5		EG 10/5
329	464	30/03/95	34	ACROCARPUS FRAXINIF	575	0	0	0.5		3	1		EG 10/5
329		20/04/95	34	ACROCARPUS FRAX	575	0		0			4		EG 10/5

chaque espèce. Lors de l'analyse des données relatives aux fleurs ou aux fruits, le point le plus important à surveiller est la période pendant laquelle les scores de fruits baissent pour chaque espèce. Ceci indique le mois optimal pour la collecte de graines de cette année, lorsque la dispersion naturelle des graines se produit. Par exemple, le graphique ci-dessous montre que le temps optimal pour la collecte des semences de l'*Acrocarpus fraxinifolius* s'étend de fin juin à début juillet, quand la dispersion maximale des graines se produit. La période de maturation des fruits/graines va de février à juin.

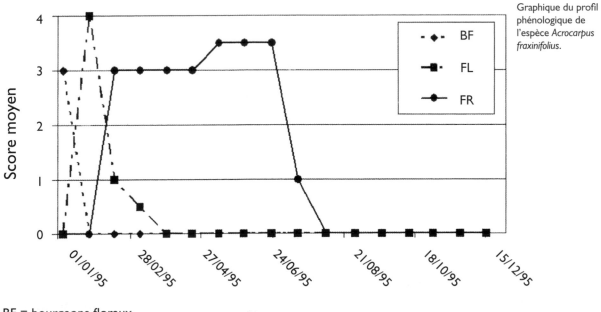

Graphique du profil phénologique de l'espèce *Acrocarpus fraxinifolius*.

BF = bourgeons floraux

FL = fleurs ouvertes

FR = fruits

Après avoir étudié la phénologie pendant plusieurs années, divers indices utiles de la production des semences peuvent être calculés à partir des données contenues dans la feuille de calcul (Elliott *et al.*, 1994).

- **Durée** – la longueur moyenne des épisodes de floraison et de fructification (en semaines ou en mois) pour chaque arbre individuel et divisé par l'ensemble des arbres échantillonnés au sein d'une espèce.
- **Fréquence** – le nombre total des épisodes de floraison et de fructification enregistrés pour chaque individu, divisé par le nombre d'années au cours desquelles l'étude s'est déroulée, divisé par l'ensemble des individus de la même espèce.
- **Intensité** – la moyenne des scores maximaux des fleurs ou des fruits (pour chaque épisode de la floraison-fructification) enregistrés pour chaque arbre: divisée ensuite par l'ensemble des individus produisant des fleurs –fruits dans l'échantillon des espèces.
- **Prévalence** – nombre d'arbres individuels qui ont produit des fleurs et des fruits chaque année, exprimé en pourcentage du nombre total d'arbres individuels au sein de l'échantillon de chaque espèce, divisé par la durée totale de l'étude (en années).
- **Indice de nouaison** – pour chaque épisode de floraison et de fructification, le score maximal de fruits observé, exprimé en pourcentage du score maximal de fleurs, divisé par l'ensemble des épisodes de floraison et de fructification pour tous les individus de l'échantillon des espèces.

Essais de germination

Ne risquez pas votre vie à récolter quelques graines. Si la nécessité de grimper sur les arbres se fait ressentir, portez un harnais de sécurité.

Les études phénologiques offrent des occasions idéales pour récolter des graines aux fins d'essais de germination mais rappelez-vous que les graines peuvent être récoltées sur tous les arbres portant des fruits mûrs même si ceux-ci ne figurent pas dans les études phénologiques. Cueillez les fruits quand ils sont mûrs, mais juste avant qu'ils ne soient dispersés ou consommés par les animaux. Placez sur chaque arbre semencier une étiquette contenant un numéro unique et remplissez une fiche de collecte de données sur les semences. Si un GPS est disponible, enregistrez l'emplacement de chaque arbre semencier.

Date de collecte: 20/03/2005   **No de l'espèce:** 071   **No de lot:** 1

FICHE DE COLLECTE DE DONNEES SUR LES SEMENCES

Famille: *Rosaceae*   **Nom botanique:** *Cerasus cerasoides* (Buch.-Ham. ex D. Don) S.Y. Sokolov

Nom commun: Nang Praya Sua Klong

Lieu: Parc national de Doi Suthep-Pui, en bordure de route à côté des plantations de quinquina

Localisation GPS: 18 48 23.37 N; 98 54 44.76 E   **Altitude:** 1.040 m

Type de forêt: forêt sempervirente primaire, zone en bordure de route perturbée, soubassement granitique

Récoltées sur: ☒ un arbre   ☒ au sol

No d'étiquette de l'arbre: 71.1   **Diamètre de l'arbre:** 88 cm   **Hauteur de l'arbre:** 6 m

Collecteur: S. Kopachon   **Date de semis:** 20/03/2005

Notes: les Bulbuls mangeaient les fruits

☒ Spécimen de référence collecté?   ✂

HERBIER, DEPARTEMENT DE BIOLOGIE, UNITE DE RECHERCHE SUR LA RESTAURATION FORESTIERE DE L'UNIVERSITÉ DE CHIANG MAI, SPECIMEN DE REFERENCE

NOTE: les dates sont sous le format jour/mois/année

FAMILLE: *Rosaceae*

NOM BOTANIQUE: *Cerasus cerasoides* (Buch.-Ham. ex D. Don) S.Y. Sokolov

PROVINCE: Chiang Mai   **DATE:** 20/03/2005

DISTRICT: Suthep   **ALTITUDE:** 1.040 m

LIEU: Parc national de Doi Suthep-Pui, en bordure de route à côté des plantations de qinquina

HABITAT: forêt sempervirente primaire, zone en bordure de route perturbée, soubassement granitique

NOTE: Hauteur 6 m; DHP 28 cm
Ecorce: lenticellée, pelée, brun foncé
Fruit: 14 mm × 6 mm, péricarpes juteux, rouge vif
Graines: pyrène pierreux, environ 7–10 mm de diamètre, brun clair, contient 1 graine
Feuille: vert ci-dessus, vert pâle dessous

COLLECTEUR: S. Kopachon   **NUMÉRO:** E071   **DOUBLON:** 5

Les essais de germination peuvent répondre à deux questions fondamentales: i) le nombre de graines qui germent (taux de germination) et ii) le rythme (rapide ou lent) de la germination des graines. Ces deux paramètres peuvent être utilisés et même manipulés lors de la planification de la croissance d'un nombre suffisant de gaules pour une période de semis spécifique.

Dans les forêts tropicales saisonnières, les graines de la plupart des espèces d'arbres ont tendance à germer au début de la saison des pluies (Garwood, 1983; Forru, 2006). Les graines qui sont produites peu de temps avant la saison des pluies ont généralement une courte période de dormance tandis que celles qui sont produites plus tôt ont une dormance plus longue. Pour la première catégorie de graines, les jeunes plants seront trop petits pour la plantation lors de la saison de plantation; il peut donc être nécessaire de retarder la germination en stockant les graines comme décrit dans la **Section 6.2** afin d'éviter que les gaules soient à l'étroit dans leurs conteneurs avant la deuxième saison des semailles. A l'inverse, il peut être nécessaire de briser la dormance et d'accélérer la germination des graines qui sont produites bien avant la saison de plantation idéale de façon à produire une culture de jeunes plants qui sont prêtes à être plantées dans un délai de moins d'1 an. L'omission de briser la dormance de telles graines pourrait signifier la conservation des plants dans la pépinière pendant 18 mois ou plus.

L'objectif d'un essai de germination n'est pas de tester la germination qui se produirait dans la nature, mais de déterminer les taux et les périodes de germination dans des conditions de pépinière. Par conséquent, les graines doivent être préparées en utilisant le protocole standard (voir **Section 6.2**): il est recommandé de retirer les fruits charnus, de sécher à l'air les graines et d'identifier les graines non-viables par un test de flottaison.

Essais de traitements pour lever la dormance

Afin d'accélérer et de maximiser la germination, les traitements de semences doivent lever tous les mécanismes de dormance dans la graine (voir **Encadré 6.2**). Les plus courants concernent les téguments; les traitements qui perforent les téguments (scarification) sont souvent efficaces car ils permettent à l'eau et à l'oxygène de se répandre dans l'embryon. Utilisez du papier de verre pour poncer la surface entière de la graine ou un coupe-ongles pour faire de petits trous individuels à l'extrémité de la graine située en face de celle où se trouve l'embryon. Essayez de fissurer les grands pyrènes qui sont couverts par un endocarpe dur, pierreux ou ligneux, ouvrez délicatement dans un étau ou en incisant avec un marteau. Le grattage de l'arille mou, s'il est présent, augmente presque toujours la germination.

Essayez de fissurer les grosses graines dures avec douceur dans un étau.

On peut aussi tester l'acide en tant qu'agent de scarification pour briser les téguments imperméables. Trempez les graines dans de l'acide sulfurique concentré pendant quelques minutes ou plusieurs heures (en fonction de la taille de la graine et de l'épaisseur de son tégument). Il est recommandé d'accorder le temps nécessaire pour l'expérimentation. Ce traitement est habituellement efficace avec des graines d'arbres de légumineuses. De toute évidence, les acides sont des substances dangereuses et doivent être manipulés avec prudence, en suivant les directives de sécurité du fabricant. Si la dormance physique est soupçonnée (c'est-à-dire si le développement embryonnaire est limité par un tégument dur mais perméable), l'acide peut pénétrer rapidement et tuer l'embryon. Dans ces conditions, le traitement à l'acide n'est pas recommandé pour de telles graines. Les traitements par la congélation et la chaleur (en particulier, le brûlage) ne sont non plus recommandés pour les essences tropicales. Si la dormance est provoquée par les inhibiteurs chimiques, expérimentez le trempage des graines dans de l'eau pendant des délais différents pour dissoudre les produits chimiques inhibiteurs. Une autre option qui vaut la peine d'être expérimentée consiste à récolter des graines à différents moments de l'année sur des arbres individuels – les mêmes ou d'autres- de la même espèce. Ces expériences peuvent être utilisées pour déterminer la période optimale pour la collecte de semences.

Concevoir des traitements qui ne font varier qu'un seul paramètre, bien que ce soit difficile à réaliser dans la pratique. Par exemple, mettre des semences dans l'eau chaude a deux effets simultanés c.-à-d. le trempage et l'ébouillantage.

Modèle expérimental pour les essais de germination

Utilisez un dispositif de bloc aléatoire complet («RCBD») tel que décrit dans **l'annexe** (**A2.1**) pour tester les effets du traitement. Placez un bac de germination de contrôle contenant des graines qui ont été préparées d'une manière standard et plusieurs plateaux de traitement, contenant, chacun, les graines qui ont été soumises à un traitement de pré-semis différent, les uns jouxtant les autres sur un banc de pépinière sous la forme d'un «bloc». Reproduisez les blocs plusieurs fois sur des bancs différents et représentez chaque traitement de manière identique dans chaque bloc (c'est-à-dire avec le même nombre de graines soumises à chacun des traitements et dans le bac témoin).

Allouez les positions du témoin (ou «contrôle») et les répétitions de traitement au hasard dans chaque bloc. Le bloc typique présenté ici a quatre traitements (T1–T4) et un contrôle (C), reproduits dans quatre blocs. En utilisant un minimum de 25 graines par répétition, cette conception nécessite 125 graines par bloc ou 500 graines au total. Si vous n'avez pas suffisamment de graines, réduisez le nombre de traitements testés, mais essayez de garder le nombre de répétitions au-dessus de trois. Si vous avez suffisamment de graines, augmentez le nombre de graines par répétition à 50–100 (ce qui devrait nécessiter 1.000 à 2.000 graines, respectivement, pour toute l'expérience).

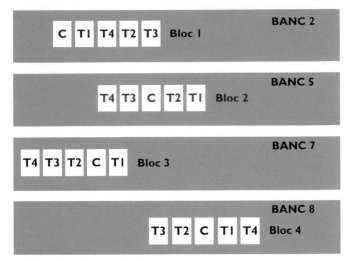

Remplissez les plateaux de germination modulaires avec le terreau de germination communément utilisé dans la pépinière. Puis, semez une seule graine dans chaque module. N'enterrez pas les graines trop profondément sinon il sera difficile d'observer chaque graine lors de sa germination. Placez sur les bacs des étiquettes indiquant clairement le numéro d'espèce et le traitement appliqué, et, si nécessaire, couvrez les bacs avec un treillis métallique pour empêcher les animaux de perturber les expériences.

Mise en place d'une parcelle expérimentale de germination en bloc aléatoire complet (RCBD) au Cambodge.

La collecte de données dans les essais de germination

Préparez une fiche de données sur la germination des graines comme celle illustrée ici. Inspectez tous les bacs de germination des graines au moins une fois par semaine. Pendant les périodes de germination très rapide, des collectes de données plus fréquentes pourraient être nécessaires. Pour chaque graine ayant germé (voir la définition dans **l'encadré 6.2**), utilisez un correcteur liquide («Tipp-Ex») pour placer un point blanc imperméable sur le rebord du module, placez toujours ces points dans la même orientation (par exemple, toujours à l'extrémité du module). Comptez le nombre total de points blancs et enregistrez le résultat sur la fiche de données. Les points blancs indiquent toutes les cellules dans lesquelles une graine a germé, même si le plant meurt par la suite et disparaît. Par conséquent, le comptage des points blancs permet une meilleure évaluation de la germination réelle que le dénombrement de plants visibles.

La mortalité précoce des semis (c'est-à-dire le décès survenant après la germination, mais avant que les plants se développent assez pour le repiquage) est également un paramètre utile lors du calcul du nombre d'arbres qui peuvent être générés à partir d'un nombre donné de graines récoltées. Pour enregistrer la mortalité précoce des plantules, comptez le nombre de modules ayant des points blancs qui ne contiennent pas de plantule visible ou une plantule visiblement morte. Pour vous assurer davantage, dessinez des schémas de chaque plateau modulaire, avec un carré représentant chaque module. Puis enregistrez dans chaque carré la date à laquelle la germination ou la mort du semis a été observée pour la première fois.

Numéro de l'espèce: 133   Numéro de lot: 10

GERMINATION DES GRAINES ET FICHE DE COLLECTE DE DONNEES

Nom de l'espèce: *Afzelia xylocarpa* (Kurz) Craib   **Family: Leguminosae**

Date de collecte des graines: 20/8/2010   Date de semis: 24/11/2010

Nbre de graines semées par répétition: 24

Description des procédés standard de préparation des graines appliqués à toutes les graines:

DESCRIPTIONS DES TRAITEMENTS	
T1	Contrôle
T2	Scarification
T3	Trempage dans de l'eau pendant 1 nuit

Date	T1R1 G	T1R1 GM	T2R1 G	T2R1 GM	T3R1 G	T3R1 GM	T1R2 G	T1R2 GM	T2R2 G	T2R2 GM	T3R2 G	T3R2 GM	T1R3 G	T1R3 GM	T2R3 G	T2R3 GM	T3R3 G	T3R3 GM	Total des graines germées	Total des graines mortes
1/12/2010	0	0	0	0	0	0	0	0	0	0	0	0	0	0	0	0	0	0	0	0
8/12/2010	0	0	0	0	0	0	0	0	0	0	0	0	0	0	0	0	0	0	0	0
15/12/2010	0	0	2	0	0	0	0	0	1	0	0	0	0	0	0	0	0	0	3	0
22/12/2010	0	0	5	0	0	0	0	0	1	0	0	0	0	0	0	0	0	0	6	0
29/12/2010	0	0	6	0	0	0	0	0	1	0	0	0	0	0	0	0	0	0	7	0
5/1/2011	0	0	9	0	0	0	0	0	1	0	0	0	0	0	0	0	0	0	10	0
12/1/2011	0	0	9	0	0	0	0	0	3	0	0	0	0	0	5	0	0	0	17	0
19/1/2011	0	0	12	0	0	0	0	0	5	0	0	0	0	0	6	0	0	0	23	0
26/1/2011	0	0	17	1	0	0	0	0	7	0	0	0	0	0	7	0	0	0	31	1
2/2/2011	0	0	17	1	0	0	0	0	7	0	0	0	0	0	7	0	0	0	31	1
9/2/2011	0	0	19	1	0	0	0	0	8	0	0	0	0	0	9	0	0	0	36	1
16/2/2011	0	0	22	1	0	0	0	0	12	1	0	0	0	0	9	0	0	0	43	2
23/2/2011	0	0	22	2	0	0	0	0	15	1	0	0	0	0	11	0	0	0	48	3
2/3/2011	0	0	22	2	0	0	0	0	17	1	0	0	0	0	15	1	0	0	54	4
9/3/2011	0	0	22	2	0	0	0	0	17	1	0	0	0	0	19	1	0	0	58	4

Courbes de germination

Une des façons les plus simples et les plus claires de représenter les résultats des essais de germination est une courbe de germination, avec le temps écoulé depuis les semailles sur l'axe horizontal et le nombre cumulatif (ou pourcentage) de graines germées (combinés à travers les expériences identiques) sur l'axe vertical. La courbe de germination combine en un seul graphique tous les paramètres de germination, dont la longueur de la période de dormance, le taux et la synchronicité de la germination, et le pourcentage final de germination.

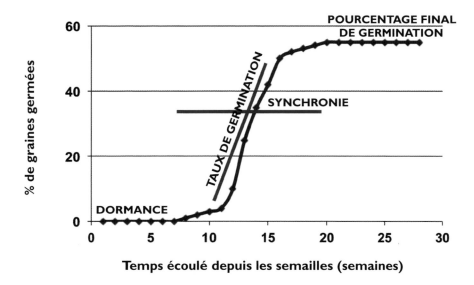

Les courbes de germination peuvent contribuer à la prise de décisions sans avoir besoin de tests statistiques complexes. Dans l'exemple illustré, le traitement de pré-semis accélère la germination, mais réduit le nombre de graines germant. Faire germer les graines plus rapidement permet la production des plants prêts à être plantés à la première saison des pluies, évitant ainsi d'attendre une année supplémentaire (si une germination rapide n'est pas effectuée). Ainsi, même si le traitement réduit la germination, il pourrait avoir des résultats bénéfiques.

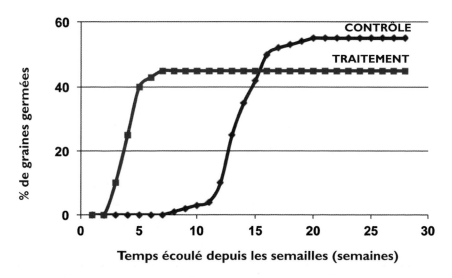

Mesure de la dormance

La durée de la dormance se définit comme le nombre de jours entre le semis d'une graine et l'émergence de la radicule (la racine embryonnaire ou la plumule si la radicule ne peut pas être vue). Dans n'importe quel lot de graines, cette période de temps varie parmi les semences. Une façon d'exprimer la dormance d'un lot de semences consiste à additionner le nombre de jours de dormance de chaque graine prise isolément, puis à diviser le total par le nombre de graines qui germent. Il s'agit de la «dormance moyenne». Cependant, dans tout lot de semences, quelques graines prennent habituellement un temps exceptionnellement long pour germer. Ceci augmente la dormance moyenne de manière disproportionnée et peut produire des résultats trompeurs. Par exemple, si 9 graines germent 50 jours après le semis et une graine germe 300 jours après le semis, la dormance moyenne est ((9×50) +300) / 10) = 75 jours. Même si la germination était complète pour 90% des graines après 50 jours, une seule graine marginale a augmenté la dormance moyenne enregistrée de 50%.

La durée moyenne de la dormance (DMD) résout ce problème en définissant la dormance comme le temps qui s'écoule entre le semis et la germination de la moitié des graines qui germent finalement. Dans l'exemple ci-dessus, la DMD serait le temps entre le semis et la germination de la 5ème graine, soit 50 jours.

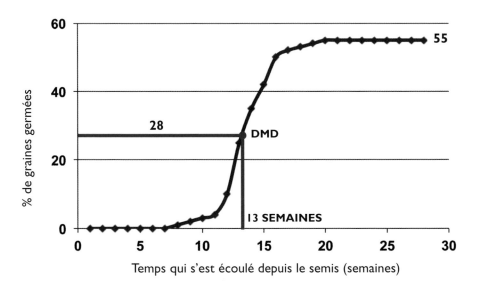

Comparaison des traitements de germination

Pour chaque traitement et pour le contrôle, il est recommandé d'additionner le nombre final de graines qui germent à partir de tous les blocs répétés et de diviser le résultat par le nombre de blocs pour calculer la valeur moyenne puis de répéter le calcul pour les valeurs de la DMD. Ensuite, utilisez une analyse de variance (ANOVA) (voir **l'annexe A2.2**) pour tester les différences significatives entre les moyennes (c'est-à-dire entre les traitements et le contrôle). Si l'analyse de la variance montre des différences significatives, effectuez des comparaisons par paires entre la moyenne de chaque traitement et la moyenne des contrôles pour déterminer les traitements qui augmentent ou diminuent la germination et/ou la dormance (voir **l'annexe A2.3**).

Expérimentation du stockage des graines

Si vous voulez expérimenter le stockage des graines, essayez d'abord de vérifier par la documentation, ou par une étude pilote, si les espèces qui font l'objet de votre expérimentation sont des graines orthodoxes, intermédiaires ou récalcitrantes (voir la **Section 6.2** et http://data. kew.org/sid/search.html). Le stockage des graines est utile pour les espèces d'arbres aux graines orthodoxes, dont les jeunes plants se développeraient autrement rapidement et atteindraient une taille convenable bien avant la date optimale pour les semis. L'entretien de ces plantes pendant plus longtemps que cela n'est nécessaire constitue un gaspillage de l'espace et des ressources de la pépinière. En outre, leur élagage devient une corvée supplémentaire lorsque les plantes commencent à dépasser leurs contenants, et certaines espèces ne réagissent pas bien à l'élagage.

Pour de telles espèces d'arbres, utilisez-les données précédentes de semis ayant germé auparavant pour calculer le nombre de mois qui sont nécessaires pour faire pousser les jeunes plants à une taille convenable. Procédez au compte à rebours de ce nombre de mois à partir de la date de plantation optimale pour obtenir la date optimale pour l'ensemencement. Ensuite, comptez le nombre du mois depuis la fructification à la date optimale pour les semis pour arriver à la durée de stockage des graines nécessaire pour améliorer la production en pépinière. Effectuez des essais de germination avec les graines immédiatement après leur récolte afin de déterminer leur viabilité d'origine (c'est le «contrôle»). Puis, stockez le reste des graines pendant la durée calculée du temps nécessaire. Prélevez des graines à intervalles réguliers pour surveiller tout changement dans la viabilité. S'il y a assez de graines, faites des expériences sur elles dans différentes conditions de stockage (par exemple, séchez les graines aux différentes teneurs en eau ou modifiez la température de stockage). Ensuite, effectuez des tests de germination afin de vérifier si la viabilité baisse lorsque les graines sont stockées pendant la durée requise.

Pour le semis direct, effectuer un essai de germination sur un échantillon de graines immédiatement après leur récolte. Ensuite, stockez le reste des graines pendant la durée requise (de la récolte des graines à la date optimale pour le semis direct). Retirez les graines du magasin de stockage et semez des échantillons dans la pépinière et en champs. Comparez la germination entre ces deux groupes et avec l'échantillon de graines testées au moment de la récolte.

Pour les espèces qui ne produisent pas de fruits tous les ans, expérimentez le stockage des graines pendant 1 an ou plus afin de vérifier si les graines récoltées au cours des années de fructification peuvent être stockées pour produire des plants pendant les années où les fruits ne sont pas produits. Des expériences similaires sont utiles pour la distribution de semences à d'autres endroits ou si les graines sont récoltées ailleurs pour compléter un programme de plantation (voir **l'encadré 6.1**).

Lors de l'expérimentation du stockage de graines, des traitements de pré-semis peuvent également être testés. Mais pour une comparaison valable, appliquez les mêmes traitements à la fois au lot témoin (graines semées immédiatement après la récolte) et aux lots stockés.

Croissance et survie des plantules

Le suivi du rendement des espèces d'arbres dans les pépinières permet de calculer le temps nécessaire pour cultiver les arbres de chaque espèce sélectionnée à une taille convenable à la date du repiquage. Il permet également une évaluation de la vulnérabilité de chaque espèce aux parasites et aux maladies, et la détection des autres problèmes de santé; donc, il constitue également un mécanisme de contrôle de la qualité.

Comparaison des espèces et des traitements

Les espèces d'arbres qui poussent bien dans les pépinières produisent généralement de bons résultats aux champs. Donc, l'une des expériences en pépinière les plus utiles consiste à comparer la survie et la croissance entre les espèces. Il est recommandé d'adopter une méthode de production standard pour toutes les espèces et d'utiliser un modèle expérimental RCBD (voir **l'annexe A2.1**) pour comparer les résultats entre les espèces. Dans ce cas, il n'y a pas de réplicat de «contrôle» ni de «traitement». Un «bloc» est constitué d'un réplicat (pas moins de 15 conteneurs) de chaque espèce.

Par la suite, il peut être procédé à des expériences supplémentaires pour mettre au point des méthodes de production plus efficaces pour les espèces sélectionnées à haut rendement. Celles-ci devraient tester différentes techniques de manipulation des taux de croissance afin de cultiver les jeunes plants qui atteignent une taille appropriée à temps pour l'endurcissement et le repiquage. Trop de facteurs affectent la croissance des plantes, le nombre de traitements potentiels est ahurissant. Le meilleur plan consiste à commencer avec les traitements les plus simples et les plus évidents, tels que les différents types de conteneurs, la composition des terreaux de rempotage et les régimes d'engrais et d'effectuer d'autres tests (par exemple, l'élagage, l'inoculation avec les champignons mycorhiziens) ultérieurement si nécessaire.

Les avantages de chaque traitement doivent être évalués en fonction de leurs coûts et de leur faisabilité. Il est important de comptabiliser le coût de l'application de chaque traitement. La principale question abordée est de savoir si l'amélioration de la qualité du matériel végétal en pépinière aboutit finalement à l'augmentation de la survie et de la croissance des arbres plantés en champs. Donc, il est également utile d'étiqueter les arbres qui ont été soumis à des traitements différents en pépinière et de continuer à les suivre après leur repiquage en champs.

Les facteurs qui pourraient influer sur la survie et la croissance des semis

Type de conteneur

Il est recommandé de réaliser des expériences pour tester le type de conteneur le plus rentable pour les espèces cultivées. Commencez avec un type de conteneur standard, comme les sacs en plastique, et réalisez des expériences simples avec des sacs de différentes dimensions afin de déterminer les effets du volume des conteneurs sur la taille et la qualité des arbres produits avant la période de repiquage. Ensuite, comparez les sacs en plastique avec d'autres types de conteneurs qui exercent plus de contrôle sur la forme des racines (avec ou sans exposition à l'air), telles que les cellules ou les tubes en plastique rigide (voir **Section 6.4**).

Terreaux de rempotage et régime d'engrais

Commencez avec un terreau standard (voir **Section 6.4**), puis poursuivez l'expérience en variant sa composition en utilisant différentes formes de matière organique (par exemple, l'écale de la noix de coco, la balle de riz ou l'enveloppe d'arachide) ou en ajoutant des matières riches en éléments nutritifs telles que la bouse de vaches. Pour les espèces à croissance lente, essayez d'accélérer la croissance en expérimentant différentes applications d'engrais (type d'engrais, dosage et fréquence d'application).

Élagage

Si les arbres commencent à pousser hors de leurs conteneurs avant la période de repiquage, expérimentez l'élagage des pousses. La réaction des espèces d'arbres à l'élagage des pousses varie. Certaines sont tuées par l'élagage tandis que d'autres se ramifient, en produisant une cime plus dense qui leur permet de priver les mauvaises herbes de lumière plus rapidement après leur repiquage. Comparez les différentes intensités, calendriers et fréquences d'élagage des pousses. Outre les taux de croissance et de mortalité, consignez également la forme des plantes au cours des expériences d'élagage.

Les plants qui ont un système racinaire dense et fibreux sont plus en mesure d'alimenter en eau leurs pousses. Par conséquent, un rapport élevé entre racine-pousse améliore les chances de survie après le repiquage. Les racines ligneuses de grande taille sont plus résistantes à la dessiccation, mais elles doivent avoir un réseau dense de jeunes racines fines pour l'absorption efficace de l'eau. Expérimentez différents plannings pour la taille des racines. À la fin de ces expériences, sacrifiez quelques plants pour l'enregistrement de la forme des racines et du rapport racine-pousse.

Les champignons mycorhiziens

La plupart des essences tropicales développent des relations symbiotiques avec les champignons qui infectent leurs racines pour former des mycorhizes. Ces relations permettent aux arbres d'absorber les nutriments et l'eau plus efficacement que ne le peut leur propre système racinaire (voir la **Section 6.5**). Si le sol forestier est ajouté au terreau de rempotage, la plupart des jeunes plants deviennent naturellement infectés par des champignons mycorhiziens (Nandakwang *et al.*, 2008). Ainsi, dans un premier temps, scrutez les jeunes plants qui poussent dans la pépinière pour confirmer la présence des mycorhizes et évaluez la fréquence de l'infection des racines.

Pour les champignons mycorhiziens arbusculaires, i) lavez un échantillon de racines fines; ii) traitez-les avec une solution de clarification (10% (p/v) de KOH à 121°C pendant 15 minutes) pour rendre ces racines transparentes; iii) appliquez 0,05% de bleu trypan dans de l'acide lactique:glycérol:eau (1:1:1 v/v) pour colorer les cellules fongiques, et enfin, iv) examinez les racines sous un microscope à dissection pour estimer le pourcentage qui est infecté. Suivez les précautions de sécurité recommandées pour chacune des substances chimiques.

Pour les ectomycorhizes, estimez le pourcentage de racines fines qui possèdent des bouts gonflés caractéristiques à l'extrémité des racines, puis observez les racines sous un microscope pour détecter la présence d'hyphes fongiques. Les espèces de champignons mycorhiziens sont identifiées par l'examen de leurs spores sous un microscope composé. Cela nécessite le recours à des spécialistes (en ce qui concerne les techniques générales pour l'étude des mycorhizes, voir Brundrett *et al.*, 1996).

Si les racines des arbres d'une espèce ne sont pas colonisées par des champignons mycorhiziens, ou ne sont colonisées que très faiblement, envisagez des expériences pour évaluer l'effet de l'inoculation artificielle. Les préparations commerciales contenant des mélanges de spores de champignons mycorhiziens répandus peuvent être disponibles pour le test (mais il faut savoir qu'elles peuvent ne pas contenir les espèces de champignons aux formes particulières ni les souches particulières requises par les espèces d'arbres cultivées). Une autre possibilité consiste à recueillir des spores fongiques de protection sur les racines des arbres forestiers qui peuplent le site et, ensuite, à les mettre en culture dans des pots sur les plantes domestiques cultivées telles que le sorgho. Ces inoculations faites sur place pourraient être plus propres aux arbres cultivés, mais leur production prend beaucoup de temps et nécessite des techniques spécialisées. Le succès de l'inoculation est souvent réduit si des engrais sont appliqués aux plantes. Ainsi, essayez des expériences qui testent diverses combinaisons d'épandage d'engrais avec l'application d'inoculum mycorhizien. Tout d'abord, vérifiez si l'inoculation artificielle peut augmenter les taux d'infection (et, en fin de compte, le rendement des arbres) par rapport à ceux obtenus naturellement par l'ajout du sol forestier dans le terreau de rempotage. Comparez les performances des jeunes plants cultivées dans un terreau de rempotage standard (qui contient le sol forestier) avec ceux soumis à des sources supplémentaires d'inoculum à diverses doses. Les champignons mycorhiziens peuvent facilement se propager d'un conteneur à l'autre par l'eau, soit par des éclaboussures soit par drainage. Il est donc recommandé de surélever les conteneurs sur une grille métallique et de séparer les répétitions de traitements avec une bâche en plastique pour éviter les éclaboussures.

Concevoir des expériences pour tester les performances

Comme avec les expériences de germination, utilisez un dispositif en blocs aléatoires complets (RCBD; voir **l'annexe A2.1**) et analysez les résultats en utilisant une analyse de variance à deux voies, suivie par des comparaisons par paires (**annexes A2.2 et A2.3**). L'exemple de modèle expérimental pour des essais de germination peut aussi bien être utilisé pour des expériences sur la performance des jeunes plants (en remplaçant les «lits» par des «bancs»).

Le nombre de traitements qui peuvent être appliqués et le nombre de répétitions possibles (c'est-à-dire le nombre de blocs) dépendent du nombre de plants ayant survécu après l'empotage. Décidez des traitements qui peuvent être appliqués. Puis, pour chaque bloc, sélectionnez un minimum de 15 plantes (plus serait mieux) pour constituer une «répétition» pour chaque traitement, et il en va de même pour le contrôle. Faites en sorte que tous les traitements (et le contrôle) soient représentés par le même nombre de plantes dans tous les blocs. Placez chaque bloc, composé d'une répétition de chaque traitement + contrôle, dans un lit différent dans la zone de mise en attente de la pépinière. Dans chaque bloc, placez le traitement et les réplicats du contrôle au hasard.

Expériences sur la croissance de plantules au Cambodge: les répétitions sont 15 plantules dans des sacs en plastique de 23 cm × 6,5 cm (3 rangées de 5 plantes), entourées par une seule rangée de protection de plants.

Choisissez des plantes uniformes pour des expériences; rejetez les plantes anormalement hautes ou basses et celles montrant des signes de maladie ou de malformations. Les plantes au bord d'une répétition peuvent être confrontées à un environnement différent de celui de celles à l'intérieur de ladite répétition parce que des traitements, comme l'arrosage ou l'application d'engrais, peuvent «déborder» d'une répétition à l'autre. En outre, les plantes situées au bord d'un bloc ne font face à aucune compétition avec les voisins d'un côté et elles peuvent être affectées par des personnes qui les effleurent avec des outils ou avec leurs corps. Réduisez ces «effets de bordure» en entourant chaque répétition d'une «rangée de protection» des plantes qui ne sont pas évaluées dans l'expérience. Une expérience simple testant quatre traitements + un contrôle dans quatre blocs devrait nécessiter un minimum de 15 × 5 = 75 plantes uniformes et saines dans chaque bloc, ou 300 au total, ainsi que des plantes supplémentaires pour constituer des rangées de protection.

Evaluation de la croissance

Recueillez des données immédiatement après la réalisation de l'expérience (dès que possible après l'empotage) et à des intervalles d'environ 45 jours par la suite. La séance finale de collecte de données devrait être juste avant l'enlèvement des arbres de la pépinière pour la plantation (même si cela se produit avant le délai de 45 jours après la précédente séance de collecte de données).

Mesurez la hauteur de chaque jeune plant (du collet, c'est-à-dire le moment où la pousse rencontre la racine, au méristème apical) avec une règle. Mesurez le RCD (c'est-à-dire le diamètre au «collet») au point le plus large avec un pied à coulisse à vernier (disponible dans la plupart des papeteries). A la marque zéro sur l'échelle coulissante sur la face inférieure, lisez le numéro du diamètre en millimètres à partir de l'échelle supérieure. Pour le point décimal, cherchez le point où les signes de division sur l'échelle inférieure sont exactement alignés sur les marques de la division sur l'échelle supérieure. Puis, relevez le point décimal de l'échelle inférieure. L'échelle de

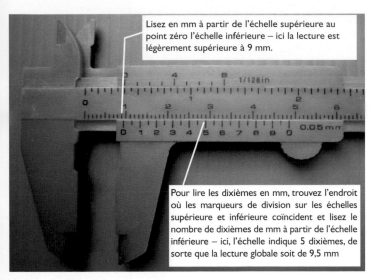

Lisez en mm à partir de l'échelle supérieure au point zéro l'échelle inférieure – ici la lecture est légèrement supérieure à 9 mm.

Pour lire les dixièmes en mm, trouvez l'endroit où les marqueurs de division sur les échelles supérieure et inférieure coïncident et lisez le nombre de dixièmes de mm à partir de l'échelle inférieure – ici, l'échelle indique 5 dixièmes, de sorte que la lecture globale soit de 9,5 mm

Vernier dans l'exemple illustrée ici indique 9,5 mm. Parce que le RCD est une petite valeur, elle doit être mesurée avec une grande précision. Pour de meilleurs résultats, mesurez le RCD deux fois en tournant le compas à l'angle droit, puis utilisez la lecture moyenne.

Utilisez un système de notation simple pour enregistrer la survie et la santé des plantes (0 = morte, 1 = dommage ou maladie grave; 2 = légers dommages ou maladie sans grand impact, mais autrement en bonne santé, 3 = bonne santé). En outre, enregistrez tous les parasites et maladies observés, ainsi que les signes de carence en éléments nutritifs. Notez le moment où se produisent la chute des feuilles, le débourrement ou la ramification et enregistrez tous les phénomènes climatiques inhabituels qui pourraient affecter l'expérience.

Déterminez le rapport racine-pousse (masse sèche) en sacrifiant quelques plantes à la fin de l'expérience. Dans le même temps, photographiez la structure du système racinaire. Enlevez les plantes de l'échantillon de leurs conteneurs et lavez le terreau de rempotage, en prenant soin de ne pas briser les racines fines. Séparez la pousse des racines au niveau du collet. Séchez-les dans un four à 80–100°C. Pesez la partie aérienne et le système racinaire séchés et calculez le poids des racines sèches divisé par le poids des pousses sèches pour chaque échantillon de plantes.

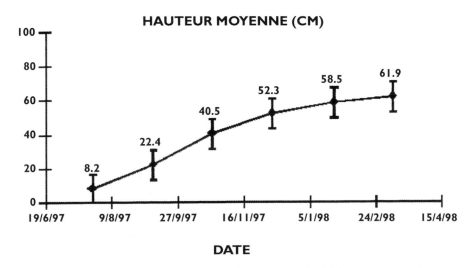

HAUTEUR MOYENNE (CM)

DATE

Données sur la croissance des plantules des essences pionnières. Les arbres atteignent une taille adaptée au repiquage avant janvier, six mois avant la date optimale pour la plantation. Par conséquent, il est recommandé de procéder au stockage des graines aux fins de retarder la germination, afin d'éviter le gaspillage de l'espace de la pépinière, ainsi que la nécessité d'élaguer les gaules.

Espèce: *Cerasus cerasoides*　　　　　　**Numéro de l'espèce:** **E71L1**

Date de repiquage: **6 juin 1997**　　**BLOC:** **1**　　**TRAITEMENT: AUCUN (CONTRÔLE)**

HAUTEUR (CM)

DATE	JOUR	1	2	3	4	5	6	7	8	9	10	11	12	13	14	15	AVG
							NOMBRE DE SEMIS										
7/6/97	1	5.0	4.0	3.5	2.0	4.0	3.0	4.0	3.0	3.5	3.0	5.0	4.0	3.0	4.0	4.5	**3.7**
25/7/97	49	11.0	12.0	8.0	3.0	8.0	5.5	7.5	5.5	6.5	8.5	12.0	9.0	8.5	9.0	9.5	**8.2**
8/9/97	94	29.0	38.0	23.0	33.0	x	16.0	19.0	17.0	13.0	14.0	35.0	20.0	25.0	16.0	16.0	**22.4**
23/10/97	139	67.0	67.0	44.0	34.0	x	32.0	35.0	25.0	32.0	29.0	66.0	27.0	50.0	28.0	31.0	**40.5**
7/12/97	184	70.0	70.0	55.0	34.0	x	52.0	61.0	36.0	48.0	47.0	71.0	38.0	58.0	40.0	52.0	**52.3**
23/1/98	231	73.0	70.0	57.0	34.0	x	64.0	67.0	41.0	52.5	53.0	80.0	46.0	72.0	43.0	66.0	**58.5**
9/3/98	**276**	73.0	70.0	60.0	34.0	x	64.0	67.0	49.0	58.0	54.0	81.0	55.0	73.0	53.0	75.0	**61.9**

DIAMÈTRE DU COLLET DES RACINES (MM)

DATE	JOUR	1	2	3	4	5	6	7	8	9	10	11	12	13	14	15	AVG
							NOMBRE DE SEMIS										
7/6/97	1	0.5	0.7	0.4	0.8	0.4	0.5	0.6	0.7	0.6	0.7	0.7	0.6	1.0	0.6	0.7	**0.6**
25/7/97	49	1.4	2.2	1.3	1.1	1.3	1.0	1.5	1.6	1.3	1.2	1.4	1.1	2.1	1.3	1.4	**1.4**
8/9/97	94	2.8	3.2	2.7	1.4	x	1.5	1.6	3.3	2.7	2.5	2.4	2.5	2.2	2.3	1.4	**2.3**
23/10/97	139	4.2	4.0	3.0	1.7	x	1.8	2.1	3.3	2.7	2.7	3.6	2.5	3.0	2.3	1.6	**2.8**
7/12/97	184	4.4	4.0	3.0	2.5	x	2.9	2.9	3.3	2.7	3.0	3.7	3.0	3.0	2.3	3.0	**3.1**
23/1/98	231	4.4	4.0	4.2	2.5	x	4.5	4.5	3.3	3.2	3.5	4.2	3.0	4.0	2.6	4.5	**3.7**
9/3/98	**276**	5.2	6.0	4.2	2.6	x	5.0	5.5	3.6	4.0	4.3	4.6	3.5	4.5	3.0	5.0	**4.4**

SANTÉ (0–3)

DATE	JOUR	1	2	3	4	5	6	7	8	9	10	11	12	13	14	15	AVG
							NOMBRE DE SEMIS										
7/6/97	1	2.5	2.5	2.5	1.5	2.0	1.5	3.0	3.0	2.5	3.0	3.0	2.5	2.0	3.0	3.0	**2.5**
25/7/97	49	3.0	3.0	3.0	2.0	3.0	2.5	3.0	2.5	3.0	3.0	3.0	3.0	3.0	3.0	3.0	**2.9**
8/9/97	94	3.0	3.0	3.0	2.0	x	2.5	3.0	3.0	2.5	2.5	3.0	3.0	3.0	3.0	2.5	**2.8**
23/10/97	139	3.0	2.5	3.0	2.5	x	3.0	3.0	3.0	3.0	3.0	3.0	3.0	1.5	3.0	3.0	**2.8**
7/12/97	184	3.0	3.0	3.0	3.0	x	3.0	3.0	3.0	3.0	3.0	3.0	3.0	3.0	3.0	3.0	**3.0**
23/1/98	231	3.0	3.0	3.0	3.0	x	3.0	3.0	3.0	3.0	3.0	3.0	3.0	3.0	3.0	3.0	**3.0**
9/3/98	**276**	3.0	3.0	3.0	3.0	x	3.0	3.0	3.0	3.0	3.0	3.0	3.0	3.0	3.0	3.0	**3.0**

Calculs à partir des données de croissance

Utilisez une fiche de collecte de données standard pour chaque répétition dans chaque bloc. Après chaque séance de collecte de données, calculez les valeurs moyennes (et les écarts-types) pour chacun des paramètres mesurés.

En outre, calculez les taux de croissance relatifs (TCR), éliminant ainsi les effets des différences dans les tailles originales de plantules ou jeunes plants immédiatement après le rempotage sur la croissance ultérieure. Cela permet d'évaluer les effets du traitement en dépit des différences dans les tailles initiales des plantes au début de l'expérience. Le TCR se définit comme le rapport de la croissance d'une plante à sa taille moyenne sur la période de mesure, selon l'équation ci-dessous:

$$\frac{(\ln FS - \ln IS) \times 36{,}500}{\text{Nbre de jours entre les mesures}}$$

où ln FS = logarithme naturel de la taille finale des gaules (soit la taille des gaules ou RCD) et ln IS = logarithme naturel de la taille initiale des plantules. Les unités sont les taux (pourcentage) par an.

Analyse des données de survie

Pour chaque répétition, comptez le nombre de jeunes plants qui survivent jusqu'à la période de repiquage. Puis, calculez la valeur moyenne et l'écart type pour chaque traitement; répétez cette méthode pour le contrôle. Appliquez l'ANOVA (voir **l'annexe A2.2**) pour vérifier s'il existe des différences significatives dans la survie moyenne entre les traitements. Si oui, utilisez des comparaisons par paires (voir **l'annexe 2.3**) entre la moyenne de chaque traitement et la moyenne des contrôles afin d'identifier les traitements qui augmentent de manière significative la survie. La même approche peut être utilisée pour faire des comparaisons entre les espèces.

Analyse des données de croissance

Représentez graphiquement la croissance des jeunes plants en construisant une courbe de croissance qui peut être mise à jour après chaque séance de collecte de données. Faites le graphique du temps écoulé depuis le repiquage (axe horizontal) jusqu'à la hauteur moyenne des jeunes plants (ou la moyenne du RCD), divisée par l'ensemble des blocs, pour chaque traitement (axe vertical). Par extrapolation, ces courbes peuvent être utilisées pour estimer la durée approximative de la croissance des jeunes plants en pépinière pour atteindre la taille de plantation optimale.

Juste avant la période optimale pour le repiquage, calculez la hauteur moyenne des jeunes plants et le RCD pour chaque répétition et la moyenne de ces valeurs moyennes dans l'ensemble des blocs pour arriver aux moyennes de traitement. Effectuez une analyse de variance (voir **l'annexe A2.2**) afin de vérifier s'il existe des différences significatives entre les moyennes de traitement et, le cas échéant, utilisez des comparaisons par paires (voir **l'annexe A2.2**) pour déterminer les traitements qui débouchent sur des jeunes plants qui sont beaucoup plus grands que ceux qui sont témoins (contrôles) au moment des semis. Le RCD et le TCR (à la fois pour la hauteur et le RCD) peuvent être analysés de la même manière.

Quels sont les objectifs à atteindre?

Adoptez, comme norme, tous les traitements qui contribuent de manière significative à la réalisation des objectifs suivants avant la période optimale pour la plantation:

- la survie de plants > 80% depuis le repiquage;
- les hauteurs moyennes des gaules > 30 cm pour les espèces pionnières à croissance rapide (20 cm pour *Ficus* spp.) et > 50 cm pour les essences climaciques à croissance lente;
- des tiges robustes, supportant des feuilles matures, adaptées au soleil (des feuilles pas pâles qui s'étalent) (le «quotient de robustesse» peut être calculé comme la hauteur (cm)/RCD (mm) de <10);
- un rapport racine-pousse compris entre 1:1 et 1:2; avec un système racinaire ramifié dense qui pousse activement et qui ne s'enroule pas à la base du conteneur;
- pas de signe de parasites, de maladies ni de carence en éléments nutritifs.

Morphologie et taxonomie des plantules d'arbres

Les études de régénération naturelle des forêts nécessitent l'identification des plantules d'arbres et de très jeunes plants, mais c'est une tâche notoirement difficile. Les descriptions d'espèces végétales dans les flores sont fondées principalement sur les structures de reproduction. La morphologie (particulièrement la forme des feuilles) des plants diffère souvent considérablement de celle du feuillage des arbres matures et les spécimens de plantules ne sont presque jamais inclus dans les collections d'herbiers. Les ressources pour l'identification des plants d'arbres forestiers tropicaux sont presque inexistantes (mais voir FORRU, 2000). Par conséquent, les pépinières qui produisent des plantules et des jeunes plants d'âges connus, à partir des graines récoltées sur des arbres mères correctement identifiés, fournissent une ressource extrêmement précieuse pour l'étude de la morphologie et de la taxonomie des plantules d'arbres.

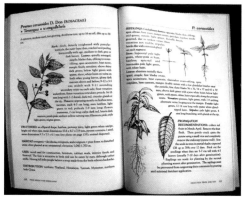

Les plants d'arbres forestiers tropicaux restent largement ignorés. Une pépinière offre une occasion unique de recueillir des spécimens des plantules d'espèces et d'âges connus et de publier leurs descriptions.

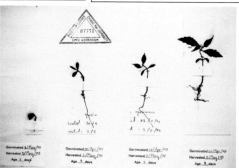

Essayez de recueillir au moins trois spécimens de semis ou de jeunes plants à tous les stades de développement pour toutes les espèces cultivées. Préparez-les comme des spécimens d'herbier de la manière habituelle, en montant plusieurs spécimens dans l'ordre chronologique sur une seule feuille d'herbier. Sur l'étiquette de l'herbier, enregistrez l'âge en jours de chaque spécimen de semis ou de jeunes plants, et incluez les détails de l'arbre-mère sur lequel les graines ont été récoltées. Recrutez un artiste pour produire des dessins au trait des plants. Publiez les dessins et les descriptions de semis dans un manuel d'identification.

Expériences sur les semis naturels

La production du matériel végétal à partir de semis naturels (voir **Encadré 6.4**) est avantageux i) lorsque les semences ne sont pas disponibles; ii) lorsque la germination des graines et/ou la survie et la croissance des semis sont problématiques ou lentes, ou iii) lorsque la production du matériel végétal doit être accélérée.

Les expériences sur les semis naturels doivent répondre à trois questions simples: i) les plants de haute qualité peuvent-ils être produits à partir de semis naturels plus rapidement et de façon rentable que par la germination des graines, ii) la culture de semis naturels dans les pépinières peut-elle être manipulée pour obtenir des plants ayant une taille optimale avant la date de plantation, et iii) les semis naturels ont-ils des résultats aussi bons ou supérieurs que celles ayant germé à partir de graines?

Tous les traitements des semis décrits ci-dessus peuvent être appliqués pour déterminer les conditions optimales pour la culture des semis naturels dans les pépinières à une taille convenable. Cependant, deux traitements supplémentaires sont propres aux semis naturels: i) le classement selon la taille lors de leur récolte et ii) l'élagage au moment d'être déterrés.

Les jeunes plantules sont plus fragiles que les jeunes plants de grande taille et sont plus facilement endommagées lors de la transplantation. D'autre part, les plants de grande taille sont plus difficiles à déterrer sans laisser les racines dans le sol et peuvent par conséquent souffrir du choc de la transplantation. Regroupez les semis naturels récoltés en trois classes de taille (petite, moyenne et grande). Ceux-ci deviennent par la suite 3 «traitements» dans une expérience sur le RCBD (il n'y a pas de contrôle). Recueillez les données de croissance et de survie, tel que décrit ci-dessus, et comparez la survie moyenne et le TCR parmi les classes de taille initiales.

Le déterrement des plantes endommage inévitablement leur système racinaire, mais le système foliaire reste intact, et donc un système racinaire réduit doit fournir de l'eau à une pousse intacte. Ce déséquilibre peut causer la flétrissure, voire la mort des semis naturels. L'élagage des pousses peut rééquilibrer le rapport racine-pousse. Appliquez les traitements par élagage des pousses de différentes intensités au moment de la collecte (par exemple, pas d'élagage (contrôle) et l'élagage d'un tiers ou de la moitié de la longueur des pousses ou des feuilles). Recueillez les données de croissance et de survie tel que décrit ci-dessus, et comparez la moyenne de survie et du TCR parmi les traitements par élagage.

Poursuivez le suivi de la performance du matériel végétal provenant de semis naturels après la plantation (par exemple, les taux de survie et de croissance) et, ensuite, comparez les résultats avec ceux des arbres produits par la germination des graines.

UNITE DE RECHERCHE SUR LA RESTAURATION FORESTIERE (FORRU) `S. 146 B4`

DONNEES DE PRODUCTION DES PLANTULES

Utilisez une simple feuille de données pour compiler toute l'information concernant un lot de graines, de la production en pépinière, à la récolte de graines et à la livraison des gaules au site de restauration.

I. COLLECTE
ESPECE: *Nyssa javonica* (Bl.) Wang   FAMILLE: Cornaceae
CODE DU LIEN: NYSSJAVA   ECHANTILLON NO.: 89
DATE DE RECOLTE: 11-août-06 au sol   QUANTITE: 3.000   GRAINES

2. GERMINATION DE GRAINES
PRETRAITEMENT: les graines ont été trempées dans l'eau pendant 1 nuit, séchées au soleil par la suite pendant 2 jours
QUANTITE SEMEE: 2.500   GRAINES
TERREAU/CONTENEUR: sol forestier uniquement, 8 paniers
DATE DE SEMIS: 14-août-06
NOMBRE AYANT GERME: 2.059   GRAINES

OBSERVATIONS

1ère germination 26-août-06 au 11-sep-06
La fonte des semis a détruit près de 12% de l'ensemble des plantules ayant germé

3. REPIQUAGE
DATE DE REPIQUAGE: 3-Oct-06   QUANTITE: 1.500   SEMIS
TERREAU/CONTENEUR: sol forestier; écale de noix de coco: enveloppe d'arachides (2:1:1) dans des sacs en plastique
ENTRETIEN EN PEPINIERE:

ENTRETIEN EN PEPINIERE	I	2	3	4	5
ENGRAIS					
ELAGAGE (NO)	13/11/06	12/2/07	13/3/07		
DESHERBAGE	13/11/06	13/12/06	13/1/07	13/2/07	13/3/07
LUTTE CONTRE LES RAVAGEURS/MALADIES	13/1/07 Insectes défoliateurs				

OBSERVATIONS

2–3 mois suivant le repiquage, champignon rouge et brûlure helminthosporienne ont attaqué les plantules, mais tous les plants ont l'air sain

4. ENDURCISSEMENT ET DISTRIBUTION
DATE DE DEBUT DE L'ENDURCISSEMENT: 17-mai-07
DATE D'EXPEDITION: 19-juin-07
NOMBRE DE PLANTS DE BONNE QUALITE: 1.200   SEMIS
LIEU DE PLANTATION: MAE SE MAI, parcelle de WWA

OBSERVATIONS

500 plantules ont été plantées le 30/6/07 à Ban Mae Sa Mai

Les calendriers de production — le but ultime de la recherche en pépinière

La culture d'un large éventail d'essences forestières est difficile à gérer. Différentes espèces produisent des fruits à différents mois et ont des taux de germination et de croissance des plantules très différents; cependant, toutes les espèces doivent être prêtes pour la plantation au moment optimal pour la plantation. Les calendriers de production des espèces facilitent cette tâche de gestion ardue.

Sous les climats tropicaux saisonnièrement secs, les possibilités pour la plantation d'arbres sont étroites, parfois quelques semaines au début de la saison des pluies. Sous les climats peu saisonnier, il est possible que le calendrier de plantation d'arbres offre plus de possibilités. Dans les deux cas, les calendriers de production des espèces sont un excellent outil pour faire en sorte que les espèces d'arbres nécessaires soient prêtes pour la plantation en cas de besoin.

Qu'est-ce qu'un calendrier de production?

Pour chacune des espèces d'arbres cultivées, le calendrier de production est une description concise des procédés nécessaires pour produire des plants ayant la taille et la qualité optimales à partir des graines, des semis naturels ou des boutures avant la période optimale pour la plantation. Il peut être représenté comme un graphique chronologique annoté qui montre: i) la période de réalisation de chaque opération et ii) les traitements qui devraient être appliqués pour manipuler la germination des graines et la croissance des semis ou des jeunes plants.

Informations nécessaires pour élaborer un calendrier de production

Le calendrier de production combine toutes les connaissances disponibles sur l'écologie de reproduction et la culture d'une espèce. Il est l'ultime interprétation des résultats de tous les procédés expérimentaux décrits ci-dessus, notamment:

- la date optimale pour la collecte de semences;
- la durée de germination ou la durée naturelle de dormance de la graine;
- la manière dont la dormance des graines peut être manipulée par des traitements de pré-semis ou le stockage des semences;
- le temps nécessaire qui s'écoule entre l'ensemencement et le repiquage;
- la durée de la mise en attente nécessaire à la culture de jeunes plants à une taille convenable à la plantation;
- la manière dont l'épandage d'engrais et d'autres traitements peuvent être manipulés pendant la période de croissance et de mise en attente des plants.

Le produit fini.

Toutes ces informations seront disponibles à partir des fiches de données sur la pépinière si les procédés décrits ci-dessus sont suivis. Le calendrier de production est davantage un document de travail. Rédigez la première version une fois que le premier lot de plantes a atteint une taille convenable à la plantation. Cela permet l'identification des zones nécessitant des recherches plus poussées et des traitements appropriés à tester dans des expériences ultérieures. Au fur et à mesure que les résultats des expériences sur chaque lot subséquent de plantes sont disponibles, le calendrier de production sera progressivement modifié et optimisé.

Encadré 6.6. Exemple de calendrier de production (pour *Cerasus cerasoides*).

Dans son habitat naturel, cette essence pionnière à croissance rapide fructifie en avril ou mai. Ses graines ont une dormance courte, et les plantules se développent rapidement au cours de la saison des pluies. En décembre, ses racines ont pénétré assez profondément dans le sol qu'elles sont en mesure de fournir de l'humidité à la pousse pendant les dures conditions de la saison sèche. Dans la pépinière, les jeunes plants qui ont atteint une taille convenable à la plantation en décembre devraient être maintenues pendant 6 mois encore avant la prochaine saison de plantation (le mois de juin suivant) et seraient trop grandes pour leurs conteneurs.

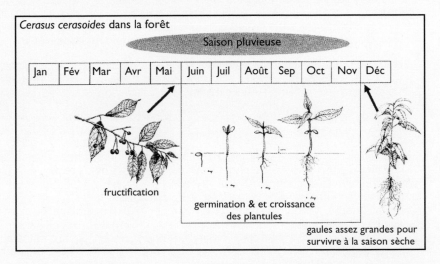

Dans la pépinière, le calendrier de production comporte donc le stockage des pyrènes (séchés au soleil) à 5°C jusqu'en janvier, où ils sont germés. Les plants poussent alors à la taille optimale juste à temps pour l'endurcissement et la plantation en juin. L'élaboration de ce calendrier de production a nécessité des recherches sur la phénologie, la germination des graines, la croissance des plantules et le stockage des semences.

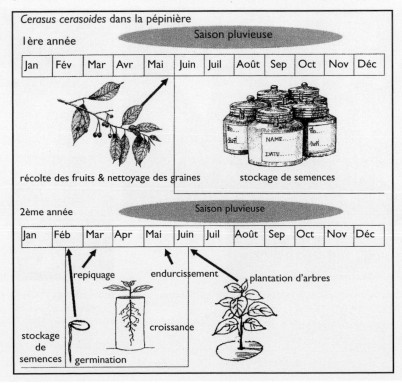

ETUDE DE CAS 4	Doi Mae Salong: «Treasure Tree Clubs» (clubs d'arbres précieux)

Pays: Thaïlande

Type de forêt: forêt sempervirente dans les forêts tropicales saisonnièrement sèches.

Propriété: Le projet «Treasure Tree Clubs» faisait partie d'un programme de restauration des forêts de 1.500 ha exécuté dans le cadre d'un partenariat entre «Plant a Tree Today» (PATT) (Plantez un arbre aujourd'hui), l'Union Internationale pour la Conservation de la Nature (UICN) et l'Unité de recherche sur la restauration forestière de l'Université de Chiang Mai (FORRU-CMU), en vue d'aider le Bureau du Commandement Suprême de la Thaïlande (SCO).

Gestion et utilisation communautaires: Un mélange de cultures de rente soigneusement choisies et d'espèces d'arbres «framework» autochtones a été planté avec un double objectif: la réduction de la pauvreté grâce à l'agroforesterie durable et la restauration d'un bassin versant dégradé.

Niveau de dégradation: forêt déboisée dans son ensemble, mais il subsiste des fragments de forêt pour l'agriculture.

La collecte d'une quantité suffisante de graines d'un nombre suffisant d'espèces d'arbres pour restaurer les diverses forêts tropicales constitue l'une des plus grandes difficultés rencontrées par les gestionnaires de projets, mais elle constitue également une occasion d'impliquer des communautés entières dans la restauration forestière, dès le début. Si de nombreuses mains allègent la tâche, alors ... «de nombreux yeux repèrent plus de graines!»

A Doi Mae Salong dans le nord de la Thaïlande, l'Unité de recherche sur la restauration forestière de l'Université de Chiang Mai (FORRU-CMU) et l'UICN ont engagé huit écoles de village pour démarrer leurs propres pépinières d'arbres autochtones. Dans le cadre de l'Initiative «Moyens d'existence et Paysages» de l'UICN[1] (parrainée par PATT[2]), le «Treasure Tree Clubs» a assuré la formation des enseignants et de leurs élèves, les a sensibilisés à la valeur des arbres forestiers indigènes, et a créé des conditions pour inciter les enfants à récolter des graines pour les pépinières.

Étiquetage d'un «arbre précieux»: ses graines constituent le trésor et les enfants ont été récompensés pour les avoir récoltées.

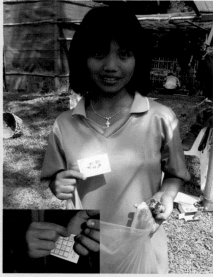

En contrepartie de la récolte de graines, les membres du «Treasure Tree Club» (club des arbres précieux) ont accumulé des autocollants sur leurs cartes de membres, qu'ils pourraient échanger contre des récompenses.

[1] www.forestlandscaperestoration.org/media/uploads/File/doi_mae_salong/watershed_forest_article_6.pdf

[2] www.pattfoundation.org/what-we-do/reforestation/complete-project-list/doi-mae-salong.php

Les activités de pépinière font désormais partie du programme scolaire, en permettant aux élèves d'acquérir des compétences dans le domaine de la culture des plantes qui pourraient être appliquées à l'horticulture et à la sylviculture.

Tout d'abord, les arbres forestiers survivants près des écoles ont été identifiés et on y a placé des insignes pour les identifier comme arbres précieux (un diamant avec une plantule y poussant pour signifier la grande valeur de ces arbres). Le nom local des espèces d'arbres et les mois de fructification connus étaient aussi mentionnés sur ces insignes.

Les enfants ont reçu des cartes de membres de «Treasure Tree Club». Tout membre qui rapportait un sac de graines de quelques arbres étiquetés aux enseignants en charge des pépinières scolaires recevait un autocollant pour sa carte. Les autocollants pouvaient également être obtenus en contrepartie de la participation à des tâches simples dans la pépinière, telles que le rempotage des plantules.

Les activités des pépinières ont été incorporées dans les cours hebdomadaires d'agriculture et les enfants ont aussi appliqué leurs compétences arboricoles nouvellement acquises à la culture d'arbres fruitiers. Pour tout lot de cinq autocollants acquis, le membre recevait une récompense.

Les pépinières ont été utilisées pour cultiver des espèces d'arbres «framework» pour un programme de restauration des forêts de 1.500 ha dans la région. Les jeunes plants ont été vendues au programme et les revenus utilisés pour acheter du matériel et des équipements pour les écoles. Ainsi, les enfants pris isolément et la communauté dans son ensemble ont bénéficié du projet. En outre, un élément de compétition amicale entre les écoles a été introduit. Les écoles étaient jugées sur la base de l'espèce et du nombre de jeunes plants produits, ainsi que de leur qualité. Les écoliers étaient interrogés sur les procédés de pépinières

Les établissements scolaires ayant obtenu les meilleurs résultats ont reçu des trophées et toutes les écoles ont reçu de gros paquets d'outils pédagogiques en environnement.

qu'ils avaient appris et il leur était demandé de montrer qu'ils pouvaient reconnaître les essences «framework» locales. Le processus d'évaluation a également servi de procédure officielle de suivi du projet. Les résultats du concours ont été dévoilés lors d'un «gala» du projet, au cours duquel les écoles ayant obtenu les meilleurs résultats ont reçu des trophées. En plus d'un an, le projet a généré un total de près de 10.000 arbres de 24 espèces pour le programme de restauration des forêts du Commandement suprême, en rapportant aux écoles un total de 918 dollars américains provenant de la vente d'arbres.

CHAPITRE 7

PLANTATION, ENTRETIEN ET SUIVI DES ARBRES

L'extraction d'un arbre de son conteneur suivi de sa plantation dans le sol est probablement l'image archétype de la restauration forestière. Cette opération représente l'aboutissement de plusieurs mois de planification, de collecte de graines et de travail en pépinière. Cependant, elle ne constitue pas la phase finale du processus de la restauration forestière. Les sites déboisés sont des lieux difficiles – exposés, chauds et ensoleillés – souvent avec une alternance de dessèchement et d'engorgement d'eau. Si les arbres ne reçoivent pas suffisamment de soins et d'entretien au cours des deux premières années après la plantation, beaucoup mourront et les efforts consacrés à leur production resteront en vain. La main-d'œuvre et les matériels nécessaires qui garantissent les bonnes performances des arbres plantés sont souvent sous-estimés. Souvent, les budgets s'épuisent ou la main-d'œuvre devient indisponible, ce qui entraîne parfois l'échec du projet et la nécessité de tout recommencer. Par conséquent, la réduction de l'entretien post-plantation constitue une fausse économie. Le suivi est une autre tâche souvent négligée qui s'avère pourtant importante, non seulement pour fournir des données sur la survie et la croissance des arbres, mais aussi pour tirer des leçons des succès et des échecs passés. Le suivi constitue désormais un volet obligatoire de tous les projets de restauration qui sont financés par le marché du carbone.

7.1 Préparatifs de la plantation

Optimisation du calendrier de la plantation d'arbres

Le moment optimal pour la plantation d'arbres dépend de la disponibilité en eau du sol. Dans les régions qui ont un climat saisonnier, il est recommandé de planter les arbres au début de la saison des pluies, une fois que les précipitations sont devenues régulières et considérables. Cela donne aux arbres le maximum de temps pour développer un système racinaire qui pénètre profondément dans le sol, leur permettant d'obtenir suffisamment d'eau pour survivre à la première saison sèche après la plantation. Là où les pluies sont plus uniformément réparties pendant toute l'année (c.-à-d. 100 mm de précipitation mensuelle), il est possible de planter les arbres à tout moment.

Préparation du site de restauration

Tout d'abord, prenez des mesures pour protéger les arbres résiduels, les plantules et les jeunes arbres issus de la régénération naturelle, ou les souches d'arbres vivants. Inspectez soigneusement les parcelles, tenant compte de la présence les petits plants d'arbres qui pourraient être cachés par les mauvaises herbes. Placez un poteau de bambou de couleur vive à côté de chaque plante et utilisez une houe pour enlever les mauvaises herbes en formant un cercle de 1,5 m de diamètre autour de chaque plante. Cela permet aux ouvriers de repérer facilement les sources naturelles de régénération de la forêt, de manière à éviter de les endommager lors du sarclage ou de la plantation d'arbres. Faites comprendre à tous ceux qui travaillent dans les parcelles l'importance de la préservation de ces sources naturelles de la régénération forestière.

Environ 1 à 2 semaines avant la date de plantation, désherbez l'ensemble du site afin d'améliorer l'accès et de réduire la concurrence entre les mauvaises herbes et les arbres (à la fois plantés et naturels). La technique de mise sous presse des mauvaises herbes, souvent utilisée pour la RNA, détaillée dans la **Section 5.2**, pourrait être efficace pour les sites dominés par les graminées et les herbes molles (non ligneuses). Dans le cas où la mise sous presse des mauvaises herbes est inefficace, ces dernières doivent être déracinées. Coupez les mauvaises herbes jusqu'à une taille d'environ 30 cm, puis déterrez-les avec une houe et laissez-les sécher sur la surface du sol. Assurez-vous de toujours se munir d'une trousse de premiers soins pour faire face à tout accident.

Déracinement des mauvaises herbes

Le simple débroussaillement favorise la repousse de bon nombre d'espèces de mauvaises herbes. En repoussant, les mauvaises herbes absorbent plus d'eau et de nutriments du sol que si elles n'avaient jamais été coupées dans un premier temps. Cela intensifie réellement la compétition racinaire entre les mauvaises herbes et les arbres plantés, au lieu de la réduire. Donc, le déracinement des mauvaises herbes est essentiel, même si le coût des mains d'œuvre est élevé. Malheureusement, le déracinement perturbe également le sol, ce qui augmente le risque d'érosion. En outre, il y a un risque important de couper accidentellement les plantules ou les jeunes arbres issus de la régénération naturelle. Pour ces raisons, et pour réduire les coûts de main-d'œuvre, il est recommandé d'utiliser le glyphosate pour nettoyer les parcelles de plantation (mais PAS pour le sarclage après la plantation).

Utilisation d'un herbicide

L'utilisation d'un herbicide systémique à large spectre à action lente, comme le glyphosate (disponible sous diverses formulations) peut considérablement augmenter l'efficacité du sarclage, réduire les coûts et éviter la perturbation du sol. De tels herbicides tuent la plante entière, et empêchent ainsi sa régénération rapide par croissance végétative.

Attendez que les mauvaises herbes coupées commencent à repousser avant de répandre d'un herbicide non résiduel, tel que le glyphosate, sur elles. Portez des vêtements de protection appropriés selon les directives de la fiche d'information accompagnant le produit – habituellement des gants, des lunettes de sécurité, des bottes en caoutchouc et des vêtements imperméables.

Coupez les mauvaises herbes pour ramener leur hauteur au dessous du genou, au moins 6 semaines avant la date de plantation. Laissez la végétation coupée sur place, car elle aidera à protéger le sol contre l'érosion et peut ensuite être utilisée comme paillis autour des arbres plantés. Attendez au moins 2 à 3 semaines pour que les mauvaises herbes commencent de nouveau à croître, puis pulvérisez du glyphosate sur les nouvelles pousses.

Comment fonctionne le glyphosate?

Le glyphosate tue la plupart des plantes, seules quelques espèces lui sont résistantes. Il se décompose rapidement dans le sol (c'est-à-dire qu'il n'est pas résiduel) et donc, contrairement à certains autres pesticides (par exemple, le DDT), il ne s'accumule pas dans l'environnement. Le produit chimique est absorbé par les feuilles et se déplace vers toutes les autres parties de la plante, y compris les racines. Les mauvaises herbes meurent lentement, brunissent progressivement pendant 1 à 2 semaines, et elles peuvent seulement recoloniser le site à partir de la germination des graines. Cela prend plus de temps que la re-germination à partir des pousses coupées. Ainsi, les arbres nouvellement plantés ont environ 6 à 8 semaines de liberté sans la concurrence avec les mauvaises herbes. Pendant ce temps, les racines des arbres peuvent coloniser des sols ultérieurement occupés dans leur intégralité par les racines des mauvaises herbes.

Comment devrait être appliqué le glyphosate?

Appliquez les herbicides pendant un temps sec et sans vent pour éviter leur dérive sur les plants d'arbres issus de la régénération naturelle. Ne pulvérisez pas si la pluie est annoncée dans les 24 heures après l'application. Quelques heures après la pulvérisation, la pluie et même la rosée rendent le produit chimique inefficace.

Les grandes pompes montées sur des camionnettes et les longs tuyaux qui sont utilisés pour pulvériser les cultures pourraient être disponibles dans les communautés agricoles, mais ils n'ont pas la précision nécessaire pour éviter de pulvériser les plantes issues de la régénération naturelle. Par conséquent, nous recommandons à la place l'utilisation des réservoirs dorsaux d'une capacité 15 litres, munis de pulvérisateurs orientables, montés sur des tubes-rallonges.

Versez 150 ml du concentré de glyphosate dans un pulvérisateur dorsal muni d'un réservoir de 15 litres et ajouter de l'eau propre jusqu'à la marque indiquant 15 litres. Vous devrez répéter ceci 37 à 50 fois (en utilisant 5,6 à 7,5 litres de concentré) par hectare. Vous devez également y ajouter un agent mouillant pour faciliter l'absorption de la substance chimique par les mauvaises herbes.

Vérifiez la direction du vent et travaillez avec le vent derrière vous, de sorte que le jet d'herbicide est soufflé vers l'avant plutôt qu'en arrière dans votre visage. Pressez sur le réservoir dorsal avec la main gauche et manipulez le pulvérisateur avec la main droite. Utilisez une faible pression pour produire de grosses gouttelettes, qui s'infiltrent rapidement dans le sol, avant qu'elles ne puissent dériver très loin. Parcourez lentement le site, en pulvérisant des bandes de 3 m de large en faisant des balayages doux de gauche à droite devant vous. Si vous avez accidentellement pulvérisé une plantule ou un jeune arbre, arrachez immédiatement les feuilles sur lesquelles les gouttes de l'herbicide sont tombées de telle sorte que le produit chimique ne soit pas absorbé par la plante et transporté vers les racines. Pour éviter de pulvériser la même zone deux fois, ajoutez un colorant au glyphosate, de sorte que vous pouvez voir où vous avez déjà pulvérisé. Si vous avez accidentellement pulvérisé le produit chimique sur votre peau ou dans les yeux, rincer abondamment à l'eau et consultez un médecin.

Dès que possible après la pulvérisation, prenez une douche et lavez tous les vêtements portés lors de la pulvérisation. Nettoyez tous les équipements utilisés (sacs à dos, bottes et gants) avec de grandes quantités d'eau propre. Faites en sorte que les eaux usées ne s'écoulent pas dans une source d'approvisionnement en eau potable; laissez ces eaux s'infiltrer lentement dans un puisard ou dans le sol où il n'y a pas de végétation, loin de tout cours d'eau.

Le glyphosate est-il dangereux?

Selon «the United States Environmental Protection Agency (EPA)» (l'Agence américaine de protection environnementale) le glyphosate a une toxicité relativement faible et n'a pas d'effets cancérogènes. Se décomposant rapidement dans l'environnement, il ne s'accumule pas dans le sol et il est jugé moins dangereux par rapport à d'autres herbicides et pesticides. Néanmoins, si les consignes de sécurité de base sont ignorées, le glyphosate peut nuire à la santé des personnes et à l'environnement; il est donc recommandé de lire les instructions fournies par le fournisseur avant de l'utiliser et de les suivre attentivement. L'ingestion de la solution concentrée peut être mortelle.

Lorsqu'il est dilué aux fins d'utilisation, le glyphosate a une faible toxicité pour les mammifères (y compris les humains), mais il est toxique pour les animaux aquatiques; il ne faut donc pas nettoyer aucun matériel contaminé dans les ruisseaux ou les lacs. Des travaux de recherche commencent également à montrer que le glyphosate peut affecter les organismes du sol. Ces effets mineurs potentiellement néfastes de ce produit chimique sur l'environnement doivent, cependant, être comparés aux conséquences nuisibles à long terme de la non-restauration des écosystèmes forestiers. Le glyphosate est utilisé une seule fois, au début du processus de restauration de la forêt. L'utilisation des herbicides après la plantation d'arbres n'est pas recommandée (en. wikipedia.org/wiki/Glyphosate).

Le feu ne devrait pas être utilisé pour le nettoyage des parcelles

Le feu détruit tous les jeunes arbres naturellement en place tout en stimulant la repousse de certaines graminées vivaces et d'autres mauvaises herbes. Il tue également les micro-organismes bénéfiques tels que les champignons mycorhiziens et empeche l'utilisation des mauvaises herbes coupées comme paillis. Si le feu est utilisé, la matière organique est brûlée et les nutriments du sol se perdent dans la fumée. En outre, les feux qui visent à nettoyer une parcelle de plantation peuvent se propager en échappant à notre contrôle et alors endommager la forêt ou les cultures à proximité.

Combien de jeunes arbres devrait-on introduire?

La densité finale combinée des arbres plantés et de ceux établis naturellement devrait être d'environ 3.100 par ha, de sorte que le nombre requis de jeunes arbres livrés devrait être ce chiffre moins le nombre d'arbres établis naturellement ou de souches d'arbres vivants estimé au cours de l'étude du site (voir **Section 3.2**). Cela se traduit par un espacement moyen d'environ 1,8 m entre les jeunes arbres plantés ou par la même distance entre les jeunes arbres plantés et les arbres établis naturellement (ou souches vivantes). Cet espacement est beaucoup plus étroit que celui utilisé dans la plupart des plantations forestières commerciales, car l'objectif est la fermeture rapide du couvert qui ombragera les mauvaises herbes et éliminera les coûts de sarclage. L'ombre est l'herbicide le plus rentable et le plus écologique. La plantation d'une faible quantité d'arbres se traduit par la nécessité continue du sarclage pendant de nombreuses années et, par conséquent, augmente le coût total de main-d'œuvre jusqu'à l'atteinte de la fermeture du couvert.

L'espacement utilisé entre les arbres dans la restauration des forêts est également plus étroit que celui entre les arbres dans la plupart des forêts naturelles, de sorte qu'une certaine éclaircie concurrentielle aura lieu. Ceci offre à l'écosystème restauré une première source de bois mort, une ressource vitale pour de nombreux champignons et insectes forestiers. Planter à des densités encore plus élevées est contre-productif, car cette pratique laisse trop peu de place pour l'établissement de nouvelles essences recrutées et, par conséquent, retarde le rétablissement de la biodiversité (Sinhaseni, 2008).

Combien d'espèces d'arbres faudrait-il planter?

Pour une parcelle dont la dégradation se situe au stade 3, comptez le nombre d'espèces d'arbres qui sont bien représentées par les sources de la régénération naturelle enregistrées dans l'étude du site (voir **Section 3.2**) et ajoutez suffisamment d'espèces pour avoir au moins 30, soit environ 10% de la richesse spécifique estimée (si elle est connue) du type forestier cible (voir **Section 4.2**). Pour une parcelle dont la dégradation se situe au stade 4, plantez autant que possible d'espèces du type forestier cible. Les peuplements d'arbres nourriciers peuvent être des monocultures d'espèces individuelles ou des mélanges de quelques espèces (par exemple *Ficus* spp + légumineuses; voir **Section 5.5**).

Transport des jeunes arbres

Les jeunes arbres sont très vulnérables, en particulier au vent et à l'exposition au soleil, une fois en dehors de la pépinière. Prenez donc soin d'elles lors de leur transport vers le site. Sélectionnez ceux qui sont les plus vigoureux en pépinière après classement et endurcissement (voir **Section 6.5**). Étiquetez ceux que vous comptez inclure dans votre programme de suivi, puis placez toutes les jeunes arbres debout (de façon à empêcher tout émiettement du terreau) dans des paniers solides. Arrosez les jeunes arbres juste avant leur chargement dans le véhicule, et transportez-les vers la parcelle de plantation la veille de la plantation.

Si des sacs en plastique sont utilisés comme récipients de croissance, ne les serrez pas trop dans le véhicule au point de leur faire perdre leur forme. En outre, il faut éviter d'empiler les conteneurs (récipients) les uns sur les autres, car cela écrase les pousses et brise les tiges. Si un camion ouvert est utilisé, couvrez les jeunes arbres avec un filet de protection solaire pour les protéger contre les dégâts du vent et de la déshydratation. Roulez lentement. Une fois arrivé aux parcelles de plantation, placez les jeunes arbres en position verticale sous l'ombre et, si possible, arrosez-les légèrement à nouveau. Il est plus prudent de les garder dans les paniers, du moment que cela facilite leur transport à travers la parcelle le jour de plantation.

Protégez les jeunes arbres sur le chemin qui mène au site de restauration.

ROULEZ LENTEMENT! Ne dilapidez pas une année de travail dans la pépinière sur le trajet menant au site de plantation. Lors du transport de gaules, conduisez avec prudence.

Transportez les jeunes arbres sur le site de restauration de cette manière ...

... pas de cette manière (cela endommage la tige) ...

... et ne les laissez pas dans des endroits exposés.

Matériels et équipements de plantation

A la veille de la plantation, transportez tous les matériels de plantation ainsi que les jeunes arbres vers les parcelles. Ces matériels comprennent, entre autres, des piquets en bambou, du paillis (si nécessaire) ainsi que des engrais. Protégez ces matériels contre la pluie.

1. Couteau
2. Gants
3. Engrais, seau et tasses pré-mesurées pour appliquer des dosages précis
4. Paniers pour la distribution des jeunes arbres
5. Houes pour creuser le trou
6. Tapis de paillis
7. Trousse de premiers soins
8. Piquets en bambou.

Autres préparatifs du grand jour?

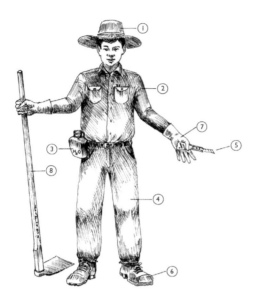

Le planteur parfaitement préparé, avec (1) un chapeau pour la protection solaire; (2) une chemise à manches longues; (3) beaucoup d'eau à boire; (4) un pantalon long; (5) un couteau polyvalent pour ouvrir les sacs en plastique en un mouvement de cisaillement; (6) des bottes solides; (7) des gants et (8) une houe pour creuser les trous de plantation.

Quelques jours avant la plantation, tenez une réunion de toutes les personnes impliquées dans l'organisation du projet. Nommez un chef d'équipe pour chaque groupe de planteurs. Assurez-vous que tous les chefs d'équipe connaissent bien chacun les techniques de plantation d'arbres et leur zone de plantation, ainsi que le nombre d'arbres à planter. Utilisez un taux de plantation de 10 arbres par heure pour calculer le nombre de personnes requises pour mener à bien la plantation dans le délai souhaité.

Assurez vous que les chefs d'équipe demandent aux membres de leurs équipes d'apporter des gants, des couteaux polyvalents (pour ouvrir les sacs en plastique en un mouvement de cisaillement), des seaux, des houes ou de petites pelles (pour remplir les trous de plantation) et (si l'engrais doit être appliqué) des tasses. En outre, les chefs d'équipes doivent recommander aux planteurs d'emporter une bouteille d'eau et de porter un chapeau, des chaussures robustes, une chemise à manches longues et des pantalons longs.

Faites une estimation du nombre de personnes invitées à participer à l'événement de plantation. Arrangez assez de véhicules pour transporter tout le monde sur les parcelles et suffisamment de nourriture et de boisson pour assurer une bonne alimentation et une bonne hydratation des participants. Mettez au point des plans d'urgence en cas de mauvais temps. Enfin, voyez si le projet et la communauté locale pourraient bénéficier de la couverture médiatique de la manifestation et, si c'est le cas, contactez des journalistes et des reporters.

7.2 Plantation

L'enthousiasme seul ne suffit pas. Une toute petite formation au début d'un événement de plantation peut aider à éviter des erreurs coûteuses.

Les événements de plantation d'arbres valent bien plus qu'une simple mise en terre des arbres. Elles offrent aux gens ordinaires une occasion de s'impliquer directement dans l'amélioration de leur environnement. Elles constituent également des manifestations sociales, contribuant à développer l'esprit communautaire. En outre, la couverture médiatique d'un événement de plantation peut donner une image positive des membres de la communauté en tant que premiers responsables de leur environnement naturel. La plantation d'arbres peut aussi avoir une fonction éducative. Les participants peuvent apprendre non seulement comment planter des arbres, mais aussi pourquoi on le fait. Au début de l'événement, prenez le temps de démontrer les techniques de plantation à utiliser et de faire en sorte que chacun comprenne les objectifs du projet de restauration forestière. En outre, profitez de l'occasion pour les inciter à participer dans les activités de suivi, comme le sarclage, l'épandage d'engrais et la prévention des incendies.

Espacement

Tout d'abord, marquez l'endroit où chaque arbre sera planté avec un piquet en bambou fendu de 50 cm de hauteur. Espacez les piquets de 1,8 m ou à la même distance à partir des arbres établis naturellement ou les souches d'arbres. Essayez de ne pas placer les piquets sous la forme de rangées droites. Un arrangement aléatoire donnera une structure plus naturelle à la forêt restaurée. Le repérage des parcelles peut se faire soit le jour de la plantation ou quelques jours à l'avance.

Méthode de plantation

Utilisez des paniers pour transporter les jeunes arbres aux différents emplacements des piquets. Mélangez les espèces de manière à éviter une plantation côte à côte des jeunes arbres de la même espèce. Cette plantation «aléatoire» est connue sous le nom de «mélange intime».

Utilisez des piquets de bambou fendu pour espacer les arbres.

Des paniers et des charrettes peuvent être utilisés pour transporter les jeunes arbres où ils seront plantés.

À côté de chaque piquet en bambou, utilisez une houe pour creuser un trou dont le volume est au moins deux fois supérieur à celui du conteneur du jeune arbre, de préférence avec des côtés obliques (la brisure du sol autour du système racinaire aidera également les racines à s'établir). En même temps, utilisez la houe pour racler les mauvaises herbes mortes dans un cercle de 50 à 100 cm de diamètre autour du trou.

Si les jeunes arbres sont dans des sacs en plastique, fendez chaque sac sur un côté avec une lame tranchante, en prenant soin de ne pas endommager la motte de racines à l'intérieur, et décollez doucement le sac en plastique. Essayez de maintenir le terreau autour de la motte intact, et laissez les racines exposées à l'air pendant une durée n'excédant pas quelques secondes si possible.

Creusez des trous dont la taille est deux fois supérieure à celle du conteneur..

Ouvrez soigneusement les sacs en plastique en les coupant et retirant le plastique.

La journée de plantation peut être vécue par toute la famille.

Placez le jeune d'arbre en position verticale dans le trou et remplissez l'espace autour de la motte avec de la terre meuble, en faisant en sorte que le collet de la racine de la plante soit finalement placé au niveau de la surface du sol. Si le jeune d'arbre a été marquée pour son suivi plus tard, faites en sorte que l'étiquette ne soit pas enfouie dans la terre. Avec les paumes de vos mains, tassez bien le sol autour de la tige de la plante pour l'affermir. Cela permet de joindre les pores du terreau de la pépinière avec ceux du sol de la parcelle afin de rétablir rapidement un approvisionnement en eau et en oxygène des racines des jeunes arbres. En général, il n'est pas nécessaire de lier le jeune arbre au piquet de soutien. Les piquets sont utilisés uniquement pour indiquer l'emplacement de plantation de chaque arbre.

Ensuite, appliquez 50–100 g d'engrais dans un anneau sur la surface du sol à une distance d'environ 10 à 20 cm de la tige du jeune arbre planté. La combustion chimique peut se produire si l'engrais entre en contact avec la tige même. Utilisez des gobelets en plastique pré-mesurés pour appliquer la dose d'engrais correcte. Notez que les engrais chimiques sont d'habitude coûteux et ne sont pas forcement indispensables pour tous les sites.

Tassez bien le sol autour de la tige pour l'affermir.

Utilisez des tasses à mesurer pour appliquer la dose d'engrais correcte.

Les tapis de paillis de carton sont particulièrement efficaces sur des sols secs dégradés. Sur les sols plus humides et fertiles, ils disparaissent trop rapidement.

Puis (en option) placez un tapis de paillis de carton de 40–50 cm de diamètre autour de chaque jeune arbre planté. Fixez le tapis de paillis au sol en le transperçant avec le piquet en bambou et empilez les mauvaises herbes mortes sur le tapis de paillis de carton.

S'il y a une source d'approvisionnement en eau à proximité, arrosez chaque jeune arbre planté avec au moins 2 à 3 litres à la fin de l'événement de plantation. Un camion-citerne d'eau peut être loué pour fournir de l'eau aux sites accessibles, mais éloignés de sources naturelles d'approvisionnement en eau. Pour les sites inaccessibles et avec une difficulté d'approvisionnement en eau, fixez la date de plantation à une période où les prévisions météorologiques annoncent la pluie.

Pour les sites secs inaccessibles, plantez les arbres quand la pluie est prévue, mais s'il est possible d'arroser les arbres après la plantation, faites-le. Pompez l'eau d'un ruisseau ou acheminez-la par un camion-citerne.

Enlevez les sachets en plastique pour nettoyer le site.

La dernière tâche consiste à enlever tous les sacs en plastique, les piquets ou les tapis de paillis de carton inutiles, ainsi que les ordures sur le site. Les chefs d'équipe devraient personnellement remercier toutes les personnes qui participent à la plantation. Une manifestation sociale pour marquer l'occasion est également une bonne façon de remercier les participants et de préparer le soutien aux futurs événements.

Choix d'un engrais chimique ou inorganique

L'observation des carences nutritives du sol d'un site nécessite des analyses chimiques coûteuses et l'accès à un laboratoire (voir **Section 5.5**). Cela vaut rarement le coût parce que, indépendamment de la fertilité des sols, la plupart des arbres tropicaux croissent convenablement par l'application d'un engrais chimique usuel (N:P:K 15:15:15) 3 à 4 fois par an pendant 2 ans après la plantation. Utilisez des doses de 50 à 100 g par arbre et par application. Leur utilisation a pour effets de stimuler la croissance des jeunes arbres pendant les premières années après la plantation, d'accélérer la fermeture de la canopée, de priver les plantes herbacées de lumière et de «reconquérir» le site. Répandre l'engrais dans un anneau autour de la base de l'arbre est plus efficace que de placer l'engrais dans le trou de plantation car les nutriments s'infiltrent dans le sol au moment où les racines commencent à pousser dans le sol environnant.

Sur les sites de plaine aux sols latéritiques pauvres, l'utilisation d'engrais organique semble être plus efficace que les engrais chimiques (données non publiées de FORRU-CMU), probablement parce qu'il se décompose et est lessivé du sol plus lentement. Ainsi, il fournit uniformément des nutriments aux racines des arbres pour une période plus longue.

Le coût de l'engrais chimique varie avec le prix du pétrole. Les coûts ont donc fortement augmenté ces dernières années et ont tendance de s'élever continuellement. Les engrais organiques sont très variables dans leur composition, mais ils sont beaucoup moins chers que les engrais chimiques. Trouvez un approvisionnement fiable d'une marque locale efficace et restez-y fidèle, ou commencez a travailler avec les communautés locales dans la production d'engrais a partir de déchets d'origine animale. Le projet de restauration pourrait apporter une nouvelle source de revenu pour les communautés locales en achetant les engrais organiques qu'elles produisent.

Le paillage pour réduire l'assèchement et la croissance de mauvaises herbes

Le paillis est un matériau fixé au sol autour d'un plant, ce qui peut augmenter sa survie et sa croissance, notamment en réduisant le risque d'assèchement juste après la plantation. Le paillage est particulièrement recommandé lors de la plantation sur des sols très dégradés dans les zones plus sèches. Son effet est moindre dans les parcelles des sols de montagne fertiles ou dans des zones tropicales humides. Les matériaux de paillage sont très variables: les roches, les cailloux, les copeaux de bois, la paille, la sciure de bois, la fibre de la noix de coco, la fibre du palmier à huile et le carton.

Le carton ondulé donne un excellent tapis de paillis. Il est facile à trouver et relativement bon marché. Demandez à votre supermarché local ses déchets de carton ou d'autres matériaux d'emballage pour la fabrication de tapis de paillis. Coupez le carton en cercles de 40 à 50 cm de diamètre. Faites un trou d'environ 5 cm de diamètre au milieu du cercle et faites une fente étroite du périmètre du cercle à son centre. Ouvrez le cercle le long de la fente et placez le trou central autour de la tige de l'arbre. Faites en sorte que le carton ne touche pas la tige, car cela pourrait l'écorcher, en aboutissant à des blessures qui peuvent être infectées par des champignons. Enfoncez un piquet en bambou dans le tapis pour le fixer. Dans la forêt tropicale saisonnière, les tapis en carton durent une saison des pluies, en pourrissant peu à peu, ajoutant ainsi de la matière organique au sol. Le remplacement du tapis au début de la deuxième saison des pluies ne semble pas apporter des avantages supplémentaires (données de FORRU-CMU).

La germination de la plupart des graines de mauvaises herbes est stimulée par la lumière. Le paillage autour des jeunes arbres plantés bloque la lumière et empêche ainsi les mauvaises herbes de recoloniser le sol dans le voisinage immédiat des arbres plantés. En outre, le paillage refroidit le sol, ce qui réduit l'évaporation de l'humidité du sol. Les invertébrés du sol sont attirés par les conditions fraîches et humides sous le paillis. Ils remuent le sol autour des gaules plantées, en améliorant le drainage et l'aération.

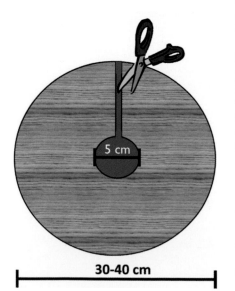

5 cm

30-40 cm

Les tapis de paillis, coupés à partir du carton ondulé recyclé, ne coûtent pas cher et jouent un rôle efficace dans la réduction de la mortalité après-plantation immédiate des arbres plantés, en particulier sur les sites exposés à la sécheresse et aux sols pauvres. Ils étouffent la croissance des mauvaises herbes et réduisent ainsi les coûts de main-d'œuvre pour le sarclage. L'engrais est appliqué dans un anneau autour de la base de l'arbre. Les tapis en carton durent environ un an si l'on prend soin de les garder intacts pendant les opérations de sarclage.

Le gel polymère peut être utilisé pour améliorer l'hydratation

Le gel polymère hydrophile peut aider à garder hydratées les racines des arbres plantés et à réduire le stress de transplantation. Sur les sites des hautes terres bien arrosées, il est généralement inutile, mais quand il est utilisé en combinaison avec des tapis de paillis de carton, il peut considérablement réduire la mortalité après plantation des arbres dans les zones sèches sur des sols pauvres (voir **Section 5.5**).

Contrôle de qualité

Malgre une bonne démonstration des techniques de plantation avant l'événement, il est inévitable que certains arbres ne soient pas plantés correctement. Une fois que les planteurs ont quitté le site, les chefs d'équipe doivent inspecter les arbres plantés et corriger les erreurs. Assurez-vous que tous les arbres sont bien dressés, que le sol autour d'eux a été correctement tassé, et que les étiquettes de suivi sont présentes. Recherchez des jeunes arbres qui n'ont pas été plantées et soit plantez-les soit retournez-les à la pépinière. Remplissez de terre tous les trous qui ne contiennent pas d'arbres. Retirez du site les piquets en bambou non utilisés, les sacs d'engrais, les sacs en plastique et tous les autres déchets.

Semis direct

Le cout de la technique de semis directe est considérablement réduit par rapport à la réalisation de mise en pépinière des plants d'arbre avant leur plantation sur terrain, mais actuellement cette technique n'est efficace que pour quelques espèces d'arbres (**Tableau 5.2**). À l'heure actuelle, la méthode reste complémentaire à la plantation d'arbres classique. Les avantages et les inconvénients ont été décrits à la **Section 5.3**, tandis que les techniques pratiques sont présentées ci-dessous.

Calendrier optimal pour le semis direct

Dans les régions tropicales humides, le semis direct peut être mis en œuvre à tout moment (sauf en période de sécheresse). Dans les zones saisonnièrement sèches, le semis direct doit être effectué au début de la saison des pluies (en association avec la plantation d'arbres classique). Cela donne suffisamment de temps aux semis en germination de développer des systèmes racinaires qui sont capables d'avoir suffisamment accès à l'humidité du sol pour permettre aux jeunes plants de survivre à la première saison sèche après le semis. Malheureusement, la saison des pluies est aussi la période faste de l'année à la fois pour la croissance des mauvaises herbes et la reproduction des rongeurs – prédateurs de graines. Le contrôle de ces deux facteurs est donc particulièrement important. Il a été suggéré d'éviter ces problèmes en procédant au semis direct à la fin de la saison des pluies, mais des résultats récents ont confirmé que l'ensemencement précoce, pour atteindre une croissance racinaire étendue avant la saison sèche, constitue la considération primordiale (Tunjai, 2011).

Assurer la disponibilité des graines

Les graines doivent être stockées du moment de la fructification au début de la saison des pluies. De nombreuses essences tropicales produisent des graines récalcitrantes qui perdent leur viabilité rapidement pendant le stockage, mais la période de stockage requise pour le semis direct est de moins de 9 mois et ainsi le stockage pourrait être possible. Voir les **Sections 6.2** et **6.6** pour plus d'informations sur le stockage des graines.

Techniques de semis direct

Au début de la saison des pluies, faites des recoltes de graines des essences cibles (ou prenez-les du magasin de stockage). Appliquez tous les traitements de pré-semis qui sont reconnus pour accélérer la germination de l'espèce concernée. Enlevez les mauvaises herbes des «points de semis» d'environ 30 cm de diamètre, espacés d'environ 1,5 à 2 m (ou de la même distance de plants issus de la régénération naturelle, s'il en existe). Creusez un petit trou dans le sol et mettez-y légèrement du sol forestier. Cela garantit la présence des micro-organismes symbiotiques bénéfiques (par exemple, les champignons mycorhiziens) lors de la germination de la graine. Enfoncez plusieurs graines dans chaque trou à une profondeur d'environ deux fois le diamètre de la graine et recouvrez le trou avec davantage de sol forestier. Placez le paillis, comme les mauvaises herbes enlevées, autour des points de semis pour empêcher les mauvaises herbes de croître à nouveau. Au cours des deux premières saisons des pluies après le semis, arrachez à la main les mauvaises herbes au niveau des points de semis, si nécessaire. Si plusieurs plants poussent à un point de semis, retirez les plus petits et les plus faibles, afin qu'ils n'entrent pas en concurrence avec le plus grand des semis. Réalisez des expériences pour déterminer les espèces et les techniques les plus prospères en matière de semis direct sur un site particulier.

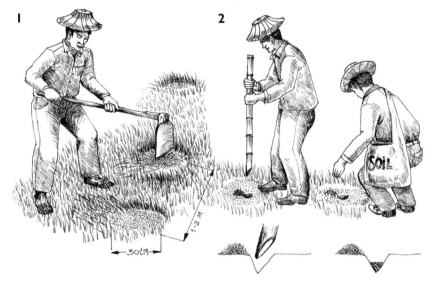

1. Tout d'abord, arrachez les mauvaises herbes des points de semis.
2. Ensuite, faites de petits trous et ajoutez-y du sol forestier.
3. Puis, enfoncez plusieurs graines dans le sol meuble.
4. Enfin, couvrez le trou avec du sol forestier.

7.3 Entretien des arbres plantés

Dans les sites déboisés, les arbres plantés sont exposés à la chaleur, à la sécheresse et au soleil direct ainsi qu'à la compétition avec les mauvaises herbes à croissance rapide. Les mesures de protection (comme décrites dans la **Section 5.1**) doivent être mises en œuvre pour empêcher les incendies et les bovins de tuer les arbres plantés ainsi que ceux issus de la régénération naturelle qui sont présents. Le désherbage et l'application d'engrais (voir **Section 5.2**) sont également essentiels pendant au moins 18 à 24 mois après la plantation afin de maximiser la croissance des arbres et d'accélérer la fermeture du couvert. L'entretien n'est plus nécessaire après la fermeture du couvert.

Prévention des incendies et exclusion du bétail

La mise en place des pare-feu, l'organisation des équipes d'extinction des incendies et l'exclusion du bétail des sites de restauration sont décrites dans la **Section 5.1**.

Le sarclage

Le sarclage réduit la concurrence entre les arbres plantés ou établis naturellement et les plantes herbacées. Sur la quasi-totalité des sites tropicaux, le sarclage est essentiel pour prévenir la mortalité élevée des arbres au cours des deux premières années après la plantation. Les méthodes de désherbage des anneaux de croissance et aplatissement des mauvaises herbes décrites dans la **Section 5.2** peuvent être appliquées aussi bien aux arbres plantés qu'aux arbres issus de la régénération naturelle.

Fréquence du sarclage

La fréquence du sarclage dépend du rythme de croissance des mauvaises herbes. Visitez le site fréquemment pour observer la croissance des mauvaises herbes et effectuez le désherbage bien avant que les mauvaises herbes poussent au-dessus des cimes des arbres plantés. La croissance des mauvaises herbes est plus rapide pendant les saisons pluvieuses. Après la plantation, procédez au sarclage autour des arbres plantés à des intervalles de 4 à 6 semaines, tant que les pluies continuent. Si la croissance des mauvaises herbes est lente, il peut être possible de réduire la fréquence du sarclage. Le sarclage ne devrait pas être nécessaire pendant les saisons sèches.

Dans les forêts saisonnières, laissez pousser les mauvaises herbes à une certaine hauteur avant la fin de la saison des pluies pour donner de l'ombre aux arbres plantés et, partant, pour empêcher la dessiccation, quand le temps est chaud et sec. N'oubliez pas, cependant, que cela augmente aussi le risque d'incendie; il est donc recommandé d'adopter cette méthode là où des mesures de prévention des incendies sont efficaces. Là où les risques d'incendie sont particulièrement élevés, essayez de garder les parcelles plantées exemptes de mauvaises herbes en tout temps. La main-d'œuvre nécessaire pour le sarclage varie avec la densité des mauvaises herbes, mais, à titre d'illustration, préparez un budget pour 18 à 24 jours de travail par hectare.

Pendant combien de temps faut-il poursuivre le sarclage?

Le sarclage est généralement nécessaire pendant deux saisons des pluies après la plantation. Pendant la troisième année après la plantation, la fréquence du sarclage peut être réduite si les cimes des arbres plantés commencent à se rencontrer pour former un couvert forestier. Dès la quatrième année, l'ombre du couvert forestier devrait être suffisante pour empêcher une nouvelle croissance des mauvaises herbes.

Le sarclage est essentiel pour garder les arbres en vie pendant les premières années après la plantation. (A) Un tapis de paillis de carton peut aider à maintenir les mauvaises herbes à un minimum immédiatement autour de la tige du jeune arbre. (B) Arrachez toutes les mauvaises herbes qui poussent près de la base de l'arbre à la main (portez des gants) pour éviter d'endommager les racines des arbres. Essayez de garder le tapis de paillis intact. (C) Ensuite, utilisez une houe pour extirper les mauvaises herbes dans un anneau autour du tapis de paillis et (D) posez les mauvaises herbes déracinées au-dessus du tapis de paillis. (E) Enfin, appliquez l'engrais (50–100 g) dans un anneau autour du tapis de paillis.

Techniques de sarclage

La méthode d'aplatissement des mauvaises herbes décrite dans la **Section 5.2** peut être utilisée pour aplatir les mauvaises herbes qui poussent entre les arbres. Si les mauvaises herbes ne sont pas sensibles à l'aplatissement, utilisez des machettes ou un «coupe-herbe» (un dispositif mécanique manuel pour couper les mauvaises herbes), en gardant bien à l'écart les arbres plantés et les arbres naturels pour éviter de les couper accidentellement.

Une méthode plus délicate est nécessaire autour des arbres eux-mêmes. Portez une paire de gants et déterrez doucement les mauvaises herbes qui poussent à proximité des troncs (tiges) d'arbres, y compris celles qui poussent à travers le paillis. Essayez de garder le paillis intact. Utilisez une houe pour enlever les mauvaises herbes à proximité de la zone paillée par leurs racines. Posez les mauvaises herbes enlevées autour des arbres au-dessus du paillis existant. Ceci donne de l'ombre à la surface du sol et inhibe la germination des graines de mauvaises herbes, même si le paillis organique se décompose. Essayez de faire en sorte que les mauvaises herbes déracinées ne touchent pas les tiges des jeunes arbres, car un tel contact peut favoriser une infection fongique. Appliquez de l'engrais autour de chaque arbre immédiatement après le sarclage.

Fréquence de l'application d'engrais

Même pour les sols fertiles, la plupart des espèces d'arbres nécessitent l'ajout d'engrais supplémentaires au cours des deux premières années après la plantation. Cette application permet aux arbres de croître plus vite et au-dessus des mauvaises herbes pour leur faire de l'ombre, réduisant ainsi les coûts de sarclage. Appliquez 50 à 100 g d'engrais, à des intervalles de 4 à 6 semaines, immédiatement après le désherbage, dans un anneau d'environ 20 cm autour de la tige de l'arbre. Si un tapis de paillis de carton a été posé, appliquez l'engrais sur le bord du tapis de paillis. L'engrais chimique (N:P:K 15:15:15) est recommandé pour les sites des hautes terres, tandis que des pastilles organiques produisent des résultats nettement meilleurs sur les sols latéritiques des basses terres (mais voir la **Section 7.2**). Le sarclage avant l'application d'engrais fait en sorte que ce soient les arbres plantés et non les mauvaises herbes qui bénéficient des éléments nutritifs.

7.4 Suivi de l'état d'avancement

Tous les projets de plantation d'arbres doivent faire l'objet d'un suivi, mais il existe une variété de méthodes de suivi, telle que le suivi photographique de base, l'évaluation des taux de survie des arbres (décrite ici) et les systèmes complexes d'essais en champs visant à étudier le rendement des espèces, les effets des traitements sylvicoles et le rétablissement de la biodiversité (décrits à la **Section 7.5**).

Pourquoi le suivi est-il nécessaire?

Les bailleurs de fonds veulent être informés sur le succès du projet de plantation d'arbres qu'ils ont financé, de sorte que le suivi des résultats constitue généralement une composante essentielle des rapports de projet. Dans un premier temps, il s'agit de vérifier si les arbres plantés ont survécu et ont bien développé pendant les premières années après la plantation, mais la mesure ultime du succès, c'est le rythme avec lequel la forêt restaurée devient semblable à l'écosystème forestier cible en termes de structure et de fonction (voir la **Section 1.2**), ainsi que la composition spécifique (voir **Section 7.5**). L'intérêt porté aux techniques de suivi évolue rapidement et les systèmes de suivi proposés sont de plus en plus complexes et rigoureux. Cet état de choses s'explique par la valeur actuellement mise sur les forêts comme réservoirs de carbone. De petites erreurs en matière de suivi peuvent se traduire par le gain ou la perte d'importantes sommes d'argent dans le commerce du carbone. Par conséquent, si votre projet est financé par un mécanisme de compensation du carbone (ex.: REDD+), assurez-vous de suivre les protocoles de suivi établis par le bailleur de fonds et soyez prêts à voir tous les aspects de votre programme de suivi passés au crible.

Simple suivi au moyen de la photographie

La façon la plus simple d'évaluer les effets de la plantation d'arbres est de prendre des photos avant la plantation et à intervalles réguliers (une fois par saison ou par an) par la suite. Un site voisin, où aucune restauration forestière n'a été mise en œuvre, peut être photographié de la même manière, afin de pouvoir comparer la restauration à la régénération naturelle non assistée. Repérez les points avec une vue dégagée des sites plantés et des points de repère remarquables. Marquez la position des points avec un poteau métallique ou en béton ou peignez une flèche sur un gros rocher. Réglez l'appareil photo à la résolution la plus élevée et au zoom le plus large et essayez d'utiliser la caméra de la même manière pour toutes les photos. Encadrez chaque photo de sorte qu'un point de repère est placé sur le bord gauche ou le bord droit de l'image et de telle sorte que l'horizon soit aligné au voisinage du bord supérieur (c.-à-d. qu'il faut minimiser la proportion de l'horizon dans l'image). Enregistrez la date, le numéro de point, la localisation (coordonnées, si vous avez un GPS), et l'âge de la parcelle et utilisez une boussole pour mesurer la direction dans laquelle la caméra est orientée. Les photos figurant dans la **Section 1.3** constituent de bons exemples. Dans ces images, la grosse souche d'arbre noire sert de point de référence.

Dès que possible, téléchargez les photos sur un ordinateur et sauvegardez-les dans un périphérique de stockage ou sur l'Internet. Utilisez un système de nommage logique des fichiers de telle sorte que les photos puissent être facilement organisées dans l'ordre chronologique et par localisation du point (par exemple, 2013_Point1_ Parcelle141231). Quand vous revenez pour prendre plus de photos, emportez les précédentes, de manière à pouvoir utiliser les points de repère pour positionner les nouvelles prises de vues de façon qu'elles soient aussi proches que possible des précédentes photos.

Les photos sont faciles à prendre et à partager, et elles facilitent la compréhension de l'état d'avancement des projets de restauration. Toutefois, les bailleurs de fonds exigent souvent un certain type de suivi usuel de la survie et de la croissance des arbres. Dans ce cas, donnez une etiquette à un sous-ensemble des arbres plantés et mesurez-les à intervalles réguliers.

Echantillonnage des arbres aux fins de suivi

Un suivi adéquat exige au minimum un échantillonnage de 50 individus ou plus pour chaque espèce plantée. Plus l'échantillonnage est grand, meilleur est le suivi. Choisissez au hasard les arbres à inclure dans l'échantillonnage; étiquetez-les dans la pépinière avant de les transporter vers le site de plantation. Plantez-les au hasard dans l'ensemble du site, mais assurez-vous que vous pouvez les repérer. Placez un piquet en bambou de couleur près de chaque arbre à suivre; notez le numéro d'identification de l'étiquette de l'arbre sur la tige de bambou avec un marqueur résistant aux intempéries et dessinez un croquis cartographique pour vous aider à trouver les arbres échantillonnés dans l'avenir.

Etiquetage des jeunes arbres plantées

Les bandes métalliques souples utilisées pour lier les câbles électriques, disponibles dans les magasins de matériaux de construction, forment d'excellentes étiquettes pour les petits arbres. Elles peuvent former des anneaux autour des troncs d'arbres. Utilisez des poinçons à frapper chiffres ou un clou pointu pour graver un numéro d'identification sur chaque étiquette et pliez-la sous forme d'anneau autour de la tige au-dessus de la plus basse branche (s'il y en a) pour éviter

Avant la plantation, placez des bandes d'étiquettes métalliques autour des tiges des gaules. Faites en sorte qu'elles ne soient pas enterrées lors de la plantation. Les numéros d'étiquette pourraient contenir des informations sur les espèces, l'année de plantation, le numéro de la parcelle et le numéro de l'arbre. Exemple: 22–48 12–3 pourrait signifier le 48ème individu de l'espèce numéro 22, planté dans la parcelle 3 en 2012. Tenez des registres précis de votre système de numérotation.

que l'étiquette est enfoncé dans le sol lors de la plantation. Il est aussi possible de découper des canettes de boissons pour former de bonnes étiquettes. Coupez le haut et le bas des canettes et tranchez les flancs des cannettes en bandes. Utilisez un stylo-bille résistant ou un clou pour marquer les numéros d'identification dans ces bandes de feuilles métalliques souples (sur la surface intérieure). Les bandes peuvent être pliées sous forme d'anneaux desserrés autour des tiges des gaules.

Garder les étiquettes en place sur les arbres à croissance rapide est difficile, car au fur et à mesure que les arbres se développent, leurs troncs font sortir les étiquettes. Si le suivi est effectué fréquemment, vous pourrez replacer ou remplacer les étiquettes avant leur perte.

Une fois que les arbres ont développé une circonférence de 10 cm ou plus, mesurée à 1,3 m au-dessus du sol (circonférence à hauteur de poitrine ou CHP), il faut fixer des étiquettes plus permanentes sur les troncs, en marquant le point de mesure de la circonférence à 1,3 m. Utilisez des clous galvanisés à tête plate de 5 cm de long. Enfoncez seulement environ un tiers de la longueur des clous dans le tronc en prévision de la croissance des arbres. Des plaques de métal à partir de canettes de boisson, coupées en gros carrés, avec le numéro d'identification lisible à une grande distance, constituent d'excellentes étiquettes pour les grands arbres.

1.30 M

Une fois que les arbres se sont développés, le suivi de la performance par la suite peut être basé sur l'augmentation de la circonférence à hauteur de poitrine (CHP).

Suivi de la performance des arbres

Pour suivre la performance des arbres, travaillez en paires; le premier prend les mesures et l'autre assure l'enregistrement des données sur des fiches établis au préalable. Chaque pair peut collecter au maximum des données sur 400 arbres par jour. Préparez des feuilles d'enregistrement qui comprennent une liste des numéros d'identification de tous les arbres marqués à l'avance (voir **Section 7.5**). Emmenez les croquis faits lorsque les arbres marqués ont été plantés pour vous aider à les trouver. En outre, prenez une copie des données recueillies au cours de la précédente séance de suivi. Cela peut vous aider à régler les problèmes d'identification des arbres, en particulier pour les arbres qui auraient perdu leurs étiquettes.

Quand faut-il procéder au suivi?

Mesurez les arbres 1 à 2 semaines après la plantation pour fournir des données de référence pour les calculs de croissance et pour évaluer la mortalité immédiate, à cause du choc de transplantation ou d'une manipulation brutale pendant le processus de plantation. Ensuite, procédez au suivi annuel des arbres; dans les forêts saisonnières, cette tâche devrait être entreprise à la fin de chaque saison des pluies. Cependant, le suivi le plus important s'effectue à la fin de la deuxième saison des pluies après la plantation (ou après environ 18 mois), lorsque les données de performance en champs peuvent être utilisées pour quantifier l'adaptabilité de chacune des espèces d'arbres aux conditions qui prévalent sur le site (voir **Section 8.5**).

Quelles sont les mesures à prendre?

Le suivi rapide de la performance des arbres peut consister en un simple comptage des arbres survivants et des arbres morts, mais l'enregistrement de l'état des arbres plantés à chaque fois suivi permet d'identifier precocement d'éventuelles anomalies. Attribuez un simple score de santé à chaque arbre et enregistrez des notes descriptives sur les problèmes de santé particuliers observés. Une simple échelle de 0 à 3 est généralement suffisante pour enregistrer la santé globale. Attribuez zéro si l'arbre semble être mort. Pour les espèces d'arbres à feuilles caduques, ne confondez pas un arbre sans feuilles pendant la saison sèche à un arbre mort. Ne cessez pas le suivi des arbres tout simplement parce qu'ils enregistrent zéro à une occasion. Les arbres qui semblent morts au-dessus du sol pourraient encore avoir des racines vivantes à partir desquelles ils pourraient germer à nouveau. Attribuez 1 si un arbre est en mauvais état (quelques feuilles, la plupart des feuilles décolorées, graves dommages d'insectes, etc.). Attribuez 2 pour des arbres présentant des signes de dégâts, mais conservant un feuillage sain. Attribuez 3 pour les arbres en parfaite santé ou quasiment parfaite.

Mesurez la hauteur des arbres plantés du collet au méristème apical (point végétatif).

Un suivi plus détaillé de la performance des arbres consiste à mesurer la hauteur des arbres et /ou le diamètre (pour le calcul du taux de croissance) et la largeur de la cime. Un ou deux ans après la plantation, la hauteur des arbres peut être mesurée avec des mètres à ruban de 1,5 m montés sur des bâtons. Mesurez la hauteur de l'arbre du collet au méristème apical (extrémité de la pousse). Pour les grands arbres atteignant 10 m de hauteur, les bâtons de mesure télescopique peuvent être utilisés. Ces bâtons sont disponibles sur le marché, mais peuvent être fabriqués localement. Les mesures de la circonférence à hauteur de poitrine (CHP), plutôt que de la hauteur, sont plus faciles à réaliser pour les arbres de grande taille et peuvent être utilisées pour calculer les taux de croissance.

Les calculs des taux de croissance des arbres basés sur la hauteur peuvent parfois ne pas être fiables, les pousses pouvant parfois être endommagées ou mortes, ce qui se traduit par des taux de croissance négatifs pour les jeunes arbres de petite taille, même si l'arbre poussait vigoureusement. Par conséquent, les mesures de diamètre au collet (RCD) ou de la CHP fournissent souvent une évaluation plus stable de la croissance des arbres. Pour les petits arbres, utilisez le pied à coulisse vernier pour mesurer le RCD au point le plus large (en ce qui concerne l'utilisation du pied à coulisse, voir **Section 6.6**). Pour un arbre ayant atteint une CHP de 10 cm, mesurez à la fois le RCD et la CHP la première fois et uniquement la CHP par la suite.

L'inhibition de la croissance des mauvaises herbes (une caractéristique type importante) peut aussi être quantifiée. La mesure de la largeur de la cime et l'utilisation d'un système de notation de la couverture des mauvaises herbes peuvent aider à déterminer le degré de contribution de chaque espèce d'arbre à la «reconquête» du site. Utilisez un mètre à ruban pour mesurer la largeur de la cime des arbres à leur point le plus large. Imaginez un cercle d'environ 1 m de diamètre autour de la base de chaque arbre. Attribuez 3 si la couverture des mauvaises herbes est dense au-dessus du cercle entier; 2 si la couverture des mauvaises herbes et la couverture de la litière de feuilles sont toutes deux modérées; 1 si seules quelques mauvaises herbes poussent dans le cercle et 0 pour aucune mauvaise herbe (ou quasi-absence de mauvaises herbes). Faites-le avant de procéder au sarclage.

Mesurez la largeur de la cime au point le plus large pour évaluer la fermeture du couvert et la «reconquête» du site.

Analyse des données

Pour chaque espèce, calculez le taux de survie à la fin de la deuxième saison des pluies après la plantation (ou après 24 mois) comme suit:

$$\% \text{ de survie estimée} = \frac{\text{Nbre d'arbres marqués avant survécu}}{\text{Nbre d'arbres marqués plantés}} \times 100$$

Utilisez le taux de survie des arbres étiquetés de l'échantillon pour estimer le nombre d'arbres de chaque espèce ayant survécu à travers l'ensemble du site. Il faut ensuite déterminer le pourcentage de survie du nombre total d'arbres plantés, comme l'indique le **Tableau 7.1**.

Tableau 7.1. Exemple de calcul de taux de survie des espèces.

Espèce	Nbre d'arbres marqués dans l'échantillon	Nbre d' arbres marqués ayant survécu	Estimation du % de survie (%S)	Nbre total des arbres plantés (AP)	Estimation du nbre de survivants (AP × %S/100)
E004	50	46	92	1.089	1.002
E017	50	34	68	678	461
E056	50	45	90	345	311
E123	50	48	96	567	544
E178	50	23	46	358	165
Totaux				**3.037**	**2.482**

Estimation du % total de survie   81,7

Pour déterminer les différences significatives de survie entre les espèces, utilisez le test de distribution du khi-carré (X^2). Remplissez un tableau avec le nombre d'arbres morts et vivants des deux espèces que vous souhaitez comparer comme suit:

Espèce	Vivants	Mort	Totaux
E123	48	2	50
E178	23	27	50
Totaux	71	29	100

a	b	a+b
c	d	c+d
a+c	b+d	a+b+c+d

Calculez la variable aléatoire khi-carré (X^2), en utilisant la formule:

$$X^2 = \frac{(ad-bc)^2 \times (a+b+c+d)}{(a+b) \times (c+d) \times (b+d) \times (a+c)}$$

Une différence significative de la survie est indiquée par un calcul du khi-carré dont la valeur est supérieure à 3,841 (avec une probabilité <5% d'erreur). Cette valeur critique est indépendante du nombre d'arbres dans les échantillonnages. Dans l'exemple ci-dessus, 30,35 dépasse largement la valeur critique, de sorte que nous pouvons être très confiants que E123 survit beaucoup mieux que E178 (pour plus d'informations, allez à www.math.hws.edu/javamath/ryan/ChiSquare.html). Retirez les espèces à faibles taux de survie des futures plantations et conservez ceux à taux de survie plus élevés (voir **Section 8.5**).

Calculez la moyenne de la hauteur et du RCD des arbres de chaque espèce et calculez les taux de croissance relatifs (TCR, voir **Section 7.5**). Pour montrer des différences significatives entre les espèces, utilisez le test statistique, l'analyse de la variance (voir **l'annexe A2.2**).

Suivi d'autres aspects de la restauration forestière

Les méthodes d'enquête détaillées qui sont utilisées pour déterminer la restauration des forêts sont décrites dans la **Section 7.5**, mais si vous n'avez pas la capacité ni les ressources pour les mettre en œuvre, un simple suivi informel peut au moins donner aux parties prenantes le moindre résultat pour soutenir leur intérêt pour le projet. Faites des suivis réguliers des parcelles plantées et enregistrez le moment des premières fleurs, des premiers fruits ou lorsque les nids d'oiseaux sont vus, sur chacune des essences plantées. Enregistrez toute observation d'animaux (ou leurs signes), en particulier les disperseurs de graines. Une fois que la fermeture du couvert se produit, étudiez les parcelles des plantules ou gaules établies naturellement et enregistrez le retour d'espèces remarquables. Cela contribue à donner une impression du rythme avec lequel la forêt restaurée commence à ressembler à la forêt cible et du rythme du rétablissement de la biodiversité.

Suivi de l'accumulation du carbone

De nombreux bailleurs de fonds veulent savoir le volume de carbone qui est stocké par les arbres dans un projet de restauration afin de pouvoir compenser leurs empreintes carbone ou tirer profit du commerce du carbone. Par conséquent, les bailleurs de fonds exigent souvent que les exécutants de projets suivent les normes internationales en matière d'accréditation et de suivi, qui comprennent des audits indépendants pour vérifier l'accumulation du carbone. Il existe une variété de normes en matière de carbone forestier qui diffèrent dans la manière dont elles sont utilisées pour surveiller les projets forestiers de compensation du carbone. Les quatre normes les plus pertinentes pour les projets de restauration forestière sont énumérées dans le **Tableau 7.2**. Si votre projet est enregistré auprès de l'un de ces organismes de normalisation, veillez à suivre les protocoles de suivi qu'ils prévoient. L'élaboration des documents de conception du projet, la «validation» et la «vérification» du stockage du carbone, ainsi que l'enregistrement des crédits de carbone peuvent atteindre un coût oscillant entre 2.000 et 40.000 dollars américains. Ces frais élevés excluent la participation des petits organismes dans ces projets, sauf dans le cas où de nombreux organismes regroupent leurs projets pour obtenir la certification. En outre, les organisations communautaires ne disposent pas souvent de l'expertise nécessaire pour mener à bien les procédures de demande et de vérification complexes. Nous conseillons les petits organismes de trouver le sponsoring par le biais des mécanismes de responsabilité sociale des entreprises («RSE») qui sont indépendants du financement du carbone.

Tableau 7.2. Organismes de normalisation du carbone.

Organisme	Remarques	site web
CarbonFix Info	Norme simplifiée et conviviale qui garantit des crédits de carbone de haute qualité. Adaptable aux besoins des promoteurs et bailleurs de fonds de projets. Recommandée pour les projets de restauration.	www.carbonfix.info
Verified Carbon Standard (VCS)	Norme de haute qualité qui garantit que les crédits de carbone sont réels, vérifiés, permanents, supplémentaires et uniques. Fournit des méthodologies détaillées pour quantifier la réduction des émissions de carbone.	www.v-c-s.org
Plan Vivo	Les projets sont autorisés à développer leurs propres méthodologies en association avec les instituts de recherche ou les universités. Les objectifs incluent un impact positif sur les communautés rurales. La quantification de l'accumulation de carbone manque la rigueur générale d'autres normes.	www.planvivo.org
Climate, Community & Biodiversity (CCB)	Quantifie les avantages partagés des facteurs socio-économiques et de biodiversité, mais recommande l'utilisation des normes de compensation du carbone volontaire pour certifier les crédits de carbone.	www.climate-standards.org

Pour estimer l'accumulation de carbone dans une forêt qui est en cours de restauration, il vous faut connaître la masse d'arbres par unité de surface. Les troncs d'arbres et les racines contiennent la majeure partie du **carbone forestier aérien** dans une forêt, la quantité de carbone dans les feuilles des arbres et la flore du sol est presque négligeable par rapport à celle contenue dans les troncs et les racines.

Des mesures simples des circonférences des troncs d'arbres sur une superficie connue peuvent fournir une estimation de la majorité du carbone forestier aérien, calculée en utilisant les équations publiées (appelées équations «allométriques») qui décrivent la relation entre le diamètre à hauteur de poitrine d'un arbre (et/ou la hauteur de l'arbre) et sa masse sèche au-dessus du sol en kilogrammes. Ces équations sont préparées par des chercheurs qui abattent des arbres aux diamètres très variés, qu'ils sèchent et pèsent par la suite morceau par morceau. Différentes équations sont utilisées pour différents types de forêts et même pour différentes espèces d'arbres, donc les promoteurs de projets doivent parcourir des documents pour trouver l'équation la plus proche du type de forêt en cours de restauration (voir Brown, 1997; Chambers *et al.*, 2001; Chave *et al.*, 2005; Ketterings *et al.*, 2001; Henry *et al.*, 2011). L'utilisation de ces équations impliquant des calculs difficiles; sollicitez l'aide d'un mathématicien si vous ne les comprenez pas.

S'ils n'existe pas d'équations allométriques valables pour le type de forêt requis, utilisez des valeurs par défaut du type de forêt sur la base de sources internationales, nationales ou locales. Les valeurs par défaut à l'échelle internationale sont répertoriées dans le **Table 7.3.**

Pour échantillonner l'accumulation du carbone sur le terrain, utilisez des poteaux métalliques pour marquer au moins 10 points d'échantillonnage permanents à travers le site de restauration. Utilisez un morceau de ficelle de 5 m de long pour déterminer les arbres qui se trouvent à 5 m des poteaux, puis mesurez leurs circonférences à hauteur de poitrine (à 1,3 m du sol). Divisez la circonférence de l'arbre par pi (3,142) pour trouver le diamètre de l'arbre. Ensuite, utilisez les équations allométriques pour estimer la masse sèche au-dessus du sol de chaque arbre en kg à partir de son diamètre. Convertissez-la en une valeur par hectare comme suit:

$$\frac{\text{Somme de la masse sèche au-dessus du sol (kg) de la totalité des arbres dans tous les cercles} \times 10.000}{\text{Nombre de cercles} \times 78,6}$$

Divisez le résultat par 1000 pour le convertir en tonnes métriques (c.-à-d. mégagrammes (Mg) en unités SI) par hectare et comparez vos résultats avec les valeurs types des forêts tropicales (**Table 7.3**) pour voir à quel point votre forêt restaurée se rapproche des valeurs cibles de la forêt typique.

Tableau 7.3. Valeurs de la biomasse typique au-dessus du sol pour différents types de forêts tropicales. Les forêts tropicales sèches contiennent habituellement moins de biomasse que celles humides (GIEC, 2006; Tableau 4.7).

Type de forêt	Continent	Biomasse au-dessus du sol (tonnes de masse sèche par hectare)
Forêt tropicale humide	Afrique, Amérique du N. & S., Asie (continentale), Asie (insulaire)	310 (130–510) 300 (120–400) 280 (120–680) 350 (280–520)
Forêt tropicale humide décidue [= Forêt tropicale saisonnière]	Afrique, Amérique du N. & S., Asie (continentale), Asie (insulaire)	260 (160–430) 220 (210–280) 180 (10–560) 290
Forêt tropicale sèche	Afrique, Amérique du N. & S., Asie (continentale), Asie (insulaire)	120 (120–130) 210 (200–410) 130 (100–160) 160

Pour calculer la masse des racines des arbres, multipliez le carbone au-dessus du sol par 0,37 pour la forêt tropicale à feuilles persistantes ou par 0,56 pour la forêt tropicale sèche (Tableau 4.4 dans le GIEC, 2006) ou consultez Cairns *et al.* (1997) pour des proportions chez les autres types forestiers. Ajouter la biomasse aérienne à ces résultats vous donne une estimation de la masse sèche des arbres en tonnes par hectare.

La teneur en carbone de la forêt tropicale sèche varie considérablement selon les espèces, mais la valeur moyenne se situe autour de 47% (tableau 4.3 du GIEC, 2006); Martin & Thomas, 2011). Par conséquent, multipliez le résultat par 0,47 pour arriver à une estimation de la masse de carbone dans les arbres par hectare.

Pour connaître la valeur du carbone, convertissez les tonnes de carbone en une valeur équivalente de tonnes de dioxyde de carbone en multipliant par 3,67, puis recherchez la valeur d'une tonne de l'équivalent du dioxyde de carbone sur les marchés des crédits carbone à l'adresse: www.tgo.ot.th/english/index.php?option=com_content&view=category&id=35&Itemid=38. Voir aussi le manuel du World Agroforestry Centre (ICRAF), disponible gratuitement à l'adresse: www.worldagroforestry.org/sea/Publications/files/manual/MN0050-11/MN0050-11-1.PDF.

7.5 Recherche pour améliorer la performance des arbres

Si vous disposez de ressources suffisantes, vous pouvez envisager de transformer votre projet de restauration forestière en un programme de recherche dans lequel vous collectez plus d'informations que celles habituellement recueillies dans le cadre des procédures de suivi de base décrites ci-dessus. Cela nécessite la collecte de données de façon systématique, sur plusieurs parcelles répliquées – une méthode connue sous le nom de «système de parcelles d'essais en champs» ou SPEC, pour faire court. Un SPEC peut être utilisé pour comparer la performance des essences plantées, pour évaluer les effets des traitements sylvicoles, pour évaluer le rétablissement de la biodiversité et l'accumulation du carbone et pour déterminer le modèle optimal et la gestion des parcelles de restauration. Il peut aussi devenir un précieux outil de démonstration qui peut être utilisé pour enseigner aux autres les techniques de restauration efficaces et comment éviter de répéter les erreurs coûteuses.

Qu'est-ce qu'un SPEC?

Un SPEC est un ensemble de petites parcelles (en général, 50 m × 50 m = 0,25 ha), chacune plantée avec un mélange d'essences différentes et/ou des traitements sylvicoles utilisant le modèle de blocs aléatoires complets décrit au **Chapitre 6** (p. 198) et à **l'annexe A2.1**. Chaque saison de plantation, de nouvelles parcelles sont ajoutées au système. Dans les nouvelles parcelles, les espèces d'arbres et les traitements les plus efficaces au cours des années précédentes sont maintenues, en utilisant le procédé de sélection décrit à la **Section 8.5**, tandis que les essences peu performantes et les traitements infructueux sont supprimés et remplacés par de nouvelles espèces et de nouveaux traitements à tester. Si le travail se passe bien, les nouvelles parcelles produisent des résultats meilleurs que ceux des parcelles plus âgées, car un SPEC s'améliore progressivement en réponse aux nouvelles données. Par conséquent, sélectionnez une zone destinée au SPEC qui a beaucoup de terres inutilisées disponibles pour de futurs expansions. La superficie idéale pour la plantation sur une période de 10 ans devrait être d'au moins 20 ha.

L'utilisation de l'espacement recommandé de 1,8 m entre les arbres et d'une taille de parcelle standard de 50 × 50 m nécessite environ 780 arbres par parcelle. Avec une taille de l'échantillonnage minimal acceptable de 20 individus par espèce, il est possible d'avoir un maximum de 39 espèces à tester chaque année.

Objectifs d'un SPEC

Un SPEC a trois objectifs principaux: i) générer des données scientifiques qui sont utilisées pour développer des «meilleures pratiques» en champs pour une restauration forestière efficace; ii) tester la faisabilité de ces meilleures pratiques, et iii) fournir un site de démonstration pour l'éducation et la formation aux méthodes de restauration forestière.

Parmi les questions scientifiques abordées par le SPEC, figurent:-
- Quelles sont les essences testées qui répondent aux critères requis?
- Quelle est la densité de plantation optimale?
- Quels sont les traitements sylvicoles (par exemple, le sarclage, l'épandage d'engrais, le paillage, etc) qui maximisent le rendement des arbres plantés? À quelle fréquence et pendant combien de temps ces traitements doivent-ils être appliqués?
- Comment peut-on optimiser un modèle de plantation (par exemple, combien d'espèces par parcelle)?
- Quelles sont les espèces qui peuvent ou ne peuvent pas être cultivées les unes à côté des autres?
- Quel est le rythme de rétablissement de la biodiversité? Comment la distance qui le sépare de la forêt la plus proche affecte-t-elle le rétablissement de la biodiversité?

Un SPEC constitue également un précieux outil d'éducation et de formation.

La recherche dans un SPEC devrait, dans un premier temps, aborder les questions plus simples (concernant la performance des espèces et les traitements sylvicoles), et, par la suite, explorer des questions plus complexes (telles que les mélanges d'espèces, la distance qui sépare le site de la forêt naturelle et ainsi de suite). Comme l'âge et les espèces de tous les arbres sont connus et que la plupart de ceux-ci sont marqués, le SPEC devient inévitablement une ressource pour la recherche qui est très recherchée par d'autres scientifiques et étudiants-chercheurs.

Où faudrait-il mettre en place les SPEC?

En réalité, l'emplacement d'un SPEC peut être déterminé par des questions de base de propriété foncière et de proximité de la structure d'accueil de la FORRU (unité de recherche sur la restauration forestière), mais là où c'est possible, essayez de prendre en compte les considérations scientifiques et pratiques ci-dessous.

Considérations scientifiques

Uniformité – les expériences en parcelles sont notoirement vulnérables à la variabilité des conditions du site. Il pourrait être difficile de séparer les effets des traitements appliqués dans différentes parcelles des effets des différences dans les conditions environnementales entre les parcelles. Dans une certaine mesure, ce problème peut être compensé à l'aide d'un modèle expérimental de blocs aléatoires complets, mais il aide si le SPEC est établi sur un terrain assez uniforme en termes d'altitude, de pente, d'apparence, de substratum rocheux, de type de sol, et ainsi de suite.

Végétation – appliquez les techniques de restauration testées dans un SPEC au stade initial de la dégradation du site (voir section **Section 3.1**).

Valeur de conservation – les SPEC sont particulièrement utiles lorsqu'ils sont situés dans une aire protégée ou dans sa zone tampon, ou là où la conservation de la biodiversité est la priorité absolue de gestion. L'utilisation d'un SPEC pour créer des corridors reliant des vestiges forestiers lui donne une valeur de conservation supplémentaire.

Considérations pratiques

L'accessibilité et la topographie — l'accès raisonnablement aisé, du moins par les véhicules 4x4 (à 4 roues motrices), est essentiel non seulement à la plantation, à l'entretien et au suivi des arbres plantés, mais aussi à la facilitation des visites des parcelles à des fins éducatives. Sélectionnez une zone située à 1 à 2 heures de route de la pépinière ou du siège de la FORRU. De toute évidence, les sites plats offrent des conditions de travail plus faciles que ceux raides.

La proximité d'une communauté locale qui soutient l'idée de la restauration forestière — ceci permet l'échange de connaissances scientifiques et autochtones et l'accès à l'expérience des aspects sociaux des forêts types. Une communauté locale peut constituer une source de main-d'œuvre et de sécurité pour les parcelles d'essai des espèces «framework» (voir **Section 8.2**). L'importance de l'implication de toutes les parties prenantes dans les discussions sur l'établissement d'un SPEC a été abordée au **Chapitre 4**. Les anciennes terres agricoles abandonnées, où la culture est devenue trop difficile ou non rentable en raison de la détérioration des conditions environnementales, présentent les conditions idéales.

Le régime foncier — si l'organisation d'accueil de la FORRU ne dispose pas de terre, elle doit conclure un accord avec l'autorité qui contrôle l'utilisation des terres dans la région. Ce sera probablement le ministère en charge des forêts ou de la conservation ou, éventuellement, une communauté locale.

Mise en place des parcelles

Un SPEC comprend plusieurs parcelles de traitement (T) et deux types de parcelles témoins: les parcelles «témoins de traitement» (TT) et les parcelles «témoins non plantées» (TNP). Tout d'abord, décidez d'un ensemble standard de procédures à suivre pour établir les parcelles TT. Le protocole standard devrait être fondé sur les pratiques les plus connues actuellement pour la plantation d'arbres dans la région, qui peuvent découler de l'expérience, des connaissances autochtones, et en tenant compte des conditions locales. Le protocole standard peut être amélioré d'année en année en intégrant les traitements qui ont le mieux réussi dans les analyses d'expériences en champs de chaque année. Chaque année, les effets de nouveaux traitements, appliqués dans les parcelles T, sont comparés à ceux des parcelles TT.

Commencez avec le protocole suivant et modifiez-le pour l'adapter aux conditions locales:
- Six à huit semaines avant la plantation, mesurez les parcelles; délimitez les angles avec des poteaux en béton ou en matériaux semblables et établissez une carte des parcelles, en indiquant clairement les numéros d'identification des parcelles et des parcelles spécifiques qui recevront des traitements spécifiques.
- Ensuite, coupez les mauvaises herbes au niveau du sol (sauf dans les parcelles témoins non plantées), mais évitez de couper les plants d'arbres et les gaules établis naturellement, ainsi que le recépage des pousses (marquez-les à l'avance avec des poteaux de couleur ou des drapeaux).
- Un mois avant le semis, appliquez un herbicide non résiduel (par exemple, le glyphosate) pour éliminer les mauvaises herbes qui poussent.
- Étiquetez les arbres et procédez à la plantation au moment opportun.
- Plantez le nombre approprié d'espèces d'arbres à soumettre aux essais (si possible, un nombre égal de toutes les essences, au moins 20 arbres de chaque espèce par parcelle) espacées, en moyenne, 1,8 m. Mélangez au hasard les espèces dans chaque parcelle.
- Si nécessaire, appliquez 50 à 100 g d'engrais NPK 15:15:15 dans un anneau distant d'environ 20 cm des tiges d'arbres plantés au moment de la plantation.
- Au cours de la première saison des pluies (ou les 6 premiers mois après la plantation dans une forêt humide), répétez l'application d'engrais et sarclez autour des arbres (à l'aide d'outils manuels) au moins trois fois, à des intervalles de 6 à 8 semaines (ajustez la fréquence en fonction des précipitations et du taux de croissance des mauvaises herbes).

- Au début de la première saison sèche après la plantation (dans les forêts tropicales saisonnièrement sèches), mettez en place des pare-feu autour des parcelles et mettez en œuvre un programme de prévention et d'extinction des incendies.
- Répétez le sarclage et l'application d'engrais au cours de la deuxième saison des pluies après la plantation.
- Au début de la troisième saison des pluies, évaluez la nécessité de poursuivre les opérations d'entretien.

Tout à côté des parcelles TT, établissez en même temps des parcelles de «traitement» (T1, T2, T3, etc.) exactement de la même manière, mais ne variez que l'une des composantes du protocole standard (par exemple, l'application d'engrais ou le sarclage, etc.). La performance des arbres des parcelles T est ensuite comparée à celle des arbres des parcelles TT.

Le modèle expérimental

Un dispositif en blocs aléatoires complets (RCBD) est recommandé. Regroupez en un bloc les répétitions uniques de chaque type de parcelle T avec une parcelle TT et reproduisez les blocs dans au moins trois endroits dans la zone d'étude (il serait mieux de les répéter dans 4 à 6 emplacements). Séparez les blocs d'au moins quelques centaines de mètres, si possible, pour prendre en compte la variabilité des conditions (pente, apparence et ainsi de suite) dans la zone d'étude. Allouez au hasard des traitements à chaque parcelle T au sein de chaque bloc. Plantez des «rangées de protection» constituées d'arbres autour de chaque parcelle et de chaque bloc pour empêcher un traitement d'influencer les autres et pour réduire les effets de bordure.

Ensuite, ajoutez des parcelles «témoins non plantées» (TNP), dans lesquelles aucun arbre n'est planté, aucun traitement appliqué et la végétation est laissée au repos pour connaître la succession naturelle. La fonction des parcelles TNP est de générer des données de base sur le taux de rétablissement naturel de la biodiversité en l'absence de plantations de restauration forestière et de traitements. Le rétablissement de la biodiversité dans les parcelles de restauration est ensuite comparé à ce qui se serait produit naturellement si la restauration forestière n'avait jamais été mise en œuvre. Associez une parcelle TNP à chaque bloc de parcelles TT et T. Si les parcelles TNP sont à proximité des parcelles plantées, les oiseaux qui sont attirés par les arbres plantés se «déverseront» dans les parcelles TNP. Donc, les parcelles TNP devraient être placées à au moins 100 m de parcelles plantées.

Un dispositif en blocs aléatoires, avec trois blocs répartis sur la zone d'étude. Ces blocs sont séparés d'au moins quelques centaines de mètres et situés non loin de la forêt restante. Ici, T = parcelles de traitement; TC = parcelles témoins de traitement («treatment control» en anglais) et NPC = parcelles témoins non plantées («non-planted control» en anglais).

Choix de traitements

Considérez les principaux facteurs qui limitent la survie et la croissance des arbres dans la zone d'étude, et concevez les traitements pour les surmonter. Par exemple, si les éléments nutritifs dans le sol limitent les rendements, essayez de varier le type d'engrais, la quantité pour chaque application et/ou la fréquence d'application. Une autre possibilité consiste à expérimenter l'ajout de compost dans le trou de plantation. Si la concurrence avec les mauvaises herbes est l'obstacle le plus évident, essayez de varier les techniques de sarclage (par exemple, outils manuels ou herbicides) ou la fréquence du sarclage, ou essayez d'utiliser un paillis dense (par exemple, les mauvaises herbes coupées ou le carton ondulé) pour inhiber la germination des graines de mauvaises herbes proches des arbres plantés. D'autres traitements à essayer consistent, entre autres, à placer le gel polymère ou l'inoculation mycorhizienne dans les trous de plantation ou à soumettre les arbres à différents types d'élagage avant la plantation.

Rédigez un plan pour les expériences en champs

Préparez un document de travail, contenant les informations suivantes:
- un croquis du système de parcelles, indiquant les numéros d'identification des parcelles et les parcelles spécifiques qui reçoivent des traitements spécifiques;
- une liste des espèces plantées dans les parcelles et les numéros d'étiquette de chaque arbre planté dans chaque parcelle;
- une description du protocole de plantation standard;
- une description des traitements à appliquer dans chaque parcelle et un calendrier pour leur application;
- un calendrier pour la collecte des données.

L'application uniforme des traitements sylvicoles constitue l'un des éléments les plus importants et les plus coûteux des expériences en champs.

Faites en sorte que tous les membres du personnel de la FORRU reçoivent, chacun, une copie du document, comprennent leurs rôles dans l'établissement, le maintien et le suivi des parcelles, et qu'ils aient reçu une formation suffisante en ce qui concerne la façon d'appliquer des traitements spécifiés. L'une des principales causes de l'échec des expériences est une application insuffisante ou non uniforme des traitements.

Suivi des expériences jeunes arbres

Etiquetage des jeunes arbres

Etiquetez les arbres dans la pépinière avant de les planter, comme décrit dans la **Section 7.4**. Les étiquettes devraient contenir au moins le nombre d'espèces et le nombre d'arbres. Comme renseignements supplémentaires, elles pourraient comporter, entre autres, le numéro de la parcelle et l'année de la plantation, mais quel que soit le système utilisé, deux arbres distincts dans l'ensemble du système de parcelles ne devraient pas porter les mêmes numéros d'étiquette, quels que soient l'endroit et la date de leur plantation.

Quand faudrait-il procéder au suivi?

Comme pour le suivi de base (voir **Section 7.4**), collectez les données environ deux semaines après la plantation et à la fin de chaque période de croissance (c.-à-d. la saison des pluies), la séance de suivi la plus importante se déroulant à la fin de la deuxième saison des pluies après la plantation. La poursuite du suivi à la fin de chaque saison sèche peut fournir des informations plus détaillées sur le moment et les causes de la mort des arbres.

Quelles sont les données à recueillir?

Enregistrez les données concernant la survie, la santé, la hauteur, le diamètre au collet, la largeur de la cime et les scores des mauvaises herbes en ce qui concerne les arbres plantés et les arbres établis naturellement, comme pour le suivi de base (voir **Section 7.4**).

Maintenez l'ordre d'origine lors du classement des données dans la feuille de calcul

A partir de la précédente séance de suivi

Voir p234 pour les scores

Voir p235 pour les scores

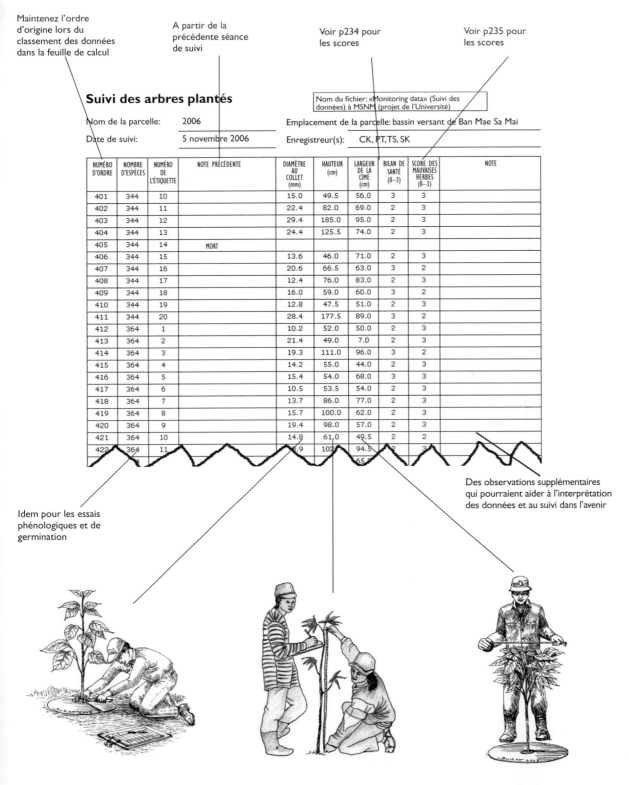

Suivi des arbres plantés

Nom du fichier: «Monitoring data» (Suivi des données) à MSNM (projet de l'Université)

Nom de la parcelle: 2006

Emplacement de la parcelle: bassin versant de Ban Mae Sa Mai

Date de suivi: 5 novembre 2006

Enregistreur(s): CK, PT, TS, SK

NUMÉRO D'ORDRE	NOMBRE D'ESPÈCES	NUMÉRO DE L'ÉTIQUETTE	NOTE PRÉCÉDENTE	DIAMÈTRE AU COLLET (mm)	HAUTEUR (cm)	LARGEUR DE LA CIME (cm)	BILAN DE SANTÉ (0–3)	SCORE DES MAUVAISES HERBES (0–3)	NOTE
401	344	10		15.0	49.5	56.0	3	3	
402	344	11		22.4	82.0	69.0	2	3	
403	344	12		29.4	185.0	95.0	2	3	
404	344	13		24.4	125.5	74.0	2	3	
405	344	14	MORT						
406	344	15		13.6	46.0	71.0	2	3	
407	344	16		20.6	66.5	63.0	3	2	
408	344	17		12.4	76.0	83.0	2	3	
409	344	18		16.0	59.0	60.0	3	2	
410	344	19		12.8	47.5	51.0	2	3	
411	344	20		28.4	177.5	89.0	3	2	
412	364	1		10.2	52.0	50.0	2	3	
413	364	2		21.4	49.0	7.0	2	3	
414	364	3		19.3	111.0	96.0	3	2	
415	364	4		14.2	55.0	44.0	2	3	
416	364	5		15.4	54.0	68.0	3	3	
417	364	6		10.5	53.5	54.0	2	3	
418	364	7		13.7	86.0	77.0	2	3	
419	364	8		15.7	100.0	62.0	2	3	
420	364	9		19.4	98.0	57.0	2	3	
421	364	10		14.8	61.0	48.5	2	2	
422	364	11		8.9	102.	94.5	2	3	
					65.8				

Idem pour les essais phénologiques et de germination

Des observations supplémentaires qui pourraient aider à l'interprétation des données et au suivi dans l'avenir

No de la parcelle	No de l'espèce	No de l'arbre	15/7/98 Bilan de santé (0–3)	19/11/98 Bilan de santé (0–3)	9/11/99 Bilan de santé (0–3)	5/10/00 Bilan de santé (0–3)	15/7/98 Hauteur (cm)	19/11/98 Hauteur (cm)	9/11/99 Hauteur (cm)	5/10/ Hauteur (cm)
1	7	1	3	3	2	3	39	93	147	231
1	7	2	3	2	3	3	39	109	173	287
1	7	3	2	3	3	3	53	144	229	347
1	7	4	2	NF	0	0	56	NF	-	-
1	7	5	3	3	3	3	59	164	265	354
1	7	6	2.5	0	0	0	32	-	-	-
1	7	7	3	3	3	3	43	81	128	252
1	7	8	3	3	3	3	41	68	108	171
1	7	9	0.5	0	1	2	30	-	21	40
1	7	10	3	2.5	3	3	64	63	237	300
1	7	11	3	0.5	3	3	49	48	160	300
1	7	12	0.5	0	NF	0	34	-	NF	-
1	7	13	2.5	0	0	0	44	-	-	-
1	7	14	2	1.5	3	2.5	30	29	106	297
1	7	15	2	2	0	0	27	26	-	-
1	7	16	3	2.5	3	3	23	43	90	125
1	7	17	3	3	2.5	3	37	51	140	166
1	7	18	3	2.5	3	0	39	60.5	20	-
1	7	19	3	3		3	28	99	NF	341
1	7	20	2.5	2.5	1.5	3	35	46.5	53	110

Triez d'abord les données par numéro de l'espèces, puis par noméro de l'arbres.

Analyse et interprétation des données

Organisation de la feuille de calcul

Tout d'abord, saisissez les données collectées sur terrain dans un tableur informatique. Insérez les nouvelles données à droite des données collectées antérieurement, de sorte qu'une ligne représente la progression d'un arbre individuel suivant un ordre chronologique de gauche à droite. Ensuite, triez les données par lignes, d'abord par le numéro d'espèces, puis par numéro d'arbre. Cette organisation regroupe tous les arbres de la même espèce. Insérez la date à laquelle les données ont été recueillies dans la cellule immédiatement au-dessus de la rubrique de chaque colonne. Puis triez la feuille de calcul par colonne (de gauche à droite), d'abord par rubrique de colonne (ligne 2), puis par date (ligne 1). Ce classement regroupe les mêmes paramètres dans l'ordre chronologique de gauche à droite. Les données peuvent maintenant être facilement parcourues pour les fonctionnalités intéressantes ou les anomalies, et manipulées pour extraire les valeurs requises ci-dessous pour une analyse statistique plus détaillée.

Comparaison des espèces

Comme dans les expériences en pépinière, vous pourriez commencer par comparer la survie et la croissance entre les espèces. Pour comparer les différences de survie, commencez avec des arbres dans les parcelles TT uniquement: parcourez le tableau et comptez le nombre d'arbres ayant survécu dans la parcelle TT dans chaque bloc. Si le même nombre d'arbres de chaque espèce a été planté dans chaque parcelle, saisissez simplement le nombre d'arbres survivants dans une nouvelle feuille de calcul, avec des espèces comme rubriques de colonne et une ligne par bloc (ou répétition), comme indiqué ci-dessous. Si différents nombres d'arbres de chaque espèce ont été plantés, calculez le pourcentage de survie dans chaque parcelle et saisissez ces données dans la nouvelle feuille de calcul. Ensuite, suivez les instructions de **l'annexe 2** pour transformer les données en arc sinus et effectuez une analyse de la variance. Dans ce cas, chaque espèce est l'équivalent d'un «traitement» (il n'y a pas de «témoin» lorsque l'on compare les espèces).

	19/11/98	9/11/99	5/10/00	19/11/98	9/11/99	5/10/00	9/11/99	5/10/00
RCD (mm)	RCD (mm)	RCD (mm)	RCD (mm)	Score de mauvaises herbes (0–3)	Score de mauvaises herbes (0–3)	Score de mauvaises herbes (0–3)	Largeur du couvert (cm)	Largeur du couvert (cm)
2	14.8	23.3	36.7	3	2.5	1	73	115
1	17.3	27.5	45.6	2.5	2	2	86	143
4	22.9	36.4	55.1	3	2	1	114	173
2	NF	-	-	NF	-	-	-	-
.1	26.2	42.2	56.3	1.5	1	0.5	148	200
7	-	-	-	-	-	-	-	-
5	12.9	20.3	40.1	1	1	0.5	64	126
5	10.8	17.1	27.2	1.5	1	1	95	150
1	-	2.1	5.4	-	-	-	-	-
7	18.2	29.6	59	1.5	1	1	150	200
1	13.4	21.6	47	1.5	1	2	103	200
3	-	NF	-	-	NF	-	NF	-
5	-	-	-	1.5	-	-	-	-
6	9.3	13	37	1.5	2	2	93	150
6	6.1	-	-	1.5	-	-	-	-
2	10.6	18	21	1.5	1.5	1	80	75
4	15.2	25	22	1.5	2	1	90	125
3	3.9	3.4	-	1.5	1.5	-	23	-
9	24	NF	54	1.5	NF	0	NF	200
6	9.2	12.8	14	1.5	0.5	2	65	108

Ensuite, triez les colonnes par rubrique, puis par date pour regrouper les paramètres dans l'ordre chronologique de gauche à droite.

La même procédure peut être suivie pour comparer les moyennes de la hauteur, du diamètre au collet (RCD), de la largeur de la cime des espèces, et les taux de croissance relatifs dans chaque parcelle TT, bien qu'il ne soit pas nécessaire de transformer ces données en arc sinus. En plus de la taille absolue des arbres (hauteur ou RCD), il est utile de savoir le rythme de croissance des

								ESPÈCE													
	S1	S2	S3	S4	S5	S6	S7	S8	S9	S10	S11	S12	S13	S14	S15	S16	S17	S18	S19	S20
Bloc 1	24	4	10	2	25	20	15	10	2	14	25	24	18	5	7	8	12	17	1	5
Bloc 2	22	2	11	3	25	21	16	13	3	15	24	24	13	6	8	9	13	16	2	6
Bloc 3	26	3	12	2	25	23	14	14	5	16	25	25	18	7	9	8	14	15	1	7
Bloc 4	25	4	13	3	24	22	15	13	6	13	24	23	18	8	7	7	13	17	2	6

Nombre d'arbres survivants de chaque espèce dans la parcelle témoin de traitement (TT) de chaque bloc à la fin de la deuxième saison des pluies après la plantation. Vingt-six arbres de chaque espèce ont été plantés dans chaque parcelle TT.

arbres. Ceci est particulièrement important dans les projets de restauration des forêts pour le stockage du carbone. Plus l'arbre planté au départ est grand, plus vite il se développe; le taux de croissance relatif (TCR) est ainsi utilisé pour comparer la croissance des arbres différents. Le TCR exprime l'augmentation de la taille de la plante en tant que pourcentage de la taille moyenne de la plante pendant toute la période de mesure, et donc, il peut être utilisé pour comparer la croissance des arbres qui étaient relativement grands au moment des semis à celle de ceux qui étaient relativement petits. Le TCR peut être calculé en termes de hauteur des arbres comme suit:

$$\frac{\ln H \ (18 \ \text{mois}) - \ln H \ (\text{lors de la plantation}) \times 36,500}{\text{Nbre de jours entre les mesures}}$$

... où ln H est le logarithme naturel de la hauteur de l'arbre (cm). Le TCR est l'estimation du pourcentage d'augmentation annuelle de la taille. Il tient compte des différences de tailles d'origine entre les arbres plantés, de sorte que ceci peut être utilisé pour comparer les arbres grands au moment de la plantation avec ceux plus petits. Comparez les valeurs moyennes du TCR parmi les espèces par l'analyse de variance. La même formule peut être utilisée pour calculer les taux de croissance relatifs des diamètres au collet et de la largeur de la cime.

Les comparaisons des espèces, basées uniquement sur les performances en champs, ne suffisent pas pour prendre une décision définitive sur les espèces à planter. Allez à la **Section 8.5** pour voir comment les données sur les performances en champs peuvent être combinées avec d'autres paramètres importants lors de la décision finale sur les espèces qui donnent les meilleurs résultats.

Comparaison des traitements

Les effets des traitements sur les espèces individuelles peuvent être déterminés en utilisant exactement la même procédure analytique. A partir de la principale feuille de calcul, comptez le nombre d'arbres survivants (ou calculez le % de survie) d'une seule espèce pour chacun des parcelles de traitement et témoins de traitement dans tous les blocs. Créez une nouvelle feuille de calcul avec les traitements comme rubriques de colonnes (TT, T1, T2, etc.) et les blocs (ou répétitions) sous forme de lignes. Ensuite, suivez les instructions de **l'annexe 2** pour transformer les données de survie en arc sinus et effectuez une analyse de la variance.

Remplacez les données de survie avec la moyenne des valeurs des parcelles en ce qui concerne la hauteur, le RCD, le TCR, la largeur de la cime et la réduction du score des mauvaises herbes aux fins de déterminer les effets des traitements sur d'autres aspects de la performance en champs (il n'est pas nécessaire de transformer ces données en arc sinus). Ensuite, répétez la même procédure pour toutes les autres espèces.

Différents traitements auront une incidence sur différentes espèces de différentes manières. Il est impossible de fournir des traitements qui soient parfaits pour chaque espèce dans des parcelles de 20 espèces ou plus, de sorte que le but de l'analyse est de déterminer la combinaison optimale des traitements qui ont un effet positif sur la plupart des espèces plantées.

Expérimentation du semis direct

Le semis direct a été décrit comme une solution possible et peu coûteuse pour la plantation d'arbres dans les **Sections 5.3** et **7.2**, mais très peu d'informations sont disponibles pour savoir quels essences sont adaptées à cette technique (**Tableau 5.2**). Le succès ou l'échec de l'ensemencement direct de chaque espèce d'arbre dépend d'une combinaison de nombreux facteurs, dont la structure et la dormance des graines, l'attrait qu'exercent les graines sur les prédateurs de graines, la vulnérabilité des graines à la dessiccation, les conditions du sol et la végétation environnante. Par conséquent, des expériences sont nécessaires pour vérifier si une espèce d'arbre est mieux adaptée au semis direct ou à la plantation de plants cultivés en pépinière et pour déterminer les économies réalisées (dans le cas échéant).

Les informations nécessaires pour l'expérimentation du semis direct

Avant le démarrage de l'expérimentation du semis direct, il s'avère nécessaire de connaître: i) le traitement de pré-semis optimum pour accélérer la germination des graines, et ii) si la fructification ne se produit pas au moment optimal pour le semis direct (c.-à-d. au début de la saison des pluies dans les forêts tropicales saisonnières), quel est le meilleur protocole de stockage de semences pour le maintien de la viabilité des semences pendant la période comprise entre la collecte de semences et le semis direct. Les expériences en pépinière nécessaires pour répondre à ces questions sont décrites à la **Section 6.6**. Il faudra au moins un an pour les réaliser avant de pouvoir commencer l'expérimentation du semis direct.

L'une des principales causes de l'échec du semis direct est la prédation des graines. Si les semences sont traitées (pour activer la germination) avant d'être semées dans des sites déboisés, le temps dont disposent les prédateurs de graines pour trouver et consommer les graines est réduit, et par conséquent, la graine a plus de chance de survivre pour germer. Les traitements qui accélèrent la germination en pépinière peuvent, cependant, parfois augmenter le risque de dessèchement des graines en champs ou rendre les graines plus attrayantes pour les fourmis en exposant leurs cotylédons. Pour les espèces d'arbres ayant des semences récalcitrantes qui sont difficiles à stocker, le semis direct n'est qu'une option pour ces espèces qui produisent des fruits au moment optimal pour le semis direct.

Étapes du modèle expérimental du semis direct

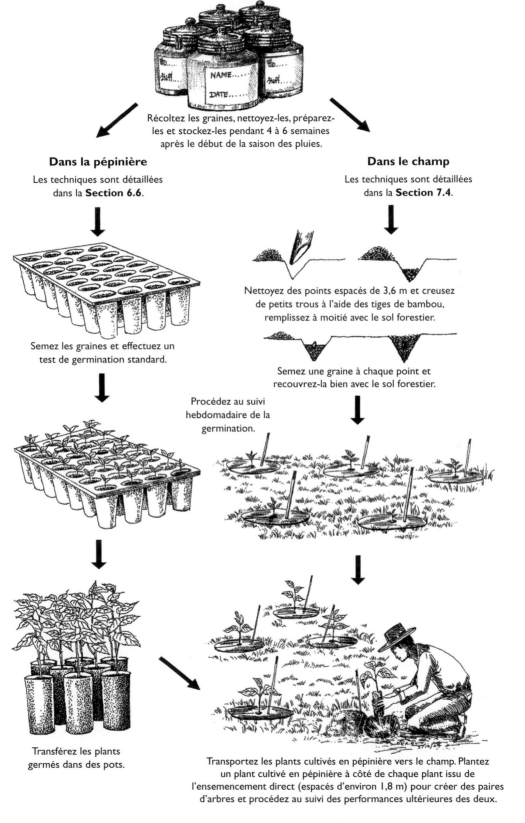

Récoltez les graines, nettoyez-les, préparez-les et stockez-les pendant 4 à 6 semaines après le début de la saison des pluies.

Dans la pépinière

Les techniques sont détaillées dans la **Section 6.6**.

Dans le champ

Les techniques sont détaillées dans la **Section 7.4**.

Nettoyez des points espacés de 3,6 m et creusez de petits trous à l'aide des tiges de bambou, remplissez à moitié avec le sol forestier.

Semez les graines et effectuez un test de germination standard.

Semez une graine à chaque point et recouvrez-la bien avec le sol forestier.

Procédez au suivi hebdomadaire de la germination.

Transférez les plants germés dans des pots.

Transportez les plants cultivés en pépinière vers le champ. Plantez un plant cultivé en pépinière à côté de chaque plant issu de l'ensemencement direct (espacés d'environ 1,8 m) pour créer des paires d'arbres et procédez au suivi des performances ultérieures des deux.

Techniques d'expérimentation du semis direct

Récoltez des graines sur plusieurs arbres, combinez-les et mélangez-les, nettoyez et préparez les graines de manière normale et, si nécessaire, stockez-les jusqu'à la période de plantation en utilisant le protocole de stockage le plus efficace développé à partir des expériences antérieures.

Dans la pépinière, semez des graines dans des bacs modulaires et effectuez un test de germination standard, en comparant les graines témoins (non traitées) à celles soumises au traitement le plus efficace pour accélérer la germination développée à partir des expériences précédentes.

Dans le champ, utilisez le même modèle expérimental que celui utilisé dans la pépinière, avec le même nombre de répétitions de traitements et de témoins et le même nombre de graines dans chaque répétition, mais au lieu d'utiliser des bacs de germination modulaires, semez les graines à des points du semis direct marqués avec des bambous et espacés d'environ 3,6 m à travers le site d'étude. Semez une graine à chaque point.

Procédez au suivi hebdomadaire de la germination des graines, à la fois dans le champ et dans la pépinière, et analysez les résultats en utilisant la méthode déjà décrite dans la **Section 6.6**. Dans le champ, après l'achèvement de la germination, essayez de remuer le sol pour inspecter les graines non germées. Cela pourrait aider à déterminer le nombre de graines ayant été enlevées ou endommagées par les prédateurs de graines et le nombre de graines qui semblent intactes, mais qui n'ont simplement pas pu germer.

Dans la pépinière, une fois que la germination est terminée, transférez les plants germés dans des pots de façon habituelle. Utilisez le protocole standard, développé à partir des expériences précédentes, pour cultiver les plantes en pépinière. Suivez et analysez leur croissance tel que décrite ci-dessus. Procédez au suivi des plantes en champs de la même manière.

Une fois que les plants en pépinière se sont assez développées pour être plantés, transplantez-les dans le champ, comme d'habitude. Cette transplantation peut se faire 1 ou 2 ans après l'ensemencement direct. Plantez un jeune arbre cultivé en pépinière à côté de chaque jeune arbre issu de l'ensemencement direct (espacés d'environ 1,8 m) pour créer des paires d'arbres. Procédez au suivi de la performance des arbres jumelés en champs pendant au moins deux ans après la plantation des jeunes arbres cultivées en pépinière. Utilisez les tests t (t-tests) pariés pour comparer la croissance des arbres cultivés en pépinière et les arbres issus de l'ensemencement direct.

D'autres expériences sur le semis direct

Il existe de nombreux autres traitements qui peuvent être incorporés dans ce modèle expérimental de base. Si l'enfouissement dans le sol des graines ne parvient pas à décourager leur prédation dans le champ, essayez d'expérimenter le traitement des semences avec des répulsifs chimiques pour rendre les graines peu attractives pour leurs prédateurs, mais n'oubliez pas de tester les effets des répulsifs chimiques sur les semences en pépinière car le répulsif peut également avoir un effet sur la germination.

Les expériences qui varient les techniques d'entretien utilisées autour des points du semis direct pourraient également suggérer la manière dont les résultats pourraient être améliorés. Essayez de changer les techniques de sarclage ou de paillage autour des points du semis direct pour empêcher la germination des mauvaises herbes dans le voisinage immédiat des jeunes plants, en particulier pendant les premiers mois après la germination ou alors semez plus d'une graine à chaque point du semis direct pour surmonter les effets de faibles taux de germination.

Le semis direct fonctionne certainement pour certaines espèces. Comparez l'essence *Sarcosperma arboreum* issue du semis direct à gauche avec l'arbre cultivé en pépinière qui a germé à partir du même lot de semences à droite.

Le semis direct permet-il de réduire les coûts?

Puisque le semis direct ne nécessite pas une pépinière, il devrait réduire les coûts de restauration forestière. Cependant, le semis direct nécessite le sarclage autour des points d'ensemencement car les jeunes plants récemment germés sont très vulnérables à la concurrence aux mauvaises herbes. L'application d'engrais et de paillis autour des points du semis direct au cours de la première année fait également augmenter les coûts. Il faut donc avoir un détail de toutes les dépenses tout au long d'une expérience de semis direct afin de vérifier si cette technique fait réellement baisser les coûts globaux de la restauration forestière.

7.6 Recherche sur le rétablissement de la biodiversité

La mesure ultime du succès de la restauration forestière est le degré de rétablissement de la biodiversité aux niveaux associés à l'écosystème forestier cible. Le but du suivi de la biodiversité est donc de déterminer le rythme de ce rétablissement et, finalement, d'améliorer les méthodes de restauration de manière à accélérer le rétablissement de la biodiversité.

Procéder au suivi de toute la biodiversité n'est pas pratique, donc pour la restauration des forêts, le suivi de la biodiversité se concentre sur les aspects qui sont directement liés à la restitution des mécanismes naturels de régénération de la forêt, notamment la dispersion des graines et l'établissement des semis des essences recrutées (c.-à-d. les nouvelles essences, à l'exclusion de celles plantées). Certaines espèces ou certains groupes pourraient servir d'indicateurs pour la santé globale de la forêt.

Il faut se poser les quatre questions cruciales suivantes:
- Les arbres plantés (et/ou les techniques de RNA) produisent-ils, à un âge précoce, des ressources (par exemple, des fleurs, des fruits et ainsi de suite) qui sont susceptibles d'attirer les animaux disperseurs de graines?
- Les animaux disperseurs de graines sont-ils présents dans la zone, et si oui, sont-ils réellement attirés par ces ressources?
- Les graines qui sont apportées par ces animaux germent-elles effectivement, en augmentant la richesse spécifique des semis d'arbres ou des jeunes arbres s'établissant naturellement sous les arbres plantés?
- Les graines dispersées par le vent s'établissent-elles aussi naturellement?

Ici, nous présentons quelques techniques qui peuvent être utilisées pour répondre à ces questions. Le suivi du rendement des arbres plantés peut montrer une nette amélioration au bout de 2 à 3 ans, mais le rétablissement de la biodiversité prend beaucoup plus de temps; le suivi peut se poursuivre au cours d'une période de 5 à 10 ans, mais à des intervalles moins fréquents.

La nécessité du suivi de la biodiversité doit être considérée dès le début des expériences en champs lors de la conception d'un SPEC. Les parcelles témoins non plantées doivent être incorporées dans un SPEC, et une étude de la biodiversité des parcelles témoins et des parcelles devant être soumises à des traitements de restauration doit être réalisée avant la préparation du site. Ceci fournit les données de base essentielles qui permettront d'évaluer les modifications ultérieures de la biodiversité. La biodiversité est ensuite étudiée à la fois dans les parcelles témoins et de restauration et comparée avec celle de la forêt intacte à proximité (c'est-à-dire l'écosystème forestière cible).

Après chaque séance de collecte de données, deux types de comparaisons sont effectuées: i) les comparaisons effectuées avant et après entre les données actuelles et les données de base (pré-semis), et ii) les comparaisons des parcelles témoins et de restauration. De cette façon, l'amélioration du rétablissement de la biodiversité due aux actions de restauration peut être distinguée de celle due à la succession écologique naturelle. Le rétablissement relatif de la biodiversité peut alors être calculé comme un pourcentage de celui enregistré par les mêmes méthodes dans la forêt cible.

Etudes phénologiques

Effectuer des descentes fréquentes sur les parcelles de restauration, tout en notant les arbres qui produisent des fleurs et des fruits, peut fournir la plupart des données nécessaires sur les arbres qui produisent des ressources susceptibles d'attirer les animaux disperseurs de graines. Mettez en place un réseau de sentiers dans les parcelles. Chaque mois, parcourez les sentiers et collectez les informations suivantes pour les arbres situés à moins de 10 m du sentier:
- la date de l'observation;
- le numéro d'identification du bloc/de la parcelle;
- le nombre d'arbres (y compris le nombre d'espèces);
- la présence de fleurs ou de fruits: utilisez une grille de notation de 0 à 4 (voir **Section 6.6**);
- des signes de la faune: les nids, les traces, les fèces et ainsi de suite, soit sur ou près des arbres;
- des observations directes d'animaux utilisant l'arbre pour se nourrir, comme perchoirs pour oiseaux et ainsi de suite.

Saisissez chaque observation, sur une seule rangée, dans un tableau pour permettre une compilation facile des données par espèce ou par date. Déterminez le plus jeune âge (temps écoulé depuis la plantation) de floraison et de fructification des premiers individus d'une espèce. La fréquence des observations (à l'intérieur d'une espèce) peut être utilisée comme une indication générale de la prévalence de la floraison ou de la fructification au niveau des espèces. Pour des détails supplémentaires, mesurez la circonférence à hauteur de poitrine (CHP) ou RCD et la hauteur des arbres à fleurs ou à fruits afin d'établir des corrélations entre la taille des arbres et l'âge à la maturité. La floraison de certaines espèces peut être inhibée si les arbres sont couverts par les cimes des arbres avoisinants. S'il y a une certaine variation dans l'incidence de la floraison au sein d'une espèce, le degré d'ombrage pour chaque arbre à fleurs pourra être codifié. En plus d'évaluer la production des ressources naturelles, le suivi mensuel peut rapporter beaucoup plus d'informations sur les essences plantées, comme les attaques des parasites et les maladies, et peut fournir une alerte rapide sur les perturbations des parcelles par les activités humaines. Ce genre simple de suivi qualitatif est une excellente façon d'impliquer les populations locales dans le suivi des sites de restauration forestière, car il est facile à apprendre et ne nécessite pas de qualification spéciale.

Le matériel de pépinière de *Bauhinia purpurea* commence la floraison et la nouaison dans les 6 mois après la plantation, en fournissant des aliments aux oiseaux et aux insectes.

Suivi de la faune

Toutes les espèces sauvages de recolonisation (les plantes et les animaux) contribuent à la biodiversité, mais les animaux disperseurs de graines peuvent accélérer le rétablissement de la biodiversité par rapport à d'autres espèces. Les oiseaux, les chauves-souris frugivores et les mammifères de taille moyenne sont les principaux groupes d'intérêt, mais parmi eux, la communauté d'oiseaux est la plus facile à étudier.

Les oiseaux constituent un groupe indicateur important

Les oiseaux constituent un groupe indicateur commode pour l'évaluation de la biodiversité, car:
- ils peuvent être relativement faciles à voir et beaucoup sont faciles à identifier;
- de bons guides d'identification couvrent maintenant la plupart des régions tropicales;
- la plupart des espèces sont actives le jour;
- les oiseaux occupent la plupart des niveaux trophiques des écosystèmes forestiers — herbivores, carnivores, insectivores et ainsi de suite — et donc une grande diversité d'oiseaux indique généralement une grande diversité de plantes et d'espèces proies, notamment les insectes.

Quelles sont les questions qui devraient être abordées?

- Quelles sont les espèces d'oiseaux qui se trouvaient dans la région avant la restauration?
- Quelles sont les espèces d'oiseaux qui sont caractéristiques de l'écosystème forestier cible et ces espèces reviennent-elles sur les parcelles forestières restaurées? Si oui, combien de temps après les actions de restauration?
- Quelles sont les espèces d'oiseaux visitant les parcelles qui sont plus susceptibles de disperser les graines d'arbres forestiers dans des parcelles de restauration?
- Quelles sont les espèces d'oiseaux qui sont disparues de la zone à la suite des activités de restauration des forêts et quand a eu lieu cette disparition?

Quand et où les relevés d'oiseaux devraient-ils être effectués?

Etudiez l'ensemble du SPEC une fois qu'il a été délimité, mais avant la mise en œuvre des activités qui sont susceptibles d'altérer les habitats d'oiseaux (c'est-à-dire avant la préparation du site pour la plantation). Cette étude fournit les données de référence qui permettent de mesurer les changements. Par la suite, effectuez des relevés d'oiseaux de même intensité dans les parcelles de restauration et les parcelles témoins et aussi dans la zone la plus proche de la forêt cible (voir **Section 4.2**). Des relevés annuels sur les oiseaux suffisent en général

Fiche d'enregistrement des relevés d'oiseaux	**Nom du fichier**: parcelle de restauration, âgée de 10 ans
Date: 17/12/05	**Temps**: ensoleillé, très chaud
Numéro de bloc: G1	**Numéro de la parcelle**: EG01
Heure de fin: 09H30	**Heure de début**: 06H30 **Enregistreur**: DK, OM

Temps	Espèces	Nbre d'oiseaux (sexe)	Vue ou chant/appel	Distance à partir du point (m)	Activité	Espèce d'arbre (le cas échéant)
06H30	Bulbul à tête noire	2	Vue	10	Alimentation à base de fruits	*Ficus altissima*
06H30	Moucheron aux ailes dorées-pie-grèche	1	"	10	Recherche des insectes	*Ficus altissima*
06H30	Moucheron bleu de montagne	1	"	10	Capture des mouches	*Choerospondias axillaris*
06H40	Bulbul à tête fuligineuse	3	"	15	Abandon de la cime	*Betula alnoides*
06H45	Pouillot à grands sourcils	2	"	5	Déplacement dans le couvert forestier, alimentation	De nombreuses espèces
06H45	Pouillot de Pallas	1	"	5	Déplacement dans le couvert forestier, alimentation	De nombreuses
06H45	Geai	2	Appels entendus	30	Appel à partir des arbres à proximité	Inconnue
06H50	Pie robin	1 mâle	Vue/ chant	8	Fouille du tapis forestier, courtes chansons également	
06H55	Coucal toulu	1	Vue	10	Vol entre les arbres	
07H05	Yuhina à tête marron	10+	"	5	Déplacement dans le couvert forestier en quête de nourriture	De nombreuses espèces
07H10	Bulbul concolore	2	"	12	Prise de nourriture sur les fruits	*Ficus hispida*
07H22	Hirondelle de Bonaparte	25+	"	50	Chasse des insectes au-dessus de sa tête	
07H30	Dicée à dos rouge	1 mâle	"	5	Alimentation à base de nectar	*Erythrina subumbrans*

pour détecter des changements dans leurs communautés. Effectuez les relevés à la même période chaque année car la richesse en espèces d'oiseaux fluctuera en fonction des systèmes de migration saisonnière. Observez les oiseaux pendant les 3 premières heures après l'aube et les 3 dernières heures avant le coucher du soleil. Prévoyez des périodes d'observation d'une heure dans chaque parcelle, en alternant les parcelles à des intervalles horaires, mais veillez à ce que, au cours de toute la période de relevé, les heures de visite consacrées pour chaque parcelle sont les mêmes, réparties également entre les périodes d'observation de la matinée et du soir.

Collecte de données

Utilisez la méthode des «indices ponctuels d'abondance» pour compter les oiseaux à partir du centre de chaque parcelle. Cette méthode peut être utilisée aussi bien pour compter les espèces que pour estimer la densité de la population d'oiseaux (Gilbert *et al.*,1998; Bibby *et al.*, 1998). Tenez-vous au centre de chaque parcelle et enregistrez tous les contacts d'oiseaux pendant 1 heure à la fois par la vue et par le chant. Enregistrez les espèces et le nombre d'oiseaux et la distance estimée à partir de votre position d'observateur quand les oiseaux apparaissent pour la première fois dans la parcelle. Pour éviter de recenser plusieurs fois les mêmes individus d'oiseaux, arrêtez pendant cinq minutes de recenser cette même espèce d'oiseaux après le premier enregistrement. Notez les espèces d'arbres (et le numéro de l'arbre s'il porte une étiquette), sur lesquelles les oiseaux exercent une activité quelconque (en particulier l'alimentation) et leur position (tronc, partie inférieure du couvert, partie supérieure du couvert, etc.).

Utilisez des jumelles, des télescopes et vos oreilles pour détecter les oiseaux à une distance de 20 m à partir d'un seul point au centre d'une parcelle d'essai de restauration forestière.

Analyse des données

Répondez à la plupart des questions énumérées plus haut en analysant simplement les listes d'espèces et en comptant le nombre d'espèces d'oiseaux qui recolonisent les parcelles de restauration et celles qui disparaissent à la suite des activités de restauration forestière.

Pour calculer le degré de rétablissement de la communauté d'oiseaux, comparez la liste des espèces de la forêt vierge cible avec celle des parcelles de restauration. Calculez le pourcentage des espèces trouvées dans la forêt que l'on retrouve également dans les parcelles restaurées et analysez la manière dont ce pourcentage varie au fil des périodes successives de relevés. Ensuite, cherchez à connaître les espèces qui sont frugivores. Ce sont les espèces cruciales qui sont les plus susceptibles de disperser les graines de la forêt dans les parcelles de restauration.

Pour une analyse quantitative de la richesse spécifique des communautés d'oiseaux, nous recommandons la méthode de la liste de MacKinnon (MacKinnon & Phillips, 1993; *Bibby et al.*, 1998), un moyen de calculer une courbe de rétablissement d'une espèce et un indice d'abondance relative. Pour les instructions détaillées et un exemple pratique, voir Part (partie) 5 de FORRU, 2008 (www.forru.org/FORRUEng_Website/Pages/engpublications.htm).

Les bulbuls sont les «bêtes de somme» de la restauration des forêts en Afrique et en Asie. Ils se nourrissent de fruits dans la forêt restante et dispersent les graines de nombreuses espèces d'arbres dans les parcelles de restauration forestière.

Les mammifères

Les mammifères peuvent être divisés en deux groupes d'intérêt: i) les espèces frugivores qui sont capables de disperser des graines de la forêt intacte dans les sites restaurés (par exemple, les grands ongulés, les civettes, les chauves-souris frugivores et ainsi de suite), et ii) les prédateurs de graines, qui pourraient limiter l'établissement des plantules des essences recrutées dans les sites restaurés (en particulier les petits rongeurs).

Les mammifères sont beaucoup plus difficiles à étudier que les oiseaux, la plupart des espèces étant nocturnes et très timides, de sorte que les observations directes de mammifères sont généralement peu nombreuses et espacées. Les données opportunistes et anecdotiques (plutôt que les données quantitatives – enquête systématique) sont plus communément utilisées pour déterminer le rétablissement des communautés de mammifères après la restauration forestière.

Pour les mammifères de taille moyenne ou de grande taille, les pièges photographiques sont un moyen très efficace de déterminer le retour des espèces sur les sites de restauration. Les appareils photo numériques logés dans des étuis camouflés et résistants aux intempéries qui sont déclenchés par le mouvement dans le champ de vision n'ont jamais été aussi bon marché (les prix oscillent entre 100 et 200 dollars américains). L'appareil électronique protégé par un mot de passe signifie que les caméras ne sont d'aucune valeur pour les voleurs potentiels. Les piles durent plusieurs mois et des milliers d'images peuvent être accumulées sur une seule carte mémoire (par exemple, www.trailcampro.com/cameratrapsforresearchers.aspx).

Les pièges photographiques prennent des images en noir et blanc la nuit (sans flash) et des images de couleur pendant la journée de tout ce qui se meut. Le blaireau à gorge blanche (en haut à gauche) et la grande civette de l'Inde (en haut à droite) apportent des graines dans des parcelles de restauration. Les chats-léopards (en bas à gauche) aident à lutter contre les prédateurs de graines. Les caméras peuvent aussi aider à détecter la chasse illégale (en bas à droite).

La capture d'animaux vivants, à l'aide de pièges à rat disponibles localement, est une autre technique utile, en particulier pour les petits mammifères comme les rongeurs, mais avec une forte intensité de main-d'œuvre et donc coûteuse. Disposez des pièges appâtés espacés de 10 à 15 m en utilisant un modèle de grille de 7 × 7. Attendez-vous à des taux de capture de moins de 5%; il faut donc déployer beaucoup d'efforts pour relativement peu de données. Attendez-vous à enregistrer une forte baisse des populations de prédateurs-rongeurs de graines dans les parcelles de restauration, au bout de 3 à 4 ans après la plantation, période à laquelle la végétation dense herbacée qui fournit une couverture à ces petits mammifères aura été ombragée par le couvert forestier en développement. Lors de la manipulation des animaux sauvages, assurez-vous que vos vaccins contre les maladies transmises par les animaux, en particulier la rage, soient à jour.

La plupart des données enregistrées concernant les mammifères dans les parcelles de restauration des forêts doivent provenir des observations indirectes de leurs traces, de leurs restes de nourriture et d'autres signes. Ceux-ci peuvent être enregistrés au cours du suivi phénologique régulier des parcelles plantées et des parcelles témoins (non plantées). La fréquence des observations peut être utilisée comme un indice d'abondance et un déterminant de l'augmentation ou la diminution des populations des différentes espèces de mammifères. Effectuez une étude similaire, avec le même degré d'effort d'échantillonnage, dans le vestige forestier intact le plus proche pour déterminer le pourcentage de la faune des mammifères d'origine qui recolonise les parcelles restaurées.

Pour une évaluation plus quantitative, utilisez des pièges à sable pour enregistrer la densité et la fréquence des traces de mammifères. Dégagez les feuilles mortes des placettes d'échantillonnage et saupoudrez la surface du sol avec de la farine ou du sable. Les mammifères qui marchent sur les placettes d'échantillonnage laisseront des empreintes claires qui peuvent être mesurées et identifiées.

Les pièges à sable permettent d'avoir des empreintes plus claires et plus faciles à identifier.

Enfin, des informations anecdotiques peuvent être recueillies auprès des populations locales en les interrogeant. Utilisez les images dans les guides d'identification de mammifères (plutôt que des noms locaux) pour demander aux populations locales les types d'espèces de mammifères qu'elles voient fréquemment dans le SPEC et les vestiges forestiers à proximité et si l'abondance de ces espèces semble être en augmentation ou en diminution.

Suivi des essences «recrutées»

Dans les écosystèmes forestiers tropicaux non perturbés, la plupart des graines sont dispersées par les animaux. Un des principaux objectifs des relevés oiseaux et de mammifères est de déterminer si les sites de restauration attirent les disperseurs de graines. Mais, les graines apportées par les animaux germent-elles et se développent-elles effectivement pour devenir des arbres qui contribuent à la structure globale de la forêt? On peut répondre à cette question par des études périodiques pour identifier les espèces d'arbres «recrutées» (c.-à-d. les essences non plantées qui recolonisent le site de façon naturelle).

Dans les écosystèmes forestiers, la communauté d'arbres est un bon indicateur de toute la communauté globale de la biodiversité. Les arbres sont la composante dominante de l'écosystème, en offrant des habitats différents ou des niches à d'autres organismes, tels que les oiseaux et les épiphytes. Ils sont à la base de la chaîne alimentaire et représentent la majeure partie des nutriments et de l'énergie dans l'écosystème. Une communauté d'arbres sains et diversifiés indique par conséquent un écosystème forestier sain et diversifié. Les arbres sont faciles à étudier. Ils sont immobiles, faciles à trouver et relativement faciles à identifier.

Quelles sont les questions qui devraient être examinées?

- Quelles sont les essences qui sont présentes avant le début des activités de restauration forestière?
- Quel est le pourcentage des espèces d'arbres composant l'écosystème forestier cible qui recolonisent les parcelles de restauration?
- Quelles sont les espèces herbacées forestières qui recolonisent les parcelles de restauration forestière et combien de temps après la plantation d'arbres?

Quand et où les relevés de végétation devraient-ils être effectués?

Etudiez la zone du SPEC une fois qu'elle a été délimitée, mais avant la mise en œuvre des activités qui modifient la végétation (c'est-à-dire avant la préparation du site pour la plantation). Cette étude fournit les données de référence qui permettront de mesurer les changements observés. Par la suite, effectuez des relevés de végétation avec le même effort d'échantillonnage dans les parcelles de restauration et les parcelles témoins et aussi dans la zone la plus proche de la forêt cible pour déterminer le nombre d'espèces de l'écosystème forestier cible qui recolonisent les parcelles de restauration.

Dans les climats saisonnièrement secs, le caractère de la végétation, en particulier la présence ou l'absence de plantes herbacées annuelles, varie considérablement avec les saisons. Pour capturer cette variabilité, effectuez des relevés de végétation 2 à 3 fois par an pendant les premières années après la plantation, puis à des intervalles plus longs par la suite. Si vous ne disposez que de ressources pour réaliser des relevés annuels, assurez-vous de les réaliser à la même période de l'année. Le sarclage pendant les premières années perturbera bien sûr la végétation; par conséquent, effectuez des relevés de végétation juste avant la période prévue pour le sarclage.

Méthodes d'échantillonnage de la végétation

Mettez en place des unités d'échantillonnage (UE) circulaires permanentes, à travers le site d'étude, avec un nombre égal d'UE dans les parcelles de restauration, les parcelles témoins non plantées (TNP) et la forêt cible restante. Marquez le centre de chaque unité d'échantillonnage avec un poteau métallique ou en béton (non combustible) et utilisez un bout de ficelle de 5 m pour déterminer le périmètre de chaque UE. Placez au moins quatre UE au hasard dans chaque parcelle de 50 × 50 m. Les espèces qui se trouvent à l'extérieur de l'UE peuvent également être considérées «présentes dans le voisinage». Même si elles ne contribuent pas aux indices de diversité des UE décrits ci-dessous, elles ajouteront des éléments de preuve qualitatifs au rétablissement de la biodiversité.

Collecte de données

Au sein de chaque UE, étiquetez chaque jeune arbre dont la taille est supérieure à 50 cm. Pour chaque arbre marqué, notez: i) le numéro d'étiquette; ii) si l'arbre a été planté ou s'est établi naturellement; iii) le nom de l'espèce; iv) la hauteur; v) le RCD (ou la CHP si l'arbre est assez grand); vi) le score (bilan) de santé (voir **Section 7.5**); vii) la largeur de la cime; et viii) le nombre de tiges qui poussent. Les plantules ou les plants dont la taille est inférieure à 50 cm peuvent être considérés comme faisant partie de la flore du sol.

Une étude de la flore du sol peut être réalisée en même temps, mais pour cette étude, le rayon de l'UE peut être réduit à 1 m. Enregistrez les noms de toutes les espèces reconnues, y compris l'ensemble des plantes herbacées, des plantes rampantes, des arbres ligneux, des arbustes et des plantes grimpantes (dont la taille est inférieure à 50 cm). Notez l'abondance de chaque espèce (par exemple, utilisez l'échelle de Braun-Blanquet ou l'échelle Domin).

Pour l'identification des espèces, il est plus facile de travailler directement avec un botaniste taxonomiste sur le terrain plutôt que de recueillir des spécimens de référence de toutes les espèces rencontrées et de les faire identifier plus tard, dans un herbier.

Lors du démarrage de relevés de végétation, travaillez avec un botaniste professionnel sur le terrain si possible.

Analyse des données

Analysez les données concernant les arbres dont la taille est supérieure à 150 cm et le reste de la flore du sol séparément. Préparez une feuille de calcul avec les espèces dans la première colonne (toutes les espèces rencontrées lors de l'étude entière dans toutes les UE) et les numéros des UE dans la première ligne. Dans chaque cellule, saisissez le nombre d'arbres de chaque espèce dans chaque UE (ou le degré d'abondance). La liste des espèces pour l'ensemble de l'étude sera longue et le nombre d'espèces dans chaque UE sera relativement faible, donc la plupart des valeurs saisies dans la matrice de données sera de zéro. Toutefois, les valeurs nulles doivent toujours être saisies pour permettre le calcul des indices de similarité et/ou de différence. Ajoutez les données de chaque étude subséquente à la droite des données actuelles, de sorte que les données peuvent être triées dans l'ordre chronologique facilement par colonne.

Commencez par une simple analyse des données et la comparaison des listes d'espèces des parcelles de restauration, des parcelles témoins non plantées et de la forêt cible. Quelles sont les espèces pionnières tolérantes au soleil qui sont les premières couvertes par les arbres plantés ou issus de la régénération naturelle? Quelles sont les espèces caractéristiques du type forestier cible qui sont les premières à s'établir naturellement dans les parcelles de restauration? Sont-elles dispersées par le vent ou les animaux? Si elles sont dispersées par les animaux, quelles sont les espèces animales les plus susceptibles d'apporter leurs graines dans les parcelles de restauration? Lesquelles parmi les des essences plantées sont les plus susceptibles d'attirer ces importants animaux disperseurs de graines? Les réponses à ces questions peuvent être trouvées sans une analyse statistique complexe, et elles vous aideront à décider de la manière d'améliorer les mélanges d'espèces et du modèle de plantation des futurs essais en champs afin de maximiser les taux de rétablissement de la biodiversité.

Une des méthodes les plus simples pour résoudre la question du degré de ressemblance entre les parcelles de restauration et la forêt cible est de calculer un «indice de similarité». La méthode de calcul la plus simple est l'indice de Sorensen:

$$\frac{2C}{(PR + FC)}$$

... où PR = nombre total d'espèces recensées dans les parcelles de restauration, FC = nombre total d'espèces recensées dans la forêt cible et C = nombre d'espèces communes aux deux habitats. Lorsque toutes les espèces se trouvent dans les deux habitats, la valeur de l'indice de Sorensen devient 1, de sorte que le rétablissement de la biodiversité peut être représenté par la valeur de l'indice qui se rapproche de la valeur 1 au fil du temps. De même, les parcelles de restauration peuvent être comparées avec les parcelles TNP, avec l'espoir de voir l'indice diminuer au fil du temps, du moment où la forêt restaurée devient moins semblable aux zones ouvertes dégradées. Dans les parcelles de forêts tropicales récemment restaurées, cet indice serait le plus approprié pour comparer les communautés végétales, d'oiseaux ou de mammifères.

Tableau 7.4. Exemple de méthode de calcul d'un indice de similarité.

	Parcelles de restauration	Forêt cible
Essence A	Présente	Absente
Essence B	Absente	Présente
Essence C	Présente	Présente
Essence D	Présente	Présente
Essence D	Absente	Présente
C		2
PR		3
FC		4
Indice Sorensen		**0,57**

L'indice de Sorensen n'utilise que les données de présence/d'absence et est facile à calculer, mais il ne tient pas compte de l'abondance relative des espèces recensées. Les «fonctions de ressemblance» plus sophistiquées, qui prennent en compte l'abondance, sont décrites par Ludwig et Reynolds (1988, **Chapitre 14**). Ces calculs plus complexes peuvent être utilisés (par exemple, dans l'analyse typologique et l'ordination) pour classer les UE en fonction de leur degré de ressemblance ou de différence.

ETUDE DE CAS 5   District de Kaliro

Pays: Ouganda

Type de forêt: Forêts d'*Albizia–Combretum*

Nature de la propriété: Il s'agit essentiellement de petites exploitations agricoles appartenant à des propriétaires privés.

Gestion et utilisation communautaires: Agriculture mixte, abattage des arbres pour la production du charbon et du bois, défrichement des terres pour les cultures.

Niveau de dégradation: D'importantes quantités d'arbres matures sont abattus à des fins d'exploitation ou la forêt est nettoyée pour l'agriculture.

Contexte

La présente étude fait partie de ma thèse de PhD, dont le thème est: '*Ecology, conservation and bioactivity in food and medicinal plants in East Africa*'. Elle a abordé la germination des graines et la croissance des plantules des essences médicinales et testé l'applicabilité de la méthode des

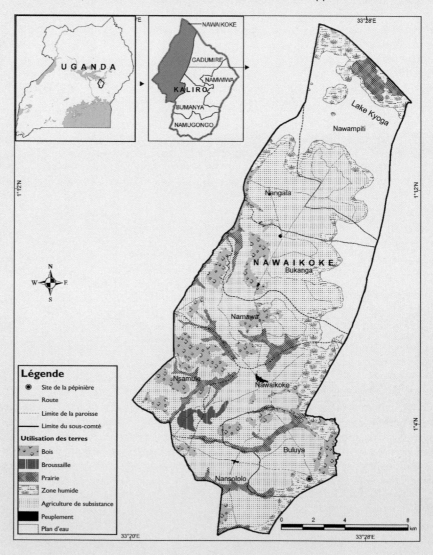

espèces «framework» pour la conservation des arbres médicinaux et de leur environnement dans le district de Kaliro en Ouganda. Elle vient à la suite de précédentes études ethnobotaniques visant à déterminer les espèces végétales utiles, dont les espèces médicinales (Tabuti *et al.*, 2003, 2007).

Des tradipraticiens locaux ont identifié cinq plantes ligneuses médicinales considérées parmi les plus importantes, mais qui sont difficiles à trouver: *Capparis tomentosa*, *Securidaca longipedunculata*, *Gymnosporia senegalensis*, *Sarcocephalus latifolius* et *Psorospermum febrifugu*. Dans une enquête de terrain, nous avons trouvé des graines de *C. tomentosa*, *S. longipedunculata* et de *S. latifolius* et a mis en place une parcelle d'essai de semis direct, mais cette méthode a échoué.

Nous avons donc décidé de mener des expériences en Norvège et avons obtenu un taux élevé de germination de graines exposées à la lumière et une croissance rapide de jeunes plantules de *Fleroya rubrostipulata* et *Sarcocephalus latifolius* (Stangeland *et al.*, 2007). Nous avons également voulu établir de nouvelles parcelles d'essais de retour en Ouganda, mais il nous a fallu trouver des méthodes plus efficaces sur le terrain. Deux de mes collègues, travaillant en Thaïlande, m'ont parlé de la méthode des espèces «framework» qu'ils ont utilisée (FORRU, 2008; www.forru.org). J'ai adapté cette technique et ai mis sur pied une pépinière en mars 2007 selon les directives de FORRU. Certaines graines ont été collectées dans le paysage environnant, tandis que d'autres ont été obtenues auprès du National Tree Seed Centre (un Centre national de semences forestières) qui nous a proposé des conseillers à notre disposition pour nous aider dans la mise en place de la pépinière.

Mise en place de parcelles expérimentales

Certes, cette étude visait à assurer un approvisionnement en plantes médicinales locales. Mais, d'autres essences utiles, dont certaines sont exotiques, ont également été plantées afin d'encourager des attitudes positives vis-à-vis de la plantation d'arbres: au total, 18 essences indigènes et 9 essences exotiques ont été étudiées (Stangeland *et al.*, 2011).

Les critères de sélection des espèces étaient les suivants: i) les espèces ligneuses médicinales dont la demande est élevée et/ou qui se raréfient au niveau local; ii) d'autres essences utiles dont la production pourrait encourager une attitude positive chez les utilisateurs (par exemple, les arbres fruitiers, les essences à bois d'œuvre et les essences à combustible ligneux); et iii) les essences fixatrices d'azote pour améliorer le sol et réduire les besoins en engrais. La sélection des espèces a été facilitée par les précédentes études locales (Stangeland *et al.*, 2007; Tabuti, 2007; Tabuti *et al.*, 2009). Notre objectif était de tester l'applicabilité de la méthode des espèces «framework» dans l'établissement de jardins arborés à usages multiples et la culture de produits qui seraient autrement récoltés dans les forêts.

Trois groupes de tradipraticiens ont fourni le terrain et pris soin des plants après la plantation. Dans chaque groupe, un guérisseur a créé un jardin arboré à usages multiples sur son propre terrain. Les arbres n'ont pas été exploités au cours de la première année où nous avons suivi la croissance, mais, par la suite, les guérisseurs étaient libres de couper les arbres, si le besoin s'en faisait ressentir. Nous avons fourni des plants et des aides financières pour le matériel de labour et

Rose Akelo montre les semis aux visiteurs lors de l'inauguration de la pépinière – 04.08.2007 (Photo: T. Stangeland).

Le personnel de la pépinière et les tradipraticiens plantant des plantules en mars 2008 (Photo: T. Stangeland).

de clôture, tandis que les groupes de guérisseurs ont préparé les terres en mars 2008, mis en place la clôture, planté des plants et désherbé les parcelles à trois reprises au cours de la première saison des pluies. Au cours de la première saison des pluies, après la plantation d'arbres en avril 2008, les haricots ont été plantés entre les rangées d'arbres pour fournir certains avantages à court terme, accroître la motivation du sarclage et augmenter la fertilité du sol grâce à la fixation d'azote.

Quels sont les résultats obtenus grâce aux méthodes de la FORRU (Unité de recherche sur la restauration forestière) en Ouganda?

Près de la moitié des espèces testées (48%) ont eu un taux de germination supérieur à 60%. Ce résultat contrastait avec les résultats obtenus en Thaïlande, où 80% des espèces avaient des taux de germination élevés (Elliott *et al.*, 2003). Les essences africaines auraient donc de

Suivi de la survie et de la croissance 13 mois après la plantation. De gauche à droite Nzalambi Patrick, Joseph Kalule, Alexander Mbiro, Torunn Stangeland et Lucy Wanone.
(Photo: T. Stangeland).

faibles taux de germination ou nécessiteraient davantage un prétraitement par rapport aux espèces asiatiques. Treize mois après la plantation, la survie des semis a été satisfaisante et comparable avec les résultats obtenus en Thaïlande (Elliott *et al.*, 2003). Près des deux tiers (63%) des essences plantées ont atteint des taux de survie au-delà de 70%, en dépit d'une grave sécheresse en 2009. La croissance en taille a également été remarquable, avec un tiers des espèces présentent une excellente croissance (hauteur > 160 cm) et 30% une croissance acceptable (hauteur > 100 cm) 13 mois après la plantation.

Onze des 27 essences testées ont été classées comme espèces «framework» «excellentes» (Stangeland *et al.*, 2011). Huit autres espèces ont été classées «acceptables». Toutes ces espèces peuvent être recommandées pour la restauration et la création de jardins arborés à usages multiples. Huit ont été classées comme «marginalement acceptables».

Potentiel de la méthode des espèces «framework» en Afrique

D'après notre expérience, il existe un potentiel énorme pour l'application de la méthode des espèces «framework» en Afrique. Les populations humaines des pays de l'Afrique de l'Est ont plus que triplé au cours des 40 dernières années, ce qui se traduit par une immense pression sur les terres pour la culture. Plus de 80% des gens utilisent encore le bois de chauffage ou le charbon de bois pour cuire leurs aliments, une demande satisfaite en grande partie par les plantations d'essences exotiques, tandis que les arbres indigènes ont diminué et sont désormais menacées d'extinction. Nous avons trouvé que la méthode espèces «framework» est pratique et rentable. Les groupes de guérisseurs impliqués dans notre travail se sont beaucoup plus intéressés à la culture de plants et à la plantation d'arbres. En fait, quand nous avons visité le site en mars 2011, nous avons constaté que les deux groupes de Nawaikoke avaient fusionné et acheté des terres pour leur propre pépinière, en s'appuyant sur l'expérience du projet.

Par Torunn Stangeland

CHAPITRE 8

MISE EN PLACE D'UNE UNITÉ DE RECHERCHE SUR LA RESTAURATION FORESTIÈRE (FORRU)

La restauration forestière et la recherche vont de pair. Tout au long du présent ouvrage, nous avons mis l'accent sur la nécessité de tirer des enseignements des projets de restauration, couronnés de succès ou non, et avons fourni des protocoles de recherche standards qui vous permettront de le faire. Dans le présent chapitre, nous offrons des conseils sur la mise en place d'une unité de recherche restauration forestière (FORRU). Celle-ci se consacrera à la réalisation des travaux de recherche, à l'organisation et à l'intégration des informations tirées de ces travaux dans la restauration forestière, ainsi qu'à la mise en œuvre des activités d'éducation et de formation. L'objectif devrait être de mettre les résultats de la recherche à la disposition de tous ceux qui sont impliqués dans la restauration forestière, allant des élèves et des groupes communautaires aux représentants du gouvernement.

8.1 Organisation

Qui organiserait l'unité de recherche restauration forestière?

Le succès d'une unité de recherche restauration forestière (FORRU) dépend de l'appui solide d'une institution respectée. Sans un établissement d'accueil permanent et cohérent, il est difficile d'attirer des financements et d'assurer la participation locale aux programmes de restauration forestière. Une FORRU doit être organisée par un organisme reconnu, qui a des procédures administratives établies. Il pourrait être un département ministériel en charge des forêts, une faculté ou un département d'une université, un jardin botanique, une banque de semences, un centre de recherche public ou une ONG reconnue.

Un soutien institutionnel fort est essentiel à l'établissement et au maintien de bonnes relations entre les diverses organisations concernées, à savoir les parties prenantes telles que les groupes communautaires, les ministères, les ONG, les organismes de financement, les organisations internationales, les conseillers techniques et les établissements scolaires. Des dispositions claires et mutuellement acceptables régissant la gestion d'une FORRU qui sont fixées par l'institution peuvent à la fois assurer son bon fonctionnement et aider à prévenir des différends entre les parties prenantes.

Dotation d'une FORRU en personnel

Pour son bon fonctionnement, une FORRU doit avoir à sa tête un leader plein d'enthousiasme, un écologiste engagé doté de l'expérience en foresterie tropicale. En plus de la formation scientifique et de l'expérience pertinente, il ou elle devrait avoir des compétences en matière d'administration de projet, de gestion du personnel et de relations publiques. Si une FORRU est hébergée par une université, le chef de l'unité pourrait être un scientifique senior parmi le personnel de la faculté. Dans un centre national de recherche en foresterie, un expert en foresterie pourrait jouer ce rôle. Au départ, un secrétariat à temps partiel pourrait être suffisant pour soutenir le leader, mais avec le développement de l'unité, un appui administratif à temps plein sera nécessaire.

L'accès à un taxonomiste professionnel des plantes et à un herbier est essentiel pour veiller à ce que les essences soient identifiées avec précision. Bien que l'organisme d'accueil puisse ne pas avoir un taxonomiste dans son personnel rémunéré, il est essentiel d'établir une bonne relation avec un taxonomiste qui peut être appelé, de temps à autre, pour identifier des spécimens de plantes, au besoin.

Lorsque vous démarrez une FORRU, il faut pourvoir deux postes clés dans le domaine de la recherche:

- un gestionnaire de la pépinière dont la présence sera nécessaire pour mettre en œuvre la recherche en pépinière, gérer les données, superviser le personnel de la pépinière et, enfin, produire des arbres de bonne qualité pour les essais sur le terrain;
- un agent local dont la présence est utile pour maintenir et suivre les essais sur le terrain, ainsi que pour traiter les données de terrain. Au départ, ce poste pourrait être à temps partiel, mais, avec l'expansion du système de parcelles d'essais sur le terrain, il deviendra permanent.

La recherche dédiée à la restauration forestière n'est pas compliquée à comprendre et, avec une toute petite formation, n'importe qui peut appliquer les protocoles de recherche décrits dans ce livre. Donc, en dehors des postes clés décrits ci-dessus, le reste du personnel de l'unité peut être recruté parmi la communauté locale, indépendamment des diplômes. Les populations locales sont plus susceptibles de collaborer avec une FORRU si certains membres de la communauté sont directement employés par elle et si elles sont les premiers bénéficiaires des nouvelles connaissances et compétences qu'elle génère. Les populations locales pourraient être employées à plein temps comme assistants pépiniéristes ou assistants de recherche sur le terrain, ou à temps partiel ou de façon saisonnière, quand des tâches supplémentaires sont nécessaires, par exemple, lors de la préparation des activités de plantation et de l'entretien d'arbres plantés. L'implication des populations locales dans le suivi, afin qu'elles contribuent à la réussite du projet, est la plus importante.

Au fur et à mesure que le projet avance, la communication des résultats de recherche directement aux responsables de la mise en œuvre de la restauration forestière devient de plus en plus importante. Un programme d'éducation et de sensibilisation doit être conçu et mis en œuvre. Il faut produire du matériel éducatif, organiser des ateliers et séminaires, et quelqu'un doit être disponible pour faire face à l'inévitable flot de visiteurs s'intéressant à l'unité. Pour commencer, l'équipe de recherche pourrait être capable de s'occuper d'une partie de l'éducation, mais par la suite, un responsable de l'éducation devrait être recruté, sinon les résultats de la recherche vont diminuer, le personnel de recherche de l'unité étant distrait de sa principale tâche.

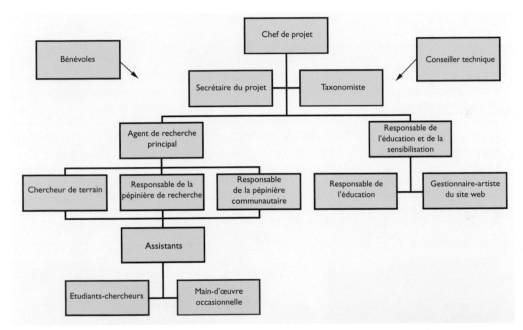

Un organigramme proposé pour une FORRU. Les bénévoles et les conseillers techniques peuvent contribuer à tous les niveaux.

En plus de la recherche de routine sur la multiplication et la plantation des arbres (effectuée par le personnel à temps plein), une FORRU offre aux étudiants-chercheurs d'excellentes opportunités de mener à bien les projets de thèse sur des aspects plus spécialisés de la restauration. Par exemple, les étudiants pourraient étudier l'influence des mycorhizes sur la croissance des arbres, les meilleures façons de lutter contre les parasites dans la pépinière, les types d'essences qui attirent les oiseaux disperseurs de graines ou favorisent l'établissement de jeunes plants d'arbres, ou l'accumulation de carbone dans les zones restaurées … pour ne citer que quelques-unes de ces possibilités d'études. Il est important que l'accès à la FORRU soit libre aux étudiants et aux chercheurs d'autres institutions. De cette façon, l'unité génère rapidement une liste impressionnante de publications qui peuvent être utilisées pour encourager de nouveaux financements et la poursuite de l'appui institutionnel.

Des étudiants mesurant l'accumulation du carbone dans une parcelle de restauration forestière mise en place. Une pépinière de la FORRU et un système de parcelles offrent des possibilités infinies aux étudiants chercheurs.

Les besoins en formation

Il est peu probable que toute personne sollicitant un emploi dans une FORRU possède l'ensemble des compétences nécessaires pour développer les techniques de restauration forestière efficace. Par conséquent, la plupart des nouvelles recrues devront recevoir une formation dans au moins l'un des domaines de compétence suivants:

- la gestion et l'administration de projet, la rédaction de propositions de projets, les procédures d'information et de comptabilité;
- le modèle expérimental et les statistiques;
- l'écologie des forêts tropicales;
- la taxonomie des plantes;
- la manipulation des semences;
- la gestion d'une pépinière et les techniques de multiplication d'arbres;
- la gestion des essais sur le terrain et la sylviculture;
- les techniques de suivi de la biodiversité;
- l'éducation environnementale;
- le travail avec les communautés locales.

Au départ, les responsables du projet eux-mêmes doivent fournir une formation adéquate à tout le personnel nouvellement recruté de la FORRU, mais au fur et à mesure que les niveaux de compétences au sein du personnel s'améliorent, les gestionnaires de la pépinière ou du site de restauration peuvent commencer à former des assistants et le personnel occasionnel. Outre ce livre, la série en six volumes: «Tropical Trees: Propagation and Planting Manuals», publiée par le Comité scientifique du Commonwealth à Londres, pourrait être une ressource utile pour les programmes de formation. Des organismes extérieurs peuvent également fournir de précieux conseils ou assurer la formation du personnel de la FORRU. L'implication des experts étrangers a l'avantage d'offrir l'occasion de tisser des liens de collaboration, ce qui peut se traduire par des projets communs financés par des bailleurs de fonds internationaux. Des opportunités peuvent également se présenter pour le personnel de la FORRU de suivre des cours de formation dans d'autres institutions, tant au pays qu'à l'étranger.

Le personnel du Royal Botanic Gardens, Kew, forme le personnel de la FORRU du Cambodge aux techniques de manipulation des semences.

Infrastructures

Une FORRU comprend une gamme d'infrastructures qui sont nécessaires à la conduite des activités de recherche décrites dans les **Sections 6.6**, **7.5** et **7.6**. Il s'agit notamment de:

- l'accès à une zone du type de forêt cible (voir la **Section 4.2**);
- un sentier phénologique à travers le type de forêt cible (voir **Section 6.6**);
- l'accès à un herbier;
- une pépinière de recherche dans laquelle la multiplication des arbres est étudiée et les arbres produits pour les essais sur le terrain (voir **Section 6.6**);
- une pépinière communautaire dans laquelle la faisabilité des techniques de multiplication d'arbres est testée par les parties prenantes locales;
- des bureaux pour l'administration du projet, le traitement des données, la bibliothèque et la conservation des échantillons, etc.;
- un système de parcelles d'essais sur le terrain (voir **Section 7.5**);
- une sous-unité en charge de l'éducation et de la sensibilisation (voir **Section 8.6**).

8.2 Travailler à tous les niveaux

La mise en place d'une FORRU nécessite de travailler avec les personnes de tous les secteurs de la société — des hauts fonctionnaires aux villageois locaux.

Contribution des FORRU à la politique forestière nationale

Pour satisfaire les organismes de financement, ainsi que les administrateurs des établissements d'accueil de la FORRU, il peut être nécessaire de justifier la mise en place d'une FORRU pour ce qui est de ses contributions:

- à la mise en œuvre des politiques nationales sur les forêts ou la conservation de la biodiversité;
- à remplir les obligations des gouvernements relatives aux accords internationaux.

Si un gouvernement est Partie à la Convention sur la Diversité Biologique (CDB) (www.cbd.int), il est tenu de mettre en œuvre des politiques et des programmes qui répondent aux dispositions de la convention. Par exemple, il devrait prendre des engagements de:

- «remettre en état et de restaurer les écosystèmes dégradés et favoriser la reconstitution des espèces menacées ...» (Article 8 (f));
- «aider les populations locales à concevoir et à appliquer des mesures correctives dans les zones dégradées où la diversité biologique a été appauvrie ...» (article 10 (d));
- «favoriser et encourager la recherche qui contribue à la conservation et à l'utilisation durable de la diversité biologique ...» (article 12 (b)).

En outre, aux termes de la convention, chaque pays membre doit élaborer une stratégie et un plan d'action nationaux pour la biodiversité (SPANB). Ces plans d'action comprennent généralement des dispositions relatives à la restauration des écosystèmes forestiers pour la conservation de la biodiversité, qui peuvent être utilisées pour justifier la mise en place d'une FORRU. Le texte intégral de la CDB peut être téléchargé sur www.biodiv.org/convention/articles.asp et les SPANB de la plupart des pays se trouvent sur www.cbd.int/nbsap/search/.

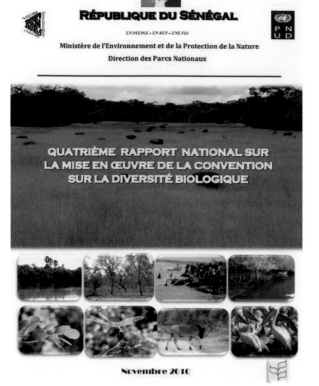

Les FORRU peuvent contribuer à la réalisation des objectifs des stratégies et plans d'action nationaux pour la biodiversité à l'échelle nationale, comme l'exige la Convention sur la Diversité Biologique.

Si le pays dans lequel vous travaillez est membre de l'Organisation Internationale des Bois Tropicaux (OIBT), vous devriez consulter les «Directives de l'OIBT pour l'aménagement des forêts tropicales secondaires, la restauration des forêts tropicales, et la réhabilitation des terres forestières dégradées» (www.itto.int /policypapers_guidelines). Bien que ce document n'ait pas la valeur juridique d'une convention internationale, il représente un consensus international de l'opinion que les organisations nationales ont tendance à respecter. Il comprend 160 recommandations, dont beaucoup pourraient être appuyées par des informations générées à partir d'une FORRU.

La plupart des pays ont publié des politiques forestières nationales qui stipulent des programmes et projets forestiers sur des périodes de 5–10 ans. Beaucoup de ces énoncés de politique contiennent des recommandations au sujet de la réhabilitation des zones dégradées, qui peuvent être citées pour justifier la mise en place d'une FORRU.

Enfin, le Programme REDD+[1] des Nations Unies et divers autres méchanismes d'échange de crédits carbone (à la fois volontaires et obligatoires dans le cadre du Protocole de Kyoto des Nations Unies, par exemple, le Mécanisme de développement propre) visent à limiter l'accumulation du dioxyde de carbone dans l'atmosphère en canalisant les fonds des émetteurs de carbone vers les projets qui absorbent le carbone ou en réduisent les émissions (voir **Section 1.4**). Les projets de séquestration du carbone forestier sont désormais tenus de conserver la biodiversité et il y a donc un besoin croissant pour le genre de résultats de recherche générés par une FORRU.

[1] www.scribd.com/doc/23533826/Decoding-REDD-RESTORATION-IN-REDD-Forest-Restoration-for-Enhancing-Carbon-Stocks

Travailler avec le personnel de l'aire protégée

Comme le rétablissement de la biodiversité est l'un des principaux objectifs de la restauration forestière, les réserves naturelles et les parcs nationaux sont des endroits idéaux pour les pépinières et les essais sur le terrain de la FORRU. Le soutien de la personne en charge d'une aire protégée (AP) et de son personnel serait plus facile à obtenir quand les responsables de l'administration centrale et des collectivités locales ont été convaincus de la valeur d'une FORRU. Une étroite relation de travail doit alors être cultivée entre l'autorité de l'AP et le personnel de la FORRU.

L'autorité de l'AP pourrait être en mesure d'accorder l'autorisation pour la construction d'une pépinière et la mise en place des parcelles d'essais au sein du terrain de l'AP, pourvu que ces activités soient conformes au plan d'aménagement de la zone. Cette autorité pourrait également être en mesure de donner du personnel ou des travailleurs occasionnels pour aider à la réalisation des activités de l'unité; elle pourrait également fournir un soutien logistique. Lors de la rédaction des demandes de financement, pensez à inclure le salaire d'un ou de plusieurs membres du personnel de l'AP qui seront détachés auprès de la FORRU. Si les essais sur le terrain contribuent à l'augmentation de la couverture forestière, à l'expansion ou à la qualité au sein d'une AP, le personnel de l'AP voudra probablement participer aux activités de plantation d'arbres et à l'entretien des arbres plantés. Les véhicules appartenant à l'AP pourraient être mis à disposition pour le transport des arbres, des fournitures et du matériel de plantation de la pépinière dans l'ensemble de la zone. Parfois, le coût total de la fourniture d'une telle aide peut être imputé au budget de la FORRU, mais certaines aires protégées pourraient choisir d'inclure les coûts dans leur budget central. Dans de tels cas, intégrez une contribution aux frais généraux de l'AP dans les demandes de financement.

Le soutien des membres du personnel de l'AP peut être maintenu en les invitant à participer à des ateliers et à des programmes de formation conjoints dans la pépinière et les parcelles expérimentales de la FORRU. Assurez-vous que le chef de l'AP et ses collaborateurs sont également invités aux séminaires et aux conférences au cours desquels les résultats de la FORRU sont présentés et que le rôle de l'AP est reconnu dans tous les résultats publiés. Enfin, fournissez au chef de l'AP des rapports d'étape réguliers, même s'il ne vous les demande pas. Cela aidera à assurer la continuité en cas de changement de personnel au siège de l'AP.

Les agents du parc national se joignent aux membres de la communauté locale et au personnel de la FORRU-CMU pour planter une zone au sein du parc national de Doi Suthep-Pui.

L'importance de travailler avec les communautés

La majorité des aires protégées sont habitées. Développer des relations de travail avec les communautés est donc essentiel pour éviter des malentendus sur les objectifs du travail, et de désamorcer des conflits potentiels sur l'emplacement des parcelles de restauration forestière. Une bonne relation avec la population locale fournit à une FORRU trois ressources importantes:

- les connaissances indigènes;
- une source de main-d'œuvre;
- la possibilité de tester la faisabilité des résultats de recherche.

Les connaissances indigènes aident à la sélection des espèces «framework» à soumettre aux essais. Les populations locales savent souvent les espèces d'arbres qui colonisent les zones cultivées abandonnées, qui attirent les animaux sauvages et là où les graines se trouvent (voir **Section 5.3**).

La mise en place de parcelles expérimentales, l'entretien et le suivi des arbres plantés, et la prévention des incendies sont des activités nécessitant beacoup de main-d'œuvre. Les membres de la population locale devraient être prioritaires pour ces emplois et doivent tirer d'avantage des payments qui en découlent. Cela contribue à créer un sentiment de «gestion» des parcelles de restauration forestière, ce qui augmente le soutien au travail au niveau communautaire. Ainsi, les arbres plantés sont plus susceptibles d'être entretenus et protégés.

Les choix des espèces et des méthodes de multiplication développées par une FORRU doivent être acceptables pour les populations locales. La mise en place d'une pépinière communautaire, où les populations locales peuvent tester les techniques mises au point par la recherche, est donc

Même les plus jeunes membres d'une communauté peuvent participer à la restauration forestière. Avec un long avenir devant eux, les enfants ont le plus à gagner de la restauration de l'environnement.

très avantageuse et offre une autre occasion aux populations locales de tirer des revenus de ce projet. En outre, les pépinières communautaires peuvent produire des arbres à proximité des sites de plantation, ce qui réduit les coûts de transport.

Développer une relation de travail étroite avec les personnes qui vivent dans une AP n'est pas toujours facile, surtout si elles se sentent privées de leurs droits par la mise en place de l'AP. Les communautés locales sont, cependant, souvent les premiers bénéficiaires de la restauration de leur environnement local, en particulier du rétablissement de l'approvisionnement en produits forestiers et de l'amélioration de l'approvisionnement en eau. Une FORRU peut encourager la population locale et le personnel de l'AP à travailler ensemble pour mettre en place des parcelles expérimentales et des pépinières afin d'élaborer des liens entre eux. Cette collaboration est à la fois bénéfique aux populations locales et à l'équipe dirigeante de l'AP. La mise en relief de ces avantages peut aider à convaincre les populations locales de participer aux activités d'une FORRU.

Faites fréquemment des réunions avec le comité villageois pour faire en sorte que la communauté locale participe à toutes les étapes d'un programme de la FORRU, en particulier au choix des sites pour les expériences sur le terrain, afin de ne pas entrer en conflit avec les utilisations des terres existantes. Désignez quelqu'un de la communauté locale comme principal interlocuteur qui transmet les informations entre le personnel de la FORRU et les villageois. Dans les demandes de financement, prévoyez l'emploi des populations locales, à la fois dans la gestion d'une pépinière communautaire et en tant que main-d'œuvre occasionnelle pour la plantation, l'entretien et le suivi des parcelles de plantation d'arbres et pour la prévention et l'extinction des incendies. Invitez les populations locales à rencontrer les visiteurs du projet, afin qu'elles soient conscientes de l'intérêt croissant porté à leur travail, et impliquez-les dans la couverture médiatique du projet, afin qu'elles bénéficient d'une image positive auprès du public.

Travailler avec des instituts et des experts étrangers

L'expertise et les conseils des organismes étrangers peuvent grandement accélérer la mise en place d'une FORRU et éviter la répétition du travail qui a déjà été fait ailleurs. Les instituts étrangers pourraient également être en mesure de contribuer à des ateliers sur les techniques de production en pépinière, la manipulation des semences ou sur d'autres sujets organisés par la FORRU. Certains instituts pourraient être en mesure de recevoir le personnel de la FORRU pour de courtes périodes de formation. Des experts peuvent également être engagés, selon les besoins, pour fournir une expertise dans des disciplines spécialisées, telles que la taxonomie des plantes.

Il est peu probable qu'une FORRU aura les fonds nécessaires pour payer les honoraires des experts étrangers. Par conséquent, il est important d'établir des partenariats de collaboration avec des bailleurs de fonds internationaux ou d'obtenir des subventions aux projets collaboratifs afin que les coûts de la participation des experts étrangers puissent être y couverts par leurs propres institutions.

Un autre avantage de l'implication des institutions étrangères et de leur personnel, c'est qu'ils ont accès à des sources de financement nationales qui ne sont disponibles que pour les projets qui travaillent en partenariat avec le pays donateur. Il est important de travailler avec les experts étrangers qui comprennent la philosophie de la FORRU et qui ne cherchent pas à changer le sens du travail en fonction d'idées préconçues qui ne cadrent pas avec les conditions écologiques et socio-économiques du pays où la FORRU exerce ses activités.

Encadré 8.1. Politique et relations publiques: les autres motifs de la participation à la restauration forestière.

Ban Mae Sa Mai est le plus grand village Hmong dans le nord de la Thaïlande avec 190 ménages et une population totale de plus de 1.800 habitants. Les Hmong constituent l'une des minorités ethniques du nord de la Thaïlande qui sont collectivement connus comme des «tribus des collines». À l'origine, le village de Ban Mae Sa Mai a été fondé à 1.300 m d'altitude, mais il a été déplacé vers le bas de la vallée à son emplacement actuel en 1967, après le tarissement de la source d'approvisionnement en eau causé par la déforestation. Le déménagement a laissé aux villageois un sens aigu du lien entre la déforestation et la perte de sources d'eau.

En 1981, le village et les terres agricoles environnantes ont été incorporés dans les limites du parc national de Doi Suthep-Pui nouvellement déclaré. En d'autres termes, les villageois furent confrontés à une menace d'éviction légale, car ils n'avaient pas de droits formels de propriété foncière.

Pour éviter une possible application de cette loi, quelques-uns des villageois formèrent le «Ban Mae Sa Mai Natural Resources Conservation Group» (Groupe de Conservation des Ressources Naturelles de Ban Mae Sa Mai) et construisirent un consensus à l'échelle communautaire afin de réduire progressivement les activités agricoles sur la partie supérieure du bassin versant et de replanter des arbres forestiers dans cette zone. Le comité villageois désigna un vestige de forêt primaire dégradée au-dessus du village comme «forêt communautaire», protégeant ainsi les trois sources qui alimentent en eau le village et les terres agricoles qui se trouvent en aval.

Les villageois décidèrent également de contribuer à un projet national pour la célébration du jubilé d'or de Sa Majesté le Roi Bhumibol Adulyadej. Ce projet visait à restaurer les forêts sur plus de 8.000 km² de terres déboisées du pays. Ils ont convenu avec l'Autorité du Parc qu'ils supprimeraient les cultures sur une superficie de 50 ha sur la partie supérieure du bassin hydrologique et d'y replanter des arbres forestiers; en retour, ils seraient autorisés à intensifier l'agriculture dans la basse vallée. Le Royal Forest Department (ministère des forêts du Royaume) a fourni les eucalyptus et les pins à planter dans la partie supérieure du bassin, mais les villageois ont été déçus par le choix limité des espèces et les résultats. Donc, quand la FORRU-CMA s'est approchée du comité villageois en 1996 avec une proposition visant à tester la méthode des espèces «framework» dans des parcelles d'essais à proximité du village, le comité a accepté avec enthousiasme (**Etude de cas 6**). Les villageois ont été impliqués dans tous les aspects du projet: la planification, la collecte de semences, la culture des arbres dans une pépinière communautaire, la plantation d'arbres, l'entretien, la prévention des incendies et le suivi.

Les enfants du village montrent les arbres qu'ils ont mis en pot dans la pépinière communautaire. Huit mois plus tard, ils ont aidé à les planter dans le bassin versant au-dessus du village.

En 2006, des questionnaires ont été utilisés pour évaluer les perceptions qu'avaient les villageois du projet et pour explorer les motifs de leur participation. Bien que les villageois éprouvent généralement une satisfaction face aux résultats tangibles du projet, ils ont plus surtout apprécié l'impact du projet sur l'amélioration des relations: à la fois relations au sein du village et leurs relations avec l'extérieur, notamment avec les autorités et le grand public.

Environ 80% des répondants ont affirmé que le projet avait réduit les conflits sociaux internes liés aux pénuries de ressources naturelles, notamment l'eau. Les personnes interrogées ont déclaré avoir remarqué une amélioration de la qualité de l'eau et une augmentation de la quantité (en particulier pendant la saison sèche), ainsi qu'une réduction de l'érosion des sols et un meilleur climat local.

Encadré 8.1. suite.

La majorité des villageois s'est rendu compte que le projet avait conduit à une amélioration des relations entre le village et la direction du parc national, avec laquelle les villageois avaient déjà été en conflit, et par conséquent, ils se sentaient plus en sécurité en vivant dans le parc. Les villageois ont beaucoup apprécié le fait que le projet avait amélioré leur image auprès du public en attirant une couverture médiatique positive. Cela a permis au village de bénéficier d'autres formes de soutien, comme l'appui de la Sub-district Administration Organisation (90% des villageois ont reconnu cet avantage) et celui des unités locales du Royal Forest Department et de la direction du Parc (60% des villageois les ont mentionné comme un avantage). Les estimations de l'augmentation de soutien provenant de ces autres sources variaient entre 360 et 1.070 dollars américains par an.

En général, les avantages qui ont eu un impact sur les revenus ont été moins appréciés que ceux qui ont eu un impact sur les relations. Néanmoins, les villageois ont apprécié les salaires et la rémunération journalière pour les mains d'oeuvre sur l'entretien des parcelles de restauration. Ils ont également été sensibles à l'appui au développement de la communauté, notamment l'amélioration de l'accès routier, l'approvisionnement en eau, les travaux de prévention des incendies et les cérémonies religieuses.

Environ 40% des personnes interrogées estiment que le nombre de naturalistes et/ou d'écotouristes qui visitent le village avait fortement augmenté au cours des années précédentes, principalement en raison du programme de restauration de la forêt, et que cet écotourisme a apporté approximativement 350 à 1.250 dollars américains de revenues par an, principalement grâce à la fourniture de logements.

En ce qui concerne les produits forestiers non ligneux, les villageois ont reconnu que la restauration de la forêt avait contribué à l'augmentation de la production de produits végétale, y compris de pousses et de tiges de bambou, de feuilles et des fleurs de bananier, des légumes à feuilles comestibles (en particulier les jeunes pousses des feuilles d'arbres), d'autres fleurs et fruits (surtout des arbres) et de certains champignons.

Avantages tangibles (dollars US)	dollars US/an/ménage
Emplois directs générés par le projet	25,50
Fonds provenant des collectivités locales	3,83
Revenus de l'écotourisme	4,46
Produits forestiers	208,93
Augmentation des revenus moyens par ménage	**242,72**

Avantages immatériels	% des personnes interrogées attribuant une valeur élevée
Amélioration des relations avec:	
Le ministère des forêts	74
Les ONG	85
D'autres membres de la communauté	93
Amélioration de l'image de la communauté	86
Amélioration de la qualité de l'eau	83
Amélioration de la capacité d'obtenir des financements des collectivités locales	90

Encadré 8.1. suite.

Les champs de choux marginaux, situés sur des pentes au-dessus du village, ont été en grande partie restaurés sous forme de forêt. L'intensification de l'agriculture dans la basse vallée a amélioré les moyens de subsistance des villageois, et a été rendue possible grâce à l'approvisionnement en eau de meilleure qualité provenant du bassin versant restauré.

Une parcelle de restauration, établie sur un champ de choux abandonné, photographiée 16 mois après la plantation de 30 espèces d'arbres «framework».

La pépinière et les parcelles du village sont devenues des infrastructures indispensables pour l'éducation, attirant des visiteurs fréquents et des ateliers. Les représentants des autres communautés visitent le village pour savoir comment ils peuvent eux aussi mettre en place des projets de restauration forestière couronnés de succès. Ainsi, les villageois de Ban Mae Sa Mai ont transformé leurs champs de choux en salle de cours pour la restauration forestière, tout en assurant leur approvisionnement en eau et en améliorant à la fois leur image publique et leurs moyens de subsistance. Dans l'ensemble, cette collaboration entre la FORRU-CMU et la communauté de Ban Mae Sa Mai a démontré comment combiner la recherche scientifique et les besoins d'une communauté pour créer un système modèle pour l'éducation à l'environnement.

Les villageois ont reçu un prix du gouvernement thaïlandais en reconnaissance de leurs efforts dans la restauration de la forêt autour de leur village. Une amélioration des relations avec les autorités a constitué un important facteur de motivation dans ce projet.

8.3 Financement

Obtention d'un financement

Si une FORRU est établie au sein d'une institution existante financée par le pouvoir central, il peut être possible de faire usage du personnel et des installations existants pour initier un programme de recherche. Cependant, avec le développement du programme de recherche, il faut trouver un financement indépendant.

Les sources de financements destinés aux projets de restauration forestière ont déjà été décrites à la **Section 4.6** et toutes conviennent au financement d'une FORRU. Toutefois, les FORRU étant essentiellement des installations de recherche universitaire, elles peuvent également s'appuyer sur des subventions de recherche, en particulier si elles sont basées dans une université. Pour la stabilité financière, il est préférable de maintenir un «portefeuille» varié des différentes sources de financement de la recherche en divisant le travail de l'unité de recherche en des domaines bien définis (par exemple, l'écologie forestière, la multiplication des arbres et le rétablissement de la biodiversité), chacun appuyé par un mécanisme de financement différent avec leur propre date de démarrage et de fin. De cette façon, la fin d'une période de subvention n'entraîne pas de licenciements de personnel ni d'effondrement de l'unité.

Le financement de la recherche peut être obtenu auprès d'une gamme variée d'organisations. Les institutions d'aide multinationales et internationales (par exemple, l'Union Européenne (UE) ou l'Organisation Internationale des Bois Tropicaux (OIBT)) peuvent octroyer des subventions importantes aux grands projets, mais elles imposent généralement des procédures compliquées et très longues pour le dépôt de candidatures et l'établissement de rapports afin de maintenir la reddition des comptes et la transparence vis-à-vis de leurs gouvernements donateurs. Par conséquent, seules les organisations ayant un personnel administratif hautement qualifié qui est capable de faire face aux procédures bureaucratiques lourdes peuvent espérer avoir du succès dans l'obtention de fonds internationaux.

Les subventions accordées par les différents gouvernements étrangers peuvent aussi être très généreuses (par exemple, dans le cadre de la Darwin Initiative du Royaume-Uni ou de la Gesellschaft für Internationale Zusammenarbeit (GIZ) de l'Allemagne). Elles sont généralement administrées par des institutions du pays donateur, qui peuvent également bénéficier d'un soutien de la subvention. L'implication des experts étrangers du pays donateur est souvent une condition de l'octroi de la subvention. Cette option convient quand une bonne relation de travail avec une institution du pays donateur a déjà été développée et que la nécessité de la participation d'experts étrangers a été clairement identifiée. Les subventions de mécanismes nationaux qui appuient la recherche dans la propre nation du projet pourraient être plus faciles à obtenir et nécessitent moins de bureaucratie que le financement étranger, même si les montants accordés sont généralement moins importants. Le «Recueil d'informations du PCF sur le financement de la gestion durable des forêts», mentionné à la **Section 4.6**, couvre également les nombreux organismes qui soutiennent la recherche forestière (www.cpfweb. org/73034/fr/).

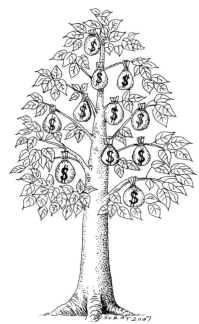

Malheureusement, l'argent ne pousse pas sur les arbres, donc la collecte de fonds, la comptabilité et l'établissement de rapports sont des activités vitales lors de la gestion d'une FORRU. Heureusement, l'intérêt porté au financement de la restauration forestière, en particulier pour atténuer le changement climatique mondial, va croissant. Les principaux bailleurs de fonds devraient s'intéresser au soutien de la recherche et à la garantie que les grands projets sont mis en œuvre en utilisant les méthodes les plus rentables.

8.4 Gestion de l'information

Bases de données électroniques

Une fois mise en place, une FORRU génère de grandes quantités de données provenant de diverses sources. L'un des rôles les plus importants de l'unité doit être l'organisation et l'intégration de ces données pour générer des conseils fiables aux praticiens. Les bases de données électroniques constituent le moyen le plus approprié pour i) stocker de divers grands ensembles de données et ii) les analyser afin de répondre à un large éventail de questions. Par exemple, si un site à 1.300 m d'altitude devient disponible pour la restauration forestière, les questions posées à une base de données peuvent inclure:

- Quelles espèces d'arbres poussent sur des sites similaires et à des altitudes similaires?
- Parmi ces espèces, quelles sont celles qui ont des fruits charnus qui attirent les animaux disperseurs des graines?
- Parmi ces espèces, quelles sont celles qui donneront des fruits dans les prochains mois afin que la collecte de semences puisse commencer?
- Parmi ces espèces, quelles sont celles qui ont déjà bien germé en pépinière?

Pour générer des listes d'espèces qui correspondent aux critères spécifiés, il est nécessaire de construire une base de données relationnelle qui intègre toutes les données produites par une FORRU aux données publiées et aux connaissances locales autochtones. Les feuilles de calcul ne permettent pas la recherche sophistiquée, les installations de tri et d'intégration des programmes de base de données spécifiques, et plus les feuilles de calcul deviennent grandes, plus il devient difficile de travailler avec elles. Par conséquent, les données les plus critiques doivent être extraites des feuilles de calcul (telles que celles décrites dans les **Sections 6.6, 7.5** et **7.6**) et réintroduites dans un système de base de données relationnelles.

Qui doit mettre en place la base de données?

La mise en place d'un système de base de données relationnelles implique une collaboration étroite entre les personnels de recherche de la FORRU, qui connaissent initialement les données qui ont été générées et savent comment ils aimeraient les analyser, et un collègue ou un consultant maîtrisant le logiciel de gestion de la base de données choisie.

Structure de la base de données

Les bases de données sont comme des systèmes de fichiers sophistiqués. Le fichier d'une base de données est l'équivalent d'une boîte, contenant de nombreuses cartes. Un «enregistrement» est l'équivalent d'une carte et un «champ» représente l'une des rubriques sur la carte et les informations qui lui sont associées. Il n'est pas pratique de stocker toutes les informations disponibles sur une espèce dans un seul enregistrement: pour certains types d'informations, il y aura une seule entrée (par exemple, le nom et les caractéristiques des espèces d'arbres, qui ne changent pas), alors que pour d'autres types d'informations, il peut y avoir beaucoup d'entrées (par exemple, les résultats des essais de germination pour chaque lot de semences). Par conséquent, la base de données se compose de plusieurs fichiers de base de données, stockant chacun une catégorie particulière d'informations.

En outre, les enregistrements se rapportant à une espèce particulière de chaque fichier de base de données doivent pouvoir être en corrélation avec les enregistrements ayant trait à la même espèce dans tous les autres fichiers de base de données. Les liens sont réalisés par l'attribution des codes de lien à chaque dossier; ces liens permettent de rassembler les enregistrements se rapportant à la même espèce, quel que soit le fichier de base de données dans lequel ils se trouvent. Les codes de lien les plus pratiques sont le numéro de l'espèce (n°.E.) et le numéro du lot de semences (no.L.)

(voir **Section 6.6**); Il est très important de maintenir le système des numéros d'espèces et de lot tout au long du processus de recherche, de la collecte de semences à la plantation. Ces numéros d'identification sont cruciaux pour l'intégration de données, ils devraient donc être figurés à la fois sur toutes de fiches techniques et les étiquettes de plantes, dans la pépinière et sur le site de restauration. Le système de base de données doit être capable de reconnaître ces codes et de regrouper tous les enregistrements qui partagent les mêmes codes de tous les fichiers de la base de données. Ainsi, la base de données doit être capable de fournir des rapports sur les espèces, en répertoriant toutes les informations enregistrées sur chaque espèce. Ce n'est pas une bonne idée d'utiliser les noms d'espèces (ou leurs différentes abréviations) comme codes de lien, car l'identification définitive de certaines espèces peut prendre du temps, et même là, les taxonomistes changent constamment les noms scientifiques des plantes.

Dans les pages qui suivent, nous vous suggérons quelques structures d'enregistrement qui contiennent les informations de base générées par une FORRU. Cette structure fondamentale de base de données peut être étendue avec de nouveaux champs et fichiers de base de données selon les besoins. Envisagez l'ajout de fichiers pour conserver des données sommaires concernant les expériences sur le stockage de semences, l'attrait qu'exerce chaque espèce sur la faune ou des connaissances autochtones sur les usages de chaque espèce d'arbre. Mais il faut savoir que la saisie des données prend du temps, donc avant d'embellir la base de données avec des champs ou des fichiers supplémentaires, vérifiez d'abord si les données saisies seront effectivement utilisées pour soutenir la prise de décision — si les résultats justifient réellement le temps depensé dans la saisie des données.

Aux Philippines, des forestiers acquièrent des connaissances sur la gestion des données avant la mise en place de leurs propres pépinières de recherche et des parcelles de démonstration de la restauration dans les universités à travers le pays.

Logiciel de base de données

Les logiciels de base de données varient en fonction de leur degré de sophistication et de leur simplicité d'utilisation. Malheureusement, plus le logiciel est sophistiqué, moins il est convivial. Microsoft Access est probablement le système de base de données le plus largement utilisé, mais il coûte cher et plusieurs logiciels de bases de données libres sont disponibles gratuitement (par exemple, Open Office).

Quel que soit le bloc de programmes que vous choisissez, assurez-vous qu'il supporte les fonctionnalités essentielles énumérées ci-dessous:

- la capacité de regrouper les enregistrements dans différents fichiers de bases de données qui se rapportent à la même espèce;
- les recherches dans les champs de texte dans n'importe quelle position dans le champ (par exemple, trouvez septembre (c.-a-d. «sp») n'importe où dans une liste des mois de fructification …. «jl ag sp oc nv»);

- la capacité à générer des informations dans un champ à partir de calculs en utilisant les numéros stockés dans d'autres champs, par exemple, la durée moyenne de la dormance peut être calculée en soustrayant la date de la collecte de semences de la date médiane à laquelle les graines ont germé.

Assurez vous que le logiciel de gestion de base de données prend en charge l'écriture de votre langue et/ou l'insertion d'images (si nécessaire). Outre le stockage des données expérimentales, la technologie de base de données a d'autres applications pour une FORRU. Envisagez la construction d'une base de données pour stocker les noms et les coordonnées de tous les contacts de l'unité, de sorte que vous pouvez facilement organiser des invitations à des ateliers et à d'autres activités éducatives, et diffuser le bulletin d'information de l'unité. Une autre base de données pourrait être utilisée pour cataloguer les livres dans la bibliothèque de l'unité ou les photographies prises par le personnel de l'unité.

Fichiers, enregistrements et champs

Fichier de base de données «ESPECES.DBF»

Un enregistrement pour chaque espèce d'arbre. Ce fichier stocke des informations de base sur chaque espèce, qui peuvent être reliées aux enregistrements dans d'autres fichiers de base de données par l'intermédiaire du champ «NUMÉRO DE L'ESPÈCE:». La plupart de ces informations peuvent être obtenues de la flore. Modifiez la liste des mois de floraison et de fructification, au fur et à mesure que les données de l'étude phénologique deviennent disponibles (voir **Section 6.6**).

NUMERO DE L'ESPECE: *ex. E71*

NOM SCIENTIFIQUE: *ex. Cerasus cerasoides*   **FAMILLE:** *Rosaceae*

NOM LOCAL: *Nang Praya Seua Krong*

SEMPERVIRENTE/DECIDUE: *D*

ABONDANCE: *ex. 0 = Probablement disparue; 1 = Seuls quelques individus, menacés d'extinction, subsistent; 2 = Rare; 3 = Abondance moyenne; 4 = Répandue, mais non dominante; 5 = Abondante.*

HABITAT: *développez vos propres codes pour les types de forêt; ex. fs = forêt sempervirente; on peut trouver une espèce dans plus d'un type forestier, énumérez-les tous dans n'importe quel ordre.*

BASSE ALTITUDE: **HAUTE ALTITUDE:** *à partir des observations directes*

MOIS DE FLORAISON: *ja fv mr av ma jn jl ao sp oc nv dc*

MOIS DE FRUCTIFICATION: *ja fv mr av ma jn jl ao sp oc nv dc*

MOIS DE FEUILLAISON: *ja fv mr av ma jn jl ao sp oc nv dc*

TYPE DE FRUIT: *ex. drupe/noix/samare sèche/charnue, etc.*

MECANISME DE DISPERSION: *ex. Par le vent/les animaux/l'eau, etc.*

NOTES:

SAISIE DANS LA BASE DE DONNEES VERIFIEE PAR: **DATE:**

Fichier de base de données «COLLECTE DE SEMENCES.DBF»

Cette base de données contient une fiche pour chaque lot de semences collectées. Les enregistrements des différents lots de semences de chaque espèce sont reliés à un seul enregistrement dans le fichier «ESPECES.DBF» par le champ «NUMÉRO DE L'ESPÈCE:». Transcrivez l'information à partir des fiches de données de collecte de semences (voir **Section 6.6**).

NUMERO DE L'ESPECE: *ex. E71* **NUMERO DU LOT:** *ex. E71L1*

DATE DE COLLECTE: **NUMERO D'ETIQUETTE DE L'ARBRE:** **CIRCONFERENCE DE L'ARBRE:**

COLLECTE: *ex. Ramassées au sol/récoltées sur un arbre.*

EMPLACEMENT: *ex. Rusii Cave* **COORDONNEES DU GPS:**

ALTITUDE:

TYPE DE FORET: *développez vos propres codes pour les types de forêt; ex. fs = forêt sempervirente.*

NBRE DE SEMENCES COLLECTEES: **DETAILS CONCERNANT LE STOCKAGE/TRANSPORT:**

DATE DE SEMIS:

SPECIMEN TEMOIN COLLECTÉ: *ex. Oui/non*

NOTES CONCERNANT L'ETIQUETTE DU SPECIMEN TEMOIN DE L'HERBIER:

SAISIE DANS LA BASE DE DONNEES VERIFIEE PAR: **DATE:**

Fichier de base de données «GERMINATION.DBF»

Cette base de données contient un enregistrement pour chaque traitement appliqué à chaque sous-lot de semences. Plusieurs enregistrements de chaque espèce ou chaque lot, respectivement, sont reliés à un seul enregistrement dans le fichier «ESPECES.DBF» par le champ «NUMÉRO DE L'ESPÈCE:» et à un seul enregistrement dans «COLLECTE DE SEMENCES.DBF» par le champ «NUMÉRO DU LOT». Extrayez des données à partir des fiches de données de germination (voir **Section 6.6**). Utilisez les valeurs moyennes de toutes les répétitions.

NUMERO DE L'ESPECE: *ex. E71* **NUMERO DU LOT:** *ex. E71L1*

TRAITEMENT DE PRE-SEMIS: *saisissez un seul traitement (ou contrôle) ex. scarification.*

DATE MEDIANE DE GERMINATION DES GRAINES: *date à laquelle la moitié des graines ont germé.*

MLD: = FBD.GERMINATION/ DATE MEDIANE DE GERMINATION DES GRAINES: *moins* **COLLECTE DE SEMENCES.DBF/ DATE DE SEMIS:**

MOYENNE FINALE DU POURCENTAGE DE GERMINATION:

MOYENNE FINALE DU POURCENTAGE DES GRAINES GERMEES MAIS MORTES: *en tant que pourcentage du nombre des graines ensemencées.*

SAISIE DANS LA BASE DE DONNEES VERIFIEE PAR: **DATE:**

Fichier de base données «CROISSANCE DES SEMIS.DBF»

Cette base de données contient un enregistrement pour chaque traitement appliqué à chaque lot. Plusieurs enregistrements de chaque espèce sont reliés à un seul enregistrement dans le fichier «ESPECE.DBF:» par le champ «NUMÉRO DE L'ESPÈCE:». L'enregistrement de chaque lot de semences collectées est relié à un seul enregistrement dans «COLLECTE DE SEMENCES.DBF:» par le champ «NUMÉRO DU LOT:». Soutirez des données des feuilles de données sur la croissance des plantules (voir **Section 6.6**).

NUMERO DE L'ESPECE: *ex. E71* **NUMÉRO DU LOT:** *ex. E71L1*

DATE DE REMPOTAGE:

TRAITEMENT: *saisissez un seul traitement (ou contrôle) ex. Osmocote une fois tous les 3 mois.*

NBRE DE PLANTULES: *nombre total de plantules soumises à un traitement (répétitions combinées).*

SURVIE: *en tant que pourcentage, entre le rempotage et juste avant la plantation.*

DATE CIBLE: *date à laquelle la hauteur moyenne des plantules atteint la valeur cible (ex. 30 cm pour les essences pionnières à croissance rapide et 50 cm pour les essences climaciques à croissance lente. Obtenue à partir de l'interpolation entre les points sur la courbe de croissance des plantules (3ème Partie de la Section 3).*

DATE OPT. POUR LA PLANTATION: *première date optimale pour la plantation après la date cible (habituellement, 4–6 semaines après les premières pluies).*

TTP: *temps total mis dans la pépinière =* **CROISSANCE DES PLANTULES.DBF/DATE OPT. POUR LA PLANTATION: moins COLLECTE DE SEMENCES.DBF/DATE DE COLLECTE:**

DS: *durée du stockage =* **CROISSANCE DES PLANTULES.DBF/DATE OPT. POUR LA PLANTATION: moins DATE OPT. POUR LA PLANTATION/DATE CIBLE.** *Cette valeur est utile pour l'identification des espèces en vue de l'expérimentation du stockage de semences.*

TCR HAUTEUR: *taux de croissance relatif, basé sur les mesures de la hauteur de la période juste après le rempotage à la période juste avant la plantation.*

TCR RCD: *taux de croissance relatif basé sur les mesures du diamètre au collet de la période juste après le rempotage à la période juste avant la plantation.*

RAPPORT RACINE/POUSSE: *calculé à partir des plantes sacrifiées juste avant la plantation.*

NOTES SUR LES PROBLEMES DE SANTE: *descriptions des parasites et des maladies, etc.*

SAISIE DANS LA BASE DE DONNEES VERIFIEE PAR: **DATE:**

Fichier de base de données «PERFORMANCES EN CHAMPS.DBF»

Cette base de données contient un enregistrement de chaque traitement sylvicole appliqué à chaque lot. Plusieurs enregistrements de chaque espèce ou de chaque lot peuvent être reliés à un seul enregistrement dans «ESPECE.DBF» par le champ «NUMÉRO DE L'ESPÈCE:» et àux enregistrements dans les autres fichiers de base de données par le champ «NUMÉRO DU LOT:». Soutirez des données des fiches d'analyse des données de terrain (voir **Section 7.5**). Insérez les valeurs moyennes des répétitions combinées pour un seul traitement sylvicole.

NUMERO DE L'ESPECE SPECIES: *ex. E71*   **NUMERO DU LOT:** *ex. E71L1*

DATE DE PLANTATION:

EMPLACEMENT DU SPEC: **NOMBRE DE PARCELLES:**

TRAITEMENT: *Saisissez un traitement (ou contrôle) ex.: paillis de carton.*

NBRE D'ARBRES PLANTES: *nombre total d'arbres plantés et soumis à un traitement (répétitions combinées).*

DATE DE SUIVI 1: *juste après la plantation.*

SURVIE 1: *en tant que pourcentage.*

HAUTEUR MOYENNE 1:   **RCD MOYEN 1:**   **MOYENNE DU COUVERT:**

LARGEUR 1:

DATE DE SUIVI 2: *après la première saison des pluies.*

SURVIE 2: *en tant que pourcentage.*

HAUTEUR MOYENNE 2:   **RCD MOYEN 2:**   **MOYENNE DU COUVERT:**

LARGEUR 2:

MOYENNE DU TCR DE LA HAUTEUR 2:   **MOYENNE DU TCR DU RCD 2:**

DATE DE SUIVI 3: *après la deuxième saison des pluies.*

SURVIE 3: *en tant que pourcentage.*

HAUTEUR MOYENNE 3:   **RCD MOYEN 3:**   **MOYENNE DU COUVERT:**

LARGEUR 3:

MOYENNE DU TCR DE LA HAUTEUR 3:   **MOYENNE DU TCR DU RCD 3:**

DATE DE SUIVI 4: *ajoutez d'autres champs selon les besoins pour chaque suivi effectué par la suite.*

ETC......

NOTES: *descriptions des parasites et des maladies, etc. observés.*

SAISIE DANS LA BASE DE DONNEES VERIFIEE PAR: **DATE:**

8.5 Sélection des essences appropriées

Une base de données relationnelle a de nombreuses fonctions, mais l'une des plus utiles consiste à sélectionner les essences les plus appropriées pour la restauration de forêt sur un site particulier. Pour les stades de dégradation 3 à 5 (voir **Section 3.1**), les essences devraient être sélectionnées en fonction des critères qui définissent les espèces «framework» et/ou les essences nourricières cultivées (**Tableau 5.1** et voir **Section 5.5**), associés à toutes les autres considérations propres à la situation. Cette sélection peut être très subjective et comporter des analyses complexes de la base de données. Par conséquent, nous suggérons deux simples méthodes semi-quantitatives pour faciliter le processus de sélection des essences: l'approche des «normes minimales» et un «indice de qualité», qui est basé sur un système de classification. Elles peuvent être utilisées indépendamment ou en tandem, en utilisant les normes minimales pour créer une liste d'espèces présélectionnées qui sont, par la suite, classées par l'indice de qualité. Ces deux méthodes permettent de mieux utiliser les données disponibles, tout en restant flexible afin d'atteindre les divers objectifs des différents projets.

Application des normes minimales acceptables des performances sur champs

Le critère de performance sur champs le plus important est le taux de survie après la plantation. Quelles que soient les performances d'une essence dans d'autres domaines (par exemple, elle pourrait avoir une croissance rapide et/ou être attrayante pour les disperseurs de graines), il est inutile de continuer à la planter si son taux de survie après 2 ans se situe à un niveau proche ou inférieur à 50%. D'autres normes minimales acceptables, telles que la largeur du couvert, inhibition de la couverture des mauvaises herbes et ainsi de suite, sont indispensables pour augmenter le taux de performance, mais elles toutes sont relative à la survie. Les valeurs des normes minimales acceptables sont en grande partie subjectives, bien que l'on puisse généralement décider des valeurs sensibles par la numérisation des ensembles de données et la recherche des divisions qui distinguent les essences, en particulier les valeurs qui contribuent à la fermeture du couvert dans les délais voulus.

Extrayez les données, recueillies sur terrain après 18–24 mois (à la fin de la deuxième saison des pluies dans les forêts saisonnières), de la base de données dans une feuille de calcul avec les noms des essences dans la colonne de gauche, et les données sur les critères de performance sélectionnés dans les colonnes de droite. Utilisez les valeurs moyennes des parcelles témoins plantées (voir **Section 7.5**) ou les valeurs moyennes de n'importe quel traitement sylvicole ayant produit de meilleurs résultats.

Gardez à l'esprit que le fait pour une essence de dépasser ou non les normes minimales peut dépendre i) des traitements sylvicoles appliqués, ii) de la variabilité climatique (certaines essences peuvent dépasser la norme en un an, mais pas d'autres) et iii) des conditions du site. Ainsi, une essence ne doit pas nécessairement être exclue si elle a manqué de peu d'atteindre la norme minimale en un seul essai. L'intensification de la préparation du site ou de traitements sylvicoles pourrait transformer une essence rejetée en une essence acceptable.

L'application des normes minimales conduit à trois catégories d'essences:
- les essences de la catégorie 1: celles qui sont loin de la plupart ou de toutes les normes minimales acceptables (c.-à-d. les essences rejetées);
- les essences de la catégorie 2: celles qui dépassent certaines normes minimales, mais sont loin d'autres normes, ou celles qui sont très proches des normes minimales; (c.-à-d. les essences marginales);
- les essences de la catégorie 3: celles qui dépassent largement la plupart ou la totalité des normes minimales (c.-à-d. les essences excellentes ou acceptables).

Les essences de la catégorie 1 sont retirées de futures plantations. Les essences de la catégorie 2 pourraient soit être rejetées soit soumises à d'autres experimentations pour améliorer leurs performances (par exemple, pour améliorer la qualité du matériel de plantation ou développer des traitements sylvicoles plus intensifs), tandis que les essences de la catégorie 3 sont approuvées pour être utilisées dans les futurs travaux de restauration.

Exemple:

Trois normes minimales sont appliquées aux données de performances sur champs recueillies à la fin de la deuxième saison des pluies après la plantation:

- la survie > 50%;
- la hauteur > 1 m (les jeunes plants devant être plantés lorsqu'ils ont une hauteur oscillant entre 30 et 50 cm, ceci représente plus que le double de la hauteur);
- la largeur de la cime > 90 cm (en d'autres termes, la cime a obtenu plus de la moitié de la largeur nécessaire pour fermer le couvert, à un espacement de 1,8 m entre les arbres (équivalent à 3.100 arbres par hectare)).

Dans le tableau ci-dessous, les données qui ne répondent pas aux normes minimales sont indiquées en rouge.

Essences	% Survie	Hauteur moyenne (cm)	Largeur moyenne de la cime (cm)	Catégorie	Action
E001	89	450	420	3	Acceptation
E009	20	62	65	1	Rejet
E015	45	198	255	2	Recherches visant à accroître la survie
E043	38	102	20	1	Rejet
E067	78	234	287	3	Acceptation
E072	90	506	405	3	Acceptation
E079	65	78	63	2	Recherches visant à accroître la survie
E105	48	82	77	2	Recherches visant à accroître la croissance et la survie

Que faire si trop peu d'espèces dépassent les normes minimales acceptables?

Il y a plusieurs options:

- améliorez la qualité de l'ensemble du matériel de plantation — examinez les données sur la pépinière pour voir s'il y a quelque chose qui peut être faite pour augmenter la taille, la santé et la vigueur du matériel de plantation;
- expérimentez l'intensification des traitements sylvicoles (par exemple, effectuez le sarclage ou appliquez de l'engrais plus souvent), en particulier si vous pensez que les conditions du site pourraient constituer des obstacles;
- essayez différentes essences — passez en revue toutes les sources d'information sur les essences (**Tableau 5.2**) et commencez la collecte de semences d'essences qui n'ont pas encore été testées.

Elaboration d'un indice de qualité

Un système de notation semi-quantitative peut être utilisé pour classer les espèces selon un indice de qualité combinant un large éventail de critères. Il peut être appliqué soit pour affiner la liste des essences acceptables (ou marginales) qui émergent de l'application de normes minimales soit à toutes les essences pour lesquelles des données sont disponibles. Gardez à l'esprit que les essences à faible taux de survie sur champs devraient toujours être examinées dans un premier temps, avant le calcul d'un indice de qualité.

Un indice de qualité permet de prendre en compte à la fois les données de performance facilement quantifiables et les critères plus subjectifs, tels que l'attrait de chaque espèce d'arbre aux animaux disperseurs de graines. L'approche la plus simple est de noter si les essences produisent des fruits charnus ou non. Dans les anciennes parcelles, ceci pourrait être encore affiné en utilisant le nombre d'années par rapport à la première floraison et à la première fructification, ou le nombre d'espèces animales qui sont attirées par une espèce d'arbre.

Extrayez les données pertinentes de la base de données et ajoutez des informations supplémentaires à un tableur selon les besoins.

Exemple

Avant que les données sur la biodiversité ne soient disponibles, la capacité à produire des fruits charnus peut être utilisée comme un indicateur de l'«attrait» des disperseurs de graines.

TTP = Le «Temps total mis en pépinière» nécessaire pour produire des plants est utilisé ici pour indiquer la facilité de multiplication. Le pourcentage de germination ou les taux de croissance des plantules en pépinière pourraient également être utilisés.

Essences	% Survie	Hauteur moyenne (cm)	Largeur de la cime (cm)	Fruits charnus	TTP (années)
E001	89	450	420	Oui	<1
E015	45	198	255	Oui	<1
E067	78	234	287	Oui	1 à 2
E072	90	506	405	Non	<1
E079	65			Oui	1 à 2
E105		78	63	Oui	>2
	48	82	77		

Dans cet exemple, les essences qui ont été rejetées en raison de l'application de normes minimales ont été enlevées, alors que les valeurs marginales de certains critères restent indiquées en rouge.

Trouvez l'essence qui a la hauteur moyenne maximale. Attribuez une valeur de 100% à cette hauteur moyenne maximale et convertissez les hauteurs moyennes de toutes les autres essences en pourcentages de la valeur maximale pour attribuer un «score» de hauteur à chaque essence. Dans cet exemple, E072 a la hauteur moyenne maximale (506 cm); donc, les hauteurs de toutes les autres essences sont multipliées par 100/506. Effectuez le même calcul pour donner des scores à d'autres critères quantifiables choisis, y compris les critères de performance en pépinière (par exemple, % de germination, de survie des plantules et ainsi de suite).

Ajoutez des poids supplémentaires aux critères que vous jugez les plus importants en multipliant les scores par un facteur de pondération (par exemple, la survie a été doublée dans l'exemple ci-dessous). Additionnez les scores et, comme dans le paragraphe précédent, convertissez-les en un pourcentage du score maximal (score ajusté). Puis classez les essences par ordre de score total décroissant.

Exemple

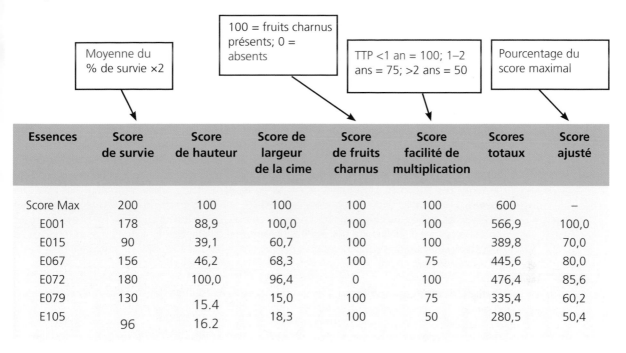

Essences	Score de survie	Score de hauteur	Score de largeur de la cime	Score de fruits charnus	Score facilité de multiplication	Scores totaux	Score ajusté
Score Max	200	100	100	100	100	600	–
E001	178	88,9	100,0	100	100	566,9	100,0
E015	90	39,1	60,7	100	100	389,8	70,0
E067	156	46,2	68,3	100	75	445,6	80,0
E072	180	100,0	96,4	0	100	476,4	85,6
E079	130	15.4	15,0	100	75	335,4	60,2
E105	96	16.2	18,3	100	50	280,5	50,4

Basée sur des scores d'adéquation ci-dessus, E001, E015, E067 et E072, sont les meilleures essences à planter, même s'il faut fournir des efforts supplémentaires pour augmenter la survie de E015. Le manque de fruits charnus en E072 est compensé par d'excellents scores sur d'autres critères de performance. Le rejet de E079 et de E105, un peu au-dessous des normes minimales, est confirmé avec leurs scores d'adéquation ajustés ne représentant que près de la moitié de celui des essences les plus appropriées.

L'interprétation d'un tel système de notation est finalement subjective, l'utilisateur devant décider des critères de performance à inclure, de la façon dont ils sont quantifiés et du maximum ou du minimum requis du score ajusté pour indiquer le rejet ou l'acceptation d'une essence.

Décider du mélange d'essences

L'un des inconvénients de l'application trop rigoureuse des normes ou d'un système de notation, est que cela pourrait aboutir à la sélection des seules espèces pionnières à croissance rapide. Cela pourrait creer un couvert forestier relativement uniforme (voir **Section 5.3**). La plantation des espèces pionnières aux côtés des essences forestières climaciques crée une plus grande diversité structurelle, même si quelques espèces parmi les essences climaciques ne répondent pas aux normes minimales ou fournissent des mauvais scores dans un système de notation.

Ainsi, lors de la compilation du mélange final des essences à planter chaque année, utilisez des normes ou des scores pour donner des lignes directrices plutôt que des règles absolues. Faites preuve de souplesse et gardez toujours à l'esprit la nécessité de la diversité. Par exemple, quelques essences à croissance plus lente pourraient être acceptables pour la plantation si elles obtiennent un score élevé sur d'autres critères (par exemple, la fructification précoce) et là où la plupart des autres essences plantées sont des essences à croissance rapide. De même, il peut être souhaitable d'ajouter quelques essences aux cimes étroites pour accroître la diversité structurale du couvert forestier, à condition qu'elles soient plantées avec d'autres espèces à scores élevés concernant la largeur du couvert. En fin de compte, le mélange d'essences est choisi par un jugement subjectif qui est modifié et amélioré chaque année à partir de la gestion adaptative.

Qu'est-ce que la gestion adaptative?

Dans l'idéal, la sélection finale des essences, ainsi que d'autres décisions de gestion, ne devraient pas être possibles qu'après les collectes et les analyses de toutes les données. Toutefois, la production de certaines données sur terrain pourrait prendre plusieurs années. Par conséquent, pendant les premières années d'une FORRU, les décisions sont inévitablement fondées sur des données obtenues au début du projet, telles que les observations phénologiques ou les données de collecte de semences et de pépinière. Les données sur le rendement des arbres provenant des essais en champs suivront plus tard, alors que les données sur le rétablissement de la biodiversité et la mise en place des essences recrutées ne sont significatives qu'après plusieurs années. Par conséquent, les calculs de scores d'adéquation des espèces doivent être continuellement mis à jour et modifiés au fur et à mesure que de nouvelles données deviennent disponibles. La mise en place et la mise à jour de la base de données de la FORRU sont essentielles à ce processus.

Une réévaluation continue de l'adéquation des espèces est l'une des nombreuses composantes de la «gestion adaptative», un concept le plus important de la mise en œuvre de la restauration des paysages forestiers (voir **Section 4.3**). Les résultats des recherches devraient alimenter une approche d'apprentissage social qui est basée sur un processus de prise de décision fondée sur l'expérience et le suivi. La base de données agit efficacement comme une archive des résultats des essais de gestion antérieurs et du suivi des résultats, bons ou mauvais, de manière à pouvoir améliorer progressivement la prise de décision dans l'avenir.

Le processus ne fonctionne que si toutes les parties prenantes ont accès à la base de données et peuvent comprendre les résultats. Les résultats doivent donc être présentés sous des formats conviviaux et il est également nécessaire de réaliser un programme d'éducation et de sensibilisation de manière que toutes les parties prenantes puissent travailler avec les résultats de bases de données et soient donc bien outillées pour participer efficacement aux décisions de gestion. Pour plus d'informations sur la gestion adaptative, voir le chapitre 4 de Rietbergen-McCracken *et al.* (2007).

8.6 Sensibilisation: les services d'éducation et de vulgarisation

Une fois qu'une base de connaissances appréciables est acquise, une FORRU devrait utiliser ces connaissances pour fournir des services d'éducation et de vulgarisation complets qui permettront d'améliorer la capacité de toutes les parties prenantes de contribuer ensemble à des initiatives de restauration forestière. Un tel programme de sensibilisation pourrait inclure des cours de formation, des ateliers et des visites de vulgarisation, appuyés par des publications et d'autres matériels pédagogiques, adaptés aux différents besoins de chacun des divers groupes de parties prenantes (responsables gouvernementaux, ONG, communautés locales, enseignants, écoliers et ainsi de suite).

L'équipe de formation

Pour commencer, le personnel de recherche d'une FORRU pourrait être appelé à assurer la formation des groupes intéressés en fonction des besoins. Toutefois, plus le projet sera connu, vous devriez vous attendre à une augmentation rapide de la demande de services d'éducation et de formation, qui commenceront à submerger le personnel de recherche, en les distrayant des activités de recherche vitales. Il est préférable de recruter une équipe de responsables de l'éducation, dotés d'une expérience spécialisée de techniques d'éducation à l'environnement, qui se consacrent à fournir aux parties prenantes l'appui et les connaissances techniques dont elles ont besoin pour mettre en œuvre des projets de restauration.

Des personnels de l'éducation nouvellement recrutés ne seront pas familiers avec les connaissances acquises par le personnel de recherche. Par conséquent, l'équipe de recherche doit d'abord informer l'équipe éducative sur les résultats de recherche et doit fréquemment fournir des mises à jour au fur et à mesure que la recherche fournit de nouvelles informations. L'équipe éducative doit ensuite décider de la façon de présenter les connaissances aux parties prenantes sous des formats conviviaux.

Programme d'éducation

Une fois que les éducateurs sont familiers avec les connaissances de la FORRU, ils doivent concevoir des programmes qui repondent aux besoins très variés des différentes parties prenantes sur la restauration forestière. Un système modulaire est le meilleur, avec le matériel des disciplines présenté de différentes manières en fonction: i) du public cible et ii) de l'endroit où le module sera enseigné. Par exemple, l'enseignement du concept d'espèces «framework» aux agents forestiers dans une parcelle expérimentale requiert une approche très différente de l'enseignement du même concept aux élèves dans une salle de classe.

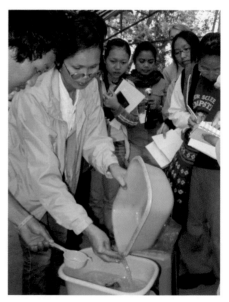

Un des agents de la pépinière de la FORRU-CMU enseigne aux membres du Réseau de Conservation des Éléphants la manière d'extraire les graines de figues lors d'un atelier. Les participants ont ensuite mis en place leur propre FORRU dans l'ouest de la Thaïlande, qui est utilisée pour restaurer l'habitat des éléphants (www.ecn-thailand.org/).

Un programme d'éducation peut inclure les activités suivantes:
- des ateliers pour présenter les concepts généraux de la restauration forestière, d'une part, et les techniques et les résultats, d'autre part; ces présentations sont généralement destinées aux agents publics, aux ONG et aux groupes communautaires qui envisagent des initiatives de restauration forestière;
- une formation plus approfondie aux meilleures pratiques de restauration forestière à l'intention des praticiens qui sont chargés de la gestion des pépinières et de la mise en œuvre des programmes de plantation;
- les visites de vulgarisation dans les sites de projets de restauration forestière qui visent à fournir sur place un soutien technique directement aux personnes impliquées dans la mise en œuvre des projets;
- l'accueil des visiteurs intéressés à l'unité, tels que les scientifiques, les donateurs, les journalistes et ainsi de suite;
- l'aide à la supervision des projets de thèse des étudiants des établissements d'enseignement supérieur;
- la présentation des résultats de recherche lors des conférences.

Des manifestations spéciales pour les élèves et un programme de formation des enseignants (une demi-journée à plusieurs jours, pour les camps et la formation des enseignants) pourraient également être organisés, les enfants ayant le plus à gagner de la restauration forestière.

Matériel didactique

L'équipe de formation d'une FORRU devrait produire un large éventail de matériels didactiques pour satisfaire les besoins de toutes les parties prenantes. Des matériels pédagogiques seront utiles pour chaque module.

Une vidéo peut donner un aperçu concis de la FORRU et de son travail lors des séances d'ouverture des ateliers et des programmes de formation, alors qu'un bulletin d'information et un site web peuvent régulièrement informer toutes les parties prenantes sur les résultats de recherche d'une FORRU.

Les publications sont d'importants produits éducatifs issus d'une FORRU. Leur production peut inclure une composante participative, resultant des consultations et des contributions des participants lors d'un atelier. Cela garantit que les informations fournies par la FORRU profitent au maximum à la population locale, et aussi qu'elle utilise au mieux les connaissances autochtones. La plupart de ces documents peuvent facilement être conçus et montés en interne à l'aide d'ordinateurs et de logiciels de PAO, en particulier si quelqu'un ayant une expérience en matière de conception graphique est recruté pour se joindre à l'équipe de formation.

Un sentier à travers les essais en champs avec des enseignes informatives transforme un centre de recherche en une ressource éducative d'une immense valeur.

Brochures et documents

Les documents et les brochures constituent l'un des premiers résultats d'une FORRU. Ils sont utiles au personnel de l'unité et aux visiteurs (en particulier les bailleurs de fonds actuels et potentiels). Ils doivent être à la fois informatifs et contribuer à faire connaître l'unité. Une des premières brochures produites pourrait simplement décrire le programme de recherche de la FORRU aux visiteurs. Avec le développement du programme de recherche, plus de documents techniques devraient être produits, comme les feuilles de données sur les espèces et les calendriers de production. Une fois ce matériel rédigé, il peut être utilisé sous d'autres formes, par exemple, sous la forme de posters affichés dans des endroits visibles dans l'unité de recherche à des fins éducatives.

Guides pratiques

Un des premiers manuels produits par une FORRU devrait être un aperçu des meilleures pratiques de restauration forestière, qui combine les compétences et les connaissances spécifiques issues du programme de recherche de la FORRU avec les connaissances existantes et le bon sens. Le

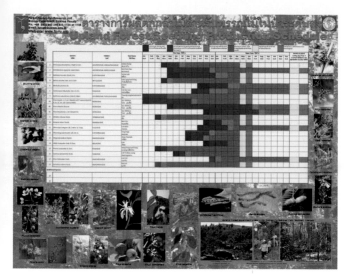

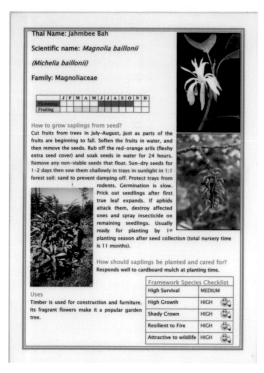

Une affiche-calendrier de production en couleur aide le personnel de la pépinière à se rappeler les espèces de semences à collecter et la date de leur collecte.

Transformez les informations sur les espèces en formats conviviaux, comme cette carte de profil de l'espèce *Magnolia baillonii*. Puis compilez les informations concernant toutes les espèces cibles dans une affiche-calendrier de production.

guide sert de manuel de formation des parties prenantes lors des ateliers et des séances de vulgarisation et du personnel nouvellement recruté ou des travailleurs invités. En général, un tel manuel doit contenir: i) les principes et les techniques de base de la restauration forestière; ii) la description des types de forêt cible; et iii) les descriptions et les méthodes de multiplication de ces essences jugées adaptées aux projets de restauration. Il doit être rédigé sous un format qui soit accessible à un large public. À titre d'illustration, voir FORRU-CMU «How to Plant a Forest»[2] («Comment planter une forêt»). Ce volume a connu un si grand succès auprès des populations qu'il a été traduit et adapté pour être utilisé dans sept pays de l'Asie du Sud-Est.

Des guides pratiques devraient être traduits dans les langues des pays voisins, afin de permettre l'exportation des compétences et des connaissances mises au point par une FORRU et leur adaptation aux différents types de forêts et aux conditions socio-économiques.

2 www.forru.org/FORRUEng_Website/Pages/engpublications.htm

Documents de recherche et public international

Les résultats originaux de recherches scientifiques devraient être publiés dans des revues internationales ou présentés lors de conférences internationales et publiés dans les actes. Le but de publications destinées à un public international est de partager les résultats de recherches avec d'autres personnes qui travaillent dans un domaine similaire. Les documents de recherche favorisent également la correspondance, des discussions et des visites d'échange. Ils aident d'autres chercheurs à mettre au point leurs propres programmes de recherche. En outre, les publications internationales améliorent le statut de l'unité de recherche, tant au pays qu'à l'étranger.

L'acceptation des travaux par les revues internationales et les actes de conférences est importante pour la carrière du personnel scientifique (la sécurité de l'emploi dans le monde universitaire dépendant maintenant de plus en plus de publications) et rehausse le profil de la FORRU aux yeux des bailleurs de fonds. Les travaux de recherche renforcent les propositions de projets pour financement.

Elaboration d'une stratégie de communication

En plus d'informer et des former les parties prenantes qui sont directement impliquées dans la restauration forestière, l'équipe de formation devrait également s'occuper de la sensibilisation du grand public en engageant les média. La reconnaissance du travail d'une FORRU par le public contribue au renforcement de l'adhésion du public dans la restauration forestière et attire le soutien et le financement. Elle aide également à établir un réseau de contacts avec d'autres organisations qui pourraient autrement ne pas être au courant des travaux de la FORRU. Donc, il importe d'investir un peu de temps dans la planification d'une stratégie de communication efficace qui met l'accent sur les éléments du projet qui sont adaptés à chacun des différents publics qu'il souhaite atteindre.

Quelles sont les questions auxquelles devrait répondre une stratégie de communication?

Tout d'abord, déterminez le but de la communication, les ressources disponibles et la façon d'évaluer si le message a été efficacement communiqué. Décidez du choix du public cible. Par exemple, il pourrait être le grand public, les propriétaires terriens, le personnel des organismes gouvernementaux, les organisations de protection de l'environnement, les enseignants et les étudiants, des commanditaires et des sponsors potentiels, les organisations professionnelles et ainsi de suite. Soyez clair sur les questions qui concernent le public, le message à lui communiquer, les outils qui seront utilisés, le personnel de la FORRU qui sera chargé de la communication, et la date de cette communication.

Ecrire pour un public

Développez les compétences nécessaires pour présenter des informations de manière claire et concise. Les articles de journaux, les brochures, les bulletins et les panneaux d'affichage seront lus par des gens d'horizons divers avec différents niveaux d'expertise technique et de compétences linguistiques.

Conception d'un logo et d'un style publicitaire

Concevez un logo de la FORRU et un style unique (couleurs, style de police, etc.) pour les présentations, les publications, les uniformes et ainsi de suite. Cela aidera le public à reconnaître la «marque» FORRU.

Photographie

De bonnes photos numériques peuvent être utilisées pour un large éventail d'activités de communication. Des photos nettes et attrayantes augmenteront la probabilité d'avoir les articles acceptés pour publication. Utilisez une base de données pour cataloguer et organiser la collection de photos de manière à faciliter la sélection des photos les plus adaptées à chaque objectif.

FOREST RESTORATION RESEARCH UNIT

Un logo reconnaissable contribue à créer un sentiment d'identité de l'unité et de reconnaissance du projet.

On ne peut jamais avoir assez de photos. Apprenez à en prendre de bonnes.

Outils de communication

Les journées portes ouvertes, les ateliers et d'autres manifestations organisées à l'unité sont tous de bonnes façons de communiquer avec le grand public, mais faire connaître vos travaux lors de réunions internationales peut avoir un plus grand impact. Acceptez les invitations à prendre la parole à titre de conférencier lors des conférences et des symposiums ou à présenter des affiches, qui peuvent ensuite être utilisées dans la FORRU. Concevez des affiches courtes et simples, avec plus d'images que de texte. Elaborez des documents y relatifs pour fournir plus de détails.

Apprenez à utiliser les médias de masse pour faire connaître les résultats de la FORRU au-delà des pages de revues scientifiques.

Utilisez les médias. Invitez les journalistes à des activités de plantation et à l'ouverture d'ateliers, etc. Rédigez un communiqué de presse ou préparez des dossiers d'information pour les journalistes à l'avance afin qu'ils aient des faits et des chiffres au bout des doigts lors de la rédaction d'articles. Demandez à une chaîne de télévision de faire un film sur l'unité, qui peut ensuite être utilisé comme vidéo d'introduction lors des ateliers et des stages de formation etc.

Mettez en place un site web pour des communications régulières avec un réseau d'organisations et d'individus intéressés. En plus d'une description générale de l'unité et de ses activités de recherche et d'éducation, incorporez des pages contenant des annonces de manifestations à venir, une galerie de photos des événements récents et un babillard interactif. Les publications et le matériel didactique peuvent être également affichés sur le site Web, de manière à pouvoir simplement renvoyer toute personne demandant une publication au site Web pour les téléchargements. Cela permet d'économiser une fortune en frais postaux.

Des sources d'inspiration pour la conception d'un site web de restauration forestière peuvent être trouvées aux adresses: www.forru.org, www.rainforestation.ph et www.reforestation.elti.org

Pour ceux qui ne peuvent pas accéder à l'Internet, un bulletin trimestriel imprimé remplit une fonction similaire. Créez une liste d'envoi du bulletin et affichez également une copie sur le site Web. Le courriel facilite la communication personnelle avec un grand nombre de personnes, mais ne laissez pas votre FORRU acquérir une réputation de producteur de courrier indésirable. Une page sur l'un des réseaux de médias sociaux en ligne est une manière moins importune de tenir les gens au courant des activités et des dernières découvertes de la FORRU.

ETUDE DE CAS 6   Restauration effectuée par l'Unité de recherche sur la restauration forestière de l'Université de Chiang Mai (FORRU-CMU)

Pays: Thaïlande

Type de forêt: forêt tropicale sempervirente de basse montagne.

Propriété: Gouvernement, parc national.

Gestion et utilisation communautaires: «forêt communautaire» pour la protection de la source d'approvisionnement en eau du village de Ban Mae Sa Maï et des terres agricoles en aval; une certaine exploitation de produits forestiers non ligneux.

Niveau de dégradation: Terres défrichées pour l'agriculture; les premières tentatives de restauration avaient intégré la plantation de pins et d'eucalyptus.

Comme tous les pays tropicaux, la Thaïlande a souffert d'une grave déforestation. Depuis 1961, le royaume a perdu près des deux tiers de son couvert forestier (Bhumibamon, 1986), les forêts naturelles ayant chuté à moins de 20% de la superficie du pays (9,8 millions d'ha) (FAO, 1997, 2001). Cela a entraîné des pertes de biodiversité et l'augmentation de la pauvreté rurale, les populations locales étant obligées d'acheter, sur les marchés locaux, des succédanés de produits provenant autrefois des forêts. L'augmentation de la fréquence des glissements de terrain, des sécheresses et des crues soudaines a également été attribuée à la déforestation, tandis que les feux de forêt et d'autres formes de dégradation contribuent pour environ 30% des émissions totales de carbone en Thaïlande (Department of National Parks, Wildlife and Plant Conservation (DNP) et Royal Forest Department (RFD), 2008).

Une partie de la réponse du gouvernement thaïlandais à ces problèmes a été d'interdire l'exploitation forestière et de tenter de conserver la forêt restante dans les aires protégées couvrant 24,4% de la superficie du pays (125.082 km^2) (Trisurat, 2007). Cependant, beaucoup de ces aires «protégées» ont été établies sur d'anciennes concessions d'exploitation forestière; donc, de vastes superficies de ces aires avaient déjà déboisées avant leur classement comme aires protégées (environ 20.000 km^2 (extrait de Trisurat, 2007)). Selon un rapport du Centre du Service académique de l'Université de Chiang Mai, publié en 2008, environ 14.000 km^2 de forêts du pays «devaient être restaurés d'urgence» (Panyanuwat *et al.*, 2008).

Les premières tentatives de reboisement ont impliqué la mise en place de plantations de pins et d'eucalyptus. Pour la protection de l'environnement et la conservation de la biodiversité, la restauration forestière (telle que définie à la **Section 1.2**) est plus appropriée, mais sa mise en œuvre a été limitée par le manque de connaissances sur la façon de cultiver et planter les essences forestières indigènes.

Par conséquent, en 1994, le Département de Biologie de l'Université de Chiang Mai a mis sur pied une unité de recherche sur la restauration forestière (FORRU-CMU), où des techniques appropriées pour la restauration des écosystèmes forestiers tropicaux devaient être mises au point. L'unité se compose d'une pépinière expérimentale et d'un système de parcelles d'essais dans le parc national de Doi Suthep-Pui, qui jouxte le campus de l'université.

En 1997, après avoir appris la façon dont le concept d'espèce «framework» a été utilisé en Australie (voir **Encadré 3.1**), la FORRU-CMU a commencé des recherches pour adapter la méthode des espèces «framework» afin de restaurer la forêt sempervirente dans le parc. Un herbier et une base de données (de la flore) des arbres locaux, établis par JF Maxwell à l'herbier du département de biologie de la CMU (Maxwell & Elliott, 2001), ont constitué un point de départ très précieux, ainsi qu'un service d'identification des espèces et des informations sur la répartition des essences indigènes.

L'unité a mis en place un bureau et une pépinière de recherche dans l'enceinte de l'ancien siège du parc, à proximité des vestiges intacts des types de forêt cible. Là, une étude phénologique a déterminé les périodes optimales pour la collecte de semences et offert des possibilités de collecte régulière de semences.

Les expériences en pépinière ont permis de mettre au point des méthodes de production d'arbres conteneurisés de taille convenable à la plantation à la date optimale de semis, qui est à mi-juin dans le climat saisonnièrement sec du nord de la Thaïlande. Des essais de germination (Singpetch, 2002; Kopachon, 1995), des expériences sur le stockage des graines et des essais de croissance des plantules (Zangkum, 1998; Jitlam, 2001) ont été utilisés pour élaborer les calendriers de production des espèces (voir **Section 6.6**). Le centre de recherche a également été utilisé par les étudiants chercheurs de la CMU, qui ont effectué des recherches plus approfondies sur la multiplication à partir des boutures (Vongkamjan *et al.*, 2002; voir **Encadré 6.6**), l'utilisation des semis naturels (Kuarak, 2002; voir **Encadré 6.4**) et le rôle des mycorhizes (Nandakwang *et al.*, 2008).

Chaque saison des pluies, depuis 1997, des parcelles expérimentales, dont la taille oscille entre 1,4 à 3,2 ha ont été plantées avec des combinaisons variées de 20 à 30 espèces pour: i) évaluer la capacité des essences plantées à produire les résultats des espèces «framework»; ii) tester les réactions des espèces d'arbres aux traitements sylvicoles visant à maximiser les performances en champs, et iii) évaluer le rétablissement de la biodiversité.

Des essais en champs ont testé différents traitements sylvicoles, dont l'application d'engrais, le sarclage et le paillage. Les tapis de paillis de carton ont été particulièrement efficaces sur les sites dégradés secs.

Dans les parcelles expérimentales, tous les arbres sont marqués et mesurés 2 à 3 fois chaque année: la hauteur, le diamètre au collet et la largeur de la cime sont enregistrés à chaque fois. Cela a abouti à une vaste base de données contenant des informations sur la performance en champs des essences forestières indigènes, et a permis l'identification de celles qui fonctionnent comme essences «framework».

Les parcelles ont été mises en place en étroite collaboration avec les habitants du village de Ban Mae Sa Mai (voir **Encadré 8.1**). Ce partenariat avec une communauté locale a fourni à la FORRU-CMU trois ressources importantes: i) une source de connaissances autochtones; ii) la possibilité pour les populations locales de tester la faisabilité des résultats de recherche, et iii) la main-d'œuvre locale. À la demande des villageois, la FORRU-CMU a financé la construction d'une pépinière communautaire dans le village et formé les villageois aux méthodes de base de multiplication d'arbres et à la gestion des pépinières. Les villageois vendent maintenant des plants d'arbres forestiers indigènes à d'autres projets de restauration.

Le résultat de ce projet a été une procédure efficace qui peut être utilisée pour restaurer rapidement la forêt sempervirente de basse montagne dans le nord de la Thaïlande. Les espèces «framework» ayant produit les meilleures performances ont été identifiées (Elliott *et al.*, 2003.) et les traitements sylvicoles optimaux déterminés (Elliott *et al.*, 2000; FORRU, 2006). La fermeture du couvert peut désormais être réalisée au bout de 3 ans après la plantation (avec une densité de plantation

Les élèves du monde entier visitent désormais la pépinière et les parcelles expérimentales de la FORRU-CMU pour apprendre les techniques de restauration forestière.

de 3.100 arbres par hectare). Le rétablissement rapide de la biodiversité a également été réalisé. Selon Sinhaseni (2008), 73 essences non plantées ont recolonisé les parcelles au bout de 8 à 9 ans. Lorsqu'elles ont été combinées avec les 57 espèces «framework» plantées, la richesse spécifique totale des parcelles échantillonnées s'élevait à 130 (85% des arbres de la forêt sempervirente cible). La richesse spécifique de la communauté d'oiseaux a augmenté d'environ 30, avant la plantation, à 88, au bout de 6 ans, dont 54% des espèces rencontrées dans la forêt cible (Toktang, 2005).

Les techniques mises au point ont été publiées dans un guide du praticien, convivial, intitulé «How to Plant a Forest», («Comment planter une forêt»), en thaï et en anglais (FORRU, 2006), et traduit par la suite en cinq autres langues régionales. Le projet a également abouti à un ensemble de protocoles qui pourraient être appliqués par les chercheurs dans d'autres régions tropicales pour mettre au point des techniques de restauration de tout type de forêt tropicale, en tenant compte des arbres indigènes et des conditions climatiques et socio-économiques de la zone. Celles-ci ont été publiées dans un manuel destiné aux chercheurs, intitulé «Research for Restoring Tropical Forest Ecosystems» («Recherche pour la restauration des écosystèmes forestiers tropicaux») (FORRU, 2008), également en plusieurs langues. Les deux livres peuvent être téléchargés gratuitement sur www.forru.org. Ces manuels ont ensuite été utilisés pour reproduire le concept de FORRU dans la restauration des autres types de forêts, en grande partie avec le soutien de l'Initiative Darwin du Royaume-Uni: dans le sud de la Thaïlande (http://darwin.defra.gov.uk/project/13030/), en Chine (http:// darwin.defra.gov.uk/project/14010/) et au Cambodge (http://darwin.defra.gov.uk/project/EIDPO026 /).

Le résultat le plus important du projet est un ensemble de techniques de restauration de la forêt tropicale sempervirente sur les terres agricoles abandonnées à des altitudes supérieures à 1.000 m au-dessus de la mer. Huit ans et demi après la plantation de 29 espèces «framework», les mauvaises herbes furent éliminées, l'humus s'était accumulé, un couvert forestier à plusieurs niveaux s'était développé et le rétablissement de la biodiversité était bien engagé.

ANNEXE 1: MODÈLES DE FICHES DE COLLECTE DE DONNÉES

A1.1 Evaluation rapide du site

A1.2 Phénologie

A1.3 Collecte de semences

A1.4 Germination

A1.5 Croissance des plants

A1.6 Cahier de bord de la production de la pépinière

A1.7 Evaluation sur le terrain des arbres plantés

A1.8a Suivi de la végétation — arbres

A1.8b Suivi de la végétation — flore du sol

A1.9 Suivi des oiseaux

A1.1 Evaluation rapide du site

Cercle	Signes de bétail	Signes de feu	Sol (% exposé, condition, érosion)	Mauvaises herbes (% du couvert et hauteur moyenne, +/–de semis)	Nbre d'arbres >1 m de haut (<30 cm CHP)	Nbre de souches d'arbres vivantes	Nbre d'arbres >30 cm CHP	Nbre total d'arbres de régénération
1								
2								
3								
4								
5								
6								
7								
8								
9								
10								

Total	
Moyenne	
Moyenne/ha	(= moyenne × 10.000/78)
Nbre d'arbres à planter par ha	(= 31.00 – Moyenne/ha)

Localisation GPS		
Enregistreur		
Date		
Total des espèces d'arbres issus de la régénération:	Pionnières	Climaciques

A1.2 Phénologie

ENREGISTREURS:			DATE:		LOCALISATION:								
Ordre	Etiquette	No d'espèce	Espèce	CHP	BF	FL	FR	BN	JF	FM	FS	Emplacement d'arbre /Notes	

CHP = Circonférence à la hauteur de la poitrine, BF = Bourgeon floral, FL = Fleur, FR = Fruit, BN = Branche nue, JF = Jeune feuille, FM = Feuille mature, FS = Feuille sénescente.

A1.3 Collecte de semences

Date de collecte de semences:	No de l'espèce:	No du lot:
Famille:		Nom commun:
Nom botanique:		
Localisation:		
Coordonnées du GPS:		Altitude:
Type de forêt:		
Collectées sur:	Sur le sol [ ]	Sur un arbre [ ]
No d'étiquette de l'arbre:	Circonférence du tronc de l'arbre: cm	Hauteur de l'arbre: m
Collecteur:		Date d'ensemencement:
Notes		Spécimens de référence recueilli? [ ]

✂ -

**UNITÉ DE RECHERCHE RESTAURATION FORESTIÈRE
ETIQUETTE DE L'HERBIER DU SPÉCIMEN DE RÉFÉRENCE**

N.B.:Toutes les dates sont écrites en jour/mois/année

FAMILLE: | NOM COMMUN:

NOM BOTANIQUE: | DATE:

PROVINCE: | DISTRICT:

LOCALISATION:

COORDONNÉES DU GPS: | ALTITUDE:

HABITAT:

NOTES DESCRIPTIVES: | CIRCONFÉRENCE DU TRONC DE L'ARBRE: cm

HAUTEUR DE L'ARBRE: m

Ecorce

Fruit

Graine

Feuille

COLLECTE PAR: | NO D'IDENTIFICATION DU SPÉCIMEN: | NBRE DE DOUBLONS:

A1.4 Germination

Nom de l'espèce:

Date de collecte des graines:

Numéro de l'espèce:

Famille:

Date d'ensemencement:

Numéro du lot:

Nbre de graines semées par répétition:

DESCRIPTION DES TRAITEMENTS:

To
T1
T2
T3
T4
ETC.

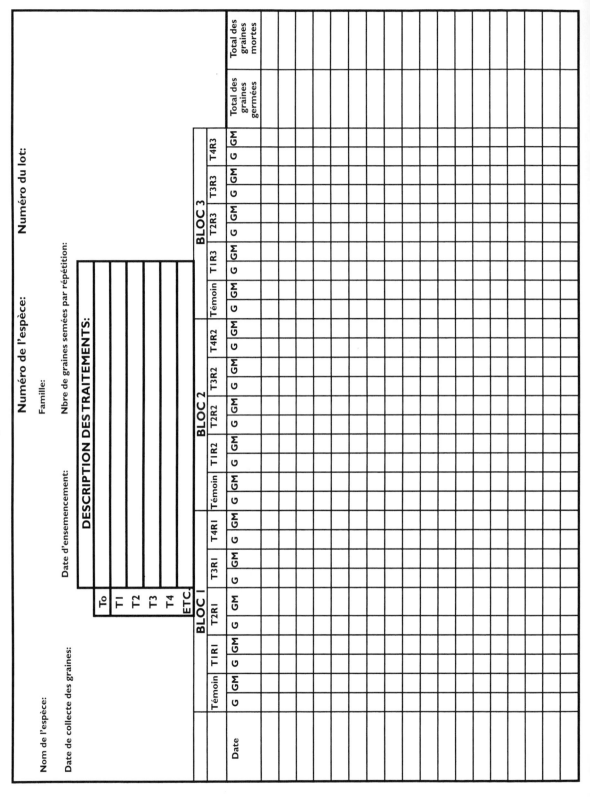

Date	**BLOC 1**															**BLOC 2**															**BLOC 3**															Total des graines germées	Total des graines mortes
	Témoin		T1R1		T2R1		T3R1		T4R1		Témoin		T1R2		T2R2		T3R2		T4R2		Témoin		T1R3		T2R3		T3R3		T4R3																		
	G	GM	G	GM	G	GM	G	GM	G	GM	G	GM	G	GM	G	GM	G	GM	G	GM	G	GM	G	GM	G	GM	G	GM	G	GM																	

A1.5 Croissance des plants

| Espèce: | | No de l'espèce: | | No du lot: | |

| Date d'ensemencement: | | Date de repiquage: | |

HAUTEUR (cm)

Date	Jours	1	2	3	4	5	6	7	8	9	10	11	12	13	14	15	MOY	TCR

LARGEUR DU COLLET (mm)

Date	Jours	1	2	3	4	5	6	7	8	9	10	11	12	13	14	15	MOY	TCR

SCORE DE SANTÉ (0–3)

Date	Jours	1	2	3	4	5	6	7	8	9	10	11	12	13	14	15	MOY

MOY = Moyenne; TCR = Taux de croissance relatif

A1.6 Enregistrement de la production de la pépinière

Année............... No................

ESPÈCE:	NO DE L'ESPÈCE:	NO DU LOT:

1. GERMINATION DES GRAINES		
Traitement de graines en présemis:		
Type de terreaux et de plateaux:		
	Date:	**Quantité:**
Collecte de semences:		
Ensemencement:		
Date de la première germination:		
OBSERVATIONS:		

2. REPIQUAGE		
Terreau de rempotage: **Type de conteneur:**		
	Date:	**Quantité:**
Repiquage:		
OBSERVATIONS (état des semis):		

3. ENTRETIEN DE LA PÉPINIÈRE	Dates			
	1	2	3	4
Engrais:				
Elagage:				
Sarclage:				
Mesures prises contre les parasites/maladies:				

4. ENDURCISSEMENT ET TRANSPORT VERS LE SITE DE PLANTATION			
Date du début de l'endurcissement:	**Nbre de plants:**		
	Date	**Quantité**	**Lieu**
Transportée:			
Transportée:			
Transportée:			
OBSERVATIONS;			

A1.7 Evaluation sur le terrain des arbres plantés

NOM DE LA PARCELLE:		EMPLACEMENT DE LA PARCELLE:	
DATE DU SUIVI:		ENREGISTREUR(S):	

No d'ordre	No de l'espèce	No d'étiquette	Notes précédentes	Diamètre au collet (mm)	Hauteur (cm)	Largeur de la cime (cm)	Score de santé (0–3)	Score des mauvaises herbes (0–3)	Notes

A1.8a Suivi de la végétation — arbres

DATE:	ENREGISTREUR:		NO DE LA PARCELLE:	NO DU CERCLE:
LOCALISATION:	TYPE DE FORÊT:			GPS

Arbres dont la hauteur est supérieure à 50 cm dans un cercle ayant un rayon de 5 m								
Espèce d'arbre	Plantée/ naturelle	No d'étiquette	Diamètre au collet (mm)	CHP (cm) (>6,3 cm)	Score de santé (0–3)	Largeur de la cime (cm)	Nbre de tiges taillées	Notes

CHP = Circonférence à la hauteur de la poitrine

A1.8b Suivi de la végétation — flore du sol

DATE:	ENREGISTREUR:	NO DE LA PARCELLE:	NO DU CERCLE:
LOCALISATION:	TYPE DE FORÊT:		GPS:

Espèces de flore du sol dans un cercle ayant un rayon de 1 m	SCORE
Litière de feuilles	
Sol nu	
Rochers	

ESPÈCE						SCORE	Plantules? Oui/Non

Score <5% = 0.5; 5–9% = 1; 10–24% = 2; 25–49% = 3; 50–79% = 4; et 80%+ = 5

A1.9 Suivi des oiseaux

Enregistreurs:		Nom du fichier:	
Date:		Conditions météorologiques:	
Numéro du bloc:		Numéro de la parcelle:	
Date de début:		Date de fin:	

Temps	Espèce	Nbre d'oiseaux (sexe)	Vue ou chant/ appel	Distance du point (m)	Activité	Espèce d'arbre (le cas échéant)

ANNEXE 2: DISPOSITIF EXPÉRIMENTAL ET TESTS STATISTIQUES

A2.1 Expériences en blocs aléatoires complets

Toutes les expériences écologiques produisent des résultats très variables. Par conséquent, les expériences doivent être répétées ou «répliquées» à plusieurs reprises. Les résultats doivent être présentés sous forme de valeurs moyennes suivies d'une mesure de la variation entre les expériences répétées qui sont soumises au même traitement (par exemple, la variance ou l'écart-type). Heureusement, la plupart des expériences nécessaires pour la recherche dans le domaine de la restauration forestière (par exemple, les tests de germination, les expériences sur la croissance des plants et les essais en champ) peuvent toutes être mises en place en utilisant le même dispositif expérimental de base et la même méthode d'analyse statistiques: un «dispositif en blocs aléatoires complets» (également connue sous le nom de «randomised complete block design» ou «RCBD»). Les résultats sont analysés au moyen d'une analyse de variance («ANOVA») à deux facteurs, suivie des comparaisons par paires.

Qu'est-ce qu'un «dispositif en blocs aléatoires complets»?

Chacun des «blocs» répétés au sein d'un dispositif en blocs aléatoires complets est constitué d'une copie ou replique témoin et d'une replique de chaque traitement testé. Chaque traitement et le témoin sont représentés de la même manière dans chaque bloc (c'est-à-dire en utilisant le même nombre de graines, de plantes, etc.). Dans chaque bloc, les positions du témoin et des traitements sont affectées au hasard. Les blocs répétés sont placés au hasard dans la zone d'étude (ou la pépinière).

Pourquoi utiliser un dispositif en blocs aléatoires complets?

Un dispositif en blocs aléatoires complets sépare les effets dus à la variabilité environnementale de ceux des traitements testés. Chaque bloc peut être exposé à des conditions environnementales légèrement différentes (lumière, température, humidité, etc.). Ceci crée une variabilité dans les données qui peut masquer les effets des traitements appliqués; mais une répétition du témoin et les répétitions des traitements étant regroupées dans chaque bloc, tous les plateaux de germination ou toutes les parcelles au sein d'un bloc sont exposés aux conditions similaires. Par conséquent, les effets de la variabilité des conditions externes peuvent être pris en compte et les effets des traitements appliqués (ou l'absence d'effets) révélés par une analyse de variance à deux facteurs (voir **Section A2.2**).

Combien de blocs et de traitements?

Dans l'idéal, le nombre total de blocs et de traitements utilisés devrait dériver au moins 12 «degrés de liberté résiduels» (dlr) selon l'équation ci-dessous...

$$dlr = (t–1) \times (b–1)$$

....où t représente le nombre de traitements (dont le témoin) et b le nombre de blocs. Dans la réalité, il est souvent très difficile de parvenir à un dlr supérieur à 12 dans les expériences en pépinière en raison des pénuries de semences, d'arbres, de terres ou de main-d'œuvre disponibles. Un dlr <12 peut toujours produire des résultats fiables si vous assurez autant que possible l'uniformité entre les blocs. Sinon, vous pouvez utiliser un dispositif expérimental plus simple (par exemple, les expériences appariées qui comparent un seul traitement avec un témoin) et des méthodes d'analyse plus simples (par exemple, le khi-carré pour les données de germination ou de survie (voir **Section 7.4**).

A2.2 Analyse de variance (ANOVA)

Les résultats d'expériences en blocs aléatoires complets peuvent être analysés au moyen d'un test statistique rigoureux et universel appelé analyse de variance (ANOVA). Ce test existe sous plusieurs formes. Celle utilisée pour analyser les expériences en blocs aléatoires complets est une «ANOVA à deux facteurs (sans répétition)». La partie «sans répétition» est source de confusion, car les traitements sont répétés dans les blocs, mais dans le jargon statistique, cela signifie qu'il n'existe qu'une seule valeur pour chaque traitement dans chaque bloc; par exemple, pour des expériences de germination, il existe une valeur pour le nombre de graines germant dans chaque bac de germination répété.

La manière la plus simple d'effectuer une analyse de variance consiste à utiliser l'utilitaire d'analyse (Analysis ToolPak) qui est livré avec Microsoft Excel; donc, assurez-vous d'abord que l'utilitaire d'analyse est installé dans votre ordinateur.

Si vous utilisez Windows XP, ouvrez Excel et cliquez sur «Outils» dans la barre d'outils, puis cliquez sur «Compléments...». Assurez vous que la case à côté de «Utilitaire d'analyse» contient une coche. Si la case cochée n'apparaît pas, vous devez redémarrez l'installation d'Excel et installer le complément «Utilitaire d'analyse».

Si vous utilisez Vista ou Windows 7, cliquez sur le bouton Microsoft Office (en haut à gauche), puis sur le bouton «Options d'Excel» (en bas à droite du menu déroulant), puis sur «Compléments» et en fin sur le bouton «Aller à» à côté de «Gérer Compléments Excel». Cochez la case «Utilitaire d'analyse».

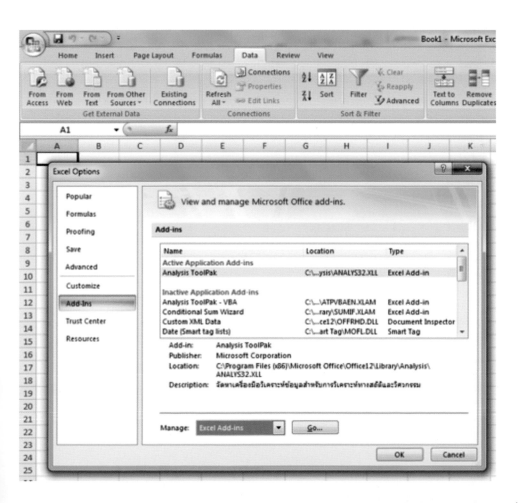

Les expériences décrites dans les **Chapitres 6** et **7** génèrent deux types de données: i) les données binomiales, qui décrivent des variables qui n'ont que deux états, par exemple la germination (c.-à.-d. les graines germées ou non germées) et la survie (c.-à.-d. les arbres vivants ou morts), et ii) les données continues (qui peuvent avoir n'importe quelle valeur; par exemple, la hauteur des plants, le diamètre au collet, la largeur de la cime ou le taux de croissance relatif. Si vous analysez les données binomiales, vous devez d'abord transformer ces données en arc sinus, pour des raisons statistiques, avant de procéder à l'analyse de variance. Si vous analysez les données continues, vous pouvez omettre la section suivante et passer directement à l'analyse de variance.

Préparation des données binomiales pour l'analyse de variance

Saisissez vos données (par exemple, le nombre de graines germées ou le nombre d'arbres survivants) dans un tableau tel qu'illustré ci-dessous («Original data» ou données originales), où les blocs sont sous forme de lignes et les traitements sous forme de colonnes.

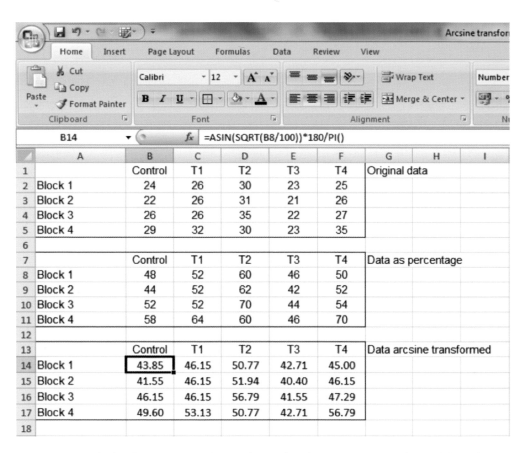

Dans cet exemple, les données originales sont le nombre de graines germées (sur 50) dans chacun des 4 blocs pour chacun des 5 traitements de graines en présemis: par exemple, T1 = trempage dans de l'eau chaude pendant 1 heure, T2 = scarification avec du papier de verre, T3 = trempage dans de l'acide pendant 1 minute, et T4 = trempage dans de l'eau froide pendant une nuit.

Ensuite, construisez un autre tableau pour calculer les valeurs de pourcentage: («Data as percentage» dans notre exemple): par exemple, pour le témoin du bloc 1, 24 graines ont germé sur 50 semées, de sorte que le pourcentage de germination = 24/50 × 100 = 48%.

Puis, construisez un troisième tableau, afin de calculer les pourcentages transformés en arc sinus; par exemple, pour le témoin du bloc 1 (situé dans la cellule B8), tapez la formule suivante dans le troisième tableau:

$$=ASIN(SQRT(\textbf{B8/100}))*180/PI()$$

Puis, copiez la formule dans les autres cellules du troisième tableau. Pour vous assurer que vous avez correctement saisi la formule, saisissez 90 dans le tableau de pourcentage. Une valeur de 71,57 transformée en arc sinus devrait réapparaître dans le troisième tableau.

Maintenant, procédez à l'analyse de variance telle que décrite ci-dessous, en utilisant les pourcentages transformés en arc sinus.

Analyse de variance

Dans cet exemple, nous utilisons la hauteur moyenne des arbres (en cm) 18 mois après la plantation dans un système de parcelles d'essais en champs (SPEC) (voir **Section 7.5**), soumises à différents traitements d'engrais. Ouvrez une nouvelle feuille de calcul et saisissez-y vos données, les blocs étant sous forme de lignes et les traitements sous forme de colonnes, comme illustré ci-dessous.

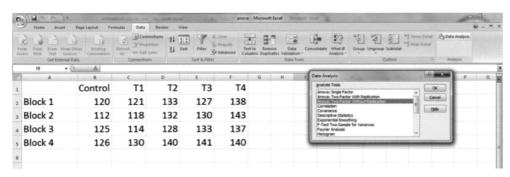

Dans cet exemple, les données montrent la hauteur des arbres (en cm). Différentes doses d'engrais ont été appliquées aux arbres au moment de la plantation et trois fois pendant la saison des pluies: T1 = 25g d'engrais, T2 = 50g, T3 = 75g et T4 = 100g.

Ensuite, si vous utilisez Windows XP, cliquez sur «Outils» puis sur «Analyse de données...». Avec Vista ou Windows 7, cliquez sur l'onglet «Données» en haut de l'écran, puis sur «Analyse des données» (en haut à droite). Une boîte de dialogue, contenant une liste de divers tests statistiques, apparaîtra. Cliquez sur «ANOVA À deux facteurs sans répétition», puis cliquez sur «OK».

Une autre boîte de dialogue apparaîtra. Cliquez sur le bouton carré à droite de la case «Données d'entrée» («Plage d'entrée» dans Windows 7). Ensuite, à l'aide de la souris, faites glisser le curseur sur le tableau de données pour sélectionner l'ensemble des données, y compris les titres des colonnes et des lignes. Cliquez sur le bouton carré à nouveau pour revenir à la boîte de dialogue, puis assurez-vous qu'il y a une coche dans la case «Etiquettes» et que la valeur figurant dans la case «Alpha» est de 0,05. Cliquez sur le bouton circulaire, «Plage de sortie:», puis sur le bouton carré à droite de la case de la plage de sortie. Dans la feuille de calcul, placez le curseur sur une cellule immédiatement au-dessous de votre tableau de données et cliquez. Puis retournez à la boîte de dialogue et cliquez sur «OK». Deux tableaux de résultats de levée apparaîtront sous votre tableau de données. Celui du haut récapitule les valeurs moyennes de chaque traitement et de chaque bloc, accompagnées d'une mesure de la variabilité (c'est-à-dire la variance). Celui du bas indiquera s'il existe des différences significatives entre les traitements.

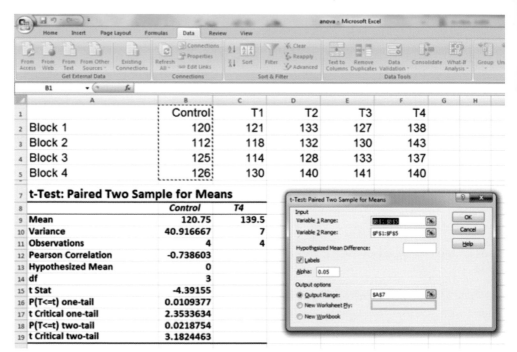

Les résultats complets du tableau ci-dessus contenant les résultats de levée se présentent comme suit:

Analyse de variance à deux facteurs sans répétition.

Résumé	Dénombrement	Total	Moyenne	Variance
Bloc 1	5	639	127,8	59,7
Bloc 2	5	635	127,0	149,0
Bloc 3	5	637	127,4	77,3
Bloc 4	5	677	135,4	47,8
Témoin	4	483	120,75	40,92
T1	4	483	120,75	46,25
T2	4	533	133,25	24,92
T3	4	531	132,75	36,25
T4	4	558	139,50	7,00

Dans cet exemple, les variances au sein des blocs (entre traitements) sont généralement supérieures aux variances au sein des traitements (entre blocs), ce qui laisse entendre que les effets des traitements sont plus fiables que les variations aléatoires résultant des différences dans les conditions entre les blocs. On a l'impression que les traitements 2, 3 et 4 augmentent la germination par rapport au témoin, tandis que le traitement 1 n'a aucun effet. Mais ces résultats sont-ils significatifs? Le tableau du bas répond à cette question.

Analyse de variance						
Source de variation	SS	df	MS	F	Valeur de P	Valeur critique de F
Lignes	241,6	3	80,5333	4,3066	0,02799	3,49029
Colonnes	1110,8	4	277,7	14,8503	0,00014	3,25917
Erreur	224,4	12	18,7			
Total	1576,8	19				

Dans ce tableau, les «Lignes» correspondent aux blocs et les «Colonnes» aux traitements. L'analyse de variance teste l' «hypothèse nulle» selon laquelle il n'y a pas de différences réelles entre le témoin et les traitements testés et que les variations entre les valeurs moyennes sont simplement dues au hasard. Par conséquent, si l'on trouve de grandes différences entre les valeurs moyennes des traitements et des blocs, l'hypothèse sera fausse, et au moins l'un des traitements aura eu un effet significatif. Les valeurs importantes à examiner sont les valeurs de P, qui augmentent la probabilité de la validité de l'hypothèse nulle (c'est-à-dire qu'il n'y a pas de différence). Par conséquent, le tableau montre qu'il n'existe qu'une probabilité de 0,00014 sur 1, soit 0,014% que les différences entre les traitements n'existent pas (et donc une probabilité de 99,986% qu'ils sont identiques). De même, des différences réelles entre les blocs sont hautement probables (une probabilité de 97,2%). Les différences significatives entre les blocs montrent qu'un dispositif en blocs aléatoires était nécessaire pour éliminer une quantité substantielle de variations associées aux différences dans les microenvironnements qui affectent chaque bloc. Bien que cette analyse de variance montre des différences significatives entre les traitements, elle ne précise pas les différences qui sont significatives. Pour le faire, il est nécessaire de procéder à une comparaison par paires. Pour de plus amples informations sur l'analyse de variance pour un choix varié de techniques d'analyse, veuillez voir Dytham (2011) et Bailey (1995).

A2.3 Tests t jumelés (ou tests t appariés)

Si des différences significatives entre les valeurs moyennes sont confirmées par l'analyse de variance, des comparaisons par paires sont nécessaires pour déterminer les différences qui sont significatives. Parmi les tests statistiques qui permettent de déterminer si la différence entre deux moyennes est significative, figurent: le test de la plus petite différence significative (PPDS) de Fisher, le test de la plus petite amplitude significative de Tukey et le test de Newman Keuls. Ces tests peuvent être effectués à l'aide de logiciels statistiques, tels que Minitab ou SPSS, dont les versions d'essai peuvent être téléchargées sur Internet[1].

---

[1] spss.en.softonic.com

Dans Excel, vous pouvez effectuer un test t jumelé à l'aide de l'Utilitaire d'analyse. Il n'est pas statistiquement fiable d'utiliser ce test pour comparer toutes les moyennes à toutes les autres moyennes automatiquement. Adoptez la méthode dite «a priori», c'est-à-dire décidez des questions auxquelles vous voulez répondre à l'avance et n'effectuez que les tests qui répondent à ces questions. Dans ce cas, la question principale est: «les traitements augmentent ou réduisent-ils significativement la performance par rapport au témoin?»

Dans «Analyse des données», cliquez sur «test t» de comparaison de la moyenne de deux échantillons», puis cliquez sur «OK». Dans la boîte de dialogue, cliquez sur le bouton carré, à droite de la case «Plage de la Variable 1». Puis, à l'aide de la souris, faites glisser le curseur vers le bas du tableau pour sélectionner l'ensemble de données concernant le «témoin», y compris le titre de la colonne. Répétez l'opération pour la «Plage de la Variable 2» en sélectionnant l'ensemble de données concernant n'importe quel traitement que vous avez décidé de tester (l'impression d'écran ci-dessous montre les résultats concernant le «témoin» par rapport à «T4»). De retour dans la boîte de dialogue, sélectionnez une «Différence hypothétique des moyennes» de «0» (l'hypothèse nulle étant qu'il n'y a pas de différence significative entre les données de traitement). Assurez-vous qu'il y a une coche dans la case «Etiquettes» et que la valeur figurant dans la case «Alpha» est de 0,05. Cliquez sur le bouton radio (case d'options circulaire), «Plage de sortie:», puis sur le bouton carré à droite de la case de la plage de sortie. Dans la feuille de calcul, placez le curseur sur une cellule immédiatement à côté de votre tableau de données et cliquez. Puis retournez à la boîte de dialogue et cliquez sur «OK». Un tableau de résultats de sortie apparaîtra à côté de votre tableau de données. Répétez le processus pour toutes les comparaisons par paires que vous jugerez utiles.

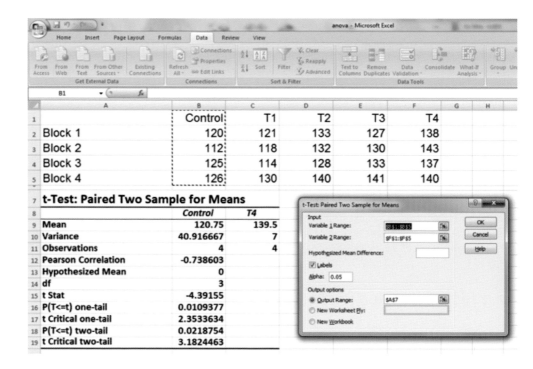

test t de comparaison de la moyenne de deux échantillons.

	Témoin	T2	Témoin	T3	Témoin	T4
Moyenne	120,75	133,25	120,75	132,75	120,75	139,5
Variance	40,91667	24,91667	40,91667	36,25	40,91667	7
Observations	4	4	4	4	4	4
Corrélation de Pearson	0,25316		0,629662		-0,7386	
Différence hypothétique des moyennes	0		0		0	
df	3		3		3	
t Stat	-3,54738		-4,48252		-4,39155	
P(T<=t) unilatéral	0,019081		0,010353		0,010938	
t intervalle de confiance unilatéral	2,353363		2,353363		2,353363	
P(T<=t) bilatéral	0,038162		0,020706	sig	0,021875	sig
t intervalle de confiance bilatéral	3,182446		3,182446		3,182446	

Le tableau de résultats de l'analyse de variance concernant la hauteur des arbres dans la **Section A2.2** ci-dessus (p312) a montré que les valeurs moyennes pour les traitements 2, 3 et 4 sont plus élevées que le témoin, tandis que la valeur moyenne de traitement 1 est similaire. Pour que ces différences soient significatives, la valeur de «t Stat» doit être supérieure à la valeur critique déterminée à partir du nombre de degrés de liberté et de la valeur acceptable de P (généralement 5%). L'importance des différences est donc déterminée par l'examen de la valeur de «P(T<=t) bilatéral». Si cette valeur est inférieure à 0,05, la différence est significative. Cela signifie qu'il y a une probabilité de moins que 5% que l'hypothèse nulle (c'est-à-dire que la différence entre les moyennes est nulle) soit correcte. Dans l'exemple de test t ci-dessus, les traitements T2, T3 et T4 satisfont tous à cette condition. Donc, le résultat est que l'application de 50 à 100 g d'engrais a très probablement augmenté la hauteur des arbres de 121 cm (témoin) à près de 133 à 140 cm, en fonction de la quantité d'engrais utilisée. L'application de 25 g d'engrais n'a très probablement eu aucun effet. Vous pouvez ignorer les autres données figurant dans le tableau du test t, telles que les valeurs des tests unilatéraux, sauf si vous êtes confiant à propos de leur interprétation.

GLOSSAIRE

Agroforesterie: Mode de plantation qui augmente et diversifie les avantages économiques de la foresterie par l'ajout de cultures et/ou du bétail dans le système.

Aire protégée: Zone terrestre et/ou marine qui est spécialement consacrée à la protection et à la préservation de la diversité biologique et des ressources naturelles et culturelles connexes, et qui est gérée par des moyens juridiques ou d'autres moyens efficaces.

Arbres nourriciers/essences nourricières: Essences pionnières très résistantes, généralement à croissance rapide, plantées spécifiquement pour restaurer les conditions environnementales et pédologiques qui sont favorables à l'établissement d'une gamme plus variée d'essences forestières indigènes.

Autochtone (indigène): Se dit d'une espèce originaire d'une région, non introduite; le contraire d'exotique.

Banque de semences: Toutes les graines, souvent dans un état de dormance, qui sont stockées dans le sol de plusieurs écosystèmes terrestres. Une banque de semences se réfère également au stockage des graines récoltées destinées pour les activités de restauration forestière.

Biodiversité: Variété de formes de vie englobant les gènes, les espèces et les écosystèmes.

Calendrier de production: Description concise des procédures de production de plants de taille et de qualité optimales à partir des graines (ou des semis naturels) au moment optimal pour la plantation. Ce calendrier combine toutes les connaissances disponibles sur l'écologie reproductive et la culture d'une espèce.

CHP (circonférence à la hauteur de la poitrine): le circonférence du tronc de l'arbre à 1,30 m au-dessus du sol.

Collet: Point à partir duquel les parties aériennes rencontrent la racine pivotante.

Compensation de la biodiversité: Paiements effectués par les organismes dont les actions détruisent ou diminuent la biodiversité dans un endroit et qui sont utilisés pour restaurer la biodiversité dans un autre lieu, permettant ainsi qu'il n'y ait pas de perte nette de biodiversité.

Conservation: Préservation, gestion, et entretien des ressources naturelles et culturelles.

Crédits de carbone: Paiements par les émetteurs de carbone (entreprises, gouvernements ou individus) qui sont utilisés pour financer des projets de compensation de carbone qui visent à absorber le dioxyde de carbone de l'atmosphère, ce qui conduit à une augmentation nette à peu près nulle du dioxyde de carbone dans l'atmosphère.

Décidue: Se dit des feuilles qui tombent ou se détachement annuellement, ou périodiquement; non persistantes.

Déforestation: Transformation des forêts en d'autres utilisations de terres avec une couverture forestière moins de 10%; par exemple, les terres arables, les pâturages, les utilisations urbaines, les zones déboisées, ou les terrains incultes.

Dégradation: Perturbation qui aboutit à la diminution de la qualité de la forêt et à l'empêchement du fonctionnement de l'écosystème forestier.

DHP (diamètre à la hauteur de la poitrine): le diamètre du tronc de l'arbre, mesuré à 1,30 m au-dessus du sol.

Disparition: Disparition d'une espèce d'une zone particulière, tout en survivant ailleurs.

Dissémination de graines: Dispersion de graines dans une zone à travers des processus naturels. Elle peut se produire par le biais de divers mécanismes de dispersion, dont la dispersion par le vent et les animaux.

Diversité génétique: Diversité au sein d'une espèce

DMD (durée moyenne de la dormance): Temps mis entre la plantation d'un lot de semences et la germination de la moitié des semences qui germent finalement; par exemple, pour 10 graines germées sur un lot de 100 semées, c'est le temps de germination de la 5ème graine.

Dormance: Période au cours de laquelle des graines viables retardent leur germination, en dépit des conditions (humidité, température, lumière, etc.) qui sont normalement favorables aux étapes ultérieures de la germination et à l'établissement des plantules.

Écosystèmes nourriciers: Peuplements d'arbres qui ne sont nécessairement pas constitués d'espèces indigènes, utilisés pour faciliter la régénération naturelle des espèces indigènes.

Écotourisme: Tourisme vert à faible impact qui produit des effets positifs pour la conservation de la biodiversité.

Ectomycorhize: Association entre les racines des plantes vasculaires et des champignons, et qui forme une gaine fongique sur les surfaces radiculaires et entre les cellules corticales des racines.

Endémique: Indigène et confiné(e) à une zone particulière.

Épiphyte: Plante qui pousse sur une autre plante sans toutefois y pénétrer; par exemple, les orchidées poussant sur la branche d'un arbre.

Espèces d'arbres clé: Espèces qui fleurissent ou fructifient à un moment où les ressources alimentaires des animaux sont rares.

Espèces d'arbres (ou essences) «framework»: Essences forestières autochtones, non domestiquées, qui, lorsqu'elles sont plantées sur des sites déboisés, rétablissent rapidement la structure et le fonctionnement écologique de la forêt, tout en attirant les animaux disperseurs de graines.

Espèces «framework» candidates: Essences autochtones faisant l'objet de test de rendement en pépinière et sur le terrain pour décider de leur adoption comme espèces «framework».

Espèces recrutées: Essences supplémentaires (non plantées) qui s'établissent naturellement dans les sites de restauration forestière.

Espèces sauvages: Ensemble des espèces végétales et animales non domestiquées vivant dans des habitats naturels.

Essences climaciques: Espèces d'arbres qui composent la forêt climacique.

Essences pionnières: Espèces d'arbres de début de succession qui ne germent qu'en plein soleil ou au sein des très larges trouées. Elles présentent des taux de photosynthèse et de croissance élevés, ont de simples ramifications, et nécessitent une température élevée et/ou une haute intensité lumineuse pour leur germination. Ces essences ont généralement une courte durée de vie et sont propres à la forêt pionnière.

Exotique: Se dit d'une espèce introduite, non indigène.

Extinction: Disparition d'une espèce à l'échelle mondiale; On parle d'extinction lorsque les individus d'une même espèce n'existent plus.

Feuilles sénescentes: Feuilles qui perdent leur chlorophylle (et donc leur couleur verte) juste avant la chute des feuilles.

Fonte des semis: Maladies fongiques qui attaquent les les tiges des jeunes plants.

Foresterie analogue: Foresterie qui utilise une combinaison d'essences forestières domestiquées et indigènes et d'autres plantes pour rétablir une structure forestière semblable à celle de la forêt climacique.

Forêt cible: Écosystème forestier qui définit les objectifs d'un programme de restauration forestière en termes de composition spécifique, de structure, et de niveaux de biodiversité et ainsi de suite; il s'agit généralement du vestige le plus proche de la forêt climacique qui subsiste dans le paysage, à une altitude, sur une pente, avec un aspect tous semblables à ceux du site de restauration.

Forêt climacique (forêt-climax): Phase finale de la succession forestière, un écosystème forestier relativement stable ayant atteint le développement maximum en termes de biomasse, de complexité structurelle et de biodiversité qui peuvent être supportées dans les limites imposées par le sol et les conditions climatiques qui y règnent.

Forêt communautaire: Forêt qui est gérée collectivement par les populations locales, généralement on peut y faire d'extraction de produits forestiers ligneux et non ligneux.

Forêt pionnière: Forêt dans les premières phases du rétablissement suite à une perturbation importante, aux sols appauvris, et qui est plus exposée au rayonnement solaire et au vent que la forêt climacique.

Forêt primaire: Forêt climacique qui n'a pas été considérablement perturbée au cours des derniers temps.

Forêt secondaire: Forêt ou zone boisée qui a repoussé après une perturbation de grande envergure, mais n'est pas encore au point de fin de succession (forêt climacique), et qui se caractérise généralement par des différences dans la fonctionnalité de l'écosystème, la diversité des espèces végétales, la complexité structurelle et ainsi de suite.

Frugivore: Qui se nourrit de fruits.

FORRU (Unité de recherche sur la restauration forestière): Unité mise en place pour mettre au point des méthodes d'exploitation et d'accélération des processus naturels de régénération des forêts, de manière à pouvoir rétablir des écosystèmes forestiers riches en biodiversité, semblables à la forêt climacique.

Germination: Croissance des graines ou des spores après une période de dormance; émergence d'une racine embryonnaire à travers le tégument des graines.

GPS (Global Positioning Système ou Système de localisation mondial): Système portatif ou monté sur un véhicule qui utilise les communications par satellite pour déterminer la position géographique et d'autres informations sur la navigation.

Graines intermédiaires: Graines qui peuvent être séchées à une faible teneur en eau, se rapprochant de celle des graines orthodoxes, mais qui sont sensibles au froid lorsqu'elles sont séchées.

Graines orthodoxes: Graines qui sont faciles à stocker pendant de nombreux mois, voire des années.

Graines récalcitrantes: Graines qui sont sensibles au séchage et au refroidissement.

Herbier: Institut destiné aux collections de spécimens séchés, préservés et bien étiquetés, de plantes et de champignons.

Hyphe: Longue cellule filamenteuse ramifiée d'un champignon; le principal mode de croissance végétative d'un champignon; les hyphes forment un réseau ramifié appelé «mycélium».

Méthodes de la diversité maximale/de Miyawaki utilisée pour la restauration forestière: Méthodes visant à restaurer autant que possible la richesse spécifique de la forêt d'origine sans compter sur la dispersion naturelle des graines.

Méthodes des espèces «framework» (foresterie «framework»): plantation du nombre minimal d'espèces d'arbres indigènes nécessaires pour rétablir les processus naturels de régénération de la forêt et pour restaurer la biodiversité. Elle combine la plantation de 20 à 30 essences et diverses techniques de RNA pour améliorer la régénération naturelle, en créant un écosystème forestier autonome à partir d'une activité de plantation unique.

Mycorhize: Association symbiotique (parfois faiblement pathogène) entre un champignon et les racines d'une plante.

Mycorhizes vésiculo-arbusculaires (MVA): Champignons mycorhiziens qui poussent dans le cortex racinaire de la plante hôte et pénètrent les cellules des racines, en formant deux types de structures spécialisées: les arbuscules et les vésicules. On les connaît aussi sous le nom de mycorhizes arbusculaires.

ONG (organisation non gouvernementale): Organisation de droit créée par des individus ou des organisations sans la participation ni la représentation de l'Etat.

Paiements pour services environnementaux (PSE): Mécanisme de compensation de ceux qui participent à la restauration ou à la conservation des forêts pour le stockage de carbone, la protection des bassins versants, la conservation de la biodiversité et tous les autres services environnementaux fournis par les forêts restaurées ou préservées.

Partie prenante: Toute personne affectée ou impliquée dans un projet de restauration forestière.

PFNL (produits forestiers non ligneux): Concept qui englobe généralement la végétation non ligneuses des forêts et des environnements agroforestiers qui ont une valeur commerciale. Parmi ces produits figurent: les plantes, les parties de plantes, les champignons, et d'autres matières biologiques exploitées dans les forêts naturelles, manipulées ou perturbées. Les PFNL peuvent se classer en quatre grandes catégories de produits: culinaires, floraux et de décoration, à base de bois, et suppléments médicinaux et alimentaires.

Phénologie: Étude des réactions des organismes vivants aux cycles saisonniers des conditions environnementales; par exemple, la floraison et la fructification périodiques des arbres.

Plantation d'enrichissement: Plantation d'arbres destinée à i) augmenter la densité de population des essences existantes ou à ii) accroître la richesse spécifique par l'ajout d'essences à la forêt dégradée; terme également utilisé pour signifier le repeuplement des forêts exploitées ou dégradées avec des espèces économiques.

Produit intérieur brut (PIB): Valeur totale de tous les biens et services achetés ou vendus dans une économie.

Rainforestation: Technique de restauration forestière, mise au point aux Philippines, qui utilise les essences indigènes pour restaurer l'intégrité écologique et la biodiversité, tout en produisant une gamme variée de bois et d'autres produits forestiers pour les populations locales.

RCBD (randomised complete block design/dispositif en blocs aléatoires complets): dispositif expérimental où la répartition des différents éléments est réalisée au hasard à l'intérieur des différents blocs, et indépendamment d'un bloc à l'autre.

RCD (root collar diameter): diamètre au «collet» de racines, juste au-dessus du niveau du sol.

Reconquête du site: Élimination de la végétation herbacée par les effets d'ombrage des arbres plantés ou par la RNA.

Reforestation: Plantation d'arbres pour rétablir la couverture forestière; elle comprend la plantation forestière, l'agroforesterie, la foresterie communautaire et la restauration forestière.

Régénération naturelle: Rétablissement sans intervention humaine de la forêt après une perturbation, ce qui améliore la fonctionnalité de l'écosystème, la diversité des espèces végétales, la complexité structurelle, la disponibilité de l'habitat et ainsi de suite.

Réserve d'extraction: Aires de conservation désignées dans lesquelles l'extraction des ressources est effectuée, tout en gardant à l'esprit l'objectif de conservation de la diversité biologique et de la base de ressources naturelles.

Restauration des paysages forestiers (RPF): gestion intégrée des fonctions de tous les paysages des zones déboisées ou dégradées pour rétablir l'intégrité écologique et améliorer le bien-être des humains; généralement elle comprend une certaine dose de restauration forestière.

Restauration forestière: Actions visant à rétablir les processus écologiques qui accélérant le rétablissement de la structure des forêts, le fonctionnement écologique et les niveaux de biodiversité qui tendent vers ceux typiques de la forêt climacique.

RNA (régénération naturelle accélérée/assistée): Mesures de gestion destinées à améliorer les processus naturels de la restauration forestière, mettant l'accent sur la promotion de la mise en place naturelle et la croissance ultérieure des arbres forestiers indigènes, tout en empêchant les facteurs qui pourraient être nuisibles.

Semis direct: Mise en place d'arbres sur des sites déboisés par l'introduction directe des semences dans le sol plutôt que par la transplantation des plants élevés en pépinière.

Semis naturels (sauvageons): Semis ou jeunes arbres poussant de façon naturelle dans une forêt indigène et qui sont déterrés pour être cultivés dans une pépinière.

Sempervirente: Se dit d'une plante dont le feuillage est toujours vert tout au long de l'année.

SIG (Système d'information géographique): Manipulation informatique des cartes et d'autres informations géographiques, utiles à la planification des projets de restauration forestière.

SPEC (système de parcelles d'essais en champ): Ensemble de petites parcelles, chacune étant plantée avec un mélange de différentes espèces «framework» candidates et/ou de traitements sylvicoles, selon le RCBD (dispositive en blocs aléatoires complets).

Spécimens de référence (spécimens témoins): Échantillons séchés de feuilles, de fleurs et de fruits d'arbres, etc. qui sont conservés aux fins de confirmation des noms d'espèces (à partir de l'étude phénologique des arbres sur lesquels sont récoltées les graines, etc.).

Sylviculture: Contrôle de l'établissement, de la croissance, de la composition, de la santé et de la qualité de la forêt pour répondre aux divers besoins et valeurs des propriétaires fonciers.

TCR (taux de croissance relative/relative growth rate/RGR): Mesure de taux de croissance de semis qui élimine les effets des différences dans la taille originale sur la croissance ultérieure.

Vestiges de forêt: Petites parcelles forestières qui survivent dans un paysage à la suite d'une déforestation à grande échelle.

RÉFÉRENCES

Aide, T. M., M. C. Ruiz-Jaen and H. R. Grau, 2011. What is the state of tropical montane cloud forest restoration? In Bruijnzeel, A., F. N. Scatena and L. S. Hamilton (eds.), Tropical Montane Cloud Forests: Science for Conservation. Cambridge University Press, Cambridge, pp 101–110.

Alvarez-Aquino, C., G. Williams-Linera and A. C. Newton, 2004. Experimental native tree seedling establishment for the restoration of a Mexican cloud forest. Restor. Ecol. 12(3): 412–418.

Anderson, J. A. R., 1961. The Ecology and Forest Types of the Peat Swamp Forests of Sarawak and Brunei in Relation to their Silviculture. PhD thesis, Edinburgh University, UK.

Aronson, J., D. Valluri, T. Jaffré and P. P. Lowry, 2005. Restoring Dry tropical forests. In: Mansourian, S., D. Vallauri and N. Dudley (eds.) (in co-operation with WWF International), Forest Restoration in Landscapes: Beyond Planting Trees. Springer, New York, pp 285–290.

Ashton, M. S., C. V. S. Gunatilleke, B. M. P. Singhakurmara, I. A. U. N. Gunatilleke, 2001. Restoration pathways for rain forest in southwest Sri Lanka: a review of concepts and models. For. Ecol. Manage. 154: 409–430.

Asia Forest Network, 2002. Participatory Rural Appraisal for Community Forest Management: Tools and Techniques. Asia Forest Network. www.communityforestryinternational.org/publications/field_methods_manual/pra_manual_tools_and_techniques.pdf

Assembly of Life Sciences (U.S.A.), 1982. Ecological Aspects of Development in the Humid Tropics. National Academy Press, Washington, D.C.

Bagong Pagasa Foundation, 2009. Cost comparison analysis ANR vs. conventional reforestation. Paper presented at the concluding seminar of FAO-assisted project TCP/PHI/3010 (A), Advancing the Application of Assisted Natural Regeneration (ANR) For Effective, Low-Cost Forest Restoration.

Bailey, N. T. J., 1995. Statistical Methods in Biology (3rd edition). Cambridge University Press, Cambridge.

Barlow, J. and C. A. Peres, 2007. Fire-mediated dieback and compositional cascade in an Amazonian forest. Phil. Trans. R. Soc. B, doi:10.1098/rstb.2007.0013. www.tropicalforestresearch.org/Content/people/jbarlow/Barlow%20and%20Peres%20PTRS%202008.pdf

Baskin, C. and J. Baskin, 2005. Seed dormancy in trees of climax tropical vegetation types. Trop. Ecol. 46(1): 17–28.

Bennett, A. F., 2003. Linkages in the Landscape: the Role of Corridors and Connectivity in Wildlife Conservation. IUCN, Gland and Cambridge.

Bertenshaw, V. and J. Adams, 2009a. Low-cost monitors of seed moisture status. Millennium Seedbank Technical Information Sheet No. 7. www.kew.org/msbp/scitech/publications/07-Low-cost%20moisture%20monitors.pdf

Bertenshaw, V. and J. Adams, 2009b. Small-scale seed drying methods. Millennium Seedbank Technical Information Sheet No. 8. www.kew.org/msbp/scitech/publications/08-Low-cost%20drying%20methods.pdf

Bhumibamon, S., 1986. The Environmental and Socio-economic Aspects of Tropical Deforestation: a Case Study of Thailand. Department of Silviculture, Faculty of Forestry, Kasetsart University, Thailand.

Bibby, C., M. Jones and S. Marsden, 1998. Expedition Field Techniques: Bird Surveys. The Expedition Advisory Centre, Royal Geographical Society, London.

Bone, R., M. Lawrence and Z. Magombo, 1997. The effect of *Eucalyptus camaldulensis* (Dehn) plantation on native woodland recovery on Ulumba Mountain, southern Malawi. For. Ecol. Manage. 99: 83–99.

Bonilla-Moheno, M. and Holl, K. D., 2010. Direct seeding to restore tropical mature-forest species in areas of slash-and-burn agriculture. Restor. Ecol. 18: 438–445.

Borchert, R., S. A. Meyer, R. S. Felger and L. Porter-Bolland, 2004. Environmental control of flowering periodicity in Costa Rican and Mexican tropical dry forests. Global Ecol. Biogeogr. 13: 409–425.

Boucher, D., 2008. Out of the Woods: A realistic role for tropical forests in curbing global warming. Union of Concerned Scientists, Cambridge, Massachusettes. www.ucsusa.org/assets/documents/global_warming/UCS-REDD-Boucher-report.pdf

Bradshaw, A. D., 1987. Restoration as an acid test for ecology. In: Jordan W. R., M. Gilpin and J. D. Aber (eds.), Restoration Ecology. Cambridge University Press, Cambridge, pp 23–29.

Broadhurst, L., A. Lowe, D. J. Coates, S. A. Cunningham, M. McDonald, P. A. Vesk and C. Yates, 2008. Seed supply for broad-scale restoration: maximizing evolutionary potential. Evol. Appl. 1: 587–597.

Brown, S., 1997. Estimating Biomass and Biomass Change of Tropical Forests: a Primer. FAO Forest. Pap. 134, Food and Agriculture Organization, Rome.

Bruijnzeel, L. A., 2004. Hydrological functions of tropical forests: not seeing the soil for the trees? Agric. Ecosyst. Environ. 104: 185–228. www.asb.cgiar.org/pdfwebdocs/AGEE_special_Bruijnzeel_Hydrological_functions.pdf

Brundrett, M., N. Bougher, B. Dell, T. Grove and N. Malajczuk, 1996. Working with Mycorrhizas in Forestry and Agriculture. ACIAR Monograph 32, ACIAR, Canberra.

Butler, R. A., 2009. Changing drivers of deforestation provide new opportunities for conservation. http://news.mongabay.com/2009/1208-drivers_of_deforestation.html

Cairns, M. A., S. Brown, E. Helmer and G. A. Baumgardner, 1997. Root biomass allocation in the world's upland forests. Oecologia 111: 1–11.

Calle, Z., B. O. Schlumpberger, L. Piedrahita, A. Leftin, S. A. Hammer, A. Tye and R. Borchert, 2010. Seasonal variation in daily insolation induces synchronous bud break and flowering in the tropics. Trees 24: 865–877.

Cambodia Tree Seed Project, 2004. Direct seeding. Project report, Forestry Administration, Phnom Penh, Cambodia. http://treeseedfa.org/uploaddocuments/DirectseedingEnglish.pdf

Carmago, J. L. C., Ferraz I. D. K. and Imakawa A. M., 2002. Rehabilitation of degraded areas of central Amazonia using direct sowing of forest tree seeds. Restor. Ecol. 10: 636–644.

Castillo, A., 1986. An Analysis of Selected Reforestation Projects in the Philippines. PhD thesis, University of the Philippines, Los Banos.

Chambers, J. Q., L. Santos, R. J. Ribeiro and N. Higuchi, 2001. Tree damage, allometric relationships, and above-ground net primary production in a tropical forest. For. Ecol. Manage. 152: 73–84.

Chave, J., C. Andalo, S. Brown, M. A. Cairns, J. Q. Chambers, D. Eamus, H. Folster, F. Fromard, N. Higuchi, T. Kira, J. P. Lescure, B. W. Nelson, H. Ogawa, H. Puig, B. Riera and E .T. Yamakura, 2005. Tree allometry and improved estimation of carbon stocks and balance in tropical forests. Oecologia 145: 87–99.

Clark, J. S., 1998. Why trees migrate so fast: confronting theory with dispersal biology and the paleorecord. Amer. Naturalist 152 (2): 204–224.

Cochrane, M. A., 2003. Fire science for rain forests. Nature 421: 913–919.

Cole, R. J., K. D. Holl, C. L. Keene and R. A. Zahawi, 2011. Direct seeding of late-successional trees to restore tropical montane forest. For. Ecol. Manage. 261 (10): 1590–1597.

Coley, P. D. and J. A. Barone, 1996. Herbivory and plant defenses in tropical forests. Annual Rev. Ecol. Syst. 27: 305–35.

Cropper, M., J. Puri and C. Griffiths, 2001. Predicting the location of deforestation: the role of roads and protected areas in north Thailand. Land Economics 77 (2): 172–186.

Dalmacio, M. V., 1989. Assisted natural regeneration: a strategy for cheap, fast, and effective regeneration of denuded forest lands. Manuscript, Philippines Department of Environment and Natural Resources Regional Office, Tacloban City, Philippines.

Danaiya Usher, A., 2009. Thai Forestry: A Critical History. Silkworm Books, Bangkok.

Davis, A. P., T. W. Gole, S. Baena and J. Moat, 2012. The impact of climate change on indigenous Arabica coffee (*Coffea arabica*): predicting future trends and identifying priorities. PLoS ONE 7(11): e47981. doi:10.1371/journal.pone.0047981

Department of National Parks, Wildlife and Plant Conservation (DNP) and Royal Forest Department (RFD), 2008. Reducing Emissions from Deforestation and Forest Degradation in The Tenasserim Biodiversity Corridor (BCI Pilot Site) and National Capacity Building for Benchmarking and Monitoring (REDD Readiness Plan). www.forestcarbonpartnership.org/fcp/sites/forestcarbonpartnership.org/files/Documents/PDF/Thailand_R-PIN_Annex.pdf

Diamond, J. M., 1975. The island dilemma: lessons of modern biogeographic studies for the design of natural reserves. Biological Conservation 7: 129–46.

Douglas, I., 1996. The impact of land-use changes, especially logging, shifting cultivation, mining and urbanization on sediment yields in humid tropical southeast Asia: a review with special reference to Borneo. Int. Assoc. Hydrol. Sci. Publ. 236: 463–471.

Doust, S. J., P. D. Erskine and D. Lamb, 2006. Direct seeding to restore rainforest species: Microsite effects on the early establishment and growth of rainforest tree seedlings on degraded land in the wet tropics of Australia. For. Ecol. Manage. 234: 333–343.

Doust, S. J., P. D. Erskine and D. Lamb, 2008. Restoring rainforest species by direct seeding: tree seedling establishment and growth performance on degraded land in the wet tropics of Australia. For. Ecol. Manage. 256: 1178–1188.

Dugan, P., 2000. Assisted natural regeneration: methods, results and issues relevant to sustained participation by communities. In: Elliott, S., J. Kerby, D. Blakesley, K. Hardwick, K. Woods and V. Anusarnsunthorn (eds.), Forest Restoration for Wildlife Conservation. Chiang Mai University, pp 195–199.

Dytham, C., 2011. Choosing and Using Statistics: a Biologist's Guide (3rd edition). Wiley-Blackwell, Oxford.

Elliott, S., 2000. Defining forest restoration for wildlife conservation. In: Elliott, S., J. Kerby, D. Blakesley, K. Hardwick, K. Woods and V. Anusarnsunthorn (eds.), Forest Restoration for Wildlife Conservation, Chiang Mai University, pp 13–17.

Elliott, S., J. F. Maxwell and O. Prakobvitayakit, 1989. A transect survey of monsoon forest in Doi Suthep-Pui National Park. Nat. Hist. Bull. Siam Soc. 37 (2): 137–171.

Elliott, S., P. Navakitbumrung, C. Kuarak, S. Zangkum, V. Anusarnsunthorn and D. Blakesley, 2003. Selecting framework tree species for restoring seasonally dry tropical forests in northern Thailand based on field performance. For. Ecol. Manage. 184: 177–191.

Elliott, S., P. Navakitbumrung, S. Zangkum, C. Kuarak, J. Kerby, D. Blakesley and V. Anusarnsunthorn, 2000. Performance of six native tree species, planted to restore degraded forestland in northern Thailand and their response to fertiliser. In: Elliott, S., J. Kerby, D. Blakesley, K. Hardwick, K. Woods and V. Anusarnsunthorn (eds.), Forest Restoration for Wildlife Conservation. Chiang Mai University, pp 244–255.

Elliott, S., S. Promkutkaew and J. F. Maxwell, 1994. The phenology of flowering and seed production of dry tropical forest trees in northern Thailand. Proc. Int. Symp. on Genetic Conservation and Production of Tropical Forest Tree Seed, ASEAN-Canada Forest Tree Seed Project, pp 52–62. www.forru.org/FORRUEng_Website/Pages/engscientificpapers.htm

Elster, C., 2000. Reasons for reforestation success and failure with three mangrove species in Colombia. For. Ecol. Manage. 131: 201–214.

Engel, V. L. and J. Parrotta, 2001. An evaluation of direct seeding for reforestation of degraded lands in central Sao Paulo state, Brazil. For. Ecol. Manage. 152: 169–181.

Environmental Investigation Agency, 2008. Demanding Deforestation. EIA Briefing. www.eia-international.org/files/reports175-1.pdf

Erwin, T. L., 1982. Tropical forests: their richness in *Coleoptera* and other arthropod species. Coleop. Bull. 36: 74–75.

Fandey, H. M., 2009. The Impact of Fire on Soil Seed Bank: a Case Study in the Tanzania Miombo Woodlands. MSc thesis, University of Sussex, UK.

Ferguson, B. G., 2007. Dispersal of Neotropical tree seeds by cattle as a tool for eco-agricultural restoration. Paper presentation at the Joint ESA/SER Joint Meeting on Ecological Restoration in a Changing World. http://eco.confex.com/eco/2007/techprogram/P2428.htm.

Food and Agriculture Organization of the United Nations, 1981. Tropical Forest Resource Assessment Project United Nations Food and Agriculture Organization, Rome.

Food and Agriculture Organization of the United Nations, 1997. State of the World's Forests 1997. UN FAO, Rome.

Food and Agriculture Organization of the United Nations, 2001. State of the World's Forests 2001. UN FAO, Rome.

Food and Agriculture Organization of the United Nations, 2006. Global Forest Resources Assessment 2005 – Progress towards sustainable forest management. FAO Forest. Pap. 147, UN FAO, Rome.

Food and Agriculture Organization of the United Nations, 2009. State of the World's Forests 2009. UN FAO, Rome.

Forget, P., T. Millerton and F. Feer, 1998. Patterns in post-dispersal seed removal by neotropical rodents and seed fate in relation to seed size. In: Newbery, D., H. Prins and N. Brown (eds.), Dynamics of Tropical Communities. Blackwell Science, Cambridge, pp 25–49.

FORRU (Forest Restoration Research Unit), 2000. Tree Seeds and Seedlings for Restoring Forests in Northern Thailand. Biology Department, Science Faculty, Chiang Mai University, Thailand. www.forru.org

FORRU, 2006. How to Plant a Forest: the Principles and Practice of Restoring Tropical Forests. Biology Department, Science Faculty, Chiang Mai University, Thailand. www.forru.org

FORRU, 2008. Research for Restoring Tropical Forest Ecosystems: A Practical Guide. Biology Department, Science Faculty, Chiang Mai University, Thailand. www.forru.org/FORRUEng_Website/Pages/engpublications.htm

Gamez, L., undated. Internalization of watershed environmental benefits in water utilities in Heredia, Costa Rica. http://moderncms.ecosystemmarketplace.com/repository/moderncms_documents/ESPH_Heredia_Costa_Rica.pdf

Gardner, T. A., J. Barlow, L. W. Parry and C. A. Peres, 2007. Predicting the uncertain future of tropical forest species in a data vacuum. Biotropica 39(1): 25–30.

Garwood, N., 1983. Seed germination in a seasonal tropical forest in Panama: a community study. Ecol. Monogr. 53 (2): 159–181.

Gentry, A. H., 1995. Diversity and floristic composition of neotropical dry forests. In: Bullock, S. H., H. A. Mooney and E. Medina (eds.), Seasonally Dry Tropical Forests. Cambridge University Press, Cambridge.

Ghimire, K. P., 2005. Community forestry and its impact on watershed condition and productivity in Nepal. In: Zoebisch, M., K. M. Cho, S. Hein and R. Mowla (eds.), Integrated Watershed Management: Studies and Experiences from Asia. AIT, Bangkok.

Gilbert, L. E., 1980. Food web organization and the conservation of neotropical diversity. In: Soule, M. E. and B. A. Wilcox (eds.), Conservation Biology: An Evolutionary-Ecological Perspective. Sinauer Associates, Sunderland, Massachusetts, pp 11–33.

Gilbert G., D. W. Gibbons and J. Evans, 1998. Bird Monitoring Methods: a Manual of Techniques for Key UK Species. RSPB, Sandy, Bedfordshire, UK.

Goosem, S. and N. I. J. Tucker, 1995. Repairing the Rainforest. Wet Tropics Management Authority, Cairns, Australia. www.wettropics.gov.au/media/med_landholders.html

Grainger, A., 2008. Difficulties in tracking the long-term global trend in tropical forest area. Proc. Natl. Acad. Sci. USA 105 (2): 818–823.

Hardwick, K. A., 1999. Tree Colonization of Abandoned Agricultural Clearings in Seasonal Tropical Montane Forest in Northern Thailand. PhD thesis, University of Wales, Bangor, UK.

Hardwick, K., J. R. Healey and D. Blakesley, 2000. Research needs for the ecology of natural regeneration of seasonally dry tropical forests in Southeast Asia. In: Elliott, S., J. Kerby, D. Blakesley, K. Hardwick, K. Woods and V. Anusarnsunthorn (eds.), Forest Restoration for Wildlife Conservation. Chiang Mai University, pp 165–180.

Harvey, C. A., 2000. Colonization of agricultural wind-breaks by forest trees: effects of connectivity and remnant trees. Ecol. Appl. 10: 1762–1773.

Hau, C. H., 1997. Tree seed predation on degraded hillsides in Hong Kong. For. Ecol. Manage. 99: 215–221.

Hau, C. H., 1999. The Establishment and Survival of Native Trees on Degraded Hillsides in Hong Kong. PhD thesis, University of Hong Kong.

Heng, R. K. J., N. M. Abd. Majid, S. Gandaseca, O. H. Ahmed, S. Jemat and M. K. K. Kin, 2011. Forest structure assessment of a rehabilitated forest. American Journal of Agricultural and Biological Sciences 6 (2): 256–260.

Henry, M., N. Picard, C. Trotta, R. J. Manlay, R. Valentini, M. Bernoux and L. Saint-André, 2011. Estimating tree biomass of sub-Saharan African forests: a review of available allometric equations. Silva Fenn. 45 (3B): 477–569. www.metla.fi/silvafennica/full/sf45/sf453477.pdf

Hodgson, B. and P. McGhee, 1992. Development of aerial seeding for the regeneration of Tasmanian Eucalypt forests. Tasforests, July 1992.

Hoffmann, W. A., R. Adasme, M. Haridasan, M. T. deCarvalho, E. L. Geiger, M. A. B. Pereira, S. G. Gotsch and A. C. Franco, 2009. Tree topkill, not mortality, governs the dynamics of savanna–forest boundaries under frequent fire in central Brazil. Ecology 90: 1326–1337.

Holl, K., 1998. Effects of above- and below-ground competition of shrubs and grass on *Calophyllum brasiliense* (Camb.) seedling growth in abandoned tropical pasture. For. Ecol. Manage. 109: 187–195.

Holl, K. D., M. E. Loik, E. H. V. Lin and I. A. Samuels, 2000. Tropical montane forest restoration in Costa Rica: overcoming barriers to dispersal and establishment. Restor. Ecol. 8 (4): 330–349.

IPCC (Intergovernmental Panel on Climate Change), 2000. Land Use, Land-Use Change and Forestry. Watson, R. T., I. R. Noble, B. Bolin, N. H. Ravindranath, D. J. Verardo and D. J. Dokken (eds.), Cambridge University Press, Cambridge.

IPCC, 2006. 2006 IPCC Guidelines for National Greenhouse Gas Inventories. Prepared by the National Greenhouse Gas Inventories Programme, Eggleston H. S., L. Buendia, K. Miwa, T. Ngara and K. Tanabe (eds.), Institute for Global Environmental Strategies (IGES), Japan. www.ipcc-nggip.iges.or.jp/public/2006gl/vol4.html

IPCC, 2007. Climate Change 2007: the Fourth Assessment Report (AR4) of the United Nations Intergovernmental Panel on Climate Change (IPCC). www.ipcc.ch/pdf/assessment-report/ar4/wg1/ar4-wg1-ts.pdf.

Janzen, D. H., 1981. *Enterolobium cyclocarpum* seed passage rate and survival in horses, Costa Rican Pleistocene seed-dispersal agents. Ecology 62: 593–601.

Janzen, D. H., 1988. Dry tropical forests. The most endangered major tropical ecosystem. In: Wilson, E. O. (ed.), Biodiversity. National Academy of Sciences/Smithsonian Institution, Washington DC, pp 130–137.

Janzen, D. H., 2000. Costa Rica's Area de Conservación Guanacaste: a long march to survival through non-damaging biodevelopment. Biodiversity 1 (2): 7–20.

Janzen, D. H., 2002. Tropical dry forest: Area de Conservación Guanacaste, northwestern Costa Rica. In: Perrow, M. R., and A. J. Davy (eds.), Handbook of Ecological Restoration, Vol. 2, Restoration in Practice. Cambridge University Press, Cambridge, pp 559–583.

Jitlam, N., 2001. Effects of Container Type, Air Pruning and Fertilizer on the Propagation of Tree Seedlings for Forest Restoration. MSc thesis, Chiang Mai University, Thailand.

Kafle, S. K., 1997. Effects of Forest Fire Protection on Plant Diversity, Tree Phenology and Soil Nutrients in a Deciduous Dipterocarp-Oak Forest in Doi Suthep-Pui National Park. MSc thesis, Chiang Mai University, Thailand.

Kappelle, M. and J. J. A. M. Wilms, 1998. Seed-dispersal by birds and successional change in a tropical montane cloud forest. Acta Bot. Neerl. 47: 155–156.

Ketterings, Q. M., R. Coe, M. van Noordwijk, Y. Ambagau, Y. and C. A. Palm, 2001. Reducing uncertainty in the use of allometric biomass equations for predicting above-ground tree biomass in mixed secondary forests. For. Ecol. Manage. 146, 199–209.

Knowles, O. H. and J. A. Parrotta, 1995. Amazon forest restoration: an innovative system for native species selection based on phonological data and field performance indices. Commonwealth Forestry Review 74: 230–243.

Kodandapani, N. M. Cochrane and R. Sukumar, 2008. A comparative analysis of spatial, temporal, and ecological characteristics of forest fires in seasonally dry tropical ecosystems in the Western Ghats, India. For. Ecol. Manage. 256: 607–617.

Koelmeyer, K. O., 1959. The periodicity of leaf change and flowering in the principal forest communities of Ceylon. Ceylon Forest. 4: 157–189, 308–364.

Kopachon, S. 1995. Effects of Heat Treatment (60-70°C) on Seed Germination of some Native Trees on Doi Suthep. MSc thesis, Chiang Mai University, Thailand.

Kuarak, C., 2002. Factors Affecting Growth of Wildlings in the Forest and Nurturing Methods in the Nursery. MSc thesis, Chiang Mai University, Thailand. www.forru.org/FORRUEng_Website/Pages/engstudentabstracts.htm

Kuaraksa, C. and S. Elliott, 2012. The use of Asian Ficus species for restoring tropical forest ecosystems. Restor. Ecol. 21; 86–95.

Lamb, D., 2011. Regreening the Bare Hills. Springer, Dordecht.

Lamb, D., J. Parrotta, R. Keenan and N. I. J. Tucker, 1997. Rejoining habitat remnants: restoring degraded rainforest lands. In: Laurence W. F. and R. O. Bierrgaard Jr. (eds.), Tropical Forest Remnants: Ecology, Management and Conservation of Fragmented Communities. University of Chicago Press, Chicago, pp 366–385.

Laurance, S. G. and W. F. Laurance, 1999. Tropical wildlife corridors: use of linear rainforest remnants by arboreal mammals. Biol. Conserv. 91: 231–239.

Lewis, L. S., G. Lopez-Gonzalez, B. Sonké, K. Affum-Baffoe, T. R. Baker, L. O. Ojo, O. L. Phillips, J. M. Reitsma, L. White, J. A. Comiskey, K. M.-N. Djuikouo, C. E. N. Ewango, T. R. Feldpausch, A. C. Hamilton, M. Gloor, T. Hart, A. Hladik, J. Lloyd, J. C. Lovett, J.-R. Makana, Y. Malhi, F. M. Mbago, H. J. Ndangalasi, J. Peacock, K. S.-H. Peh, D. Sheil, T. Sunderland, M. D. Swaine, J. Taplin, D. Taylor, S. C. Thomas, R. Votere and H. Woll, 2009. Increasing carbon storage in intact African tropical forests. Nature 457: 1003–1007.

Lewis, S. L., P. M. Brando, O. L. Phillips, G. M. F. van der Herijden and D. Nepstad, 2011. The 2010 Amazon drought. Science 331: 554.

Longman, K. A. and R. H. F. Wilson, 1993. Tropical Trees: Propagation and Planting Manuals. Vol. 1. Rooting Cuttings of Tropical Trees. Commonwealth Science Council, London.

Lowe, A. J., 2010. Composite provenancing of seed for restoration: progressing the 'local is best' paradigm for seed sourcing. The State of Australia's Birds 2009: restoring woodland habitats for birds. Compiled by David Paton and James O'Conner. Supplement to Wingspan Newsletter 20(1) (March). www.birdlife.org.au/documents/SOAB-2009.pdf

Lucas, R. M., M. Honzak, P. J. Curran, G. M. Foody, R. Milnes, T. Brown and S. Amaral, 2000. Mapping the regional extent of tropical forest regeneration stages in the Brazilian legal Amazon using NOAA AVHRR data. Int. J. Remote Sens. 21 (15): 2855–2881.

Ludwig, J. A. and J. E. Reynolds, 1988. Statistical Ecology. Chapter 14. John Wiley & Sons, New York.

Maia, J. and M. R. Scotti, 2010. Growth of *Inga vera* Willd. subsp. *affinis* under *Rhizobia* inoculation. Nutr. Veg. 10 (2): 139–149.

Malhi, Y., L. E. O. C. Aragão, D. Galbraith, C. Huntingford, R. Fisher, P. Zelazowski, S. Sitche, C. McSweeney and P. Meir, 2009. Exploring the likelihood and mechanism of a climate-change-induced dieback of the Amazon rainforest. Proc. Natl. Acad. Sci. USA 106 (49): 20610–20615.

Mansourian, S., D. Vallauri, and N. Dudley (eds.) (in co-operation with WWF International), 2005. Forest Restoration in Landscapes: Beyond Planting Trees. Springer, New York.

Marland, G., T. A. Boden and R. J. Andres, 2006. Global, regional, and national CARBON DIOXIDE emissions. In: Trends: a Compendium of Data on Global Change. Carbon Dioxide Information Analysis Center, Oak Ridge National Laboratory, U.S. Department of Energy, Oak Ridge, TN. http://cdiac.esd.ornl.gov/trends/emis/tre_glob.htm.

Martin, A. R and S. C. Thomas, 2011. A reassessment of carbon content in tropical trees. PLoS ONE 6(8): e23533. doi:10.1371/journal.pone.0023533

Martin, G. J., 1995. Ethnobotany: a Methods Manual. Chapman and Hall, London.

Maxwell, J. F. and S. Elliott, 2001. Vegetation and Vascular Flora of Doi Sutep–Pui National Park, Chiang Mai Province, Thailand. Thai Studies in Biodiversity 5. Biodiversity Research and Training Programme, Bangkok.

McKinnon, J. and K. Phillips, 1993. A Field Guide to the Birds of Borneo, Sumatra, Java and Bali. Oxford University Press, Oxford.

McLaren, K. P. and M. A. McDonald, 2003. The effects of moisture and shade on seed germination and seedling survival in a tropical dry forest in Jamaica. For. Ecol. Manage. 183: 61–75.

Mendoza, E. and R. Dirzo, 2007. Seed size variation determines inter-specific differential predation by mammals in a neotropical rain forest. Oikos 116: 1841–1852.

Meng, M., 1997. Effects of Forest Fire Protection on Seed-dispersal, Seed Bank and Tree Seedling Establishment in a Deciduous Dipterocarp-Oak Forest in Doi Suthep-Pui National Park. MSc thesis, Chiang Mai University, Thailand.

Midgley, J. J., M. J. Lawes and S. Chamaillé-Jammes, 2010. Savanna woody plant dynamics: the role of fire and herbivory, separately and synergistically. Turner Review No.19, Austral. J. Bot. 58: 1–11.

Milan, P., M. Ceniza, E. Fernando, M. Bande, P. Noriel-Labastilla, J. Pogosa, H. Mondal, R. Omega, A. Fernandez and D. Posas, undated. Rainforestation Training Manual. Environmental Leadership and Training Initiative (ELTI), Singapore.

Miyawaki, A., 1993. Restoration of native forests from Japan to Malaysia. In: Lieth, H. and M. Lohmann (eds.), Restoration of Tropical Forest Ecosystems, Kluwer Academic Publishers, Dordrecht, The Netherlands, pp 5–24.

Miyawaki, A. and S. Abe, 2004. Public awareness generation for the reforestation in Amazon tropical lowland region. Trop. Ecol. 45 (1): 59–65.

Montagnini, F. and C. F. Jordan, 2005. Tropical Forest Ecology – The Basis for Conservation and Management. Springer, Berlin.

Muhanguzi, H. D. R., J. Obua, H. Oreym-Origa and O. R. Vetaas, 2005. Forest site disturbances and seedling emergence in Kalinzu Forest, Uganda. Trop. Ecol. 46 (1): 91–98.

Myers, N., 1992. Primary Source: Tropical Forests and Our Future (Updated for the Nineties). W. W. Norton and Co., London.

Nair, J. K. P., and C. R. Babu, 1994. Development of an inexpensive legume-*Rhizobium* inoculation technology which may be used in aerial seeding. J. Basic Microbiol. 34: 231–243.

Nandakwang, P. S. Elliott, S. Youpensuk, B. Dell, N. Teaumroong and S. Lumyong, 2008. Arbuscular mycorrhizal status of indigenous tree species used to restore seasonally dry tropical forest in northern Thailand. Res. J. Microbiol. 3 (2): 51–61.

Negreros, C. P. and R. B. Hall, 1996. First-year results of partial overstory removal and direct seeding of mahogany (*Swietenia macrophylla*) in Quintana Roo, Mexico. J. Sustain. For. 3: 65–76.

Nepstad, D. C., 2007. The Amazon's Vicious Cycles: Drought and Fire in the Greenhouse. WWF International, Gland. http://assets.wwf.org.uk/downloads/amazonas_vicious_cycles.pdf

Nepstad, D., G. Carvalho, A. C., Barros, A. Alencar, J. P. Capobianco, J. Bishop, P. Mountinho, P. Lefebre, U. Lopes Silva and E. Prins, 2001. Road paving, fire regime feedbacks and the future of Amazon forests. For. Ecol. Manage. 154: 395–407.

Nepstad, D.C., C. Uhl, C. A. Pereira and J. M. C. da Silva, 1996. A comparative study of tree establishment in abandoned pastures and mature forest of eastern Amazonia. Oikos 76 (1): 25–39.

Newmark, W. D., 1991. Tropical forest fragmentation and the local extinction of understorey birds in the Eastern Usambara Mountains, Tanzania. Conserv. Biol. 5: 67–78.

Newmark, W. D., 1993. The role and design of wildlife corridors with examples from Tanzania. Ambio 22: 500–504.

Ng, F. S. P., 1980. Germination ecology of Malaysian woody plants. Malaysian Forester 43: 406–437.

Nuyun, L. and Z. Jingchun, 1995. China aerial seeding achievement and development. Forestry and Society Newsletter, November 1995, 3 (2): 9–11.

Ødegaard, F., 2008. How many species of arthropods? Erwin's estimate revised. Biol. J. Linn. Soc. 71 (4) 583–597.

Paetkau, D., E. Vazquez-Dominguez, N. I. J. Tucker and C. Moritz, 2009. Monitoring movement into and through a newly restored rainforest corridor using genetic analysis of natal origin. Ecol. Manag. & Restn. 10 (3): 210–216.

Pagano, M. C., 2008. Rhizobia associated with neotropical tree *Centrolobium tomentosum* used in riparian restoration. Plant Soil Environ. 54 (11): 498–508.

Page, S., A. Hosciło, H. Wösten, J. Jauhiainen, M. Silvius, J. Rieley, H. Ritzema, K. Tansey, L. Graham, H. Vasander and S. Limin, 2009. Restoration ecology of lowland tropical peatlands in Southeast Asia: current knowledge and future research directions. Ecosystems 12: 888–905.

Panyanuwat, A., T. Chiengchee, U. Panyo, C. Mikled, S. Sangawongse, T. Jetiyanukornkun, S. Ratchusanti, C. Rueangdetnarong, T. Saowaphak, J. Prangkoaw, C. Malumpong, S. Tovicchakchaikul, B. Sairorkhom and O. Chaiya, 2008. The Evaluation Project of the Forestation Plantation and Water Source Check Dam Construction. The University Academic Service Center, Chiang Mai University, Thailand (in Thai).

Parrotta, J. A., 1993. Secondary forest regeneration on degraded tropical lands: the role of plantations as "foster ecosystems." In Lieth, H. and M. Lohmann (eds.). Restoration of Tropical Forest Ecosystems. Kluwer Academic Publishers, Dordrecht, The Netherlands, pp 63–73.

Parrotta, J. A., 2000. Catalyzing natural forest restoration on degraded tropical landscapes. In: Elliott S., J. Kerby, D. Blakesley, K. Hardwick, K. Woods and V. Anusarnsunthorn (eds.), Forest Restoration for Wildlife Conservation. Chiang Mai University, pp 45–56.

Parrotta, J. A., J. W. Turnbull and N. Jones, 1997a. Catalyzing native forest regeneration on degraded tropical lands. For. Ecol. Manage. 99: 1–7.

Parrotta, J. A., O. H. Knowles and J. N. Wunderle, 1997b. Development of floristic diversity in 10-year old restoration forests on a bauxite mine in Amazonia. For. Ecol. Manage. 99: 21–42.

Pearson, T. R. H., D. F. R. P. Burslem, C. E. Mullins and J. W. Dalling, 2003. Functional significance of photoblastic germination in neotropical pioneer trees: a seed's eye view. Funct. Ecol. 17 (3): 394–404.

Pena-Claros, M. and H. De Boo, 2002. The effect of successional stage on seed removal of tropical rainforest tree species. J. Trop. Ecol. 18: 261–274.

Pennington, T. D. and E. C. M. Fernandes, 1998. Genus *Inga*; Utilization. Royal Botanic Gardens, Kew.

Pfund, J. and P. Robinson (eds.), 2005. Non-Timber Forest Products: Between Poverty Alleviation and Market Forces. Special publication of Inter Cooperation, and the editorial team of the Working Group "Trees and Forests in Development Cooperation", Switzerland. http://frameweb.org/adl/en-US/2427/file/274/NTFP-between-poverty-alleviation-and-market-forces.pdf

Philachanh, B., 2003. Effects of Presowing Seed Treatments and Mycorrhizae on Germination and Seedling Growth of Native Tree Species for Forest Restoration. MSc thesis, Chiang Mai University, Thailand. www.forru.org/FORRUEng_Website/Pages/engstudentabstracts.htm

Posada, J. M., T. M. Aide, and J. Cavelier, 2000. Livestock and weedy shrubs as restoration tools of tropical montane rainforest. Restor. Ecol. 8: 361–370.

Putz, F. E., P. Sist, T. Fredericksen and D. Dykstra, 2008. Reduced-impact logging: challenges and opportunities, For. Ecol. Manage. 256: 1427–1433.

Reitbergen-McCraken, J., S. Maginnis and A. Sarre, 2007. The Forest Landscape Restoration Handbook. Earthscan, London.

Richards, P. W., 1996. The Tropical Rain Forest (2nd Edition). Cambridge University Press, Cambridge.

Rodríguez, J. M. (ed.), 2005. The Environmental Services Program: A Success Story of Sustainable Development Implementation in Costa Rica. National Forestry Fund (FONAFIFO), San José.

Ros-Tonen, M. A. F. and K. F. Wiersum, 2003. The Importance of Non-Timber Forest Products for Forest-Based Rural Livelihoods: an Evolving Research Agenda. Amsterdam AGIDS/UvA. http://pdf.wri.org/ref/shackleton_04_the_importance.pdf

Sanchez-Cordero, V. and R. Martínez-Gallardo, 1998. Post-dispersal fruit and seed removal by forest-dwelling rodents in a lowland rain forest in Mexico. J. Trop. Ecol. 14: 139–151.

Sansevero, J. B. B., P. V. Prieto, L. F. D. de Moraes and P. J. P. Rodrigues, 2011. Natural regeneration in plantations of native trees in lowland Brazilian Atlantic forest: community structure, diversity, and dispersal syndromes. Restor. Ecol. 19: 379–389.

Scatena, F. N., L. A. Bruijnzeel, P. Bubb and S. Das, 2010. Setting the stage. In: Bruijnzeel, L. A., F. N. Scatena and L. S. Hamilton (eds.), Tropical Montane Cloud Forests: Science for Conservation and Management. Cambridge University Press, Cambridge, pp 3–13.

Schmidt, L., 2000. A Guide to Handling Tropical and Subtropical Forest Seed. DANIDA Forest Seed Centre, Denmark.

Schulte, A., 2002. Rainforestation Farming: Option for Rural Development and Biodiversity Conservation in the Humid Tropics of Southeast Asia. Shaker Verlag, Aachen.

Scott, R., P. Pattanakaew, J. F. Maxwell, S. Elliott and G. Gale, 2000. The effect of artificial perches and local vegetation on bird-dispersed seed deposition into regenerating sites. In: Elliott, S., J. Kerby, D. Blakesley, K. Hardwick, K. Woods and V. Anusarnsunthorn (eds.), Forest Restoration for Wildlife Conservation. Chiang Mai University, pp 326–337.

Sekercioglu, C. H., 2009. Tropical ecology: riparian corridors connect fragmented forest bird populations. Current Biology 19: 210–213.

Sgró, C.M., A. J. Lowe and A. A. Hoffmann, 2011. Building evolutionary resilience for conserving biodiversity under climate change. Evol. Appl. 4 (2): 326–337.

Shiels, A. and L. Walker, 2003. Bird perches increase forest seeds on Puerto Rican landslides. Restor. Ecol. 11 (4): 457–465.

Shono, K., E. A. Cadaweng and P. B. Durst, 2007. Application of Assisted Natural Regeneration to restore degraded tropical forestlands. Restor. Ecol. 15 (4): 620–626.

Siddique, I., V. L. Engel, J. A. Parrotta, D. Lamb, G. B. Nardoto, J. P. H. B. Ometto, L. A. Martinelli and S. Schmidt, 2008. Dominance of legume trees alters nutrient relations in mixed species forest restoration plantings within seven years. Biogeochem. 88: 89–101.

Silk, J. W. F., 2005. Assessing tropical lowland forest disturbance using plant morphology and ecological attributes. For. Ecol. Manage. 205: 241–250.

Singh, A. and P. Raizada, 2010. Seed germination of selected dry deciduous trees in response to fire and smoke. J. Trop. Forest Sci. 22 (4): 465–468.

Singpetch, S., 2002. Propagation and Growth of Potential Framework Tree Species for Forest Restoration. MSc thesis, Chiang Mai University, Thailand.

Sinhaseni, K., 2008. Natural Establishment of Tree Seedlings in Forest Restoration Trials at Ban Mae Sa Mai, Chiang Mai Province. MSc thesis, Chiang Mai University, Thailand.

Slik, J. W. F., F. C. Breman, C. Bernard, M. van Beek, C. H. Cannon, K. A. O. Eichhorn and K. Sidiyasa, 2010. Fire as a selective force in a Bornean tropical everwet forest. Oecologia 164: 841–849.

Soule, M. E. and J. Terborgh, 1999. The policy and science of regional conservation. In: Soule, M. E. and J. Terborgh (eds.), Continental Conservation: Scientific Foundations of Regional Reserve Networks. Island Press, New York, pp 1–17.

Stangeland, T., J. R. S. Tabuti and K. A. Lye, 2007. The influence of light and temperature on the germination of two Ugandan medicinal trees. Afr. J. Ecol. 46: 565–571.

Stangeland, T., J. R. S. Tabuti and K. A. Lye, 2011. The framework tree species approach to conserve medicinal trees in Uganda. Agrofor. Syst. 82 (3): 275–284.

Stokes, E. J., 2010. Improving effectiveness of protection efforts in tiger source sites: developing a framework for law enforcement monitoring using MIST. Integrative Zoology 5: 363–377.

Stoner, E. and J. Lambert, 2007. The role of mammals in creating and modifying seed shadows in tropical forests and some possible consequences of their elimination. Biotropica 39 (3): 316–327.

Stouffer, P. C. and R. O. Bierregaard, 1995. Use of Amazonian forest fragments by understorey insectivorous birds. Ecology 76: 2429–2445.

Tabuti, J. R. S., 2007. The uses, local perceptions and ecological status of 16 woody species of Gadumire Sub-county, Uganda. Biodivers. Conserv. 16: 1901-1915.

Tabuti, J. R. S., K. A. Lye and S. S. Dhillion, 2003. Traditional herbal drugs of Bulamogi, Uganda: plants, use and administration. J. Ethnopharmacol. 88, 19–44.

Tabuti, J. R. S., T. Ticktin, M. Z. Arinaitwe and V. B. Muwanika, 2009. Community attitudes and preferences towards woody species and their implications for conservation in Nawaikoke Sub-county, Uganda. Oryx 43 (3): 393–402.

TEEB, 2009. TEEB Climate Issues Update. September 2009. www.teebweb.org/teeb-study-and-reports/additional-reports/climate-issues-update/

Thira, O. and O. Sopheary, 2004. The Integration of Participatory Land Use Planning Tools (PLUP) in the Community Forestry Establishment Process: a Case Study, Tuol Sambo Village, Trapeang Pring Commune, Damer District, Kompong Cham Province, Cambodia. CBNRM Learning Institute, Phnom Penh, Cambodia. www.learninginstitute.org/files/publications/Catalogues/Final_Publication_Catalogue.pdf

Toktang, T., 2005. The Effects of Forest Restoration on the Species Diversity and Composition of a Bird Community in Doi Suthep-Pui National Park Thailand from 2002–2003. MSc thesis, Chiang Mai University, Thailand.

Traveset, A., 1998. Effect of seed passage through vertebrate frugivores' guts on germination: a review. Perspect. Plant Ecol. Evol. Syst. 1 (2): 151–190.

Trisurat, Y., 2007. Applying gap analysis and a comparison index to evaluate protected areas in Thailand. Eviron. Manage. 39: 235–245.

Tucker, N., 2000. Wildlife colonisation on restored tropical lands: what can it do, how can we hasten it and what can we expect? In Elliott, S., J. Kerby, D. Blakesley, K. Hardwick, K. Woods and V. Anusarnsunthorn (eds.), Forest Restoration for Wildlife Conservation. Chiang Mai University, pp 278–295.

Tucker, N. and T. Murphy, 1997. The effects of ecological rehabilitation on vegetation recruitment: some observations from the Wet Tropics of North Queensland. For. Ecol. Manage. 99: 133–152.

Tucker, N. I. J. and T. Simmons, 2009. Restoring a rainforest habitat linkage in north Queensland: Donaghy's Corridor. Ecol. Manage. Restn. 10 (2): 98–112.

Tunjai, P., 2005. Appropriate Tree Species and Techniques for Direct Seeding for Forest Restoration in Chiang Mai and Lamphun Provinces. MSc thesis, Chiang Mai University, Thailand.

Tunjai, P., 2011. Direct Seeding For Restoring Tropical Lowland Forest Ecosystems In Southern Thailand. PhD thesis, Walailak University, Thailand.

Tunjai, P., 2012. Effects of seed traits on the success of direct seeding for restoring southern Thailand's lowland evergreen forest ecosystem. New Forests 43 (3), 319–333.

Turkelboom, F., 1999. On-farm Diagnosis of Steepland Erosion in Northern Thailand. PhD thesis, KU Leuven, The Netherlands.

UNEP-WCMC, 2000. Global Distribution of Current Forests, United Nations Environment Programme – World Conservation Monitoring Centre (UNEP-WCMC). www.unepwcmc.org/forest/global_map.htm.

Union of Concerned Scientists, 2009. Scientists and NGOs: Deforestation and Degradation Responsible for Approximately 15 Percent of Global Warming Emissions. www.ucsusa.org/news/press_release/scientists-and-ngos-0302.html

United Nations, 2001. World Population Monitoring – 2001. UN Department of Economic and Social Affairs, Population Division, New York. www.un.org/esa/population/publications/wpm/wpm2001.pdf

United Nations, 2009. World Population Prospects – The 2008 Revision – Highlights. UN Department of Economic and Social Affairs – Population Division. www.un.org/esa/population/publications/wpp2008/wpp2008_highlights.pdf.

Van Nieuwstadt, M. G. L. and D. Sheil, 2005. Drought, fire and tree survival in a Borneo rain forest, East Kalimantan, Indonesia. J. Ecol. 93: 191–201.

Vanthomme, H., B. Belle and P. Forget, 2010. Bushmeat hunting alters recruitment of large-seeded plant species in central Africa. Biotropica 42 (6): 672–679.

Vasconcellos, H. L. and J. M. Cherret, 1995. Changes in leaf-cutting ant populations (Formicidae: Attini) after clearing of mature forest in Brazilian Amazonia. Studies on Neotropical Fauna and Environment 30: 107–113.

Vicente, R., R. Martins, J. J. Zocche and B. Harter-Marques, 2010. Seed dispersal by birds on artificial perches in reclaimed areas after surface coal mining in Siderópolis municipality, Santa Catarina State, Brazil. R. Bras. Bioci., Porto Alegre 8 (1): 14–23.

Vieira, D. L. M. and A. Scariot, 2006. Principles of natural regeneration of dry tropical forests for restoration. Restor. Ecol. 14 (1): 11–20.

Vongkamjan, S., 2003. Propagation of Native Forest Tree Species for Forest Restoration in Doi Suthep-Pui National Park. PhD thesis, Chiang Mai University, Thailand. www.forru.org/FORRUEng_Website/Pages/engstudentabstracts.htm

Vongkamjan, S., S. Elliott, V. Anusarnsunthorn and J. F. Maxwell, 2002. Propagation of native forest tree species for forest restoration in northern Thailand. In: Chien, C. and R. Rose (eds.), The Art and Practice of Conservation Planting. Taiwan Forestry Research Institute, Taipei, pp 175–183.

Whitmore, T. C., 1998. An Introduction to Tropical Rain Forests (2nd edition). Oxford University Press, Oxford.

Wiersum, K. F., 1984. Surface erosion under various tropical agroforestry systems. In: O'Loughlin, C. L. and A. J. Pearce (eds.), Effects of Forest Land Use on Erosion and Slope Stability. IUFRO, Vienna, pp 231–239.

Wilson, E. O., 1992. The Diversity of Life. Harvard University Press, Cambridge, Massachusetts.

Woods, K. and S. Elliott, 2004. Direct seeding for forest restoration on abandoned agricultural land in northern Thailand. J. Trop. Forest Sci. 16 (2): 248–259.

Wright, S. J. and H. C. Muller-Landau, 2006. The future of tropical forest species. Biotropica 38: 287–301.

Zangkum, S., 1998. Growing Tree Seedlings to Restore Forests: Effects of Container Type and Media on Seedling Growth and Morphology. MSc thesis, Chiang Mai University, Thailand.

Zappi, D., D. Sasaki, W. Milliken, J. Piva, G. S. Henicka, N. Biggs and S. Frisby, 2011. Plantas vasculares da região do Parque Estadual Cristalino, norte de Mato Grosso, Brasil. Acta Amazonica 41 (1): 29–38.

Zelazowski, P., Y. Malhi, C. Huntingford, S. Sitch and J. B. Fisher, 2011. Changes in the potential distribution of humid tropical forests on a warmer planet. Phil. Trans. R. Soc. A 369: 137–160.

INDEX

NOTES